Erhard Schroll (Hrsg.)

Holzrücken mit Pferden

Handbuch für die Waldarbeit mit Pferden

4., vollständig überarbeitete Auflage

Mehr als 500 Farb- und
Schwarzweißfotos

Zahlreiche Zeichnungen,
Tabellen und Diagramme

STARKE PFERDE - Verlag

Fotos/Abbildungen:

Nicht anders namentlich gekennzeichneten Fotos und Abbildungen stammen von Erhard Schroll oder aus dem Archiv der Zeitschrift STARKE PFERDE.

Titelseite:
Peter Tendler
Umschlagrückseite (von links nach rechts):
Sibillja Gutmann, Erhard Schroll, Peter Tendler

Die Deutsche Bibliothek – CIP-Einheitsaufnahme

Schroll, Erhard (Hrsg.):
Holzrücken mit Pferden – Handbuch für die Waldarbeit mit Pferden
Erhard Schroll – Lemgo: Schroll, 2024.

1. Auflage 2008
2., überarbeitete Auflage 2014
3. Auflage 2016
4., überarbeitete und erweiterte Auflage 2024

ISBN 978-3-947346-16-5

Weißer Weg 109, 32657 Lemgo
Printed in Poland
Herstellung und Satz: Erhard Schroll
Druck: booksfactory

Foto: Matthias Weiländer

Vorbemerkung

Im Jahr 2008 ist die erste Ausgabe dieses Buches erschienen. Die Resonanz war ausgesprochen positiv und die Nachfrage war so groß, dass es mehrfach nachgedruckt werden musste. Nach 16 Jahren ist es nun an der Zeit, dieses Handbuch gründlich zu überarbeiten und in eine übersichtlichere und etwas besser strukturierte Form zu bringen. Viele der Kapitel wurden inhaltlich weitgehend übernommen, wo nötig aber geändert, korrigiert oder ergänzt. Artikel aus der Praxis wurden neu aufgenommen, andere mussten weichen. Viele neue Fotos und Illustrationen wurden eingefügt, das Layout wurde angepasst und überarbeitet. Enthalten sind weiterhin ausgewählte Berichte und Artikel, die im Laufe der letzten Jahre bereits in der Zeitschrift **STARKE PFERDE** veröffentlicht wurden. Diese Beiträge sind jeweils mit dem Datum der Erstveröffentlichung und mit Quellenangabe versehen und stellen Menschen und Projekte vor, die in dieser Form heute vielleicht nicht mehr existieren oder anders wirtschaften. Dennoch stehen sie beispielhaft für bestimmte Einsatzmöglichkeiten, Betriebsformen oder Motivationen.

Die Jahre, die ich mit Pferden in der Waldarbeit erleben durfte, gehören sicher zu den spannendsten und schönsten Berufsjahren in meinem Leben. Ich hatte mir vorher nicht vorstellen können, dass es möglich ist, zu Pferden eine derart enge, intensive und vertrauensvolle Beziehung aufzubauen, wie mir dies mit einzelnen unserer Pferde gelungen ist. Noch heute bekomme ich Gänsehaut, wenn ich an bestimmte Erlebnisse oder geniale Momente mit meinen Lieblingspferden zurückdenke und kann mir – trotz der körperlichen Anstrengung – keine schönere Arbeit vorstellen. Dass ich damit auch über weit mehr als 15 Jahre meinen Lebensunterhalt verdienen konnte, war schon ein ganz besonderes Privileg.

Während es heutzutage schwerer geworden ist, mit der Pferdearbeit im Wald ein auskömmliches Einkommen zu erzielen, ist die Faszination, die diese Arbeit auf viele Pferdemenschen ausübt, ungebrochen groß. Das spiegelt sich wider im Zuschauerandrang bei Vorführungen und Wettbewerben, aber auch in den Teilnehmerzahlen von einschlägigen Workshops und Lehrgängen. Zu sehen und zu erleben, wie selbstverständlich und spielerisch professionelle Pferde-Mensch-Teams zusammenarbeiten und selbst komplizierteste Aufgaben mit schier unglaublicher Präzision gemeinsam lösen, ist beeindruckend, motiviert und regt zur Nachahmung an.

Neben den gewohnten reiterlichen oder fahrerischen Aktivitäten wollen viele daher auch gerne das Holzrücken lernen, um damit als Hobby, für die eigene Brennholzwerbung oder als Sport im Parcours das Einsatzspektrum und Betätigungsfeld für sich und ihre Pferde zu erweitern und zu bereichern. Viele der heutigen Pferderücker haben auf diese oder ähnliche Weise zu ihrer späteren Profession gefunden.

Dieses Buch soll Neueinsteigern die notwendigen Anleitungen und Tipps geben, um sicher die ersten Schritte mit ihrem Pferd im Wald zu unternehmen. Es soll ihnen, aber auch den bereits aktiven Holzrückern, Mut machen und Anregungen geben sowie allen an dem Thema Interessierten Fakten und Argumente für den zeitgemäßen Einsatz der Pferde im Wald liefern. Es soll die Vorteile der Pferdearbeit hervorheben und durch Beispiele zeigen, wie die Pferde heutzutage in der Praxis erfolgreich eingesetzt werden können.

Ich möchte allen Mitautoren und all denen herzlich danken, die mit Rat und Tat, Text und Bild an der Verwirklichung dieses Buchprojektes mitgewirkt haben und wünsche allen beim Holzrücken viel Erfolg, Spaß und ein unfallfreies Arbeiten.

Erhard Schroll

Inhaltsverzeichnis

Inhaltsverzeichnis

Dokumentation
von ausgewählten Veröffentlichungen der Zeitschrift STARKE PFERDE
Bitte das jeweilige Erscheinungsdatum berücksichtigen!

Beispiele aus der Praxis 179

Anhang 234

Holzrücken früher und heute

Zugtiere, wie hier ein Gespann Ochsen vor einem Rückewagen (Heidelbeck, ca. 1955) dominierten über Jahrhunderte die Holzbringung.
Foto: Forstmuseum Heidelbeck

Der Wald war für die Menschen über Jahrtausende Bedrohung und Lebensquelle zugleich. Er prägte die Entwicklung der Menschheit maßgeblich mit, und seine Eroberung eröffnete den Menschen neue Lebensräume und Möglichkeiten.
Neben seinen ökologischen Grundfunktionen war der Wald im täglichen Leben der Menschen vor allem als Brennstofflieferant unentbehrlich, und so begleitete die Holznutzung die Menschheit praktisch von Anbeginn an. Die Brennholzwerbung und später die Werbung von Nutzholz für Haus- und Schiffsbau oder für die Industrie schaffte Arbeitsplätze auf dem Lande und stärkte und prägte die ländlichen Regionen.

Pferde ziehen die Stämme auf den Transportwagen, Louis Don, Gewissenruh, um 1950. **Foto:** Heimat- und Verkehrsverein Gieselwerder e.V.

An der Art und Weise, wie die Ernte des Holzes und dessen Transport zu den Verbrauchern gehandhabt wurde, hatte sich vom Mittelalter bis in die ersten Jahrzehnte des 20. Jahrhunderts über lange Zeiträume hinweg kaum etwas geändert.

Im Flach- und Hügelland und in den weniger steilen Mittelgebirgen wurde das eingeschlagene Holz, soweit es sich um Brennholz handelte, am Fällort in handliche Größen zu Scheitholz oder Meterholz aufgearbeitet und von Hand zu Ochsenkarren oder Pferdewagen getragen, die man so nahe wie möglich herangeführt hatte. In steilem, schwierigerem Gelände kamen auch Menschen gezogene Brennholzschlitten zum Einsatz, mit denen die Scheite zu befahrbaren Wegen transportiert wurden. Stammholz wurde von Ochsen oder Pferden an den nächsten befahrbaren Weg vorgeliefert und dann mit Ketten und Seilen von Hand oder mit tierischer Unterstützung über Rampen auf die Fuhrwerke gerollt. Das Holz fand zumeist in der näheren Umgebung Verwendung und wurde aus dem Wald direkt zum Abnehmer transportiert. Der Transport über Land war allerdings nur über kürzere Entfernungen möglich, 15 bis 20 km galten in der Regel als obere Grenze. Die „Wege“, auf denen die Ochsen und Pferde die schweren Lasten zogen, verdienten diese Bezeichnung aus heutiger Sicht in den wenigsten Fällen. Im Wald waren es meist nur Karrenspuren, welche die Fuhrknechte nach eigenem Gutdünken anlegten und auf denen die Holzabfuhr nur bei Trockenheit oder Frost oder nach primitiver Befestigung mit Prügeln möglich war. Wenn es die Zugtiere trotzdem nicht mehr schafften, den Karren aus dem Dreck zu ziehen, dann wurde eben einige Meter seitwärts eine neue Spur angelegt. So entstanden die mancherorts heute noch erkennbaren so genannten „Wegebündel".

Auch in den Bergwäldern wurden die mit der Axt gefällten Bäume an Ort und Stelle zu den gewünschten Sorten, vorwiegend ebenfalls Brennholz, aufgearbeitet. Die Lieferung bergab zu den Fahrwegen in den Talgründen bzw. zu den Einwurfstellen an den Wasserläufen erfolgte bis weit in das 19. Jahrhundert hinein in Form des freien Treibens über den Hang und in so genannten Riesen oder Loiten. Im Laufe des 19. Jahrhunderts wuchs der Bedarf an Stammholz – meist ausgehalten in Abschnitten von drei bis vier Metern Länge, die bei dieser Art von Bringung teilweise stark beschädigt wurden. Es traten so genannte Leit- und Ziehwege an die Stelle der Riesen oder verkürzten zumindest die Länge der Riesstrecken. Hier kamen dann ebenfalls – wie in der Ebene üblich – die Zugtiere zum Einsatz, die in der Regel ihre Lasten mit Hilfe von Zugschlitten bewältigten. Das Holz wurde im Sommer und Herbst geschlagen und im Winter gebracht. Die Schlitten wurden von Hand oder von Tieren auf den Berg gezogen.
Der Anlage dieser Schlitt- und Ziehwege folgten die ersten dauerhaft befestigter Fahr- oder Wirtschaftswege. Um das Beladen der Fuhrwerke mit dem schweren Langholz zu erleichtern, wurden an den Abfuhrwegen erhöhte Lagerplätze angelegt, von welchen die dort gepolterten Stämme mit Wendehaken und Sapie über Querhölzer auf das Fahrzeug gerollt werden konnten.

Gespann mit Fichtenstammholz auf der Hochseilfähre Veckerhagen, 1960. Vermutlich zur Überwindung der Uferböschung wird für die Weiterfahrt gerade ein Pferd als Vorspann hinzugefügt.
Foto: Heimat- und Verkehrsverein Gieselwerder e.V.

An der Technik des Rückens und der Holzausfuhr änderte sich in den Wäldern des Flach- und Hügellandes kaum etwas, von den vielen kleinen Verbesserungen der herkömmlichen Handwerkzeuge und Fuhrwerke einmal abgesehen. Nach wie vor wurden die Nutzholzstämme und die Brennholzscheite mit tierischen Gespannen vom Hiebsort aus dem Wald geholt. Die alten Karrenwege hielten jedoch den schweren Nutzholzfuhren immer weniger Stand. Die Kosten für Rücken und Holzabfuhr gingen rapide in die Höhe und drückten den Holzpreis. Kein Wunder, wenn man bedenkt, dass pro Fuhre oft nur ein Stamm transportiert werden konnte.

Rücken von Buchenscheitholz mit dem Schlitten (Heidelbeck, ca. 1960).
Foto: Forstmuseum Heidelbeck

Für den Holztransport über größere Strecken wurde nun auch die Eisenbahn benutzt, vorerst jedoch mehr bei Schnittholz und weniger bei Rundholz. Nach 1890/1900 wurde immer mehr Rundholz in Waldnähe eingeschnitten und die Schnittware per Bahn verfrachtet. Der Ferntransport von Stammholz auf den großen Wasserstraßen blieb zunächst in den Händen der Flößer, sie waren immer noch preisgünstiger als die Bahn.

Von Pferden gezogene Schienenfahrzeuge zum Holztransport über kürzere Strecken gab es schon in der ersten Hälfte des 19. Jahrhunderts vielerorts in den mittel- und osteuropäischen Wäldern. Um 1860 tauchten erste Überlegungen auf,

Anlieferung des Floßholzes auf dem Bindeplatz Gieselwerder, linkes Ufer, um 1955.
Foto: Heimat- und Verkehrsverein Gieselwerder e.V.

an Stelle der Ochsen- oder Pferdefuhrwerke die von Dampflokomotiven betriebene Eisenbahn zu benutzen und vor allem entlegene Waldgebiete direkt an das öffentliche Schienennetz anzubinden. Schmalspur-Waldbahnen mit festen oder fliegenden Gleisen wurden zum Hoffnungsträger vieler Forstleute und Holzhändler. Der Transport mit Waldbahnen erwies sich gegenüber dem Achsentransport mit Fuhrwerken in der Tat in vielen Fällen als erheblich billiger.

Holzrückearbeiten mit Unimog. **Foto:** Archiv Forstmuseum Ballenberg (CH)

Forstmaschinen

Während in Nordamerika bereits im 19. Jahrhundert dampfbetriebene Seilwinden den Kahlschlag der einzigartigen Sequoia-Wälder mit ihren gewaltigen Mammutbäumen beschleunigten, dauerte es bis zum Ende des Ersten Weltkrieges, bis in Deutschland mit der „Bayreuther Anrückwinde" die erste „Forstmaschine" zum Einsatz kam. Die ersten Versionen dieser 8-PS-Seilwinde der Gasmotorenfabrik Deutz wurden noch von Gespannen an den Einsatzort gezogen; spätere Bautypen der mehrfach verbesserten Maschine waren bereits als selbstfahrende Fahrzeuge konzipiert.

Damit war zwar die erste Rückemaschine erfunden, doch noch über viele Jahrzehnte hinweg dominierten Pferde- und Rindergespanne die Holzrückearbeiten in den deutschen Wäldern. Ähnlich wie in der Landwirtschaft schafften auch im Forst die Traktoren erst nach dem Zweiten Weltkrieg den wirklichen Durchbruch.

Die Entwicklung der Forstmaschinen unterlag einer ähnlichen Dynamik wie die der Landwirtschaftsmaschinen. Wurden die Sämme anfangs noch im direkten Zug aus den Beständen geholt, folgten Traktoren mit Dreipunkt- oder Anbau-Seilwinden. Das „Unimog-Zeitalter" brachte erste „Forstspezialmaschinen". Allen gemeinsam: das flächige Befahren der Bestände, das bis Ende der 1970er Jahre von den Forstverwaltungen sogar empfohlen wurde, um „Gleisbildungen" zu vermeiden und die weitere Befahrbarkeit sicherzustellen.
Es folgte die Entwicklung und Verbreitung der Funk gesteuerten Seilwinde, die dann lange Zeit die Rücketechnik dominierte und auch heute noch zur standardmäßigen (Zusatz-)ausrüstung moderner Forstspezialmaschinen gehört. Die Funkwinde ermöglichte es, nicht mehr möglichst nahe an die Last heranfahren zu müssen und dadurch die Befahrungsintensität zu mindern. Holz konnte nun über größere Distanzen in Alleinarbeit beigeseilt werden und die Maschinen auf Rückegassen verbannt werden. Ein relativ Boden schonendes Verfahren, dessen Nachteil allerdings darin bestand und besteht, dass es relativ aufwändig und kostenintensiv ist, und die Arbeiten unter Akkord- und Leistungsdruck zum Teil erhebliche Schäden am stehenden Bestand und damit Wertverluste beim Holz verursachten.

Knickschlepper beim Poltern, DDR 1981. **Foto:** Bundesarchiv

Niedergang und Renaissance der Pferde im Wald

Die Art und Weise, wie die Pferde im Wald eingesetzt wurden, war immer vom jeweiligen Stand der Forstmaschinentechnik und den jeweils üblichen Arbeitsverfahren abhängig und daran angepasst. Die Technik, die die Pferderücker dabei selbst verwendeten, hat sich über die Jahrzehnte – Jahrhunderte – wenig bis kaum verändert. Die Verwendung der einfachen Rückekette dominiert bis heute die Arbeit.

Bis in die 1960er Jahre hinein waren Pferde bei dem vorherrschenden Arbeitsverfahren des manuellen, später motormanuellen Holzeinschlags mit anschließender Rückung, in den Beständen wirtschaftlicher, flexibler einsetzbar und verursachten weniger Schäden an Bestand und Boden als alle damals verfügbaren Maschinen. Ihr Einsatzgebiet beschränkte sich allerdings im Laufe der Jahre mehr und mehr auf die Arbeit im Bestand selbst und das Rücken an die befestigten Wege zum Weitertransport mit Traktor oder LKW. Kurzstreckentransporte des Holzes zu den örtlichen Sägewerken oder anderen Verbrauchern nahmen ab. Bessere Erschließung durch ein immer enger werdendes Waldwegenetz, billiger Dieselkraftstoff und die Entwicklung geländegängiger und gleichzeitig straßentauglicher Forstmaschinen taten das eine, der Rückgang des Bestandes an Kaltblutpferden durch die zunehmende Motorisierung in der Landwirtschaft das andere, um auch den Pferdeeinsatz im Wald zurückzudrängen. Dazu kam, dass in den 1950er- und 60er-Jahren in der Landwirtschaft als Ergänzung zum Traktor Kleinpferde propagiert wurden, die allerdings nur bedingt für forstliche Zwecke einsetzbar waren. Das „Wirtschaftswunder" bescherte in Westdeutschland alternative und besser bezahlte Arbeitsplätze in Industrie und Dienstleistung und machte die körperlich anstrengende Waldarbeit immer weniger attraktiv. Gegen Ende der 1960er, Anfang der 1970er Jahre, erlebte der forstliche Pferdeeinsatz in der Bundesrepublik Deutschland (BRD) seinen Tiefpunkt.

Erst in den 1980er Jahren kam es unter dem Eindruck der Symptome des „Waldsterbens" und einer zunehmenden Sensibilisierung der Öffentlichkeit gegenüber ökologischen Fragen zu einer bescheidenen Renaissance der Pferde im Wald. Der Pferdeeinsatz wurde in den meisten Bundesländern plötzlich öffentlich gefördert. Um den Boden zu schonen, wurden Forstmaschinen auf Rückegassen verbannt und die Pferde konnten beim Vorrücken der gefällten Bäume an Gassen und Wege beweisen, dass sie oft auch wirtschaftlich gut mit der Seilwinde konkurrieren konnten. Vor allem bei der Vermeidung von Bestandesschäden und damit einhergehenden wirtschaftlichen Verlusten durch Holzwertminderung schnitten sie in der Regel wesentlich besser ab, selbst dann

Pferd im Bestand Trecker auf dem Weg

noch, als die funkgesteuerte Seilwinde bereits zur Standardausrüstung der Forstmaschinen gehörte.
Zur besseren Auslastung der Pferderücker wurden weitere Einsatzmöglichkeiten für die Pferde entwickelt und ausprobiert. Pferdegestützte, kombinierte Holzeinschlagsverfahren kamen zum Einsatz, Pferde wurden beim Bestandesumbau eingesetzt usw.. Das Holzrücken mit Pferden boomte!

Mit der 1952 beginnenden Kollektivierung und Mechanisierung der Landwirtschaft wurden auch in der Deutschen Demokratischen Republik (DDR) immer weniger Pferde als Zugtiere benötigt. Bedarf bestand weiterhin im Forst, auch wenn man dort den Einsatz schwerer Forsttechnik – oft sowjetischer Bauart – bevorzugte. Die geringe Anzahl verfügbarer Forstmaschinen und deren dürftige technische Ausstattung führte – neben ökologischen Gründen – zu Beginn der 1980er Jahre auch in der DDR wieder zu einer verstärkten Nachfrage nach Rückepferden. 1988 waren in den staatlichen Forstbetrieben mehr als 2.000 Holzrückepferde im Einsatz.

Holzaufarbeitung in Baden-Württemberg nach Sturm „Lothar", 1999.

Industrialisierung der Forstwirtschaft

Mit der Wende erlebte die Pferdearbeit in der ehemaligen DDR eine jähe Zäsur. Das eingespielte produktionsgenossenschaftliche System aus Pferdezucht, Futteranbau und forstlichem Einsatz war in kürzester Zeit kollabiert und mit der Übernahme der westlichen Forstverwaltung und -praxis öffnete sich für Hersteller westlicher Forsttechnik ein riesiger neuer Absatzmarkt.

Gleichzeitig vollzog sich unter dem Einfluss der Sturmereignisse des Frühjahrs 1990 in der gesamtdeutschen Forstwirtschaft ein dramatischer Wandel der Technik und Arbeitsverfahren, der die bis dahin positive Entwicklung des Pferdeinsatzes in Ost und West jäh abbremste.
Vor die Aufgabe gestellt, den gewaltigen Holzmengen Herr zu werden, die die Stürme „Vivian" und „Wibke" umgeworfen hatten, kamen erste Vollerntemaschinen (Harvester) zum Einsatz, die binnen 15 Jahren die Waldarbeit grundlegend verändert haben. Auf den riesigen Windwurfflächen konnten die aus Skandinavien stammenden Vollernter ihre Vorteile unter ähnlichen Bedingungen ungehindert ausspielen wie in der heimischen Kahlschlag-Forstwirtschaft Schwedens oder Finnlands.

Beeindruckend hohe Tagesleistungen, hohe Arbeitssicherheit bei gleichzeitiger Aussicht auf enorme Kosteneinsparungen durch Verringerung der relativ hohen Lohnkosten und Reduzierung der forstlichen Arbeitsplätze – zu verlockend für die deutschen Forstverwaltungen, um diesen Maschinen nicht auch den Weg in die alltägliche Forstpraxis zu öffnen und zu ebnen. Dazu bedurfte es allerdings einer Adaption an die „deutschen Verhältnisse". Um den Einsatz dieser Maschinen weiterhin zu sichern und rentabel zu machen, mussten geeignete Rahmenbedingungen geschaffen werden: ein maschinengerechter Wald mit einem engen Netz an Fahrgassen, dessen Gassenabstände vorgegeben werden durch die jeweiligen Kranreichweiten. Mehr als 20 Prozent der Waldfläche können so als Fahrgassen ausgewiesen und einer dauerhaften Verdichtung preisgegeben werden.

Zeitgleich zur Etablierung der vollautomatischen Erntemaschinen wandelte sich auch die Rücketechnik: Kran gestützte hydraulische Systeme verdrängen mehr und mehr die klassische Seilwinde. Heben statt Ziehen ist seitdem angesagt: Schwere Tragschlepper (Forwarder), Forstspezialmaschinen mit Rückekran und -zange und Forsttraktoren mit Kranwagen dominieren bis heute das Erscheinungsbild der modernen Holzrücketechnik.

Das Pferd im Wald heute

Die Hauptaufgabe der Pferde besteht heutzutage nach wie vor im Vorrücken von Stämmen und Stammholzabschnitten. Hierbei arbeiten sie in der forstlichen Arbeitskette stets eng zusammen mit der aktuellen Forstmaschinentechnik. Aufgrund der feinmaschigen, maschinenfreundlichen Erschließung der

Tragschlepper – „Forwarder" – bewegen heute das meiste Holz in deutschen Forsten.

Ist und bleibt die Hauptaufgabe für die "Waldpferde": Vorliefern aus dem Bestand an die Rückegasse. **Foto:** Sibillja Gutmann

Bestände durch Rückegassen und Waldwege bleibt aber nur wenig Fläche übrig, die nicht mit dem Kran des Harvesters, Rückezugs oder Zangenschleppers direkt erreicht werden kann. Beim Vorliefern des Holzes in den Kranbereich der Maschinen kann das Pferd mit seinem Konkurrenten, dem Seilschlepper, nach wie vor konkurrieren. Auch beim Rücken von Vollbäumen in die Kranzone des Vollernters werden Pferde bis zu bestimmten Holzstärken sinnvoll und effektiv eingesetzt.

Insgesamt hat sich das Haupteinsatzgebiet der Holzrückepferde in den letzten Jahren immer mehr weg von der Fläche hin in Randbereiche verschoben. In Bereiche, die sich entweder maschinell nur schlecht bewirtschaften lassen, wie bestimmte Hanglagen oder Feuchtgebiete, in Nationalparks, Naturschutzgebiete oder in dicht besiedelte Räume, wo das soziale Umfeld einen groben Maschineneinsatz nicht kritiklos hinnehmen würde.

Ein Arbeitsfeld, das wegen der dramatischen Entwicklung in den Forsten – Sturm-Kalamitäten, Schädlinge, Trockenheit – vor allem mit dem großflächigen Absterben von Fichtenbeständen wieder verstärkt in den Fokus rückt, ist der Waldumbau. Hier besteht eine zunehmende Nachfrage nach bodenschonenden Techniken, die von Pferdeunternehmen bedient werden können. Bodenverwundung zur Förderung der Naturverjüngung, Baumsaat oder die Anlage von Pflanzstreifen mit Spezialpflügen sind Einsatzmöglichkeiten, in denen Arbeitspferde mit Maschinen bestens konkurrieren können.

Das Pferd im Wald (von) morgen

Auch in Zukunft wird Forstwirtschaft bei uns nicht ohne Maschinen betrieben werden können. Ob nun mit Dieselmotor oder Elektroantrieb: Für schwere, bodenschädigende Maschinen wird es dauerhaft kein derart eng gestricktes Rückegassennetz mehr geben, wie wir es heute kennen. Zu groß sind die ökologischen und klimaschädlichen Auswirkungen. Größere Gassenabstände werden zur Entwicklung neuer Technik und zu angepassten Arbeitsverfahren führen. Man wird sich aber auch wieder auf alte und bewährte Methoden besinnen: die Pferdearbeit. Sie wird wirtschaftlich konkurrenzfähig sein, da bei der Entlohnung auch die Folgekosten berücksichtigt werden, die durch die boden-, bestands- und klimaschonende Arbeitsweise eingespart werden können. Mit Hilfe der Pferde und intelligenter Arbeitsplanung kann die Effektivität der teuren Maschinenarbeit optimiert werden, unproduktive Maschinenarbeitszeiten entfallen und die höhere Auslastung trägt zur besseren Rentabilität bei.

Es wird eine staatlich anerkannte Ausbildung für Pferderücker geben – ein Beruf, der wegen der hohen Qualifikationsanforderungen großes Ansehen genießt. Pferdearbeit ist Bestandteil der Förster- und Forstwirtausbildung, und zu den Lehrplänen gehören sinnvolle Arbeits- und Einsatzplanung ebenso wie Sicherheit und Tierschutz. Alle an der forstlichen Arbeitskette Beteiligten haben gelernt, auch auf das Wohlbefinden der Pferde zu achten, dieses richtig einzuschätzen und bei erkennbaren Beanstandungen zu reagieren.

Die Zucht geeigneter Forstpferde wird verstärkt öffentlich gefördert und auch für die Entwicklung „perfekter" Geschirre und Zubehör oder für Werkzeug und Geräte, welche die Arbeit für Mensch und Tier effektiver und sicherer machen, stehen Fördermittel bereit.

Utopie? – Vielleicht.

Warum Pferde im Wald?

Angesichts kranker Bäume, absterbender Bestände, aktueller Klimaerwärmung und drohender Klimakatastrophe ist es zu einfach, wenn die Forstwirtschaft die Lösung nur im künftigen Anbau „klimaresistenter" Baumarten sucht. Neben den bekannten Fehlern der Vergangenheit – Monokultur, Altersklassenwald, nicht standortgerechte Bestände – gehört das System der modernen Holzernte zu den Hauptursachen des gegenwärtigen Dilemmas. Um den industriellen Maschineneinsatz zu fördern und profitabel zu machen, wurde in den letzten Jahrzehnten ein Fahrgassennetz in den Waldbeständen etabliert, das mit seinen 20-m-Gassenabständen etwa 20 Prozent der Waldfläche dauerhaft „versiegelt". Rechnet man die nicht befahrbaren Lagen heraus, ergibt dies in Deutschland eine knapp 2.000 Quadratkilometer große Bodenfläche, auf der durch die Bodenverdichtung nicht nur das Treibhausgas Methan (CH4) in großen Mengen freigesetzt wird, sondern auch das noch viel aggressivere und klimaschädlichere Lachgas (N2O) – eine Dimension, die bei der gegenwärtigen Klimadiskussion kaum vernachlässigt werden kann. Studien zeigen, dass diese Treibhausgasfreisetzung die klimatischen Vorteile der von der Forstwirtschaft viel gepriesenen CO2-Bindung im Holz wieder aufhebt. Die Bodenverdichtung fördert den Treibhauseffekt, schadet damit der Gesundheit und der Widerstandskraft der Bäume und der Wälder und stellt auch den forstlichen Mythos vom Prinzip der Nachhaltigkeit in Frage.

Bisher ist es der Forstwirtschaft gelungen, sich ausschließlich als Opfer des Klimawandels darzustellen. Dass sie aber auch Täter ist, wird sich auf Dauer nicht ausblenden lassen, und sie wird sich ihrer Verantwortung stellen müssen. Eine Konsequenz wird sein, die Befahrung der Bestände mit schweren Maschinen drastisch einzuschränken.

Auch wenn die Pferde momentan verstärkt aus der Fläche verdrängt und in Nischen und Randbereiche „abgeschoben" werden: Die Forstwirtschaft wird sich ihre derzeitige Politik der Bodenzerstörung im großen Stil nicht weiter leisten können. Bei dringend erforderlichen größeren Gassenabständen von 40 oder besser 60 Metern können die Pferde ihre Vorteile des boden-, umwelt- und klimafreundlichen Arbeitens sowie der flexiblen Einsatzmöglichkeiten voll zur Geltung bringen und wären bei Berücksichtigung der Folgekosteneinsparung auch wirtschaftlich eine echte Alternative. Die Pferde werden wieder mehr zum Zuge kommen!

Die Vorteile des Pferdeeinsatzes im Wald

- Natur-, umwelt- und klimafreundlich
- Schonung des Bodens
- Hohe Pfleglichkeit des Bestandes
- Vorhandene Naturverjüngung kann geschont werden
- Einsetzbar auch in schwierigem Gelände und bei problematischen Bodenverhältnissen
- Große Witterungsunabhängigkeit
- Kein enges Rückegassennetz notwendig, große Gassenabstände möglich
- PS je nach Bedarf: einspännig, zwei- oder mehrspännig, mit und ohne Rückegeräte
- Vorliefern ermöglicht hohe Maschinenauslastung
- Einsparung fossiler Brennstoffe
- Keine Umweltgefahr durch Verschmutzung mit Schmierstoffen und Hydrauliköl
- Vielseitig einsetzbar bei Holzernte und Bestandesumbau
- Relativ geringe Investitionskosten
- Hohe Akzeptanz in der Bevölkerung

Süddeutsches Kaltblut

Bretone

Schweden-Ardenner

Das Holzrückepferd

Das Pferd, mit dem man seine ersten Versuche mit der Waldarbeit unternehmen möchte, sollte ein Tier sein, das gesund, zugfest, ruhig, nicht schreckhaft und bereits an Zugarbeiten gewohnt ist. Auch das Fahren vom Boden sollte ihm bereits vertraut sein.

Die Rasse spielt dabei zunächst eine untergeordnete Rolle. Die Entscheidung des Anfängers, ob Shetlandpony, Haflinger, Norweger, Warmblut- oder Kaltblutpferd, ist zunächst abhängig vom vorhandenen „Pferdematerial", dem eigenen „Pferdeverstand" und schließlich von dem angestrebten Arbeitsumfang.

Während das gelegentliche Ziehen von dünnen Fichtenstangen oder Abschnitten durchaus problemlos auch von Shetties durchgeführt werden kann, wird man beim nebenerwerblichen oder professionellen Einsatz kaum um die Verwendung von Kaltblütern herumkommen. Zum einen besitzen diese Pferde in der Regel eher die gewünschten Interieureigenschaften, zum anderen sind sie deutlich belastbarer, was das Ziehen schwerer Lasten angeht. Leichtere Pferde erreichen bei der Waldarbeit zu schnell und zu oft ihre Belastungsgrenzen. Einzige Ausnahme: Die Arbeit im Gebirge und an Steilhängen, wo es nicht unbedingt auf höchstmögliche Zugkraft, sondern mehr auf Trittsicherheit und Geschicklichkeit ankommt. Dies ist aber grundsätzlich kein Terrain für Anfänger!

Was für ein Pferd will ich haben?

Möchte man sich ein Pferd neu anschaffen, sollte man sich im Klaren darüber sein, was man eigentlich genau vorhat. Möchte man nur freizeitmäßig Holz rücken, gelegentlich auch seine Weiden abschleppen und Kutsche fahren, oder möchte man damit professionell Holz rücken?

Will man ein Allround-Talent: Arbeiten-Fahren-Reiten? Möchte man auch damit züchten? Von den Antworten auf diese Fragen (und natürlich vom persönlichen Geschmack) hängt es ab, ob die Wahl schließlich zum Beispiel auf Haflinger, Norweger, Schweres Warmblut oder auf Kaltblutpferde fällt, oder ob man sich für Hengst, Stute oder Wallach entscheidet.

Welches Pferd passt zu mir?

Entscheidend für die Antwort ist der Grad der Erfahrung im Umgang mit Pferden oder in dem Einsatzgebiet, in dem man mit diesen arbeiten möchte.

Je geringer die eigenen Erfahrungen, umso höher sind die Anforderungen an das Pferd.

Ein altes, erfahrenes Pferd kann für einen Anfänger ein hervorragender Lehrmeister sein! Ebenso kann zum Beispiel ein routiniertes Holzrückepferd dem ansonsten bereits mit Pferden Vertrauten das Erlernen des Holzrückens ungemein erleichtern. Die Kombination „Anfänger und ungelerntes Pferd" ist jedenfalls meistens die denkbar ungünstigste Variante.

Ist man ein nervöser Typ, sollte man die Finger von „heißen Öfen" lassen; ist man dagegen selbst ruhig und durch nichts

Percheron

Fjord-Pferd

Freiberger

Rheinisch-Deutsches Kaltblut

Niederländisches Zugpferd

Schwarzwälder Kaltblut

aus der Ruhe zu bringen, hat man in der Regel wenig Probleme auch mit etwas höher im Blut stehenden (temperamentvolleren) Pferden.

Geeignete Rassen für den professionellen Einsatz

Die in Deutschland gezüchteten Kaltblutrassen bieten sich naheliegenderweise besonders an. Ob Süddeutsches Kaltblut, Schwarzwälder, Schleswiger oder Rheinisch-Deutsches Kaltblut – jede dieser Rassen verfügt über geeignete Pferde für diese spezielle Arbeit. Natürlich kommen auch ausländische Kaltblutrassen in den Wäldern zum Einsatz: Ardenner, Comtois, Percheron oder „Belgier" – um nur einige zu nennen.

Über welche Eigenschaften sollte ein Arbeitspferd verfügen?

Zuerst sollte das Pferd keine starken Exterieurmängel aufweisen und gesund sein, d.h. es muss erst einmal über die Grundvoraussetzung verfügen, um überhaupt genutzt werden zu können (korrekt gestellte Gliedmaßen und gesunde, gut geformte Hufe, leistungsfähige Lungen und Herz, kein Sommerekzem, usw.).
Fast genauso wichtig sind dann seine charakterlichen Eigenschaften, das Interieur.
Grundsätzlich sollte das Pferd nicht sehr schreckhaft sein. Es sollte freundlich, gutmütig, umgänglich sein, also einen ausgeglichenen Charakter haben.
Um mit leichten Arbeiten beginnen zu können, sollte das Pferd **mindestens drei Jahre alt** sein.

Worauf sollte man beim Pferdekauf achten?

Verfügt man selbst nicht über die nötige Erfahrung und das Wissen, so ist es ratsam, zur Besichtigung eines Kandidaten einen Fachmann/frau des Vertrauens mitzunehmen.
Auch kann es sinnvoll sein, einen Tierarzt für eine Ankaufsuntersuchung heranzuziehen.
Drei Punkte, die jedes Pferd im arbeitsfähigen Alter erfüllen sollte, können vor Ort gleich selbst geprüft werden:

Lässt sich das Pferd berühren
(hebt es zum Beispiel die Hufe)**?**
Lässt sich das Pferd führen?
Lässt sich das Pferd anbinden?
Der vierte Punkt –
lässt sich das Pferd verladen und fahren? –
wird spätestens dann zum Thema, wenn man sich handelseinig geworden ist. Besser wäre es, auch dies vorher geklärt zu haben.

Auf jeden Fall sollte man sich vom Verkäufer die zugesicherten Eigenschaften („ist eingefahren", „ein- und zweispännig gefahren", „ist verkehrssicher", usw.) vom Besitzer in der Praxis vorführen lassen und Ausreden („habe grad kein passendes Geschirr zur Hand", usw.) nicht akzeptieren. Zwar ist man mit der neuen Produkthaftung rechtlich auf der sicheren Seite, aber man möchte ja trotzdem später nicht enttäuscht werden. Gut ist es, wenn man dann dabei selbst einmal die Leine in die Hand nehmen kann und ideal, wenn die Möglichkeit besteht, mit Besitzer und Pferd ein kleines Arbeitspraktikum zu absolvieren.

Noriker

Schleswiger Kaltblut

„Belgier" - Belgisches Zugpferd

Holzrücken mit Pferden

Die ersten Schritte

Das sichere Anhängen eines Stammes will gelernt sein. „Trockenübungen", wie diese – unter Anleitung und Aufsicht –, sind wichtige Vorbereitungen, bevor es dann später in den Wald gehen kann.

Auch wenn das Pferd im Wald zurzeit (wieder einmal) in die Defensive gerät - Holzrückelehrgänge sind „In"! Egal, wo sie angeboten werden und in welcher Form, sei es als Schnupperkurs für einen halben Tag oder als ernstzunehmende Ausbildung über mehrere Tage: Die Veranstalter haben selten Probleme, genügend Interessenten zu finden.
Bunt ist dabei die Zusammensetzung der Gruppen: Vom Forstbeamten über den Forstwirt, die sich berufsbedingt für dieses Arbeitsverfahren interessieren, bis hin zum reinen Freizeit- und Hobby-Pferdehalter, der neben Reiten oder Fahren einfach mal was Neues kennenlernen und seinen Erfahrungsschatz erweitern möchte.

Gemeinsam ist ihnen allen, dass sie sich auf neues, fremdes Gebiet wagen. Diejenigen, die bereits über Vorerfahrungen mit der Waldarbeit verfügen und die Arbeitsabläufe kennen, müssen komplett umdenken und sich auf ein lebendes Betriebsmittel/Produktionsmittel einstellen, das anders funktioniert als eine Seilwinde, andere Anforderungen stellt und oft auch zur Lösung bekannter Aufgaben andere Herangehensweisen erfordert.
Pferdehalter, die im Umgang mit Pferden bereits geübt und routiniert sind, sehen sich plötzlich mit einer nicht zu durchblickenden komplexen Aufgabenstellung konfrontiert: sich einerseits auf das Pferd und die Arbeit konzentrieren und sich andererseits auch auf die forstlichen Anforderungen konzentrieren zu müssen.
Mitglieder beider Einsteigergruppen erkennen sehr rasch, wie gefährlich und unfallträchtig diese Arbeit sein kann und dass schon kleinste Fehler und Unterlassungen sehr schmerzhaft sein können.

Entsprechend steigt der Adrenalinspiegel der angehenden Holzrücker in der Regel bis zum Anschlag, und die ersten Versuche - auch unter versierter Anleitung – bedeuten für sie meistens puren Stress.
Vergessen wird dabei schnell, dass es den Pferden auch nicht viel anders geht. Wenn es sich nicht gerade um schon völlig routinierte und abgebrühte „Schulpferde" handelt, stehen sie vor dem gleichen unüberschaubaren Berg von neuen Aufgabenstellungen und drohenden Gefahren, der ihre Konzentrationsfähigkeit und Geduld bis an die Grenzen belastet.

Die Kombination „unerfahrenes Pferd und unerfahrener Fuhrmann" birgt somit eine ganze Menge Sprengstoff und der leichtfertige, autodidaktische Versuch ist - ohne entsprechende „Überwachung" durch einen erfahrenen Holzrücker - meist zum Scheitern verurteilt. Oft mit schmerzhaften Folgen ...

Anforderungen und Vorausetzungen

Der Holzrücker/die Holzrückerin

Wie schon eingangs erwähnt, wird Pferderücken meistens verbunden mit dem Klischee von der „harten und schweißtreibenden Arbeit gestandener Mannsbilder". Nicht in dieses Bild passen hier allerdings die weiblichen Pferderücker, die sich in den letzten Jahren erfolgreich emanzipiert haben.

Geänderte Arbeitsverfahren, durch die Zusammenarbeit mit moderner Forsttechnik, schaffen sowohl Pferden als auch Fuhrleuten Erleichterungen, die zum einen aus tierschützerischen Gründen zu begrüßen sind, und zum anderen auch die körperliche Belastung der im Wald Arbeitenden reduzieren helfen.

Außerdem hat sich auch die Ausrüstung den heutigen Anforderungen angepasst: Anstatt wie früher schwere Zehnmillimeter-Rückeketten aus Eisen zu benutzen, werden heute leichte Ketten aus hochfestem Stahl verwendet, die selbst bei Stärken von nur fünf Millimetern noch eine höhere Belastbarkeit aufweisen als ihre archaischen Vorgänger. Auch leichte Ortscheite aus Stahl oder moderne Kunststoffgeschirre erleichtern die körperliche Arbeit enorm. So ist „Pferdeverstand", d.h. routinierter und verantwortungsbewusster Umgang mit den Pferden, Geschicklichkeit und Übersicht, heute mehr denn je eine wichtigere Anforderung an den Pferderücker als Kraft oder Körpermasse; Ausdauer und Kondition kommen durch die tägliche Übung.

Dennoch: Wer mit Pferden im Wald arbeiten will, muss geistig und körperlich fit sein. Er muss in der Lage sein, mehrere Kilometer täglich durch unwegsames Gelände zu laufen und sich während der gesamten Arbeitszeit voll auf seine Arbeit zu konzentrieren. Empfindlichkeiten gegen Wetter und Schmutz dürfen zudem nicht besonders ausgeprägt sein.

Eigentlich sollte es überflüssig sein, darauf aufmerksam machen zu müssen: Kein Alkohol vor oder während der Arbeit! Bei der Arbeit muss man grundsätzlich hellwach sein und alle Sinne beieinander haben.

Bevor man sich nun in die Praxis stürzt und nach dem Prinzip „try and error" sich langsam, aus eigenen Fehlern lernend, an die Materie herantastet, sollte man sich vorher schon etwas Praxiswissen angeeignet haben – sei es durch Lehrgänge oder durch Praktika bei einem etablierten Holzrückebetrieb. Man sollte sich mit den forstlichen Anforderungen und Aufgabenstellungen vertraut gemacht haben, um zu verstehen, warum man diese Arbeit überhaupt macht, welche Stellung in der Arbeitskette sie einnimmt und wie alles zusammenwirkt.

Holzrücken mit Pferden ist schließlich kein Selbstzweck oder dient primär der Selbstverwirklichung (außer im therapeutischen Bereich), sondern ist klar ziel- und ergebnisorientiertes Handeln zu wirtschaftlichen Zwecken. Wer vorhat, haupt- oder nebenberuflich damit Geld zu verdienen, kommt nicht umhin, sich auch die notwendigen betriebswirtschaftlichen Grundlagen anzueignen.

Nicht nur für den Anfänger gilt:

Sicherheit hat Vorrang

Wenn die oben aufgeführten Voraussetzungen vorliegen, kann es eigentlich losgehen. Bevor man nun allerdings erstmals mit seinem eigenen Pferd loszieht, um im eigenen oder fremden Wald zu üben und etwas Holz zu rücken, sollte man nachprüfen, ob die (hoffentlich vorhandene) Tierhalterhaftpflichtversicherung auch für Schäden aufkommt, die bei dieser Art von Arbeit auftreten können. So man nicht schon ohnehin über die Berufsgenossenschaft versichert ist, sollte der Abschluss einer Unfallversicherung in Erwägung gezogen werden. Wird die Arbeit (auch die Übungsarbeit) gegen Bezahlung durchgeführt, muss zuvor beim zuständigen Ordnungsamt ein Gewerbe angemeldet werden.

Schutzausrüstung

Zum absoluten „Muss" bei der Waldarbeit gehört die persönliche Schutzausrüstung. Waldarbeitschuhe mit Stahlkappen sind dabei genauso unerlässlich wie Handschuhe. Empfehlenswert ist das Tragen einer Schnittschutzhose, auch wenn man keine Motorsäge in Benutzung hat. Die dicke Schnittschutzeinlage im Scheinbeinbereich dämpft Schläge, z.B. durch unter Spannung stehender Äste und bewahrt so vor mancher schmerzhaften Prellung der Schienbeine.
Laut Berufsgenossenschaft ist das Tragen eines Helmes bei Rückearbeiten Pflicht, wobei nicht differenziert wird zwischen Maschinen- und Pferdearbeit. Helm tragende Pferderücker sind in der Praxis ein eher seltenes Bild. Der Autor selbst trägt einen Helm bei Arbeiten in Laubholzbeständen und bei windigem Wetter, wenn die Gefahr herabfallender Äste erheblich ist. Ebenso bei Arbeiten in Beständen, in denen die Motorsäge zum Einsatz kommt oder noch gefällt wird, oder das Pferd als Fällhilfe eingesetzt wird. Ansonsten hat es sich bewährt, auf jeden Fall eine Kopfbedeckung zu tragen.
Obligatorisch ist der Verbandskasten, den man normalerweise im PKW mit sich führt und empfehlenswert ein Mobil-Telefon um ggf. rasch zusätzliche Hilfe rufen zu können.

Als Grundausrüstung genügen vorerst Schwengel (Ortscheit) mit Wirbelhaken, Verkürzungshaken und Rückekette mit Schlinghaken. Die Kette sollte dabei möglichst nicht unlösbar mit dem Schwengel verbunden sein. Alles sollte möglichst leicht und dünn aber sehr stabil sein, um sich selbst die Arbeit leicht zu machen. Erreicht wird dies durch die Verwendung von Material aus gehärtetem Stahl der Güteklasse 8 oder aufwärts (erhältlich im Forstbedarfshandel).
Später, wenn man etwas Routine gewonnen und u.U. auch die Möglichkeit hat, größere Mengen Holz zu rücken, kann man sich Gedanken über zusätzliche Hilfsmittel wie Rückezangen, Blockstreifhaken u.v.m. machen.

Nicht alleine arbeiten!

Was für den professionell arbeitenden Holzrücker oft unumgänglich ist, ist für den Neuling absolut inakzeptabel und unverantwortlich: die Alleinarbeit. Die meisten Anfänger sind in der ersten Zeit überfordert, sich gleichzeitig auf das Pferd und die Arbeit zu konzentrieren und dann noch darauf aufzupassen, dass ihnen selbst nichts passiert. Eine weitere Person, die auch wirklich in der Lage ist, einzugreifen, wenn es darauf ankommt, muss unbedingt zugegen sein. Bei den ersten Versuchen ist es ratsam, wenn eine Person das Pferd zusätzlich

Bei der Arbeit zu zweit kann eine Person auf das Pferd achten und die zweite den Stamm anhängen. Nicht immer bleiben die Pferde ruhig stehen und bei der Situation auf dem Foto wäre wahrscheinlich auch die Leine zu kurz gewesen, um bei Alleinarbeit sicher anhängen zu können. **Foto:** Reinhard Merten

am langen Seil sichert, während die zweite das Holz anhängt, oder das Pferd von hinten mit der langen Fahrleine lenkt. Selbst Pferde, die man meint gut zu kennen, können in der für sie fremden Situation und Umgebung anders reagieren als gewohnt. Vorheriges Vertrautmachen mit dem Arbeitsplatz „Wald" durch Spaziergänge und „Trockenübungen" ist nicht von Nachteil.

Der Anfang sollte auf keinen Fall unter irgendwelchem Zeit- oder Leistungsdruck stehen. Ruhe und Gelassenheit führen am schnellsten zum Ziel. Sobald man merkt, dass das Pferd sich nicht mehr konzentrieren kann und nicht mehr bei der Sache ist, oder man selbst auch „geschafft" ist, den Überblick verliert und es nicht mehr „rund" läuft, sollte man abbrechen. Eine Stunde ist am Anfang oft genug.
Ideal wäre für die ersten Versuche ein Bestand mit einfachsten Bedingungen: Ebene Fläche, viel Platz, überschaubar, wenig störender Schlagabraum, nicht zu langes und zu schweres Holz. Auch ist es empfehlenswert, nicht gerade dann anfangen zu wollen, wenn die Bremsenplage im Wald gerade ihren Höhepunkt erreicht hat ...

Worauf man achten muss!

Bis 2001 wurde von der Landwirtschaftlichen Berufsgenossenschaft (LBG) angeraten, das Pferd beim Holzrücken am kurzen Strick zu führen. Diese Vorschrift war nicht nur praxisfremd, sondern deren Umsetzung zudem höchst gefahrenträchtig. Befindet sich der Fuhrmann auf der Höhe des Pferdekopfes nimmt er die Position ein, von der aus er den schlechtesten Überblick über das Gesamtgeschehen hat. Um zu sehen, was hinter ihm passiert, muss er sich komplett umwenden und läuft dann gleichzeitig vorne ins Leere. Er ist ständig der Verletzungsgefahr durch die Pferdehufe ausgesetzt und an Engstellen kann es für ihn u.U. schnell viel zu eng werden zwischen Pferd und Baum.
Heute schreibt die LBG in ihren Unfallverhütungsvorschriften: „Gehen Sie in Höhe des Anschlagpunktes der Last mit."
Die optimale Position befindet sich tatsächlich etwa ein bis zwei Meter seitlich hinter dem Pferd ungefähr auf Höhe der Stelle, an welcher der Stamm mit der Kette befestigt ist. Von hier aus hat man die beste Übersicht nach vorne, zur Seite und nach hinten und ist gleichzeitig in sicherem Abstand zu Pferd und Stamm. Selbst, wenn der Schwengel unter Volllast in der Mitte brechen sollte und die beiden Bruchstücke wie Geschosse nach links oder rechts fliegen, ist man auf einer sicheren Position.

Die Fahrleine muss hierfür ausreichend lang sein; sechs Meter Länge haben sich bewährt, um auch mal eine noch größere Distanz wahren zu können, wenn dies die Situation erfordert. Die Arbeit mit dem Stoßzügel (Zupfleine) ist optimal, setzt aber schon viel Routine und Ausbildung voraus und ist für den Anfänger schwer zu realisieren.

Ganz wichtig:

Die Leine nie aus der Hand geben!

In jeder Situation muss die Kontrolle über das Pferd gesichert sein. Wenn man beide Hände braucht, um irgendwelche Arbeiten zu verrichten, wie z.B. beim Anhängen des Holzes, muss man die Leine sichern; sei es, indem man sie zwischen die Beine klemmt oder in der Hocke zwischen Oberschenkel und Bauch legt. Auf jeden Fall muss sie sofort griffbereit sein. Dabei allerdings

niemals die Leinen um das Handgelenk wickeln

oder sonst wie unlöslich mit dem eigenen Körper verbinden. Geht das Pferd durch, hat man keine Chance und wird einfach mitgeschleift.
Empfehlenswert ist es zudem, die **Leine hinten offen** zu haben. So besteht kaum Gefahr, dass sie sich an einem Ast oder Baumstumpf festhakt und man dem Pferd so ungewollt fürchterlich im Maul reißt.

Zusätzlich zur Leine sind bei der Waldarbeit **Stimmkommandos** von großer Bedeutung. Sollte man die Leine im Eifer des „Gefechts" einmal verlieren, hat man so immer noch die Möglichkeit, durch entsprechenden Befehl das Pferd zum Stehen zu bekommen. Dies sollte man bei der Ausbildung seines Pferdes unbedingt berücksichtigen. Wie die Kommandos im einzelnen lauten, ob „Steh!", Oha!",„Brr!" oder wie auch immer, entscheidend ist die Konsequenz, mit der diese Befehle angewendet und durchgesetzt werden. Dasselbe gilt natürlich auch für die Kommandos für „links", „rechts" oder „Anziehen".

Der häufigste Fehler: Falscher Standort

Eine der unfallträchtigsten Situationen ist das Anhängen der Last. Hier werden gerade von Anfängern mit großer Regel-

Sieht schön aus, täuscht aber! Sekunden nachdem dieses Foto geschossen wurde, zog das Pferd seitlich an und die junge Frau, die den Stamm bereits angehängt hatte, lag mit einem Bein darunter. Zum Glück war ein Helfer dabei und das Pferd stoppte sofort auf Zuruf. So ging alles mit ein paar Prellungen relativ glimpflich aus. Ihr Fehler: Sie steht beim Anhängen über dem Stamm.

mäßigkeit gravierende Fehler gemacht. Vor allem der eigene Standort wird oft falsch gewählt und die Bewegung des Stammes falsch eingeschätzt.

Empfohlene Vorgehensweise:

Den zu rückenden Stamm aussuchen und entscheiden, in welche Richtung er weggezogen werden soll.
Das Pferd möglichst nah bis zu der Stelle führen, an der die Kette um den Stamm gelegt werden soll.
Das Pferd umdrehen und bereits in die gewünschte Zugrichtung stellen.
Die Kette vom Schwengel lösen. Die Verbindung muss dabei vollständig getrennt sein.
Einen sicheren Standort außerhalb des Zugwinkels wählen.
Auf keinen Fall zwischen die Zugstränge treten.
Die Leine sichern (siehe oben).
In die Hocke gehen, die Kette um den Stamm legen und den Schlinghaken einhaken.
Dabei darauf achten, dass die **Finger nie zwischen Kette und Stamm geraten.**
Bei all diesen Tätigkeiten sollte man immer mit einem Auge beim Pferd sein und jederzeit bereit sein,die Leine zu ergreifen. Das Pferd muss stehen!
Ganz zum Schluss die Kette mit dem Schwengel verbinden (ab jetzt Alarmstufe rot!).
Leine übernehmen und sortieren, sich aufrichten und orientieren.

Zugwinkel meiden!

Nochmals vergewissern, dass man einen sicheren Standort hat und nicht im Zugwinkel steht.
Nun kann das Kommando für das Anziehen gegeben werden.

Bei der Lastfahrt gilt: **Das Tempo bestimmt der Fuhrmann!** Also nicht hinter dem Pferd her rennen, wenn dieses Tempo aufnimmt, sondern die „Bremse“ einlegen und langsam fahren. Bei jeder unübersichtlichen Situation anhalten und sich einen Überblick verschaffen; erst dann wieder weiterfahren.
Nicht während des Zuges über den Stamm springen oder gar versuchen, auf dem Stamm balancierend mitzufahren! Schnell kommt man ins Stolpern oder verliert die Balance und schneller als man denkt, liegt man unter dem Stamm. Also besser anhalten, den Stamm queren und dann den Zug fortsetzen.
Bei Zugrichtungswechsel unbedingt daran denken, dass sich damit auch der Zugwinkel ändert und der bisher sichere Standort plötzlich im Gefahrenbereich liegt.
Schon bei geringer Hangneigung gilt: sich **immer oberhalb des Stammes** aufhalten.

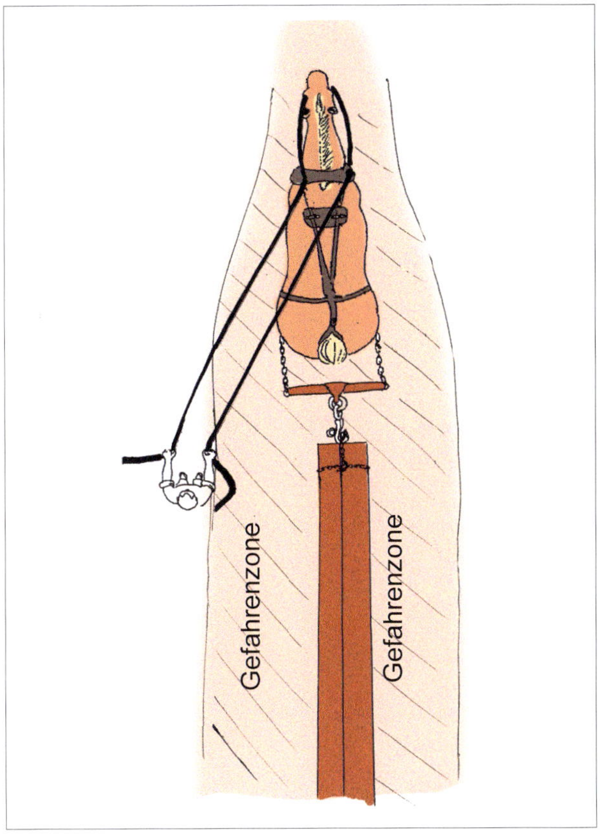

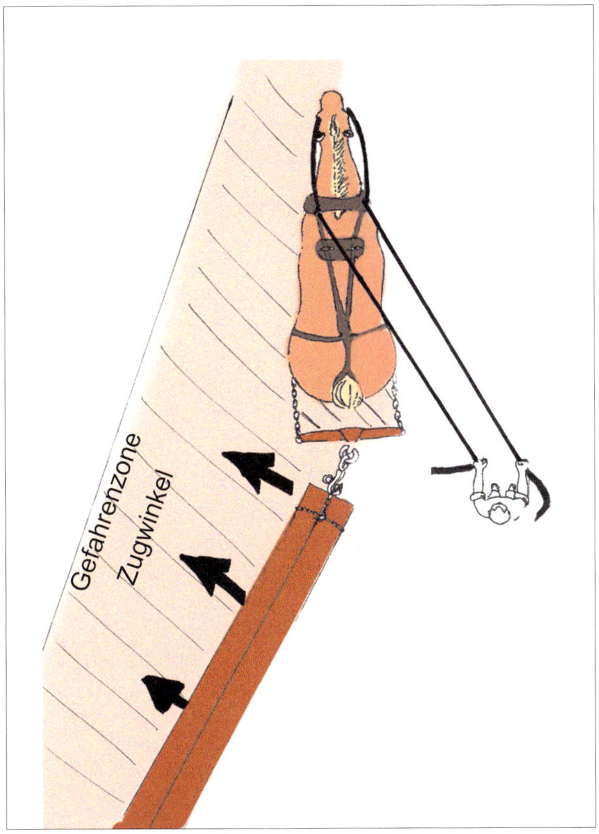

Der Fuhrmann muss darauf achten, dass er sich beim Zug möglichst nicht in den Gefahrenzonen aufhält. Für Ungeübte ist der Zugwinkel oft nicht sofort zu erkennen. Offensichtlich auch nicht für die Person auf dem Foto links. Zieht das Pferd unvermittelt nach links an, bewegt sich auch der Stamm nach links. Vermutlich wird er durch den zu erkennenden Baumstumpf aufgehalten und umgelenkt. Es kann aber auch passieren, dass er über diesen Stumpf „springt“ und dann mit ziemlich viel Energie nach links geschleudert wird. Wie auch immer: der richtige Standort ist hier rechts vom Stamm!

Erst Übung macht den Meister

Meistens „funktioniert" das eigene Pferd nicht so, wie man es sich wünscht oder wie man es beim Lehrgang mit den Schulpferden erlebt hat. Das wäre auch zu viel verlangt. Oft jahrelange Ausbildung und Arbeit steckt in solchen routinierten Pferden.

Für das Pferd ist es wichtig, in dem fremden Umfeld Sicherheit zu gewinnen und seine neue Aufgabe „verstehen" zu lernen. Es muss erst lernen, schwere Lasten ruhig anzuziehen, muss erfahren, dass die bedrohlich klingenden Geräusche von brechenden Ästen oder Metallgeschepper ihm nichts antun. Das Pferd muss Vertrauen gewinnen zu seinem „Chef" und auch Vertrauen zu sich selbst.
Dieses Vertrauen kann man nur gewinnen und bilden, wenn man sein Pferd nicht überfordert, nichts von ihm verlangt, was es nicht kann, und nicht zu etwas zwingt, vor dem es Angst hat. Baut man hier zu viel Druck auf, reagiert das Tier oft mit Angst oder gar Panik und Flucht. Sehr schnell kann eine an sich harmlose Situation eskalieren, wenn man im falschen Moment falsch reagiert. Man sollte sich im Klaren darüber sein, dass Pferde sich nicht widersetzen oder Befehle nicht ausführen, weil sie bewusst widerspenstig wären, sondern weil sie in der jeweiligen Situation schlicht überfordert sind und ihnen die nötige Sicherheit fehlt.

Wenn man es nun ruhig angehen lässt und sich und sein Pferd nicht überfordert, bekommt man sehr schnell eine Ahnung von dem unbeschreiblichen Gefühl, das aufkommt, wenn das Zusammenspiel zwischen Mensch und Pferd fast spielerisch funktioniert, Kommandos über Körpersprache oder scheinbar per Gedankenaustausch übermittelt werden und ein blindes Vertrauen zwischen den beiden ungleichen Arbeitspartnern entstanden ist.
Ein paar Jahre Arbeit und viel Geduld bedarf es dann allerdings schon, um in den vollen Genuss dieses Gefühles zu kommen...

Was sagt die Berufsgenossenschaft ?

Sozialversicherung für Landwirtschaft, Forsten und Gartenbau (SVLFG): Aktuelles zu Sicherheit und Gesundheitsschutz – B21 Pferdehaltung, Kassel 2022:

„Der Einsatz von Rückepferden in der Forstwirtschaft erfreut sich im Zuge einer nachhaltigen, naturnahen Waldbewirtschaftung heute wieder wachsender Nachfrage. Rückepferde werden häufig zum Vorliefern von geschlagenem Stammholz oder Vollbäumen eingesetzt. In Einsatzgebieten, die maschinell schlecht zu bearbeiten sind, ist der Einsatz von Rückepferden flexibler und effektiver.

Für das Holzrücken mit dem Pferd ist ein nervenstarkes Tier mit einem ausgeglichenen Wesen notwendig. Voraussetzung für einen sicheren und für das Pferd gesundheitserhaltenden Einsatz ist eine umfassende Ausbildung und Kondition. Die tägliche Arbeitsbelastung sollte schrittweise gesteigert werden. Aus Sicherheits- und Tierschutzgründen sollte, entsprechend der Tagesform des Pferdes, die Arbeit bei Ermüdungserscheinungen eingestellt werden.

Zur sicheren und pferdeschonenden Ausführung von Rückearbeiten wird eine geeignete Ausrüstung des Pferdes benötigt, die folgende Bestandteile umfassen sollte:

- *Kumt/Kummet oder Brustblattgeschirr*
- *Zugstränge, unter Last durchtrennbar*
- *Zäumung mit geschlossener Einspännerleine**
- *Ortscheit*

Die Ausrüstung des Pferdes muss richtig angepasst und verschnallt sein und deren Zustand muss regelmäßig überprüft werden.
Für den Rücker ist eine spezielle Fachkunde notwendig. Diese kann über eine Fortbildung bei einem der Fachverbände erlangt werden. Entsprechend den bei Forstarbeiten zu erwartenden Gefährdungen (z. B. herabfallende Äste, unebenes Gelände) benötigen auch die Fuhrleute eine geeignete persönliche Schutzausrüstung:

- *Kopfschutz (DIN EN 397)*
- *Sicherheitsschuhe (DIN EN ISO 20345)*
- *Schutzhandschuhe (DIN EN 388)*
- *Ggf. Beinschutz"*

** Kommentar des Autors: Eine „geschlossene Leine" kann beim Hinterherschleifen auf dem Boden hängen bleiben und ist aus Tierschutzgründen nicht zu empfehlen.*

Interessant ist, dass die BG das Arbeiten mit Zugtieren nicht explizit in die Kategorie der gefährlichen Forstarbeiten einstuft. Auch in der Liste der Arbeiten, bei denen aufgrund des hohen Risikos die Alleinarbeit untersagt ist, wird die Pferdearbeit nicht aufgeführt. Ein Grund mögen die geringen Unfallzahlen sein, die dem Holzrücken mit Pferden zugeordnet werden können. Auf der Liste der meldepflichtigen Pferdeunfälle ist diese Tätigkeit bisher nicht aufgeführt.

Die Praxis zeigt aber: Ungefährlich ist die Arbeit deswegen aber noch lange nicht! Auch wenn die Alleinarbeit oft unumgänglich ist, sollte man sich der Gefahren durchaus bewusst sein. Ein Mobiltelefon am Körper zu tragen, ist absolutes Muss! Mittlerweile gibt es Sicherheitshandys, die Alarm schlagen, wenn der Träger sich längere Zeit nicht bewegt, und automatisch vorher eingespeicherte Rufnummern anwählt. Alternativ oder ergänzend ist es sinnvoll, wenn andere Personen regelmäßig und in kurzen Zeitabständen den Arbeitsplatz kontrollieren – und sei es nur durch Kontrollanrufe. Vernünftiger ist es allerdings, die Arbeit so zu organisieren, dass man zusammen mit Kollegen, Waldarbeitern oder Maschinenführern in räumlicher Nähe arbeitet.

Die gängige Praxis zeigt auch, dass die Motorsäge, wenn auch nicht häufig benutzt, doch zur Standardausrüstung des Pferderückers gehört. Beim Einsatz der Säge – wenn auch nur für kurze Zeit – verbietet sich die Alleinarbeit, und alle Vorschriften der UVV bezüglich Arbeitssicherheit im Umgang mit Motorsägen, wie Schutzkleidung etc., sind dringend einzuhalten!

Sicherheitstipps kurz zusammengefasst:

Beim An- und Abhängen:

- Sicheren Standort außerhalb des Zugwinkels wählen.
- Am Hang oberhalb des Stammes stehen.
- Nicht zwischen die Stränge treten.
- Das Pferd immer im Auge behalten.
- Die Last vom Ortscheit trennen, Kette lösen.
- Bei eingehakter Kette niemals die Hand zwischen Kette und Stamm bringen.
- Leine immer griffbereit haben, aber niemals ums Handgelenk wickeln oder eine im Notfall ähnliche unlösbare Verbindung damit herstellen.

Während des Zuges

- Auf der Höhe des Anschlagpunktes der Last mitgehen.
- Beim Rücken am Hang immer oberhalb der Last gehen.
- Sich nicht im Zugwinkel aufhalten.
- Nicht zwischen die Stränge treten.
- Nicht zwischen Ortscheit und angehängte Last treten.
- Nicht auf dem Holz „mitfahren".
- Während des Zuges nicht über den Stamm springen, um die Seite zu wechseln.
- Wenn man unsicher wird, den Überblick verliert: ANHALTEN!
- Am Steilhang Blockstreifhaken verwenden, andere schnell lösbare Verbindungen oder geeignete Schlitten.

Grundsätzliches

- Alleinarbeit vermeiden.
- Geschirr, Ortscheite, Ketten müssen belastbar und für die Arbeit geeignet sein.
- Kopfschutz, Stahlkappenschuhe, Handschuhe, geeignete Arbeitskleidung.
- Beim Manipulieren von Holz geeignetes Werkzeug benutzen (z.B. Sappie, Handpackzange).
- Erste-Hilfe-Set bereithalten.
- Mobiltelefon immer griffbereit.

Geschirr und Zubehör

Ob Brustblatt oder Kumt, ob Fahrleine oder Stoßzügel, offenes Kopfstück oder Blendklappen – in der Praxis sieht man viele unterschiedliche Beschirrungsvarianten im Einsatz. Nicht alle sind für das Holzrücken empfehlenswert.

Das Holzrückegeschirr

Das Brustblattgeschirr

Der Anfänger wird in der Regel mit dem Geschirr, das ihm gerade zur Verfügung steht, die ersten Holzrückeexperimente unternehmen. Kaum jemand wird für einen Versuch oder nur vorübergehendes Interesse in teure Holzrückegeschirre investieren. Meistens ist es dann ein Brustblattgeschirr, oft ein typisches Fahrgeschirr, das dann zum Einsatz kommt.

Es spricht erst einmal wenig gegen diese Geschirrart, wenn man gelegentlich mit leichten Holzstangen übt und ein bisschen im Wald damit „herumspielt". Stabil und belastbar sollte das Geschirr aber auf jeden Fall sein und nicht bei der erstbesten Gelegenheit „auseinanderfliegen". Rasch kann in einem solchen Fall eine Situation außer Kontrolle geraten und einen bösen Unfall nach sich ziehen. Vor Billiggeschirren und alten Geschirren mit brüchigem Leder oder schadhaften Metallbeschlägen sei gewarnt!
Dass das Geschirr richtig verschnallt sein muss, versteht sich von selbst. Das Brustblatt muss dabei mindestens zwei Finger breit über dem Buggelenk liegen, aber nicht zu hoch, damit es dem Pferd im Zug nicht die Luftröhre abdrückt. Beim Umstieg von der Kutschanspannung auf den Bodenzug darf auf keinen Fall vergessen werden, an Kammdeckel oder Selett (evtl. auch am Strangträger) die Position der Zugstränge tiefer zu legen, da es sonst zu einem Knick in der Zuglinie kommt und das Pferd unnötigen Druck auf den Rücken bekommt.

Grundsätzlich ist das Brustblattgeschirr aber für die Waldarbeit nicht geeignet, denn beim Holzrücken treten starke Kräfte auf, die kurzfristig sogar im Tonnenbereich liegen können. Im schweren Zug aber schnürt das Brustblattgeschirr die Brust des Pferdes zusammen, behindert dessen Bewegung und erschwert die Atmung. Zudem sitzt der Zugpunkt bauartbedingt sehr niedrig und erschwert dadurch dem Pferd die Arbeit noch zusätzlich. Wenn im Folgenden also vom Holzrückegeschirr die Rede ist, ist damit das Kumtgeschirr gemeint.

Das Kumtgeschirr

Das Kumt, Kummet oder der Hamen

Es gibt mehrere Namen und Schreibweisen für das wichtigste Geschirrteil beim Holzrücken, das die Kräfte, die beim Ziehen einer Last entstehen, möglichst pferdeschonend auf das Pferd überträgt. Dieses Geschirrteil, ob Kumt, Kummet oder Hamen genannt, besteht in der Regel aus einem Holz- oder Metallrahmen, der den Halsansatz des Pferdes komplett umschließt. Dieser Rahmen ist mit einem Lederpolster unterlegt, das – mit Ausnahme von oben und unten – komplett am Pferdekörper entlang der Schulterlinie aufliegt. Richtig verpasst, schränkt es im Zug weder Bewegung noch Atmung des Pferdes wesentlich ein und verteilt die vom Pferd aufzuwendende Kraft auf eine relativ große Fläche. Das Kumt gibt dem Pferd eine gewisse Stabilität und Sicherheit bei der Arbeit, weil es sich vertrauensvoll hineinlegen kann und seinem natürlichen Bewegungsablauf anatomisch entgegenkommt.

Es gibt eine Vielzahl unterschiedlicher Kumtformen und -varianten, die meist regional geprägt sind, aber auch die individuelle Handschrift eines Kumtherstellers erkennen lassen. Hier vier Beispiele für Kumte, wie sie beim Holzrücken häufiger zu sehen sind (von links): Schwedisches Kumt, Bündner Spitzkumt, Amerikanisches Kumt und deutsches Spitz-/Hörnerkumt.

Abb. 1: Ein vorbildlich sitzendes Kumt trägt dieser Percheron-Wallach auf der PferdeStark 2019. **Foto:** Peter Tendler

Überlegungen zur pferdefreundlichen Anspannung

Ein Kumt richtig anpassen

Erhard Schroll in SP 98, 2021

Haben Sie schon mal eine längere Wanderung unternommen und unterwegs schmerzhaft festgestellt, dass Ihre Schuhe drücken? Hatten sie schon Blasen an den Füßen oder Druckstellen und mussten dennoch weitergehen und sich bis zum Zielort damit irgendwie durchquälen? Wissen Sie, wie es sich anfühlt, wenn man einen Stein oder auch nur ein kleines Steinchen im Schuh hat?
Dann haben Sie in etwa eine Ahnung davon, wie es einem Pferd ergeht, von dem verlangt wird, mit unpassendem Geschirr Zugarbeiten zu verrichten.

Anders als Sie wird das Pferd jedoch nicht jammern, sondern in der Regel versuchen, seine Pflichten – so lange es eben geht – dennoch zu erledigen. Es kann auch nicht selbst aktiv werden, um einen solchen Missstand zu beseitigen, sondern ist angewiesen auf die Aufmerksamkeit, Sensibilität und die Fürsorge seiner Fuhrperson und deren Pferdeverstand.

Im Folgenden möchte ich mich auf das Kumt beschränken, als wichtigstem Bestandteil des Arbeitsgeschirrs. Das Kumt gilt grundsätzlich als besonders pferdefreundlich, da damit die Druck-Last großflächig auf Pferdeschulter und -brust verteilt wird und es gleichzeitig – vor allem im schweren Zug – der Anatomie und Zugmechanik des Pferdes besonders gut entgegenkommt – wenn es denn richtig passt!

Das Kumt muss ruhig aufliegen und darf während der Arbeit nicht hin und her kippen oder schaukeln.
Der optimale Platz für den Ansatz der Zugstränge am Kumt befindet sich, unabhängig von Machart und Hersteller eines Kumts, am unteren Drittel der Linie zwischen Schulterspitze und Buggelenk (Abb.4.). Dort positioniert, wird der Druck möglichst gleichmäßig auf die gesamte Auflagefläche verteilt. Im Idealfall ergibt dies zwischen Kumt und Zugstrang einen rechten Winkel, und der Verlauf der Stränge kreuzt den Mittelpunkt des Pferdes (Abb. 12). Nach Ansicht vieler Pferdeexperten kommt dies der Anatomie der Pferde entgegen und sorgt für eine optimale Umsetzung ihrer Zugkraft.

Auffälligkeiten

Oft sind es anfangs nur Kleinigkeiten, die im Eifer des Gefechts leicht übersehen werden können: Das Pferd zieht vielleicht etwas unwilliger an als sonst, „versteht“ die Kommandos und Leinenhilfen nicht mehr so richtig und wirkt vielleicht etwas verspannt. Im fortgeschrittenen Stadium verweigert es dann auch schon mal das Anziehen, springt ins Geschirr, zieht schief und einseitig und hält auch immer öfter unvermittelt an. „Empörtes“ den Kopf werfen ist dann häufig letzter verzweifelter Ausdruck der Hilflosigkeit und soll seiner Führperson wohl signalisieren: Siehst Du denn nicht, was los ist?!?
Fallen bei einem Pferd während der Arbeit Verhaltensauffälligkeiten auf, sollte man möglichst sofort reagieren und nachsehen, was die Ursache sein könnte. Im besten Fall sind es lästige Gnitzen in den Ohren oder eine Blut saugende Bremse auf dem Pferdebauch. Kann dies ausgeschlossen werden, muss man weiterforschen: Sitzen Kopfstück und Gebiss noch richtig? Hat sich irgendetwas verhakt oder verdreht, sich ein Ästchen oder ein anderer Fremdkörper zwischen Geschirr und Pferdekörper geklemmt? Oft lässt sich dann das Problem ganz schnell beheben. Falls nicht, kann das Verhalten auch Ausdruck von Überforderung sein oder eben auch „tiefgehendere Gründe“ haben; wie auch immer: man sollte die Arbeit dann abbrechen.

Symptome erkennen

Beim Ausschirren gilt es dann, genau hinzusehen, ob nicht vielleicht doch mechanische Gründe die Ursache für das Verhalten gewesen sein könnten.
Die Reinigung des Pferdefells nach der Arbeit hat nicht nur eine soziale Funktion. Will man dies gründlich machen, ist man gezwungen, sich praktisch mit jedem Quadratzentimeter des Pferdekörpers zu beschäftigen. Richtig sensibilisiert, merkt man beim Striegeln auch sofort jedes Zusammenzucken oder Zurückweichen des Pferdes und kann so schmerzhafte Stellen frühzeitig erkennen.
Erste sichtbare Hinweise kann die Verteilung von feuchten und trockenen Stellen an Schulter und Brust des Pferdes geben. Hat es unter dem Kumt geschwitzt und mitten auf der Schweißfläche zeigt sich ein trockener Fleck, deutet das meist darauf hin, dass diese Stelle heißer ist als seine Umgebung. Daraus kann man schließen, dass hier eine Reizung der Haut vorliegen könnte. Ein Drucktest mit dem Daumen oder Handballen zeigt rasch, ob das Pferd an dieser Stelle druckempfindlich ist, was den Befund natürlich erhärten würde. So oder so sollte man sich die Geschirrteile, die an diesen Stellen auf dem Pferd aufliegen, genauer ansehen im Hinblick auf Unebenheiten, Nähte oder sonstige Auffälligkeiten.
Weitere Anzeichen für gesundheitsgefährdende äußere Einwirkungen können Veränderungen der Felloberfläche sein. So deuten Stellen mit kurzen, abgescheuerten Haaren auf unerwünschte Reibungskräfte hin, die, bei Ignorieren der Ursachen, schnell zu offenen Wunden führen können. Auch hier muss das Geschirr genau in Augenschein genommen, die Ursache gefunden und beseitigt werden.
Der Ort, an dem Hautirritationen oder Verletzungen auftreten, verrät meist auch den Grund für deren Ursachen. Bleiben solche Beeinträchtigungen während ihrer akuten Phase unentdeckt, zeigt sich dies oft erst lange Zeit danach in Form von weißen Flecken im Fell. Zu spät!

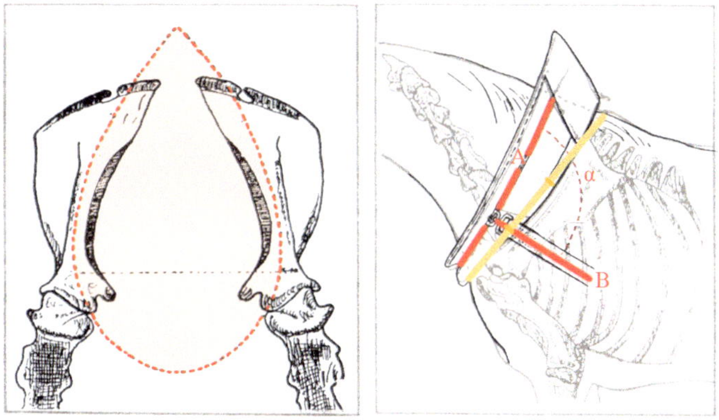

Abb. 4: Das Kumt muss so breit sein, dass es an der Schultergräte anliegt, die ihm den Halt gewährt (links). Ist es zu weit, drückt es auf die scharfen Kanten derselben, ist es enger, so schnürt es, presst die Muskeln zusammen und zerrt die Haut. Im Idealfall bilden Kumtholz bzw. Hamen (A) und Strangstutze (B) einen rechten Winkel (α). Der Zugpunkt (Kumthaken) ist an der Grenze zum unteren Drittel der Pferdeschulter positioniert.
Zeichnung: nach Fellgiebel 1930

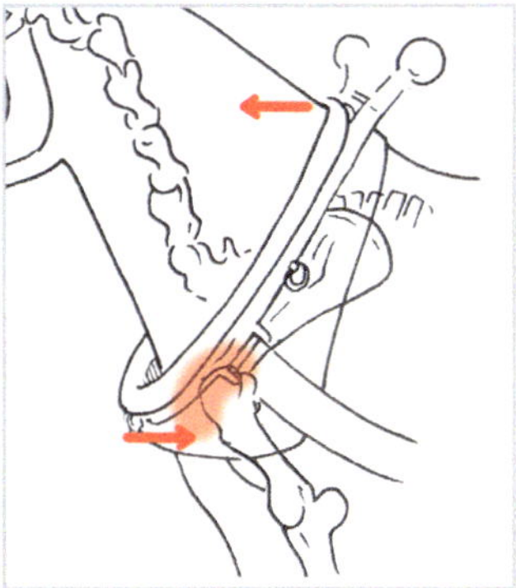

Abb. 5.
Dieses Kumt ist zu groß. Die Folgen: Das Buggelenk stößt gegen den Kumtkörper und verursacht Druckstellen. Der Zugpunkt liegt zu tief und lässt das Kumt im Zuge oben nach vorne kippen.
Zeichnung nach Bethany A. Caskey, aus: Rural Heritage, Winter 2002.

Unpassende Kumte

Nicht richtig angepasste oder unsachgemäß verwendete Kumte sorgen für recht typische „Schadensbilder".

Kumt ist zu groß

Ist ein Kumt so groß oder so geformt, dass der untere Teil seiner Auflage- und Belastungsfläche das Buggelenk des Pferdes tangiert oder gar ganz abdeckt, hat das zur Folge, dass das Gelenk bei jeder Bewegung gegen das Kumt stößt.

Vor allem nach Arbeit im Dauerzug treten dann im unteren seitlichen Kumtauflage-Bereich oft erst kleinflächige und streifenförmige Wellungen der Haut auf. Ist eine solche Waschbrett-Struktur deutlich zu erkennen (Abb. 2), reagiert das Pferd hier meist auch schon mit deutlichem Druckschmerz. Ignoriert man das, kommt es zu den oben beschriebenen Verhaltensauffälligkeiten und in kürzester Zeit zu deutlich sichtbaren Verletzungen in Form von offenen Wunden.

Kumt ist zu klein

Ein Pferd verzeiht eher ein etwas zu kleines Kumt als ein zu großes. Die Luftröhre ist im Brustbereich bereits so tief im Körper positioniert, dass sie vom Kumt kaum abgedrückt werden kann. Ist ein Kumt jedoch deutlich zu klein, liegt es nicht mehr richtig auf den Schulterblättern auf und die optimale Lastverteilung geht verloren (Abb. 6). Das Pferd zieht dann nicht mehr mit Schulter und Brust, sondern mit einer unergonomischen „Halskrause". Dies kann seitlich zu Stauchungen und Quetschungen der Haut führen, mit ähnlicher Wellenbildung wie oben beschrieben. Zum anderen kann es auch Druckstellen im Nackenbereich verursachen.

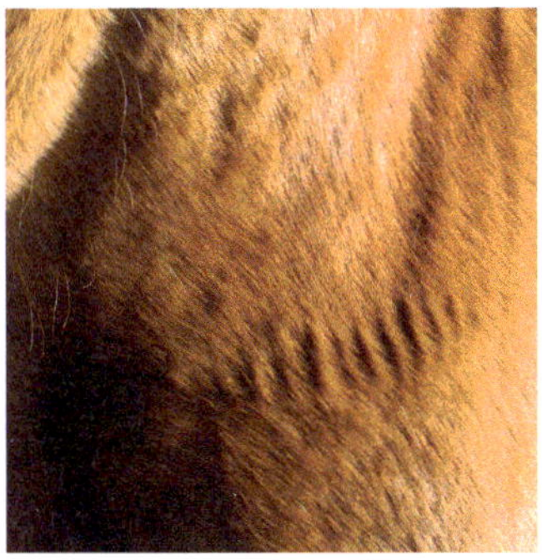

Abb. 2: Wellenförmige Hautveränderungen auf Schulter und Brust sind ein Alarmzeichen!

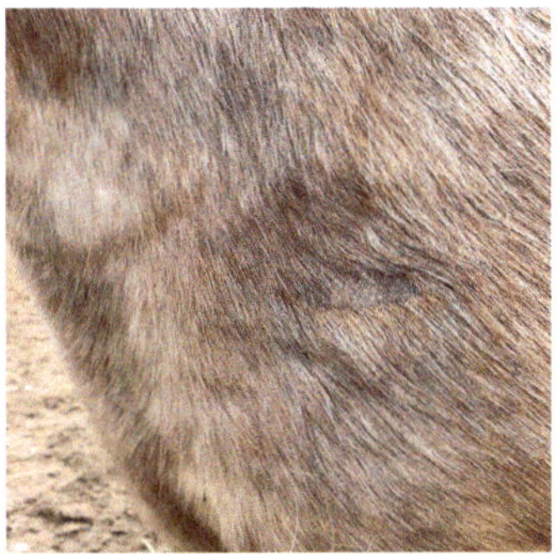

Abb. 3: Scheuerstelle kurz vor dem Wundwerden

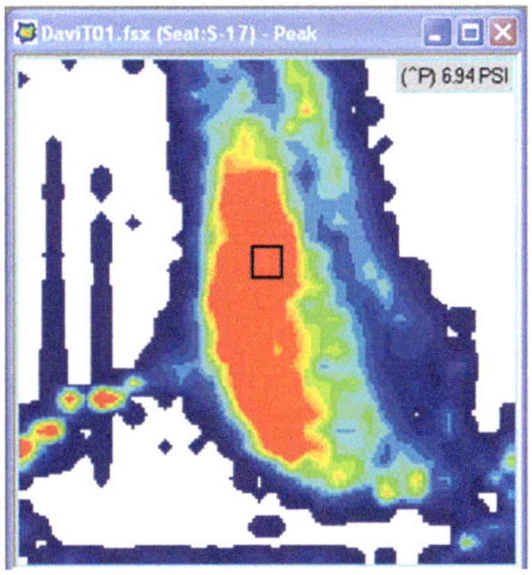

Abb. 6: Druckmessungen an einem Amerikanischen Kumt (Blick auf die rechte Kumt-Seite)**:** Eine große Druck belastete Fläche (rot) zeigt sich im hinteren, mittleren Bereich der Kumt-Auflage, Spitzendrücke werden im oberen Drittel gemessen (Quadrat). Das Kumt war offensichtlich zu klein, der Zugpunkt lag zu hoch. Gut zu erkennen übrigens auch der Druck durch den auf der Schulter anliegenden Zugstrang (links).
Abbildung aus:
Terry Davis, Project Documentation: Collar Pressur Mapping, 2009 in SP 51.

Die Kumtform

Seitliche Quetschungen können auch auftreten bei Kumten, die vielleicht die richtige Länge haben, aber zu schmal gebaut sind. Pferde mit ausgeprägtem Halsaufsatz – meist Hengste – brauchen in der Regel ein Kumt mit mehr Nackenfreiheit.
Ist ein Kumt zu breit, liegt es ebenfalls nicht korrekt auf der Schulter auf. Es besteht die Gefahr, dass es auf die scharfen Kanten der Schultergräte drückt und Schmerzen verursacht. In der Bewegung neigt es dazu, leicht hin und her zu kippen und zu schaukeln. Das bewirkt einen unruhigen Zug, verunsichert das Pferd und kann ebenfalls zu Druck- und Scheuerstellen führen.

Kumtkissen

Verwendet man dazu noch ein Kumtkissen mit rauer Oberfläche, radiert dies regelrecht auf der druckbelasteten Haut und wirkt dort wie Schmirgelpapier, oft mit entsprechenden Konsequenzen.
Grundsätzlich sollte ein Kumt-Unterkissen – egal, ob aus Filz oder Stoff – auf der Innenseite möglichst immer glatt und sauber sein, was wegen der ständigen Salzablagerungen durch den Schweiß nicht einfach zu realisieren ist. Leicht abwaschbare Kunststoffkissen oder Lederkumte ohne Kissen (nur bei Lederkörpern mit großer, gut gepolsterter Auflagefläche empfehlenswert) wären eine denkbare Alternative.
Selbstredend müssen die Kissen von der Größe her zum jeweiligen Kumt passen. Sind sie zu klein, sind ihre Ränder potentielle Druckstellenverursacher.

Ein Kumt ist kein Lastträger!

Druckstellen können auch entstehen, wenn ein Kumt nicht fachgemäß verwendet wird. So ist es als Schwerlastträger generell nicht geeignet. Es kann keinen Karrensattel ersetzen bei der Aufgabe, schwere Landen eines Einachsers zu tragen. Das Kumt ist weder für eine solche Gewichtslast, noch für die seitlich auftretenden Kräfte ausgelegt. Verletzungen im Nackenbereich sind bei einem Missbrauch vorprogrammiert. Dasselbe gilt im Zweispänner bei zu hohem Gewicht der Deichselspitze, wie sie besonders bei einachsigen Fahrzeugen – auch Vorderwagen – auftreten können (siehe hierzu auch SP 92, S.45ff, „Die Querdeichsel").

Ein Kumt richtig anpassen

Früher waren maßgeschneiderte Kumte üblich. Ihre Anschaffung war zwar teuer und eine solche Investition wollte gut überlegt sein. Es war aber auch eine Investition „fürs Leben", die sich über die Dauer eines Pferdelebens in der Regel mehr als amortisierte: Die Pferde konnten damit ihre Arbeitskraft optimal entfalten (keine Energieverschwendung!) und es gab wenig Krankheitsausfälle aufgrund von Druck- oder Scheuerstellen.
In der Regel gab es Sattler vor Ort oder in der näheren Umgebung, die die Pferde selbst ausmessen und den Fuhrleuten so quasi Produkte mit Passgarantie anbieten konnten. Heute ist dies aufgrund der geringen Sattlerdichte und der Entfernungen deutlich aufwändiger. Will man bei der Anschaffung eines neuen Kumtes aber sicher gehen, dass es später richtig passt, kommt man nicht umhin, den Hersteller die Maße selbst nehmen zu lassen – in seiner Werkstatt oder im heimischen Stall. Wenden Sie sich dazu an den Sattler Ihres Vertrauens!

Kumtgröße selbst ermitteln

Will man die benötigte Kumtgröße selbst ermitteln, braucht man entsprechendes Messwerkzeug. Es gibt extra Kluppen dafür zu kaufen, oder man verwendet beispielsweise eine Forstkluppe zum Vermessen von Starkholz. Damit misst man die

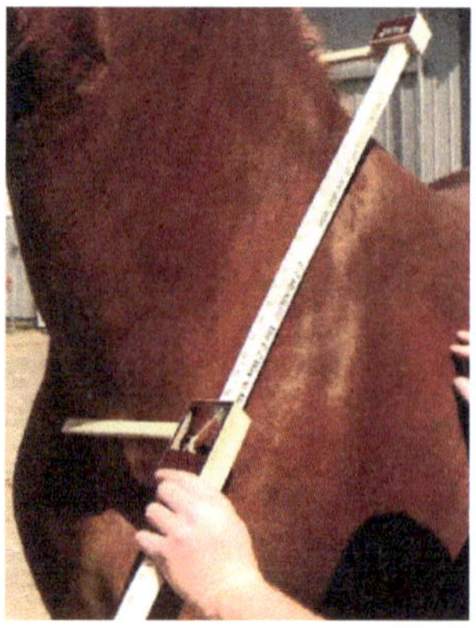

Abb. 7

Mit einer professionellen Messkluppe lässt sich die benötigte Kumtgröße recht genau ermitteln. Auch eine Messkluppe, wie sie im Forst verwendet wird, kann dafür benutzt werden. **Werkfoto:** Aaron Martin Ltd.).

Abb. 8:
Zum Vermessen seines Pferdes kann man auch die „Zwei-Zollstock-Methode" anwenden: Ein Zollstock dient als Kluppe zur Ermittlung der Endpunkte (A), mit dem zweiten (B) misst man den Abstand zwischen den Endpunkten.

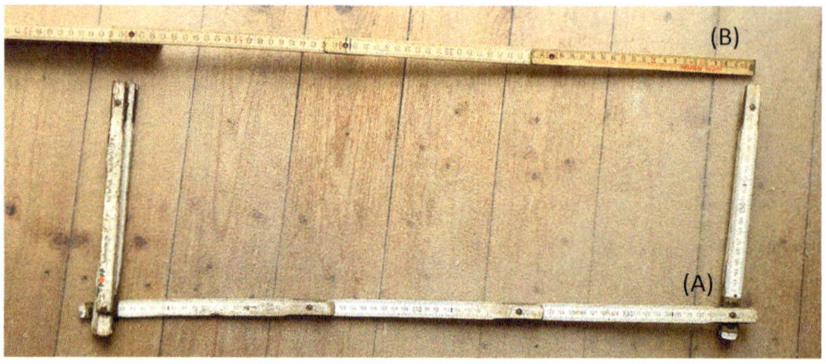

Distanz zwischen Widerrist und Brust, parallel zur Schulterlinie auf der Höhe der späteren Kumt-Vorderkante (Abb. 7). Auch die Breite ermittelt man auf die gleiche Weise an der breitesten Stelle des Halses.
Besitzt man kein solches Profi-Messwerkzeug, kann man sich mit der „Zwei-Zollstock-Methode" behelfen (Abb. 8): Man faltet einen Zollstock so auseinander bzw. zusammen, dass daraus eine Art Messzange entsteht. Die beiden Enden führt man dann an die gewünschten Stellen auf Widerrist und Brust und fixiert diese Einstellung nach dem Abnehmen. Mit dem zweiten Zollstock misst man schließlich den Abstand der beiden Enden zueinander und erhält dasselbe Ergebnis, wie man es mit einer Kluppe ermittelt hätte.

Selbst wenn man beim Messen mit großer Sorgfalt vorgeht, bleibt ein gewisses Risiko der Ungenauigkeit. Es ist daher empfehlenswert, immer auch Rücksprache mit dem später beauftragten Hersteller oder Anbieter zu halten.

Passt oder passt nicht?

Bevor man ein gebrauchtes Kumt oder ein neues „von der Stange" erwirbt, sollte man dies vor dem Kauf nach Möglichkeit seinem Pferd anprobiert haben. Nur so lässt sich feststellen, ob man vorher richtig gemessen hat und es auch wirklich passt.
Nach dem Auflegen sollte man das Kumt mit Kissen möglichst weit in Richtung Schulter schieben, wo es im Optimalfall auf den Schulterblättern zu liegen kommt. Es sollte rundum möglichst gleichmäßig anliegen und so stabil ruhen, dass es sich von Hand nicht allzu sehr hin und her „schaukeln" lässt.
Ist dann vorne auf Höhe der Luftröhre noch soviel Platz, dass man eine flache Hand gut hineinstecken kann und passen an den Seiten zwischen Kumt und Hals noch die Finger, ist das schon die halbe Miete (Abb. 10).
Kann man vorne mit der aufrechten Hand hinein fassen, ist das Kumt zu groß (Abb. 11), liegt es nicht richtig auf der Schulter auf und es wirkt an den Seiten eng und gequetscht, ist es zu klein.
Bei Kumten, die etwas zu groß sind, kann man versuchen, es mit einem dickeren Kumtkissen oder mit Hilfe spezieller Nackenkissen „zu verkleinern". Dies funktioniert aber nur im Ein- bis Drei-Zentimeter-Bereich und bleibt in der Regel ein Notbehelf.

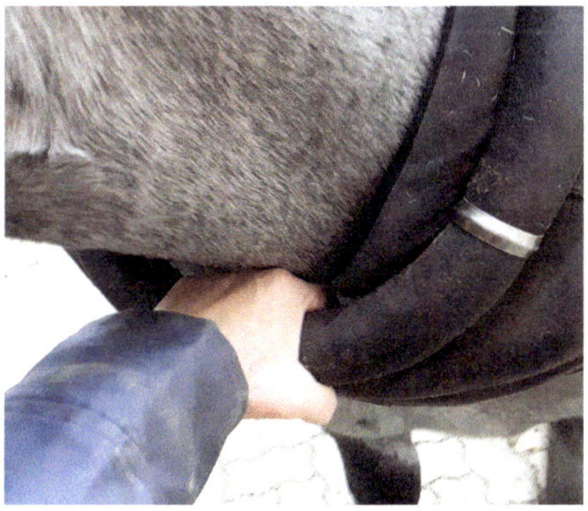

Abb. 9: Hier muss so viel Platz sein, um noch mit der flachen Hand hineingreifen zu können.

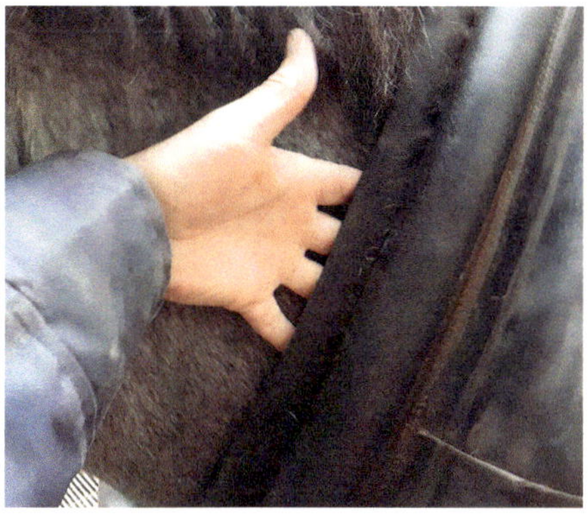

Abb. 10: Auch an den Seiten darf das Kumt nicht zu eng anliegen.

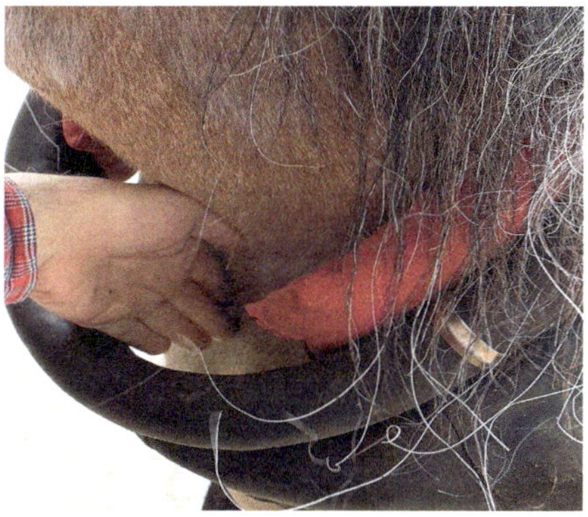

Abb. 11: Kann man vorne die aufrechte Hand hineinstecken, ist das Kumt zu groß.

Der Zugpunkt

Zweiter wichtiger Prüfstein bei der Beurteilung der individuell richtigen Passform eines Kumts ist die Position des Zugpunktes. Der Kumthaken, an dem die Zugstränge eingehängt werden, sollte auf dem Kumtholz oder Hamen idealerweise an der Grenze zum unteren Drittel der Schulter – Linie Widerrist - Bugspitze – so platziert sein, dass die Strangstutzen mit den Hamen einen rechten Winkel bilden (Abb. 4). Je nach Winkelung der Schulter oder der Höhe des Anhängepunkts des Ortscheits (Bodenzug, Kutsche) kann dies jedoch leicht variieren. Entscheidend ist aber, dass die Zuglast vom Kumt so aufgenommen und gleichmäßig auf die Schulterschräge übertragen wird, dass das Kumt bei Belastung weder nach vorne noch nach hinten kippt. Liegt der Zugpunkt zu tief, drückt das Kumt unten auf die Brust und seine Spitze kippt oben nach vorne, liegt er zu hoch, drückt das Kumt gegen der Widerrist und wird vorne von der Brust regelrecht weggezogen. Zur Beurteilung ist es sehr hilfreich, wenn eine zweite Person das Pferd während des Zuges lenkt und man von der Seite oder schräg von vorne das Geschehen selbst genau beobachten kann.
In aller Regel ist die Position des richtigen Zugpunkts abhängig von der Kumtgröße: Ist ein Kumt zu groß, sitzt meist auch der Zugpunkt zu tief; ist es zu klein, liegt er zu hoch.
Bis zu einem bestimmten Grad können bei den meisten Kumtarten Korrekturen des Zugpunktes vorgenommen werden. Kumt-„Bratzen“, spezielle Metallbeschläge traditioneller deutscher Arbeitskumte, bieten normalerweise zwei Höheneinstellungen zur Wahl. Ebenso die Zugstranghülsen der amerikanischen Hamen, die man zu diesem Zweck einfach nur umdrehen muss. Manche Kumte verfügen über Metallleisten, mit denen sich gleich mehrere Zughakenpositionen einrichten lassen.

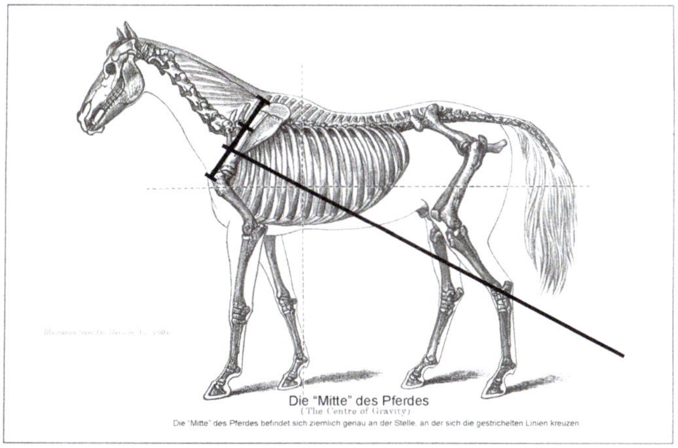

Abb 12: Bei richtig positioniertem Zugpunkt verläuft die Zuglinie „durch die Mitte“ des Pferdekörpers. So kann es seine Masse optimal einsetzen.

Verstellbare Kumte

Die größte Flexibilität und den meisten Spielraum für Anpassungen und Korrekturen bieten größenverstellbare Kumte, die es europaweit und in den USA in unterschiedlichen Varianten gibt. Ihr Vorteil ist, dass sie für verschiedene Pferde passend gemacht werden können. Es ist damit auch möglich, nachzujustieren und beispielsweise individuell auf den Futterzustand eines Pferdes zu reagieren oder jüngere Pferde „hineinwachsen“ zu lassen. Die Aufgabe, ein solches Kumt richtig anzupassen und einzustellen, ist allerdings recht komplex und durchaus anspruchsvoll, denn alle in diesem Beitrag bisher erwähnten Aspekte müssen dabei berücksichtigt werden.

Fazit:

Ein schlecht verpasstes Kumt ist eine Quälerei für das Arbeitspferd, ein bequemes, gut sitzendes Kumt ist ein Segen und trägt dazu bei, ihm ein langes (Arbeits-)Leben zu bescheren.

Abb 13: Zwei Beispiele für größenverstellbare Kumte: links ein Amerikanisches, rechts ein Modell der Sattlerei Oberhauser (Südtirol).

Reinhard Seifert aus Weidach im Landkreis Rosenheim und seine Süddeutsche Kaltblutstute Burgl im Rücke-Einsatz. Die Stute trägt ein für Süddeutschland typisches Spitzkumt mit stabilem Rückegeschirr, das nur mit dem Notwendigsten ausgestattet ist: Überwurf, Zugsträngen und Stranghalter.
Foto: Albert Grillhiesl

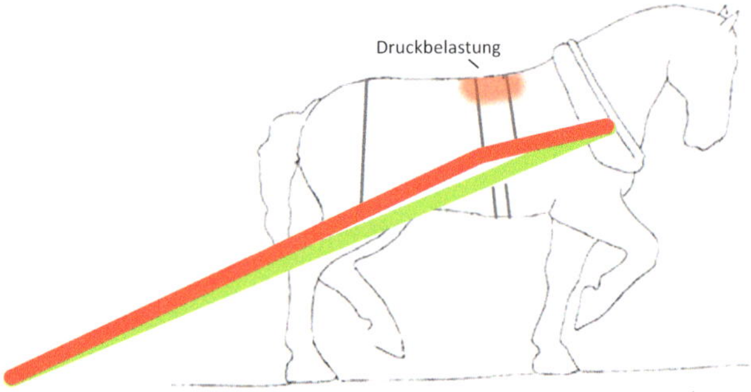

Gebrochene Zuglinie (rot) aufgrund eines zu kurzen Rückenleders.

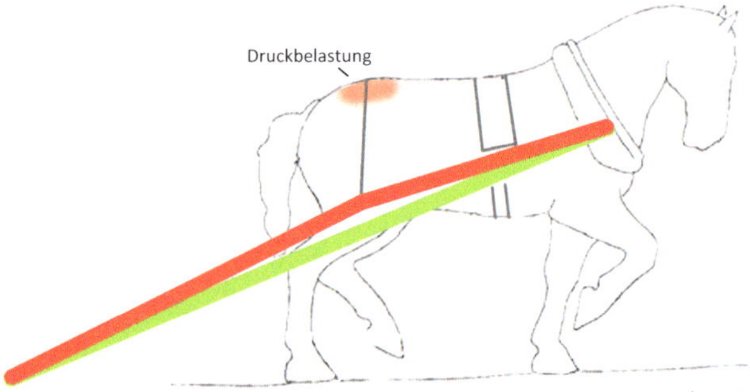

Gebrochene Zuglinie (rot) aufgrund zu kurzer Stranghalter.

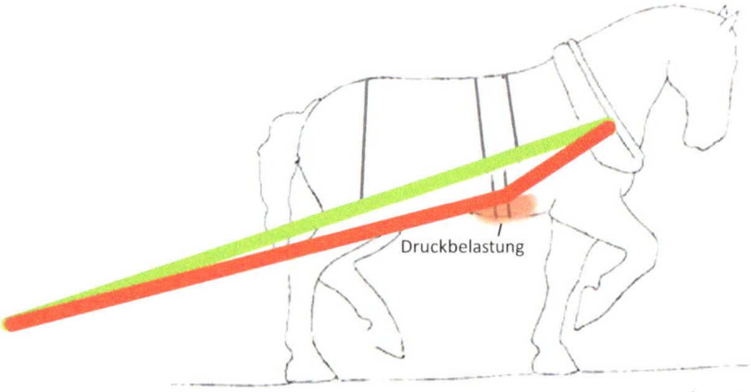

Gebrochene Zuglinie (rot) wegen zu eng geschnalltem Bauchgurt.

Geschirr, Überwurf, Rückenleder ...

„Das" klassische Holzrückegeschirr gibt es nicht. Im Prinzip ist alles „erlaubt", was für das Pferd bequem und verträglich, für die extreme Belastung stabil genug, zweckmäßig und bei der Arbeit nicht hinderlich ist. Hier gehen auch die Geschmäcker und Vorlieben weit auseinander. Den ganz spartanischen unter den Fuhrleuten genügen ein Paar Zugstränge, ein Rückenleder (Rippscheit), das diese Stränge trägt und ein Riemen, der das Kumt mit der Schweifmetze verbindet und so das Über-den-Kopf-rutschen des Kumtes beim Senken des Pferdekopfes verhindert. Aufwendig gepolsterte Kammdeckel sind in der Regel überflüssig, da bei korrekter Anspannung keinerlei Druck auf den Rücken ausgeübt wird. Üblicherweise wird ein Bauchgurt verwendet, und zusätzliche Stranghalter erhöhen den Arbeitskomfort, indem sie das Übertreten des Pferdes über die Stränge verhindern.
Auch beim Material des Geschirres gibt es viele Variationsmöglichkeiten. Es reicht vom klassischen Leder über verschiedene Gurtmaterialien bis zu speziellen Kunststoffen, Metallketten oder Kombinationen aus alledem.

Zugstränge

Für die Länge der Zugstränge gibt es kein festes Maß. Manche sind direkt am Kumt befestigt, andere am Kammdeckel/Selett, wieder andere an einem Haken am Ende einer Strangstutze. Folgende Kriterien sind maßgebend für die korrekte Länge: Die Stränge müssen so lang sein, dass das Pferd bei der Leerfahrt im gelösten, Raum greifenden Schritt mit der Hinterhand nicht gegen das Ortscheit stößt. Sie müssen so kurz sein, dass die angehängte Last optimal manövrierbar ist und gleichzeitig durch den Lifteffekt, der durch den Zugwinkel entsteht, leicht über Hindernisse hinweg gezogen werden kann. Dabei ist auch die Zuglinie zu beachten, die vom Kumt bis zum Anhängepunkt der Last nicht gebrochen sein darf. Empfehlenswert sind Zugstränge, die je nach Bedarf kurzfristig verkürz- oder verlängerbar sind.

Besonderes Augenmerk gilt dem verwendeten Material. Häufig kann man heute noch Anspannungen sehen, bei denen die Zugstränge von den Zughaken am Kumt bis zum Ortscheit durchgehend aus Metall bestehen. Besonders die ansonsten

für schwere Zugarbeiten optimal geeigneten Rippgeschirre mit ihren geschmiedeten Kumtstangen (Rippscheer) als Strangstutzen werden oft recht unbedacht einfach mit Ketten verlängert.
Die mangelnde Dehnbarkeit und fehlende Elastizität von Metall mag für viele Anwendungen von Vorteil sein, in diesem Falle jedoch wirkt es sich für das Pferd äußerst negativ aus. Jegliche Schläge durch die angehängte Last werden völlig ungedämpft auf das Kumt und damit auf Brust, Schulter und Hals übertragen und können so zum vorzeitigen Verschleiß des Tieres führen. Zudem kann es sehr schwierig werden, bei einem Unfall das Pferd oder die Pferde aus dem unter Spannung stehenden Geschirr zu befreien, da wohl im seltensten Falle ein Bolzenschneider mitgeführt wird.

Das DIAGRAMM rechts zeigt Kräfte, wie sie normalerweise beim Holzrücken auftreten und, wenn auch nur für Sekundenbruchteile, auf das Pferd einwirken. Im Extremfall, wenn zum Beispiel ein schwerer Stamm im vollen Zuge vor einen Baumstumpf gefahren wird, treten kurzfristig Kräfte auf, die weit im Tonnenbereich liegen können.

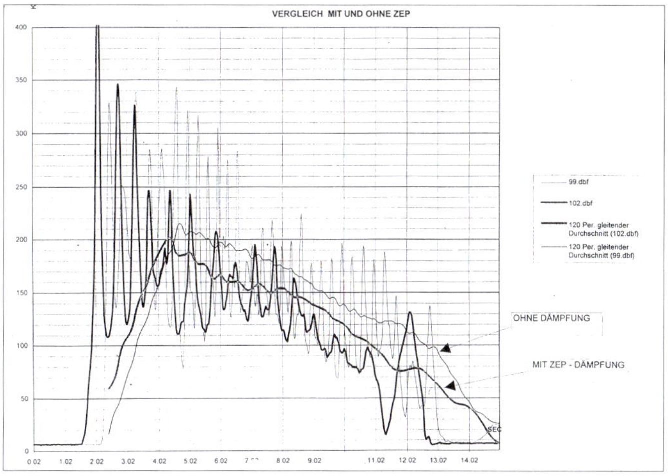

Zugraftmessungen mit Zugdämpfern ergaben eine durchschnittliche Zugkraftreduzierung von ca. 17 Prozent gegenüber Zugsträngen ohne Dämpfer.

Die Untersuchungen zeigten, dass die Verwendung von Zugkraftdämpfern zu einer messbaren Zugkraftreduzierung von im Durchschnitt ca. 17 Prozent führen – allein bewirkt durch die Abdämpfung der auftretenden Kraftspitzen (siehe Diagramm oben).

Zugdämpfer

Zu einer pferdefreundlichen Anspannung gehören daher Zugstränge, die in der Lage sind, diese auftretenden Kräfte zumindest teilweise abzudämpfen.
Dies kann zum einen erreicht werden durch die Verwendung geeigneter Materialien. So verfügt zum Beispiel Leder von Natur aus über die Eigenschaft, sich auszudehnen und wieder zusammenzuziehen, ohne dabei rasch auszuleiern. Besser aber sind Hilfsmittel, wie zum Beispiel Zugfedern oder -dämpfer, die in die Zugstränge integriert werden.

Eine exzellente Idee hatte der Schweizer Schlosser und Tüftler Claude Fanac, der ein System entwickelt hat, bei dem Zugdämpfer in Form von speziellen Kautschukkernen direkt in den Hohlkern von Nylonzugsträngen eingeführt werden (ZIP/F, siehe Fotos unten). Ein ähnliches System wird auch bei den Baumkletterern zur Lastsicherung und Dämpfung verwendet und kann über den Fachhandel bezogen werden.

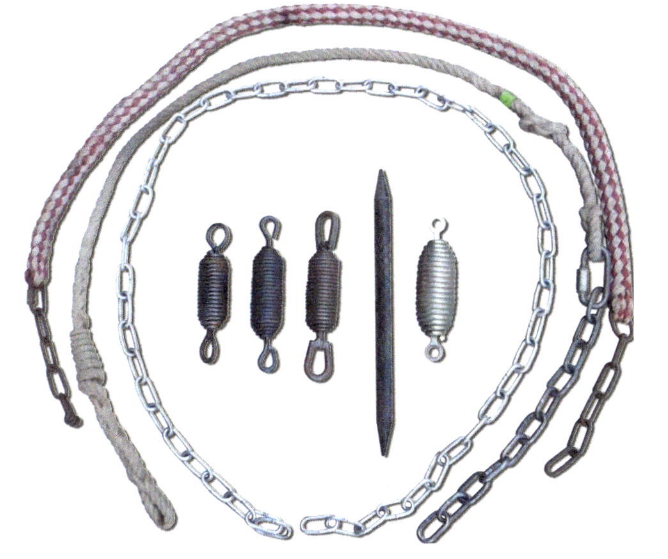
Auswahl von Zugsträngen und Zugdämpfern, die von Paul Schmit in aufwändigen Tests auf ihre Wirksamkeit hin untersucht wurden:
POLY QUICK-Seil, Seilstrang, Kettenzugstrang (außen von oben nach unten);
Zugfedern HIPPOTESE EW, EW w und DW, RENSING 40 und EQUI IDEA (innen von links nach rechts). **Foto:** Paul Schmit

17 Prozent weniger Zugkraftbedarf bedeuten
17 Prozent mehr Leistungsreserven oder
17 Prozent weniger Verschleiß bei Pferdegesundheit und Material!

Testverfahren des Luxemburgers Paul Schmit mit unterschiedlichen Zugdämpfern aus dem Jahr 2013 kommen zu ähnlichen Ergebnissen (*STARKE PFERDE Nr. 67, 2013*).

Wichtig ist, dass die Federn oder Dämpfer für die jeweilige Aufgabe ausgelegt sein müssen. Zu weiche Federn, die vor der Kutsche gut funktionieren stoßen beim Holzrücken rasch an ihre Überlastsicherungen oder dehnen die Zugstränge übermaßen. Eine zu harte Dämpfung dagegen spricht unter Umständen überhaupt nicht an.

Eigene Erfahrungen zeigen zudem, dass die Pferde mit passenden Zugdämpfern in der Regel ruhiger anziehen und schwerere Lasten bewegen können als ohne. Sowohl Zugfedern als auch das ZIP/F-System lassen sich übrigens meistens problemlos mit vorhandenen Zugsträngen oder Strangstutzen (wie z.B. Rippscheer) kombinieren.

Zugdämpfer á la Fanac:

Der Kautschukkern wird in das Poly-Quick-Hohlseil eingeführt, bis er ganz darin verschwindet (unten).

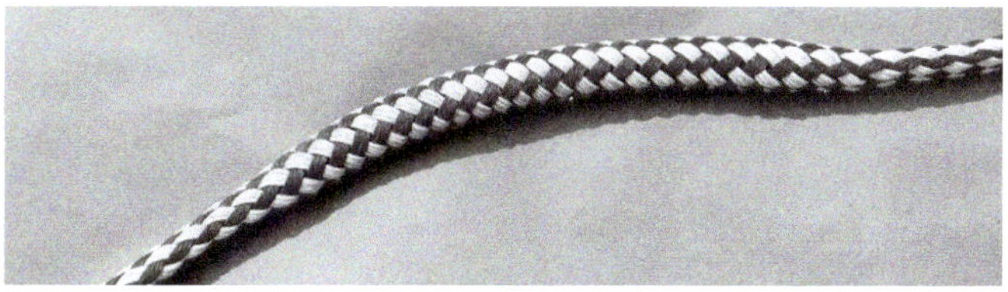

Wie der Name schon sagt, ist beim „Schwebeortscheit" das Ortscheit „schwebend" aufgehängt. Elastische Gummibänder halten es bei der Leerfahrt in einer Position, in der es die Bewegung des Pferdes nicht einschränkt. Damit der Schweif nicht in Mitleidenschaft gezogen wird, muss er bandagiert werden.

Das Rippgeschirr

Eine für die Waldarbeit besonders geeignete Geschirrvariante ist das Rippgeschirr. Als Strangstutzen werden hier Metallbügel verwendet, die individuell an das jeweilige Pferd angepasst werden müssen und dann bei der Arbeit optimale Schulterfreiheit gewährleistet.

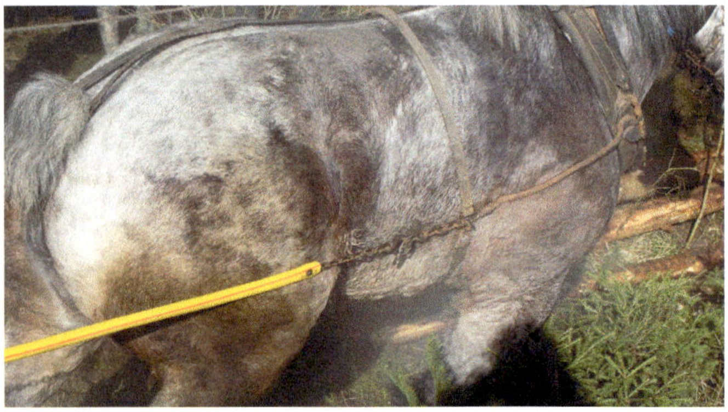

Auch der Gummischlauch um die Kette, als Scheuerschutz, ändert nichts daran, dass diese Anspannung alles andere als pferdefreundlich ist: Der Metallbügel des Rippgeschirrs ist langgezogen und bietet keinerlei Schulterfreiheit mehr. Durchgehende Ketten-Stränge übertragen alle Kraftspitzen der Last völlig ungedämpft auf den Pferdekörper.

Mit dem „Schwebeortscheit" entfällt das anstrengende und Kräfte zehrende Anheben des Schwengels. Wendungen auf der Stelle können völlig problemlos vollzogen werden.

Auch bei der Arbeit mit einem Schwebeortscheit darf es zu keiner gebrochenen Zuglinie kommen. Gleichzeitig dürfen die Gummibänder, die das Orscheit bei der Leerfahrt hoch halten, keinen großen Druck auf die Kruppe des Pferdes ausüben.

Das „Schwebeortscheit-Geschirr"

In Frankreich und den Benelux-Ländern sind sie schon seit vielen Jahren bekannt und finden in unterschiedlichen Ausführungen vor allem in der Waldarbeit aber auch im Weinbau Verbreitung: Geschirre mit Schwebeortscheiten.

Diese Geschirr- und Anspannungsvarianten zeichnen sich im Wesentlichen dadurch aus, dass das Ortscheit in Ruhestellung nicht wie üblich hinter dem Pferd auf dem Boden liegt und in der Vorwärtsbewegung dem Pferd hinterher schleift, sondern durch Riemen und/oder elastische Gummibänder hochgehalten wird. Diese Tragriemen laufen auf der Kruppe des Pferdes zusammen und werden so eingestellt, dass das Ortscheit über dem Sprunggelenk genau in der „Kniekehle" des Pferdes zu liegen kommt. Richtig positioniert, stört es dort die Bewegung des Pferdes in der Regel nicht. Lediglich der Schweif ist im Weg und muss einbandagiert und geschützt werden. Die Zugkette zum Holzrücken ist wie üblich am Ortscheit befestigt. Anders als in der Standardanspannung muss die Last mit der Kette sehr lang angehängt werden. So lang eben, dass es im Zug keinen Knick in der Zuglinie gibt.

Über die Tragriemen wird die Kruppe mit dem größten Teil des Gewichts von Ortscheit, Zugkette und Zugsträngen belastet. Riemen beidseits der Flanken des Pferdes und vom Kruppenstück zu den Zughaken am Kumt oder zum Rippscheit dienen der Stabilisierung und entlasten gleichzeitig die Kruppe, indem sie einen Teil der Traglast übernehmen.

Funktionsweise

Beim Anziehen unter Last geben die Tragriemen nach. Gummibänder dehnen sich dabei; Lederriemen werden einfach durch ihre Verbindung mit den Zugsträngen über die Kruppe nach hinten gezogen und werden dadurch „verlängert".
Ab einem bestimmten Punkt übernehmen die Zugstränge automatisch die ihnen zugedachte Arbeit (siehe Fotos unten links). In beiden Fällen, besonders bei unelastischen Tragrie-

Unter Zugbelastung wird das Ortscheit nach hinten und nach unten gezogen (in Rot die wirkenden Kräfte). Die dehnbaren Ortscheitträger üben dann Druck auf die Kruppe des Pferdes aus (gelber Pfeil). **Foto:** Association HIPPOTESE, **Bearbeitung:** Erhard Schroll

Von Gummibändern gehobenes, optimal positioniertes Schwebeortscheit, das zusätzlich noch gepolstert wurde. Die Kette sollte bei den Leerfahrten besser abgehängt werden, da sie gegen die Beine schlagen kann.

Vorbildlich ist bei dieser Schwebeortscheit-Variante die breite Lederauflage auf der Kruppe, die den hier unweigerlich auftretenden Druck pferdefreundlich auf eine große Fläche verteilt.

men, ist es wichtig, darauf zu achten, dass der Zugwinkel der Zugstränge durch die Riemen nicht gebrochen wird, damit die Kruppe des Pferdes nicht übermäßig belastet wird.

Vorteile

Die Vorteile des Systems liegen auf der Hand: Das Pferd kann nicht mehr über die Stränge treten. Selbst engste Wendungen, wie das Umdrehen auf der Stelle, lassen sich völlig problemlos durchführen. Zudem braucht der Fuhrmann hierbei nicht mehr Ortscheit oder Spielwaage ständig anzuheben und mit sich herumzutragen. Da die Kette immer gut griffbereit ist, spart er sich Kräfte zehrende und Rücken belastende Bückearbeiten. Störungen bei Leerfahrten werden minimiert, da das Ortscheit keine Äste oder Reisig mit sich schleppt und sich auch nicht mehr versehentlich an Baumstümpfen festhaken kann.
Insgesamt ist es – richtig angewandt – ein sehr pferde- und benutzerfreundliches System, das auch die tägliche Arbeitsleistung deutlich steigern hilft. Seine Pferdefreundlichkeit kommt allerdings nur dann zum Tragen, wenn das System auch wirklich korrekt eingerichtet und verwendet wird.

Bei der Einrichtung eines Schwebortscheits sind daher folgende Punkte ganz besonders zu beachten und zu prüfen:

- **Länge der Kette**
- **Länge der Zugstränge**
- **Position des Ortscheits bei der Leerfahrt und im Zug**
- **Das Dehnverhalten/die Elastizität der Tragegummis, die das Ortscheit halten**
- **Verwendung eines leichten, aber dennoch stabilen Ortscheits**

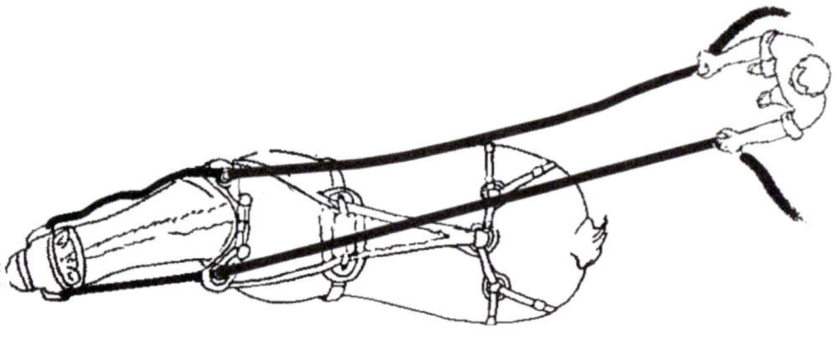

Abb. 1
Fahren im Wald mit der Einspännerleine. Die Position des Leinenführers kann bei flexibler Leinenführung beliebig gewechselt werden.

Arbeitsleine

Für den Anfang reicht beim Arbeiten im Wald eine einfache Einspännerleine. Die Länge ist dabei individuell wählbar, sollte aber so lang sein, dass man problemlos das Holz anhängen und beim Zug einen sicheren Abstand zu Pferd und Last einnehmen kann. Eine Leinenlänge zwischen fünf bis sechs Meter hat sich hier bewährt. Auch beim Material gibt es unterschiedliche Vorlieben; stabil und reißfest sollten sie auf jeden Fall sein. Vorteilhaft sind nicht rutschende, pflegeleichte Leinen, die gut in der Hand liegen und auch Feuchtigkeit und Schmutz vertragen können.

Empfehlenswert sind Leinen, die nicht durchgehen, sondern hinten offen sind. Diese können sich bei der Arbeit, wo sie oft über den Boden schleifen, nicht verfangen oder festhaken und damit den Pferden erhebliche Schmerzen im Maul zufügen. Es versteht sich von selbst, dass man sich die Leine nie ums Handgelenk wickeln darf oder eine ähnliche unlösbare Verbindung zwischen sich und dem Pferd herstellen darf. Im Falle eines Durchgehens des Pferdes hat man sonst keine Chance ...

Stimmkommandos

Ein Pferd unter den besonderen Bedingungen des Arbeitsplatzes „Wald" ausschließlich mit der Leine präzise zu lenken und zu fahren, gestaltet sich ziemlich schwierig. Anders wie beim Kutsche fahren, wo man seinen festen Platz auf dem Kutschbock einnimmt und mit ruhiger Hand dem Pferd feinste Hilfen geben kann, ist man beim Holzrücken ständig selbst in Bewegung und oft sogar bemüht, auf den Beinen zu bleiben und nicht zu stolpern. Feinste Leinenhilfen sind nicht möglich. Anders als beim Fahren ist eine dauernde Anlehnung des Pferdes am Gebiss bei der Waldarbeit auch gar nicht erwünscht. Macht das Pferd seine Aufgabe richtig, wird mit der Leine auch nicht eingegriffen. „Lediglich" zur Korrektur und bei neuen Befehlen kommt die Leine zum Einsatz.

Was beim Fahrsport verpönt ist, bekommt bei der Arbeit im Wald eine große Bedeutung: Die Stimme.
Ohne Stimmkommandos als zusätzlicher Hilfe zur Leine oder zur Präzisierung der Leinenhilfe funktioniert im Wald so gut wie nichts. Dabei spielt es keine Rolle, wie die einzelnen Befehle genau heißen - von Region zu Region gibt es hier sehr große Unterschiede. So bleiben Pferde im Sauerland auf das Kommando „Hü!" stehen, während sie andernorts beim selben Kommando anziehen müssen. Probleme gibt es erst, wenn man solch unterschiedlich ausgebildete Pferde zusammenspannt.
Anstatt Wortkommandos können auch andere akustische Signale verwendet werden, wie zum Beispiel Pfeiftöne. Entscheidend ist, dass das Pferd diese Befehle gelernt hat und versteht, was die jeweiligen Kommandos bedeuten. Sie müssen eindeutig, einfach und für das Pferd klar verständlich sein.

Pferderücker Gernot Schrittwieser aus Hohenberg in Niederösterreich verwendet für die linken und rechten Leinen unterschiedliche Farben, um sie auch in unübersichtlichen Situationen nicht zu vertauschen. **Foto:** Johanna Ruthner

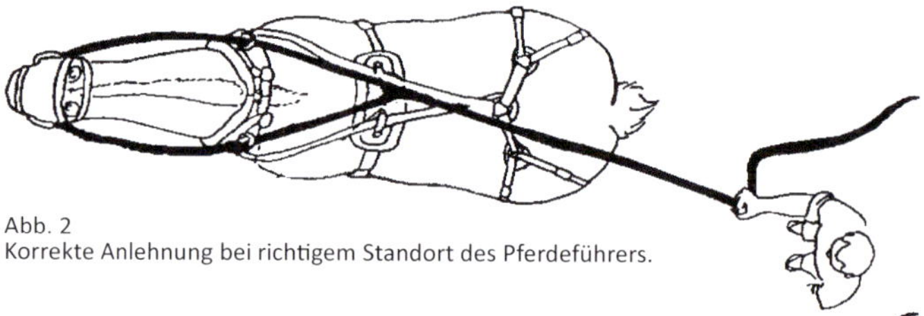

Abb. 2
Korrekte Anlehnung bei richtigem Standort des Pferdeführers.

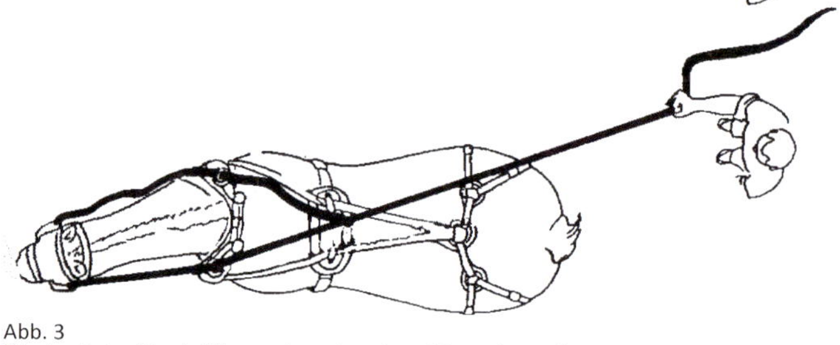

Abb. 3
Wechselt der Pferdeführer seinen Standort, hängt der rechte Zügel bei einem fixierten Stoßzügel durch und das Pferd wird nach links gezogen, auch wenn es eigentlich geradeaus oder sogar nach rechts gehen soll.

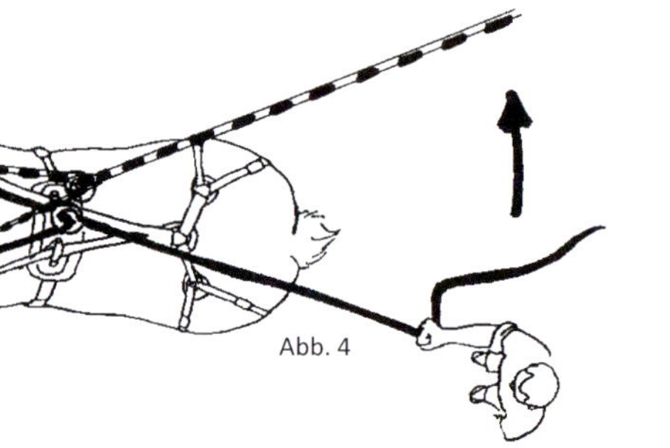

Abb. 4

Abb. 5

„Hü" und „Hott"

Während die einzelnen Kommandos regional sehr unterschiedlich sein können, sind die Zügelhilfen recht einheitlich: Mehrfaches kurzes Zupfen an der Leine mit dem entsprechenden Kommando (gewöhnl. „Hott"),
signalisiert dem Pferd, dass es sich nach rechts wenden soll. Ein Annehmen der Leine macht das Pferd generell aufmerksam und führt mit entsprechendem Kommando wie z.B. „Hoo!" zum Verlangsamen des Tempos.
Ein deutliches Annehmen des Zügels in Verbindung mit entsprechendem Kommando (z.B. Wist, Ha,...) bedeutet „links", zusammen mit einem anderen Kommando allerdings („Oha", Brrr, Hü) „anhalten".

Darüber hinaus gibt es eine Vielzahl differenzierter Befehle und Kommunikationsformen zwischen Fuhrmann/-frau und Pferd, die so individuell unterschiedlich sein können, dass sie hier nicht weiter behandelt werden sollen.

Stoßzügel

Hat das Pferd die Stimmkommandos verinnerlicht, ist es in der Regel kein Problem, auf die normale Leine zu verzichten. Die Verwendung eines Stoßzügels (Zupfleine, Leitseil) bietet sich für die Waldarbeit besonders an. Er besteht im Wesentlichen aus einem umlaufenden Zügel und einem daran befestigten einzelnen Seil oder Leinenstück. Der Fuhrmann/-frau hat so nur eine Leine in der Hand und die andere Hand frei für andere Arbeiten. Kaum möglich ist damit allerdings das einseitige Annehmen der Leine und damit das Lenken des Pferdes nach links oder rechts.
Ist das Leitseil am Zügel fest angebracht, kann, je nach seiner Position links oder rechts des Pferdekörpers, das Pferd auch in geringem Umfang rechts oder links gelenkt werden (Abb. 2). Nachteilig daran ist jedoch, dass es so fixiert ist, dass das Pferd nur dann gleichmäßig am Gebiss steht, wenn der Pferdeführer eine ganz bestimmte Position einnimmt. Wie oben erwähnt, ist dies oft nicht möglich. Häufig kann man daher bei der Arbeit Pferde sehen, die durch diese Art von Stoßzügel schief gestellt sind (Abb. 3).
Besser ist es, das Leitseil mit einem Ring am Zügel zu befestigen, der auf dem Zügel gleiten kann (Abb. 4 und 5).
So steht das Pferd beim Annehmen unabhängig vom Standort des Fuhrmannes immer gleichmäßig am Gebiss.

Kopfstücke

Für die Kopfstücke gilt dasselbe wie für die Geschirre: Einfach, bequem und stabil sollten sie sein. Ob nun mit Stirnriemen oder ohne ist Geschmacksache; ein Nasenriemen dagegen ist ein Muss. Er nimmt einen Teil der Kräfte auf, die von der Leine über das Gebiss auf das Pferdemaul wirken. Ohne diesen Riemen wirken selbst „weiche" Gebisse ungewollt scharf.
Die Verwendung von Blendklappen im Wald bringt m. E. mehr Nachteile als Vorteile und wenn es geht, sollte man darauf verzichten. Praktisch ist es dagegen, wenn das Kopfstück einen Kinnriemen mit einem Ring besitzt, an dem man das Pferd in den Pausen anbinden kann. Vorteilhaft ist es auch, wenn die Möglichkeit besteht, das Gebiss am Kopfstück mit Knebel, Gebissriemen oder Karabinerhaken schnell ein- und aushaken zu können.

Fahrkopfstück ohne Blendklappen.

Arbeitskopfstück mit fest angebrachter Postkandare.

Arbeitskopfstück mit Knebelgebiss.

Arbeitskopfstück mit Gebissriemen.

Gebisse

Wie oben bereits erwähnt, ist ein gefühlvolles, behutsames Arbeiten mit der Leine beim Holzrücken kaum erreichbar. Vor allem bei der Verwendung der Gebisse sollte man sich dies immer vor Augen führen.

Scharfe Gebisse und vor allem scharf geschnallte Kandaren brauchen eine sehr feine Hand, um wohldosiert eingesetzt werden zu können, ohne den Pferden Schmerzen zuzufügen. Unter den rauen Bedingungen der Waldarbeit ist dies meiner Meinung nach kaum möglich.

Anders als beim „gepflegten Fahren" findet man bei den Arbeitspferden und hier besonders beim Holzrücken leider häufig noch die abenteuerlichsten Gebisse im Gebrauch. Ob sie nun aus Tradition oder einfach nur aus Unverstand heraus benutzt werden – viele dieser Folterinstrumente haben in einem Pferdemaul nichts zu suchen! Ausgeschlagene, rostige, extrem dünne und scharfkantige Gebisse und Kandaren gehören auf den Schrott! Ebenso gehören Kandaren mit langen Anzügen, die so gebaut sind, dass sie nicht weich geschnallt werden können, aus dem Verkehr gezogen. Gegebenenfalls sollte zumindest die metallene Kinnkette durch ein weicheres, elastisches Material (z.B. Leder) ersetzt werden.

Empfehlenswert sind im Prinzip alle derzeit auf dem Markt erhältlichen Gebisse und Kandaren für den Fahrsport, einschließlich diverser Trensen. Entscheidend ist, dass die Pferde die Gebisse gut annehmen und sich nicht dagegen sperren. Unter Umständen muss man verschiedene Gebisse ausprobieren.

Grundvoraussetzung ist natürlich die richtige Größe und der richtige Sitz. Oft ist zu sehen, dass die Gebisse zu tief im Maul liegen. Dadurch wird das Pferd veranlasst, mit der Zunge zu spielen oder die Zunge hochzuziehen und über das Gebiss zu strecken. Dabei gehen Konzentration auf die Hilfen des Fuhrmanns und dessen Einwirkungen weitgehend verloren. Besser ist es, das Gebiss etwas höher zu schnallen, auch wenn die Lefzen etwas hoch gezogen werden.

Das Einzige, was bei dieser Knebeltrense brauchbar ist, sind die Knebel. Leider sind solche scharfen, schmalen, gedrehten Trensen noch häufig zu sehen.

Einfach gebrochene Wassertrense

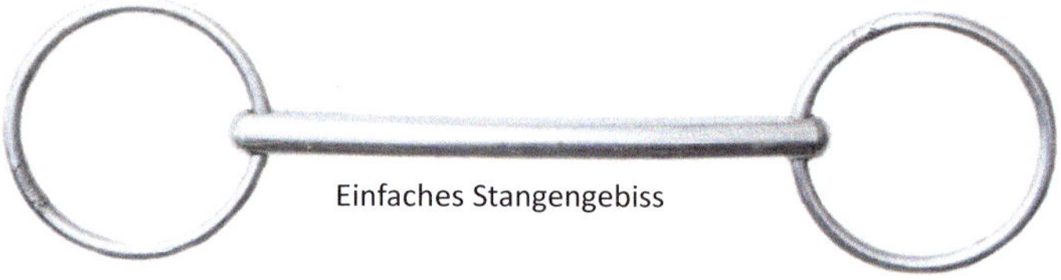

Einfaches Stangengebiss

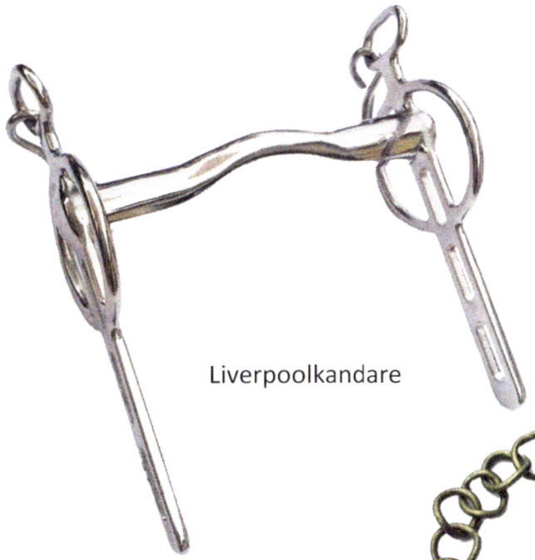

Liverpoolkandare

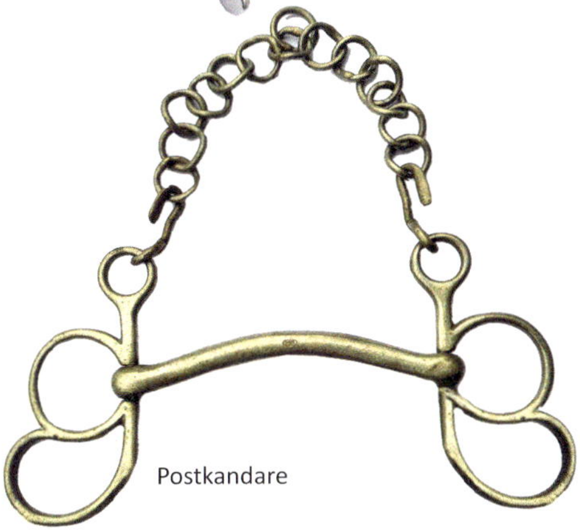

Postkandare

Gebisslose Zäumung

Wenn überhaupt mit Arbeitspferden „gebisslos" gearbeitet werden kann, dann im Wald beim Holzrücken. Die filigrane Leinenführung des Kutschers, der sein Pferd vom Kutschbock aus mit mit feiner Hand dirigiert, lässt sich hier nicht in die Realität umsetzen. Der Pferdeführer ist auf unebenem Terrain unterwegs, ständig in Bewegung und seine Position zum Pferd verändernd. Die Leine kann hier ihre Aufgabe also nicht präszise erfüllen und die Stimme bzw. die Stimmkommandos bekommen eine zentrale Bedeutung.

Das Sidepull ist eine gebisslose Zäumung und ähnlich aufgebaut wie ein Halfter. Es wirkt nur auf die Nase des Pferdes und eignet sich gut zum Lenken.

Besonders Pferde, die auf Stoßzügel ausgebildet sind und gleichzeitig nicht „hart am Gebiss" stehen, können oft problemlos mit einem so genannten „Side-Pull" gearbeitet werden. Wichtig ist dabei, dass die Leinensignale nur kurzfristig und impulsartig gegeben werden. Pferde, sie ständig die Anlehnung ans Gebiss „suchen" oder dauernd in ihrem Tempo gebremst werden müssen, sind dafür völlig ungeeignet. Die gebisslose Zäumung kann in solchen Fällen sogar schärfer wirken, als eine Zäumung mit Gebiss und durch den ständigen Druck auf das Nasenbein dem Pferd erhebliche Schmerzen zufügen.

Bei routinierten Pferden, die sehr gut auf Stimmkommandos hören, kann es im eingespielten Team völlig unproblematisch sein, ganz auf ein Gebiss zu verzichten. Auch das Arbeiten gänzlich ohne Leine ist hier im Einzelfall möglich. Aber vorsicht: Das ist nur etwas für Profis!

Hufbeschlag

Pferde, die regelmäßig im Wald arbeiten, kommen nicht ohne Hufeisen aus.
Der typische Beschlag, den man mit Arbeitspferden verbindet, besteht aus einem Hufeisen mit Griffen im Zehenbereich und Stollen an den Schenkelenden. Damit hat das Pferd im schweren Zug einen guten Griff und Halt im Boden, rutscht nicht so leicht aus, und die Sturzgefahr wird dadurch gemindert. Auf hartem Boden und besonders beim Fahren auf Asphalt stören die Griffe jedoch den natürlichen Abrollmechanismus des Hufes, und auch das häufige Kippeln auf den drei Belastungspunkten belastet die Bänder und Sehnen und kann zu krankhaften Veränderungen auch der Gelenke führen.
Wenn möglich sollte daher auf die Griffe im Zehenbereich verzichtet werden. Macht es die Arbeit erforderlich, sind Schraubstollen empfehlenswert, die je nach Bedarf zum Einsatz kommen und rasch wieder entfernt werden können. Je nach Untergrund können so auch längere oder kürzere Stollen oder zum Beispiel auf vereisten Flächen auch mal scharfe Stollen eingeschraubt werden.

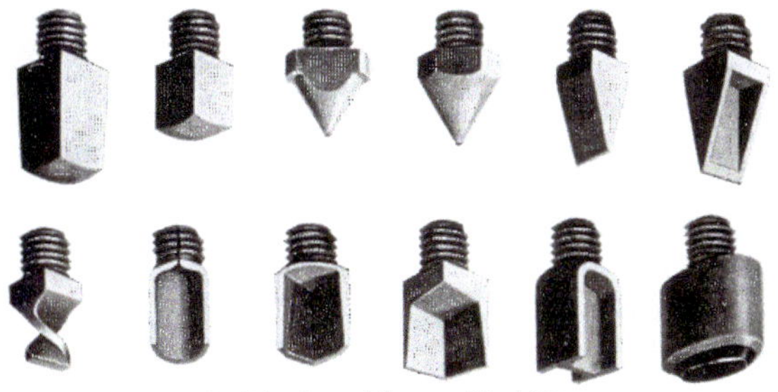

Verschiedene Arten und Formen von Schraubstollen

Sammlung von älteren Holzortscheiten. Vor dem Einsatz sollten sie genau begutachtet werden, ob sie für die Waldarbeit tauglich sind.

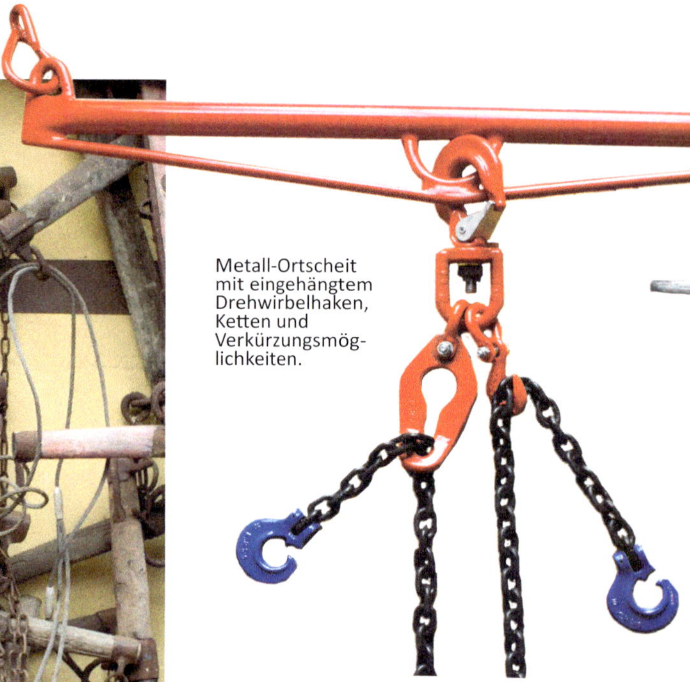

Metall-Ortscheit mit eingehängtem Drehwirbelhaken, Ketten und Verkürzungsmöglichkeiten.

Neues Holzortscheit mit Metallverstärkungen.

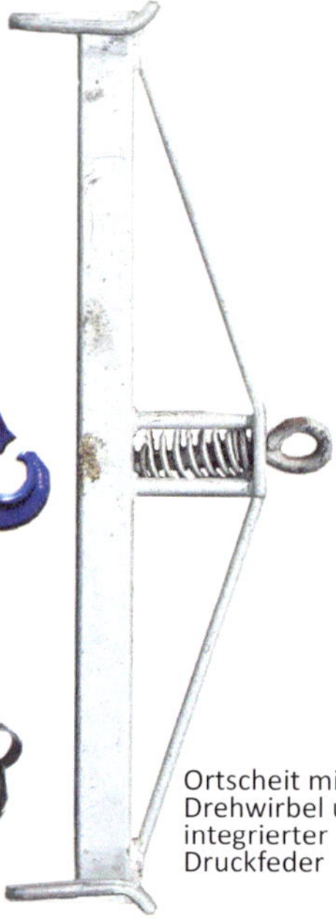

Ortscheit mit Drehwirbel und integrierter Druckfeder

Das Ortscheit - der Schwengel

An die Qualität des Ortscheits (Schwengel, Waagscheit) müssen hohe Anforderungen gestellt werden. Zum einen muss es wegen der extremen Belastung beim Holzrücken sehr stabil und bruchfest sein, zum anderen sollte es möglichst wenig Eigengewicht besitzen. Der Schwengel muss vom Holzrücker unzählige Male am Tag angehoben werden und so macht es in der Tat auf Dauer einen großen Unterschied, ob er drei oder zehn Kilogramm wiegt.

Zugstränge, die um das Waagscheit herumgehen und sich erst danach vereinigen, nehmen einen Großteil der Kräfte auf. Das Waagscheit selbst kann dabei dünner und leichter ausfallen, da seine Hauptaufgabe darin besteht, die Stränge zu „scheiden".

Waagscheit und Kettengehänge müssen bei der Arbeit unzählige Mal am Tag angehoben werden. Je leichter sie sind, um so leichter geht die Arbeit vonstatten.

Die zur Herstellung verwendeten klassischen Materialen sind Holz und Metall. Für Holzschwengel geeignet ist elastisches und bruchfestes Holz, wie zum Beispiel das der heimischen Esche. Zusätzlich wird das Holz durch Eisenbeschläge verstärkt. Leider gibt es nur noch wenige Hersteller und Anbieter, die in der Lage sind, diese aufwendige Arbeit fachgerecht durchzuführen. So sind reine Metallschwengel mittlerweile Standard beim Holzrücken. Wer ein Schweißgerät besitzt, kann sie relativ günstig selbst herstellen und auch Reparaturen daran problemlos vornehmen.

Unabhängig vom Material, sollte das Ortscheit so schmal wie möglich sein, um in engen Beständen nicht ständig an Bäumen hängen zu bleiben und deren Rinde zu verletzen. Andererseits muss es breit genug sein, damit die Zugstränge im geraden Zug nicht an den Beinen des Pferdes scheuern. Eine Empfehlung für das richtige Maß zu geben ist sehr schwierig, da es abhängig ist von der Rasse und dem Individuum. Bei unseren mittelschweren Kaltblütern haben sich Schwengel mit Breiten von ca. 75 bis 90 cm gut bewährt.

Jedes Ortscheit sollte eine schnell lösbare Verbindung mit den Zugsträngen besitzen (Knebel, Haken, Sicherheitshaken o.ä.) und sein Profil sollte im Idealfall oval sein, damit es besser über Hindernisse hinweg gleitet und nicht so schnell fest hängt.

Drehbare Anhängung

Aus Sicherheitsgründen sollte das Verbindungsstück zwischen Ortscheit und dem jeweiligen Anschlagmittel mit einem Drehwirbel versehen sein - bei Arbeiten in hängigem Gelände ein Muss! Dieser kann entweder direkt im Schwengel integriert oder separat zum Einhaken sein.
Der Drehwirbel verhindert beim seitlichen Rollen eines Stammes oder Stammstückes das Aufwickeln der Kette, die dabei so unter Spannung geraten kann, dass sie auch das Ortscheit mitdreht und schließlich die Zugstränge sich um die Hinterbeine der Pferde wickeln – eine höchst gefährliche und in Hanglagen leider nicht selten vorkommende Situation!

Rückehilfsmittel

Die Wahl des richtigen Rückehilfsmittels hängt von vielen Faktoren ab: Beschaffenheit des Bodens, Witterung, Hangneigung und die zu rückenden Holzsortimente. Außerdem gibt es auch hier natürlich individuelle Vorlieben der HolzrückerInnen.

Rückeketten

Das Standardzubehör, mit der fast alle Arbeiten durchgeführt werden können, ist die einfache Rückekette.
Waren die Ketten früher klobig und schwer, können sie heute, bei oft höherer Belastbarkeit durch Verwendung von hochvergütetem Stahl (Gütegrade 8 bis 10), extrem dünn sein. Selbst Ketten mit 4 mm Durchmesser sind bei einem Gütegrad 10 problemlos für viele Arbeiten verwendbar. Üblich allerdings, wegen ihrer besseren Handhabbarkeit, sind Ketten mit 6 mm Stärke, die es sowohl in Rundstahl- als auch in Vierkantausführung gibt. Aber auch hier gibt es natürlich unterschiedliche Vorlieben und wer gern kiloschwere Ketten mit sich herumtragen möchte, kann dies natürlich tun...

Generell kann man sagen, dass es eine Vielzahl unterschiedlicher Ketten- und Anhängesysteme für das Holzrücken mit Pferden gibt und jeder Holzrücker mit der Zeit „sein" eigenes System entwickeln und finden muss.
Wichtig ist m.E., dass die Möglichkeit vorhanden sein muss, die Ketten auch einzeln zu verkürzen und sie bei Bedarf auch schnell vom Ortscheit lösen zu können.

Beispiele verschiedener Kettengehänge:

Einheit, bestehend aus Wirbelhaken mit Verkürzungslasche, einem Verkürzungshaken und einer langen Kette mit zwei Schlinghaken benutzbar wie zwei Einzelketten.

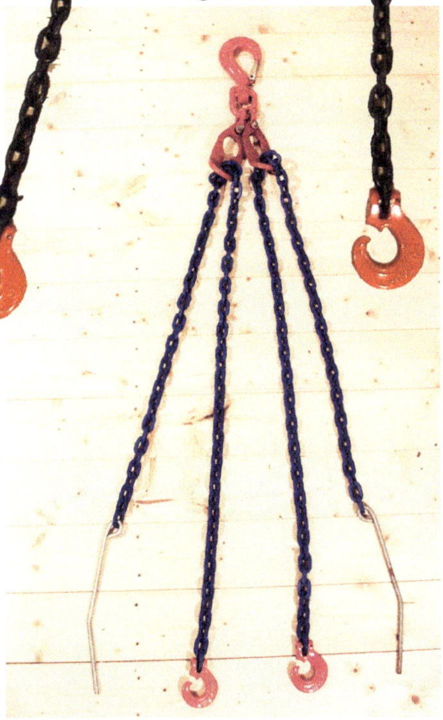

Wirbelhaken mit zwei Verkürzungslaschen und zwei Einzelketten mit Schlinghaken und Fädelnadeln.

Anhängetechnik

Anhängen eines Stammes

Die richtige Platzierung des Schlinghakens ist entscheidend, ob sich die Kette fest zieht oder der Stamm sich ungewollt wieder lösen kann.

Der Haken oder das Kettenende (mit oder ohne Fädelnadel) werden möglichst unmittelbar am Anschlagspunkt, etwa 20 bis 30 cm von der Schnittfläche entfernt, unter dem Stamm hindurch gezogen. Mit der Kette wird eine

links:
Die Kette wird in der Regel etwa zehn bis 20 Zentimeter hinter der Schnittfläche um den Stamm gelegt und durch den Schlinghaken geführt. Der Haken sollte dabei so positioniert sein, dass seine Öffnung gegen die Zugrichtung zeigt und sich die so gebildete Schlaufe beim Anzug des Pferdes festzieht. Während des Zuges behält der Haken aufgrund des Zugwinkels der Stränge seine Position auf der Stammoberseite.

oben:
Positioniert man den Haken seitlich am Stamm und lässt das Pferd in die entgegen gesetzte Richtung anziehen, dreht sich der Stamm in Zugrichtung so weit, bis der Haken wieder seine Position auf der Stammoberseite eingenommen hat.
Diesen Dreh-/Rolleffekt kann man sich zunutze machen, um zum Beispiel Hindernisse zu überwinden.

unten:
Positioniert man den Haken auf der Stammunterseite und führt die Kette in Zugrichtung gerade nach vorne, wird der Stamm beim Anzug kurz angehoben. Oft reicht dies aus, um zum Beispiel einen anderen quer liegenden Stamm zu überwinden. Im weiteren Zugverlauf wird der Stamm sich drehen und der Haken wieder nach oben wandern. Meist ist anschließend ein Verkürzen der Kette notwendig.

links:
Anhängen von zwei Stämmen mit einer Kette. Durch das Legen einer Achterschlaufe ist jeder Stamm einzeln fixiert. Ist die Kette lang genug für weitere Schlaufen, können nach demselben Prinzip noch mehr Stämme angefügt werden. Die Gefahr, dass sich einzelne Stämme aus der Last lösen, ist hierbei deutlich geringer, wie wenn man die Stämme mit einer gemeinsamen Schlaufe umschlingen würde.

Schlaufe um den Stamm gezogen und mit dem Schlinghaken geschlossen. Er sollte i.d.R. so positioniert sein, dass nachdem die Kette von Hand etwas angezogen wurde, er möglichst ein klein wenig gegen die geplante Zugrichtung am Stamm zu liegen kommt. Zieht das Pferd an, wird so die Schlaufe festgezogen.
Je nach Position des Schlinghakens kann man so erreichen, dass sich der Stamm mehr oder weniger stark beim Anzug dreht. In vielen Fällen kann man so dem Pferd das Anziehen schwerer Lasten erleichtern. Positioniert man den Haken unter dem Stamm, verstärkt sich durch den kurzfristig niedrigen Anhängepunkt der Lifteffekt, und ein Hindernis kann so unter Umständen leichter überwunden werden. Im weiteren Verlauf wird sich der Stamm automatisch drehen und den Anhängepunkt – sprich den Schlinghaken – wieder nach oben befördern.

Anhängen mehrerer Stämme

Möchte man mehrere Stämme gleichzeitig anhängen, gibt es je nach verwendetem Kettengehänge verschiedene Möglichkeiten. Arbeitet man mit mehreren Einzelketten, wiederholen sich die gerade beschriebenen Vorgänge. Jede Kette sollte einzeln vom Ortscheit zu lösen und verlängert oder verkürzt werden können.
Hat man nur eine Kette zur Verfügung, kann man damit entweder ein Stammbündel im Ganzen umschlingen oder durch Legen von Achterschlaufen, um jeden Stamm einzeln zu fixieren.

Geschickt ist es, eine lange Kette zu benutzen, die an beiden Enden einen Schlinghaken besitzt. Sind am Ortscheit zwei Verkürzungshaken vorhanden, kann man diese Kette als eine lange oder als zwei kürzere Ketten verwenden, jeweils zusätzlich mit den beschriebenen Möglichkeiten des Schlaufenlegens.
Hat man noch eine baugleiche Reservekette zur Hand, kann man beide Ketten an den Schlinghaken verbinden und hat dann die Möglichkeit, auch mal größere Distanzen, wie Gräben oder andere Geländehindernisse, geschickt bewältigen zu können.

Blochstreifhaken werden in den Stamm eingeschlagen.

Blochstreifhaken

Das nach der Kette am häufigsten verwendete Anschlagmittel ist der sog. Blochstreif- oder Schlepphaken (siehe Foto oben). Er hängt am Ende einer 60 bis 80 cm langen Kette und wird mit Hilfe einer Sappie oder einer Axt am Kopfende eines Stammes eingeschlagen. Der Haken besitzt am anderen Ende

Ein Blochstreifhaken-Set im praktischen Einsatz. **Foto:** Josef Gutsmiedl

eine kurze „Nase“; ein gezielter Schlag mit der Sappie darauf löst den Haken wieder aus dem Holz.
Vor allem am Steilhang besitzt der Blochstreifhaken den großen Vorteil, dass er sich i.d.R. von selbst wieder aus dem Holz löst, wenn ein Stamm „ins Schießen“ kommt und der Haken gegen die Zugrichtung belastet wird. Oft ist das eine Lebensversicherung für das Pferd!
Die Haken sind auch ideal für das schnelle Einsammeln von nicht zu dünnem Abschnittsholz und Holzblöcken. Je nach Bedarf und Holzstärke können mehrere Haken zu einem Gehänge zusammengestellt werden. Empfehlenswert auch hier: eine drehbare Befestigung am Ortscheit. Oft ist es hilfreich, zusätzlich zu den Haken auch noch die Möglichkeit zu haben, eine normale Rückekette in das System zu integrieren. Damit lassen sich zum Beispiel dann auch Stämme oder Stammholzabschnitte am dünnen Zopf rücken, wo die Haken keine Substanz finden, sich zu halten.

Rückezangen

Zangen gibt es in den unterschiedlichsten Ausführungen mit zwei oder drei Armen. Gemein ist ihnen, dass sich an ihren Armen Widerhaken befinden, die sich durch das Anziehen des Pferdes im Holz festkrallen.

Massive zweiarmige XROPURR-Zange (USA) mit bis zu 80 cm Öffnungsbreite und 7,3 kg Gewicht.

7,6 kg schwere Farmi-Rückezange von Grube für Holz bis zu 65 cm Durchmesser.

Rückezangen mit Aktivfeder und Zugdämpfer von **STARKE PFERDE**.

Die Zange hakt sich mit ihren Widerhaken an zwei sich gegenüberliegenden Seiten eines Stammes fest. Die Zugkraft setzt daher in der Mitte der Schnittfläche an.

Gespannte Rückekette mit Schlinghaken in typischer Position: Während des Zuges dreht sich der Haken automatisch nach oben und nimmt die höchste Position am Stammfuß ein.

Der Vorteil der Rückezangen ist es, dass der Anhängepunkt der Last praktisch in die Mitte des Stammes gelegt wird, der „Lift-Effekt" dadurch größer ist und der Stamm bei dreiarmigen Zangen gleichzeitig wie auf Kufen fährt. Alles zusammen bedeutet einen erheblich geringeren Zugwiderstand, leichteres und schonenderes Arbeiten für das Pferd und geringere Schäden an Boden und Wurzeln. Auch das Überwinden von Hindernissen wird erleichtert und ein Festfahren vor einem Baumstumpf zu einem seltenen Ereignis. Das Holz kann sehr schnell an- und abgehängt werden und ein Durchfädeln der Kette unter dem Stamm, das besonders bei gefrorenem Boden oft Mühe bereitet und viel Zeit kostet, entfällt. Einsetzbar und empfehlenswert sind Zangen allerdings nur bei einzelstammweiser Holzbringung, d.h. im dickeren Holz. Beim dünnörtigen Zug, das heißt bei der Anbringung am dünnen Zopf eines Stammes, gibt es oft Probleme, die Zange richtig zu befestigen. Zu diesem Zweck ist es ratsam, immer auch noch eine Kette dabei zu haben. Mit ihr ist es auch möglich, ggf. auch einen zweiten Stamm anzuhängen.

Nachteilig sind das hohe Grundgewicht der Zangen und die Probleme beim Rangieren der Stämme. Zangen mit Druckfedern oder hydraulischen Druckzylindern, welche die Zangenarme aktiv an das Holz drücken, können hier Abhilfe schaffen; ebenso am Hang bei der Talfahrt, wo sich andere Zangen oft unbeabsichtigt von der Last lösen. Dann allerdings, wenn der angehängte Stamm zwischen anderen Stämmen zu liegen kommt, gibt es dagegen oft Probleme, die eingeklemmte Zange vom Stamm zu lösen. Eine Sappie ist in einer solchen Situation Gold wert!

Bei einem derart frei liegenden Stamm wie hier, wäre das Anhängen mit der Kette wahrscheinlich einfacher als mit der schweren Zange.

Aus Sicherheitsgründen sollte auch eine Rückezange schnell und einfach vom Ortscheit zu trennen sein und diese Verbindung beim An- und Abhängen gelöst werden. Die Zangen können sich übrigens auch als gefährliche Fußfallen herausstellen und man sollte schon sehr genau darauf achten, wo man hintritt...

Tipp:
Eine besondere Anhängetechnik ermöglicht es, den Zugpunkt am Stamm auch mit Kette und Blochstreifhaken tiefer zu positionieren und damit den Lifteffekt zu optimieren.
Es ist zwar etwas aufwändiger und erfordert zwei Ketten mit Schlinghaken und zwei Einschlaghaken, die jeweils an beiden Seiten in der Mitte des Stammes positioniert werden und einzeln am Ortscheit befestigt werden.
Besonders bei dicken Stämmen kann sich der Aufwand lohnen.

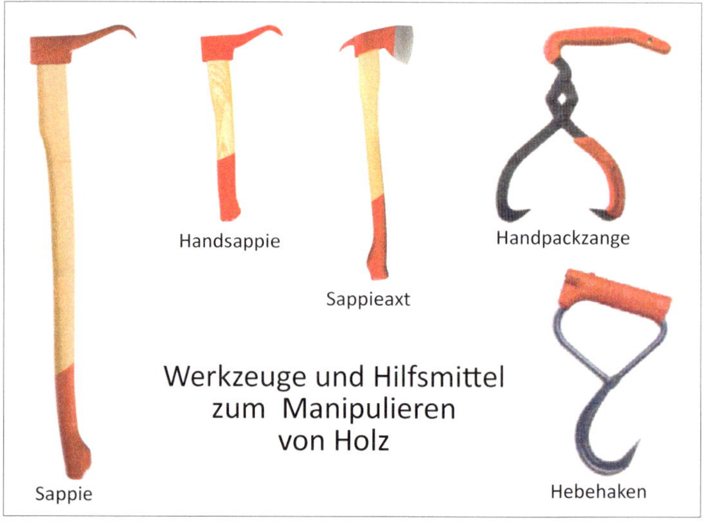

Zweispänniges Arbeiten

Im stärkeren Holz und überall dort, wo ein einzelnes Pferd ständig an seine Grenzen oder darüber hinausgehen muss und daher rasch überlastet wäre, bietet sich das zweispännige Arbeiten an. Dabei handelt es sich um eine Anspannungsart, die für Anfänger kaum geeignet ist, sondern in den Fortgeschrittenbereich oder professionellen Holzrückebetrieb gehört.
Das Arbeiten erfordert viel Erfahrung, Umsicht und Überblick. Der Zug schwerer Stämme entwickelt zudem oft eine andere Dynamik und birgt größere Gefahren, als das Rücken von Schwachholz.

Die Leistung eines Zweispänners entspricht nicht ganz der Leistung von zwei Einzelpferden, sondern beträgt in etwa lediglich 190 %.
Das ideale Einsatzgebiet liegt im Stückmassebereich von durchschnittlich etwa 0,6 fm. Natürlich lassen sich aber auch mal Einzelstämme von weit über einem Festmeter von einem Gespann bewegen.

Mit einem geübten und routinierten Team kann man unter günstigen Voraussetzungen ähnliche Stückzahlen pro Stunde erreichen wie mit einem Einspänner. Dadurch ergeben sich entsprechend hohe Stundenleistungen. In einem späteren Kapitel, wenn es um die Kosten geht, werden wir feststellen, dass ein Pferd im Vergleich zum kalkulierten Lohn des Pferdeführers bei den Gesamtkosten nicht so stark zu Buche schlägt. Eine nahezu Verdoppelung der Leistung durch nur eine Arbeitskraft bei nur geringfügig steigenden Kosten kann wirtschaftlich natürlich äußerst interessant sein.
Arbeiten zwei Pferderücker gemeinsam in einem Bestand können sie als Notlösung ihre beiden Einspänner vor einen einzelnen Stamm spannen, auch wenn keine Zweispännerausrüstung vorhanden ist. Probleme bereitet es unter Umständen, die Pferde gleichzeitig und gleichmäßig in den Zug zu bekommen. Bei dieser Art der Anspannung sind die „Reibungsverluste“ sehr hoch, da eine gleichmäßige Zuglastverteilung auf beide Pferde nicht immer gewährleistet ist.

Üblich, und im Folgenden ausführlich beschrieben, ist der „klassische Zweispänner“ – zwei Pferde nebeneinander gespannt. In Deutschland seltener zu sehen, in engen Beständen oder bei bestimmten Arbeiten aber durchaus sinnvoll: das Arbeiten in Tandem-Anspannung. Dazu später mehr.

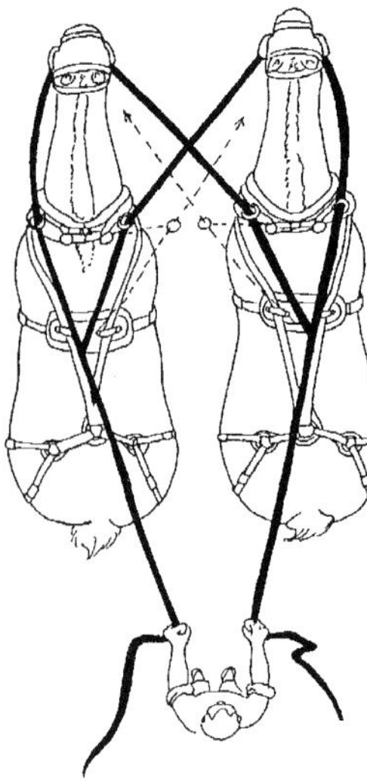

Abb. 1: Fahren mit Kreuzleine.

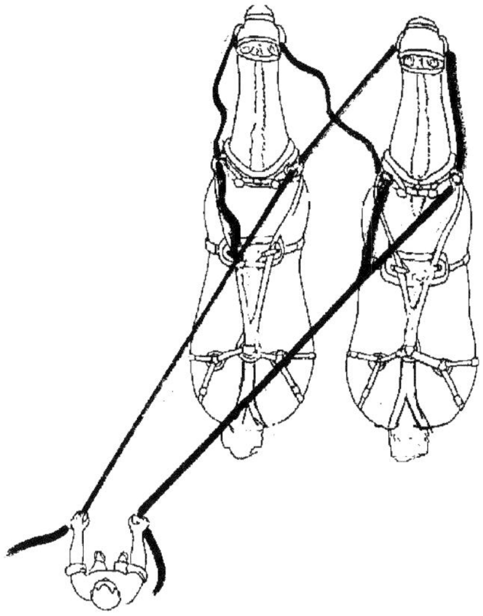

Abb. 2: Probleme mit der Anlehnung beim Positionswechsel mit der Kreuzleine.

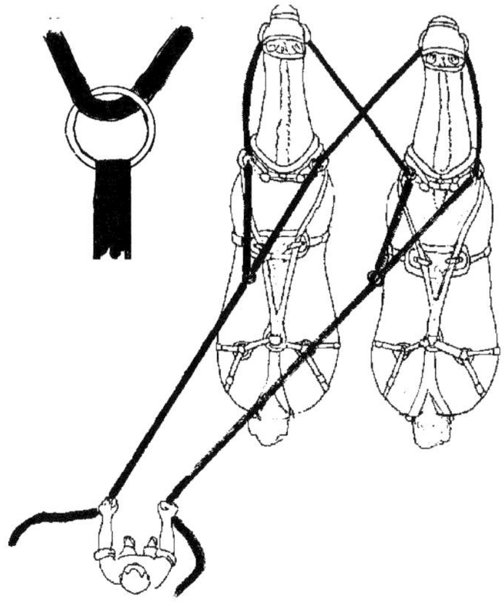

Abb. 3: Selbstregulierende Leine mit Laufringen.

Die Zweispännerleine

Für die Arbeit mit Zweispännern wird gewöhnlich eine einfache Kreuzleine benutzt (Abb. 1). Die Leine besteht aus zwei durchgehenden Außenleinen, die jeweils am linken und rechten Pferd außen am Gebiss eingeschnallt werden. Auf diese Außenleinen sind jeweils die Innenleinen geschnallt, die, vom Verschnallstück gemessen, je nach Größe der Pferde und der Breite der Anspannung ca. 15 bis 30 cm länger sein müssen als die Außenleine. Drei Löcher stehen in der Regel jeweils nur zur Verfügung, um die Leinen zu verstellen (bei Strickleinen besteht diese Verschnallmöglichkeit leider oft nicht). Charakteristisch ist, wie schon der Name sagt, dass sich diese Innenleinen zwischen den beiden Pferden kreuzen. Ein bestimmte Länge ist nicht vorgeschrieben. Diese richtet sich nach den jeweiligen Anforderungen. Kann sie beim Fahren vom Bock für Großpferde 4,50 m, muss sie bei der Bodenarbeit mindestens sechs Meter lang sein. Bei Verwendung einzelner Arbeitsgeräte kann auch schon mal eine Länge von acht oder mehr Metern notwendig sein.
Die Arbeitsbreite eines Gespannes kann durch die Verwendung zusätzlicher Leinenführungsringe („line-spreader") beliebig eingestellt werden (gestrichelte Leinenführung auf der Zeichnung rechts). Als Material für die Leinen können Leder, Nylon, Hanfseile oder ähnliches verwendet werden.

Die **Achenbachleine** ist nur eine besondere Art der Kreuzleine. Ihre Wirkungsweise basiert auf der ständigen Anlehnung der Pferde an die Leinen. Je nach Temperament der Pferde kann über die richtige Leinenverschnallung (elf Löcher stehen jeweils zur Verfügung) ein Pferd zurückgenommen werden und damit dem anderen („faulen") Pferd mehr Arbeit „aufgehalst" werden. Auch kann diese Leine individuell auf die Breite der Pferde eingestellt werden. Neben anderen Details ist von großem Nutzen, dass die Verschnallstücke vom Bock aus erreichbar sind und so auch Korrekturen während der Fahrt durchgeführt werden können.

Für die Arbeit vom Boden ist die Achenbachleine meiner Meinung nach nicht ideal. Zum einen ist sie zu teuer und damit für die „Dreckarbeit" zu schade; mit 4,50 m Standardlänge für Großpferde ist sie zu kurz und die Vorteile der Leine, die sie beim Fahren vom Bock durchaus besitzt, kommen bei der Bodenarbeit nicht zum Tragen. Das System funktioniert nur beim Fahren vom Bock und bei der Anspannung an einer festen Bracke.

Bei der Bodenarbeit mit einem klassischen Zweispänner wird eine Spielwaage verwendet, die die Zugkräfte auf beide Pferde gleichmäßig verteilt. Auch wenn eines der Pferde zurückgeschnallt wird, muss es immer noch die gleiche Last ziehen.
Zudem machen bei der Bodenarbeit, zum Beispiel bei der Wald- und Feldarbeit, die Positionsänderungen des/der Fuhrmannes/-frau eine korrekte Leinenverschnallung sinnlos und können zur totalen Verwirrung der Pferde führen. Ein korrektes Fahren ist unmöglich, da die ständige Anlehnung nicht gewährleistet werden kann (Abb. 2). Dies trifft sowohl auf die Achenbach-, als auch auf die einfache Kreuzleine zu. Wenn es dennoch gelegentlich funktioniert, so liegt dies nicht an der Leinenführung, sondern an der Routine und Selbstständigkeit der Pferde, ihrem Mitdenken oder an der zusätzlichen verbalen Unterstützung durch den/die Fuhrmann/-frau.
Dieser Umstand führte natürlich dazu, dass man sich in der Literatur und Praxis schon lange mit diesem Problem auseinandersetzt.

Kreuzleine mit Laufringen – eine selbstregulierende Leine

Um die Pferde stets am Zügel zu haben ist am Arbeitsgespann eine Zweispännerleine einfachster Art mit Selbstregulierung zu empfehlen. Ganz gleich, ob der Fahrer auf dem Bock sitzt, auf der linken oder rechten Seite geht, die Zügel können jederzeit zur sicheren Lenkung nachgegeben oder angenommen werden. Der in den Zügel befindliche Ring leitet die Leinen, je nach dem Platz des Fahrers, immer in das richtige Verhältnis, sodass die Zügel am Gebiss anstehen (Abb. 3).
Benötigt werden hierfür zwei glatte Zügel, zwei Metallringe, die auf diesen Zügeln jeweils frei gleiten können und eine lange Einspännerleine, deren Enden jeweils an einem Metallring befestigt werden. Die Zügel werden so eingeschnallt, dass sie sich wie bei der Kreuzleine zwischen den Pferden kreuzen.
Dies funktioniert allerdings nur bei gut eingespielten Pferden mit gleichem Temperament.
Korrekturen können ausschließlich über die Spielwaage oder Laufzügel (s.U.) durchgeführt werden.

Aus der eigenen Praxis muss ich sagen, dass es bei uns ohne die Verwendung von Laufzügeln nicht befriedigend funktioniert hat. Ideal, aber viel Aufwand, ist die Verwendung von zwei Laufzügeln - für jedes Pferd einen. Bei der Waldarbeit ist dies allerdings sehr hinderlich und die Gefahr des Übertretens und Festhängens ist dabei sehr groß.

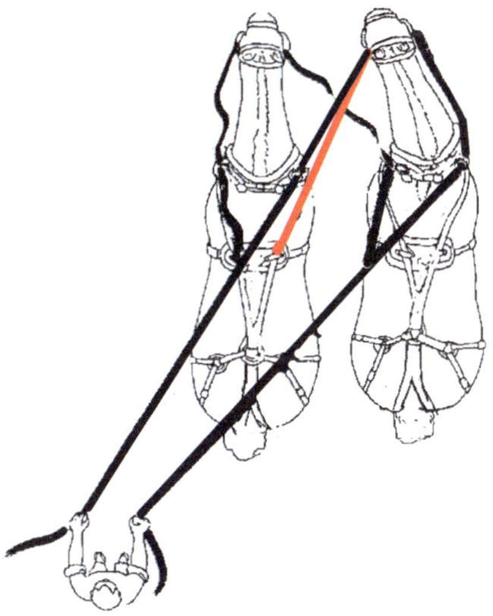

Abb. 4: Tierschutzwidriger Beibindezügel (rot)

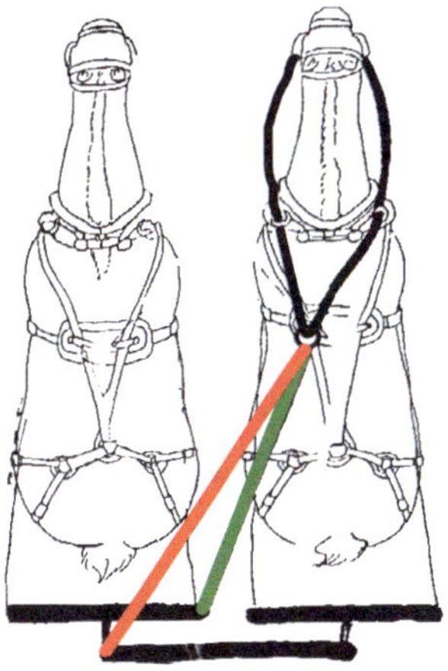

Abb. 5: Laufzügel mit selbstregulierendem Laufring. Rot: harte, pferdeunfreundliche Einstellung; grün: weiche Verschnallung.

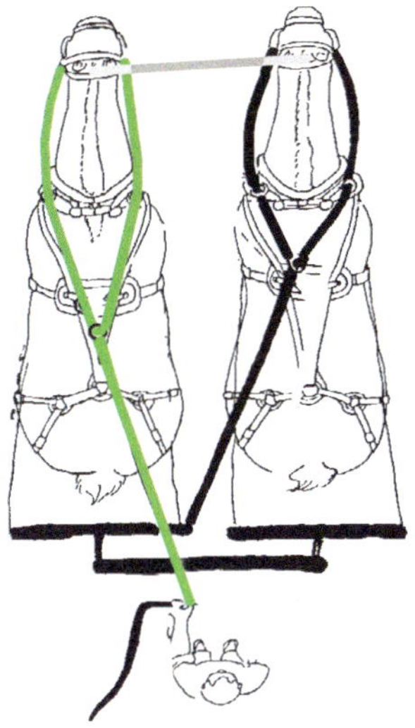

Abb. 6: Fahren mit Zupfleine (grün) und Laufzügel. Die Pferde sind vorne mit einem Strick von Halfterring zu Halfterring verbunden.

Grundsätzliches zum Thema „Laufzügel" und „Beibindezügel"

Der **Beibindezügel** ist eine unsinnige Anspannung, die gegen den Tierschutz verstößt (Abb. 4).
Der völlig falsch angebrachte Beibindezügel des fleißigeren Handpferdes zwingt es, krumm zu gehen. Durch dieses ständige Schiefgehen infolge der ständigen einseitigen Mehrbelastung, entsteht eine nachteilige Entwicklung der Gelenke, Sehnen und Hufe.

Der **Laufzügel** besteht, wie oben bei den selbstregulierenden Leinen beschrieben, aus einem glatten Zügel, der durch einen Ring geführt wird, der auf dem Zügel frei beweglich ist. An diesem Ring ist eine Leine befestigt, die klassischerweise zur entgegengesetzten Seite der Waage führt. Das fleißigere Pferd wird zurückgehalten (Abb. 5). Es lernt in der Regel schnell, sich dem Druck durch Zurückbleiben zu entziehen und sich am Sattelpferd zu orientieren. Das funktioniert aber nicht immer. Manche Pferde legen sich um so toller ins Gebiss. Für junge Pferde ist dies absolut ungeeignet! Ihr Fleiß wird bestraft. Bei routinierten Pferden ist es in der Regel kein Problem. Bei der Waldarbeit kann es Schwierigkeiten geben, wenn sich der Laufzügel im Unterholz festhängt oder die Pferde übertreten. Höchste Aufmerksamkeit ist notwendig!
In meiner eigenen Praxis arbeite ich viel mit diesem Hilfsmittel. Um es für das Pferd am Laufzügel etwas einfacher zu machen und die harten Schläge im Maul etwas abzudämpfen, befestige ich den Zügel nicht an der Waage, sondern am Ortscheit des Nachbarpferdes. Zusätzlich vermindert sich dadurch die Gefahr des Übertretens.

Fahren mit dem Stoßzügel

Besonders für die Waldarbeit hat sich die Arbeit mit dem Stoßzügel bewährt. Sind die Pferde an diese Art des Arbeitens gewöhnt und hören gut auf die Stimme, gibt es auch beim zweispännigen Arbeiten kaum etwas Besseres.
Wir spannen die Pferde dabei so an, dass das Sattelpferd am Stoßzügel geht und das Handpferd lediglich am Laufzügel mitläuft (Abb. 6). Damit die Pferde vorne nicht auseinander laufen können, verbinde ich die beiden Kopfstücke mit einem Führstrick (**nie am Gebiss!**). Sie können auch an den Kumts miteinander verbunden werden. In beiden Fällen ist darauf zu achten, dass ausreichend Bewegungsfreiheit gewährleistet ist und die Pferde nicht zu eng stehen.

Das Arbeiten mit Stoßzügel erfordert ein sehr gut eingespieltes Team mit einem exzellenten, routinierten Handpferd, über das der Gespannführer außer über die Stimme kaum Einwirkungsmöglichkeiten hat.
Im Wald ist dies ideal, für korrektes Arbeiten auf dem Feld aber nicht immer zu empfehlen.

Neuentwicklung?

Seit Jahren praktiziere ich eine Anspannung, von der ich sehr begeistert bin und die bisher problemlos funktioniert. In der Literatur habe ich hierüber allerdings noch nichts gefunden. Ausgangspunkt ist eine ganz einfache Kreuzleine (Abb. 7).
Um die unerwünschten Einwirkungen der Leine beim Positionswechsel des Fuhrmannes zu vermeiden, habe ich auf den Kruppen der Pferde einen zusätzlichen Leinenführungsring an-

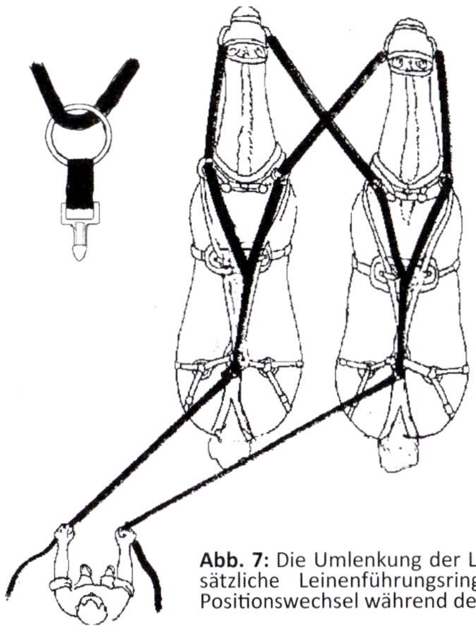

Abb. 7: Die Umlenkung der Leine durch zusätzliche Leinenführungsringe ermöglicht Positionswechsel während der Arbeit.

gebracht - die von mir verwendeten amerikanischen Geschirre mit ihrem speziellen Hintergeschirr und Schweifriemen eignen sich hierfür bestens, da das Geschirr auch durch etwas stärkeren seitlichen Zug nicht verschoben wird. Außerdem bietet der zentrale Ring, an dem u.a. der Umgang befestigt ist, eine günstige Möglichkeit, einen zusätzlichen Leinenführungsring mit einem Karabinerhaken (siehe rechts) zu befestigen.

Die Schnallen der Kreuzleinen müssen aus Sicherheitsgründen unbedingt so positioniert werden, dass sie weder vorne an den Kumten, noch hinten an den zusätzlichen Leinenführungsringen festhaken können! In der Regel muss die Leine hierfür von der Schnalle zu den Gebissen etwas gekürzt werden.
Der zusätzliche Leinenführungsring sorgt nun dafür, dass die Leinen erst im Kruppenbereich umgelenkt werden und so eine ständige Anlehnung der Leinen ans Gebiss gewährleistet wird. Ein Nebeneffekt: Die Leine fällt nicht mehr links oder rechts oder zwischen den Pferden herunter, kann sich so nicht mehr an irgendwelchen Geschirrteilen festhängen und auch die Pferde treten nicht mehr so leicht auf oder über die Leine.

Zu den bisher genannten Anspannungsmöglichkeiten gibt es noch andere Varianten, um zwei Pferde im Wald nebeneinander zu fahren. So ist es in England üblich, die beiden Enden einer Einspännerleine jeweils außen am Gebissring jedes Pferdes zu befestigen als Kreuzleine zwischen den Pferden ein Paar Hilfszügel anzubringen (Abb. 8).

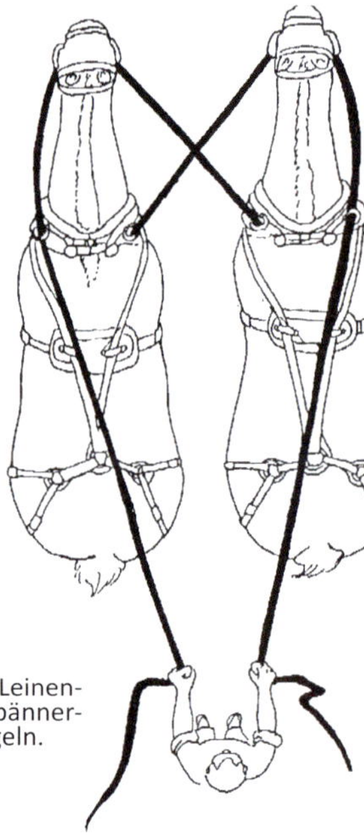

Abb. 8: Englische Leinenführung mit Einspännerleine und Hilfszügeln.

Bestimmt gibt es auch noch andere Möglichkeiten, die Pferde sicher zu lenken und zu führen. Vielleicht hat der eine oder andere Leser noch eigene Lösungsmöglichkeiten gefunden. Gerne berichten wir darüber in der Zeitschrift STARKE PFERDE.

Unabhängig von der Art der Anspannung gilt:

Das verwendete Material muss sicher sein! Grundsätzlich darf kein Leder oder Seil verwendet werden, das brüchig ist und unter Belastung reißen kann. Ebenso müssen Schnallen, Karabinerhaken und andere Metallteile regelmäßig auf ihren Zustand untersucht und im Zweifelsfall ausgetauscht werden. Nicht jedes Gespann gehorcht aufs Wort und im Falle eines Falles steht man als Fuhrmann/-frau ziemlich hilflos da!

Spielwaagen

Die Lastverteilung

Die Frage, welches Pferd an der Spielwaage mehr zu ziehen hat, wenn diese während der Arbeit schräg steht, wird in der Praxis nur in den seltensten Fällen richtig beantwortet. Die meist gegebene Antwort auf diese Frage lautet: Das Pferd, das vorgeht, hat mehr zu ziehen; sehr häufig wird aber auch behauptet, dass das zurückbleibende Pferd mehr zu ziehen hat; schließlich bekommt man auch zu hören, dass bei der schräg stehenden ebenso wie bei der gerade stehenden Spielwaage beide Pferde gleich viel zu ziehen haben.
Interessant ist nun, dass unter Umständen jede dieser drei sich widersprechenden Antworten richtig sein kann. Es gibt Spielwaagen, die in jeder Stellung den Zug auf beide Pferde gleichmäßig verteilen. Es gibt andere, bei denen bei Schrägstel-

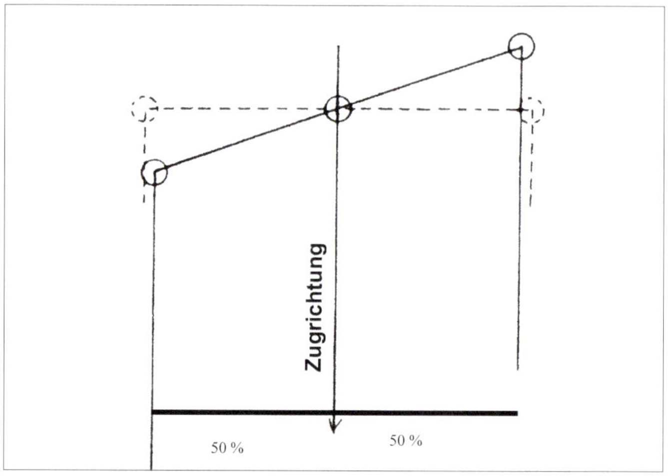

Abb. 1
Liegen die drei Drehpunkte der Spielwaage auf einer Geraden, so sind die Hebel stets gleich lang, und beide Pferde haben stets die gleiche Last zu ziehen. (Zuglastverteilung in Prozent).

Beispiel: Denkbare Spielwaagenanordnung, die einer gleichmäßigen Lastverteilung am Nächsten kommt. Läge der Drehpunkt des Waagscheits bzw. der Anhängepunkt der Last in der Mitte der Waage und nicht dahinter, bliebe das Verhältnis 50 : 50 immer bestehen.

lung das vorgehende, es gibt noch andere, bei denen bei einer solchen Stellung das zurückbleibende Pferd mehr zu ziehen hat. Wie kommen diese verschiedenen Möglichkeiten zustande, und woran erkennt man nun, mit was für einer Spielwaage man es im Einzelnen zu tun hat?

Die Antwort auf diese Frage ist sehr einfach: Man sieht sich die betreffende Waage daraufhin an, wie die drei Drehpunkte derselben, d. h. die beiden seitlichen Aufhängepunkte der Ortscheite sowie der mittlere Drehpunkt, an dem die gesamte Waage aufgehängt wird, zueinander liegen.
Liegen diese drei Punke auf einer Geraden (Abb.1), so wird auch bei schrägstehender Waage der Zug auf beide Pferde stets gleichmäßig verteilt. Liegt der mittlere Drehpunkt hinter der Verbindungslinie der beiden seitlichen Drehpunkte, so hat das vorgehende Pferd mehr zu ziehen (Abb. 2).

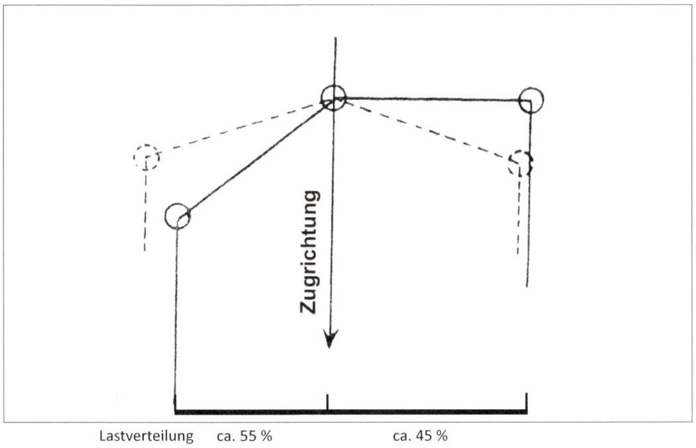

Abb. 2
Liegt der mittlere Drehpunkt der Spielwaage zurück, so wird der Hebel des vorgehenden Pferdes kürzer, und dieses hat mehr zu ziehen (Zuglastverteilung in Prozent).

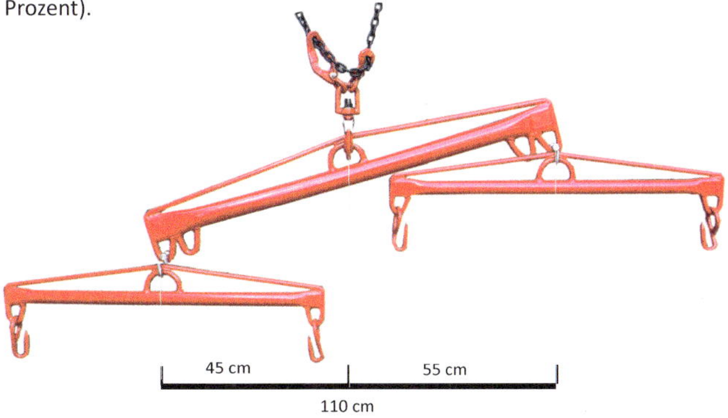

Abb 3. Typische Spielwaagenanordnung bei der Zugarbeit vom Boden. Der Dreh- bzw. Anhängepunkt der Last liegt hinter den Drehpunkten der Waagscheite. Drängt ein Pferde nach vorne, verkürzt es seinen Hebel und muss daher mehr ziehen als sein Gespannpartner.

Diese Tatsache schnell und einfach zu beweisen, ist außerordentlich leicht. Man benötigt hierzu ein Stück stärkeren Draht, der etwa so lang ist wie der Waagebalken einer Spielwaage und bezeichnet dessen beide Enden als seitliche, dessen Mitte als mittleren Drehpunkt. Legt man diesen Draht nun mit seinem mittleren Drehpunkt genau auf eine Linie, die als Zugrichtung (Deichsel) gedacht ist, und ist der Draht ganz gerade gebogen, so kann man denselben drehen wie man will, stets werden die beiden seitlichen Drehpunkte von der gezogenen Linie gleich weit entfernt sein, d. h. also die Zughebel gleich lang und somit also der Zugwiderstand beider Pferde stets derselbe sein (Abb. 1).

Biegt man im zweiten Fall den Draht in seinem mittleren Drehpunkt so, dass dieser ein Stück hinter der Verbindungslinie der seitlichen Drehpunkte liegt und dreht man ihn nun um seinen mittleren Drehpunkt, so erkennt man sofort, dass die Entfernung der seitlichen Punkte von der Zugrichtungslinie keinesfalls gleich bleibt (Abb. 2). Während der Hebel des vorgehenden Pferdes kürzer wird, wird der Hebel des zurückbleibenden Pferdes länger, es muss weniger ziehen und wird noch dafür belohnt, dass es sich arbeitsmäßig zurückhält. Abb. 3 zeigt die selbe Situation anhand einer typischen Spielwaage.

Individuelle Lastzuteilung

Manchmal müssen ungleiche Pferde zusammengespannt werden. Pferde, die sich im Gewicht stark unterscheiden oder die sich in unterschiedlichem Trainingszustand befinden. Manche Spielwaagen bieten die Möglichkeit, den einzelnen Pferden gezielt mehr oder weniger Zuglast zuzuweisen. Dies geschieht, indem man die Hebellängen des Waagscheits verändert. Man kann entweder den Anhängepunkt der Last seitlich versetzen, sodass die Pferde unterschiedliche Hebellängen zu bewältigen haben (Abb. 4) – je kürzer um so mehr Kraftaufwand wird gefordert; oder das Waagscheit bietet die Option, die Anhängepunkt der Ortscheite zu verlegen (Abb. 5) – der Effekt ist derselbe.

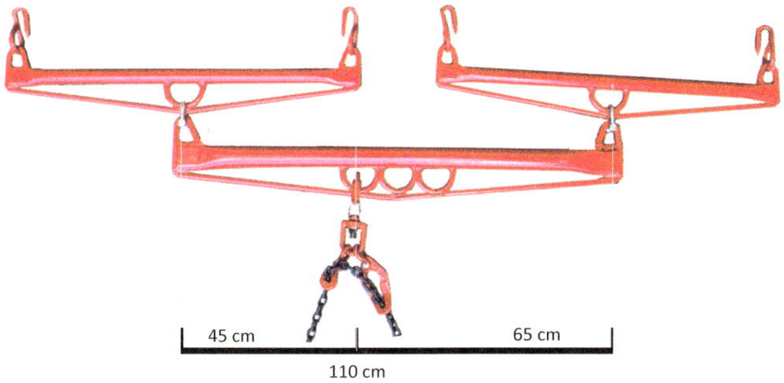

Abb. 3: Der Hebel der rechten Pferdes ist hier länger als der Hebel des Sattelpferdes: Das Sattelpferd muss mehr ziehen.

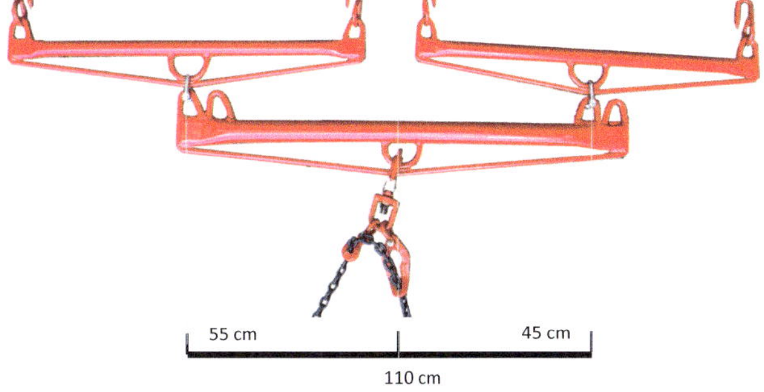

Abb. 4: Der Hebel der linken Pferdes ist hier länger als der Hebel des Handpferdes:
Das rechte Pferd muss mehr ziehen.

Überlegungen zu
Schwebe-Waagscheit, Schwebe-Spielwaage

Abb 1. Bei diesem Gespann hängt das Waagscheit der Spielwaage sehr tief und schlägt bei der Leerfahrt ständig gegen die Hinterbeine der Pferde.

Abb. 2. Geringes Gewicht, aber dennoch hoch belastbar: Die um das Waagscheit herumgeführten Ketten ermöglichen es, dass dieses relativ dünn und damit leicht ausfallen kann.

Auch beim zweispännigen Holzrücken kann das Schwebeortscheit-System Anwendung finden. Probleme bereiten hier das hohe Gewicht der Spielwaage und die für den Zugausgleich notwendige zweite Ebene. Häufig hängt das schwere Waagscheit so tief, dass es bei Leerfahrten gegen die Hinterbeine der Pferde schlägt (Abb. 1). Bei einem 15-Minuten-Durchgang eines Holzrückewettbewerbs vielleicht kein Problem, bei einem Sechs- oder Sieben-Stunden-Arbeitstag im Wald jedoch nicht besonders pferdefreundlich.

Eine Möglichkeit, dem vorzubeugen, wäre es, das Ortscheite und Waagscheit so leicht wie möglich zu konstruieren. Mit umlaufenden Zugsträngen, wie in Abb. 2 dargestellt, wäre dies eine Option.
Besser wäre es allerdings, wenn man auf die zweite Ebene der Spielwaage komplett verzichten könnte. Grundsätzlich wäre dies mit einem einzigen langen Waagscheit denkbar, an dem die vier Zugstränge befestigt sind. Diese ungewöhnliche Art der Dockenanspannung verzichtet jedoch auf jeglichen Zugausgleich und ist für die Waldarbeit untauglich.

Wie also die zweite Ebene einer Spielwaage einsparen und gleichzeitig einen Zugausgleich zwischen den Pferden so herstellen, dass die Last möglichst gleichmäßig auf beide Pferde verteilt wird?

Denkbar wäre ein Waage, wie sie bereits im vorherigen Kapitel in Abbildung 1 vorgestellt wurde: Waage und Ortscheite auf einer Ebene.Wie sich eine derartige Konstruktion bei der Waldarbeit auswirkt und welche Probleme dabei auftauchen, können erst entsprechende Versuche in der Praxis zeigen. Nachteilig bleibt das hohe Gewicht.

Eine andere Idee hatte Forstunternehmer Ernst Winkmann aus Blieskastel und auch gleich einen Prototypen für sich entwickelt. (Abb. 3 und 4). Bei seiner Variante, ist jedes Pferd mit durchlau-

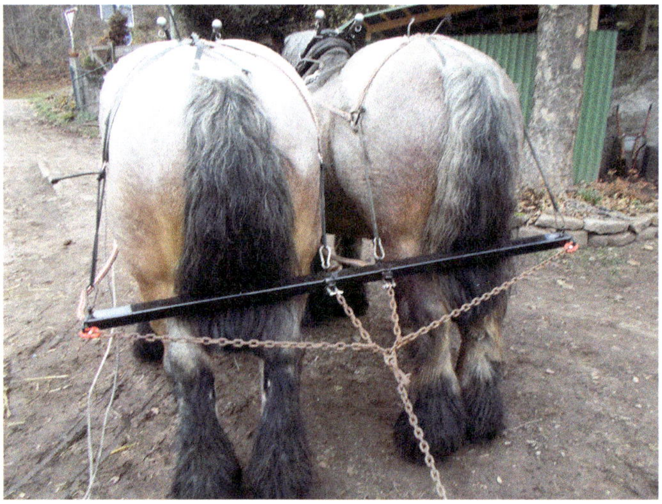

Abb. 3: Das „Schwebewaagscheit" von Ernst Winkmann aus Blieskastel. Die Ketten sollen lediglich den Zugbalken stabilisieren; das Besondere aber ist der Verlauf der Zugstränge.

Abb.4: Variante „Winkmann": Die Zugstränge jedes Pferdes sind durchlaufend miteinander verbunden und bilden eine Schlaufe, die beweglich durch das Zugbalkenrohr geführt wird.

fenden Zugsträngen ausgestattet: linker und rechter Zugstrang sind aus einem Stück und werden innerhalb des Zugbalkens jeweils an zwei Punkten umgelenkt (siehe Abb. 5). Beide Stränge bleiben auf diese Weise beweglich und das gesamte Konstrukt ähnelt von seiner Funktion her einer halbfesten Bracke bzw. „Sprengwaage" – nur eben ohne Ortscheite!
Mehr noch: Da das Waagscheit beweglich und in einem beschränkten Umfang um seinen Mittelpunkt drehbar ist, kann so auch ein Zugausgleich erreicht werden.

Besonders gut funktionieren kann so ein pferdefreundliches System mit zwei Pferden, die sehr gut aufeinander eingespielt sind und sehr gleichmäßig ziehen.
Der Einbau und die Verwendung von Umlenkrollen würde zu weniger Verschleiß führen und die Zugausgleichsarbeit durch ihre geringe Reibung erleichtern. Gegebenenfalls könnte als Ausgangsmaterial für die Kunststoffseile, welche die mechanische Arbeit im und am Ortscheit verrichten, dünne aber hochfeste, moderne Windenseile verwendet werden, die mit Anschlüssen (z.B. Zughaken) für die Zugstränge versehen sind.

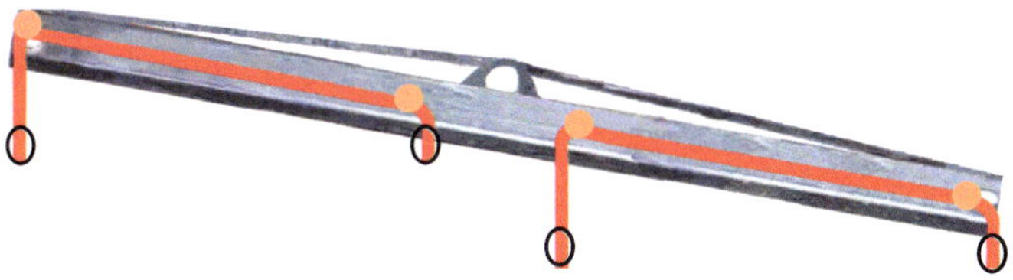

Abb. 3: Spielwaageneffekt der Variante „Winkmann".
Bleibt ein Pferd zurück, richten sich die Zugstränge automatisch neu aus, jedes Pferd bleibt gleichmäßig im Zug und und die Lastverteilung bleibt gewahrt.

Grundsätzlich scheint es jedenfalls möglich zu sein, die Vorteile der überaus praktischen Schwebeortscheitanspannung auch zweispännig zu nutzen und dabei gleichzeitig die Pferdefreundlichkeit zu wahren. Da man es aber nun gleichzeitig mit zwei Pferden zu tun hat, die man sorgfältig und absolut korrekt in dem System einrichten muss, sollte man dies den Routiniers und Profis überlassen.

Tandem Arbeits-Anspannung

Tandemanspannung beim Pflügen mit dem Streifenpflug.

Die Tandemanspannung bei Arbeitspferden ist heute nur sehr selten zu sehen. Früher wurden – vor allem vor den schweren einspännigen Schlagkarren – bei Bedarf zusätzlich Pferde als Vorspann eingesetzt. Dabei konnte so ein Gespann auch durchaus mal aus drei oder sogar mehr Pferden bestehen, die alle voreinander gespannt waren. Meist wurden solche Gespanne von mehreren Fuhrleuten gelenkt. In den Beneluxländern und Frankreich waren solche Anspannung weit verbreitet, auch beim Holzrücken.

Üblicherweise wurden die Zugstränge des Vorderpferdes mit den Strängen des Deichselpferdes zu durchgehenden Zugsträngen vebunden. Wegen des fehlenden Zugausgleichs sind bei dieser Anspannung große Kraftverluste unvermeidlich.

Als wirkungsvolle Alternative erweist sich heute die **Rollenbracken-Anspannung.**
Die Umlenkrollen wirken als Zugausgleich, ähnlich der Spielwaage und verteilen die Zuglast gleichmäßig auf beide Pferde. Gerade für den schweren Zug ist dies ideal, denn kein Pferd kann sich dabei aus der Verantwortung stehlen. Als Vorderpferd bedarf aber darüber hinaus in der Regel eines sicheren, forschen und selbstbewussten „Leaders".

Bei allen Formen der Tandemanspanung muss man darauf achten, dass die Zugwinkel der einzelnen Pferde nicht gebrochen werden und berücksichtigen, dass in der Kurvenfahrt unter Last erhebliche seitliche Kräfte auf das Deichselpferd wirken können.

Um sich (und den Pferden) viel Stress zu ersparen, empfiehlt sich für den Anfang, das Arbeiten zu zweit. Eine Person lenkt das Vorderpferd, die zweite führt das Deichselpferd am Führstrick oder lenkt es ebenfalls mit einer Arbeitsleine von hinten. Bei entsprechendem Training und Routine ist dies natürlich auch alleine möglich. Das Vorderpferd wird mit der Arbeitsleine oder besser einem Stoßzügel gelenkt, das Deichselpferd am langen Führstrick geführt oder auch über einen Stoßzügel gelenkt. Bei entsprechender Übung lernt das Deichselpferd seine Rolle meist sehr schnell und orientiert sich automatisch an seinem Vorderpferd.

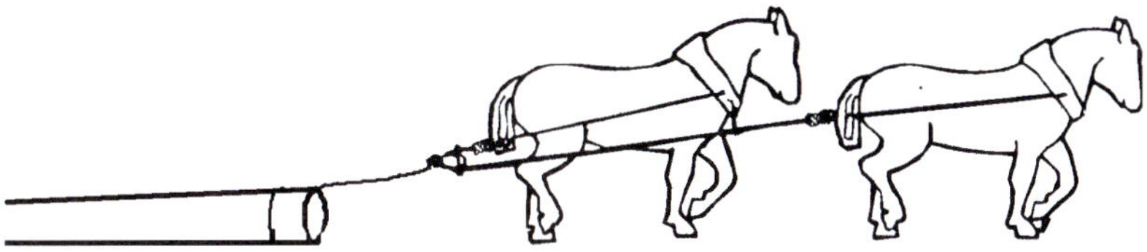

Die Rollenbracke ermöglicht einen gleichmäßigen Zugausgleich zwischen Deichsel- und Vorderpferd.

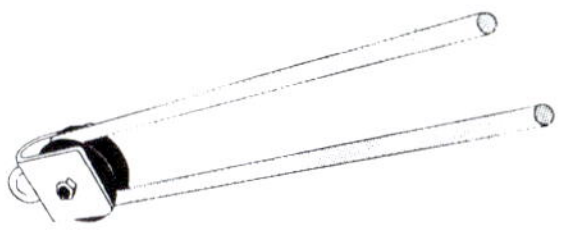

Pferdearbeit

Der Pferdezug

Der Ablauf des Zugvorganges – Mechanik des Pferdezugs

„Beim Anziehen einer schweren Last legt das Pferd sein Gewicht ins Geschirr, d.h. den Druckpunkt der Last (d. i. der Punkt, wo am Schulterblatt die Last des Körpers auf den Vorderbeinen ruht) nach vorne, unter Umständen über den Unterstützungspunkt (d. i. das Hufgelenk) hinaus; es streckt dabei den Hals weit vor und nach unten, es stellt das Schulterblatt steiler, streckt (öffnet) das Buggelenk und beugt (schließt) das Ellenbogengelenk, so dass die Vorderbeine eine rückständige Stellung gewinnen, und der Schwerpunkt des Pferdekörpers nach vorn in die Bewegungsrichtung, den Zugwiderständen entgegen, rückt.
Diese ganze Arbeit der Vorhand folgt aber gewissermaßen nur dem Impuls zum Anziehen, der von der stärkeren Hinterhand ausgeht. Diese senkt beim Anzug das Becken einige Grade, d.h. stellt es schräger (legt somit auch den Schwerpunkt der Hinterhand tiefer), Hüftgelenk-, Kniegelenk-, und Sprunggelenkswinkel werden etwas gebeugt (geschlossen), die Hufe sind – unter gewaltiger Spannung der Sehnen – vornehmlich mit der Zehe fest auf die Fahrbahn gestemmt¸ die ganze Hinterhand gleicht einer gespannten Feder.
Wenn nun die Hinterbeine gestreckt werden, so entsteht ein gewaltiger Schub nach aufwärts vorwärts, bei dem die Vorhand und der ganze übrige Körper nachhaltig mitwirken, indem die Muskeln sich zusammenziehen, welche am Hinterhauptbein entspringen und sich über Hals, Rücken und Kruppe erstrecken und sich mit einer gemeinsamen Sehne am mittleren Umdreher des Oberschenkels anheften. Bei sonst gleichen Verhältnissen ist die Wirksamkeit dieses Muskelzuges umso größer, je schwerer das Pferd ist. Bei diesem Anziehen kann man beobachten, wie an dem schräger gestellten Becken und den gewinkelten und festgestellten Hinterbeinen der ganze Vorderkörper des Pferdes aufgehängt ist, und die Vorderhufe gleichsam den Boden verlieren. Im Verlauf des schweren Zuges hat man besonders bei einem schweren Belgier den Eindruck, als ob er seine Last, deren Widerstände ja alle im Kumt oder im Brustblatt der Siele gesammelt sind, langsam, aber tatkräftig und energisch vor sich herstemmt. Vielen leichten Pferden sieht man bei dieser Zugarbeit an, wie unpassend und unsympathisch ihnen diese Tätigkeit ist" (*Buhle 1923, S. 24f*).

Welche Kräfte wirken beim Pferdezug?

Die maßgeblichen Kräfte, die ein Pferd mit seiner Zugkraft überwinden muss sind die
Gewichtskraft F_G und die Reibungskraft F_R.

Die Gewichtskraft ist beim Holzrücken vorgegeben durch das Gewicht des Stammes, Haft- und Gleitreibung im Wesentlichen durch die Beschaffenheit des Untergrunds und die Rauigkeit der Stammoberfläche (z.B. Rinde, Aststummel).

Die Haftreibungskraft ist immer größer als die Gleitreibungskraft und die Rollreibungskraft ($F_{Haft} > F_{Gleit} > F_{Roll}$). **Der Moment des Anziehens eines Stammes verlangt somit immer einen größeren Kraftaufwand, als der darauf folgende Zugvorgang.**

TIPP: Dieses Wissen kann man sich zunutze machen, indem man bei einem schweren Stamm das Pferd etwas schräg anziehen lässt und die Kette am Stammfuß so befestigt, dass sich dieser beim Anzug leicht dreht. Den Stamm mit einer Rollbewegung aus dem Ruhezustand zu bringen, vermindert Reibung und erleichtert den Anzug enorm.

Rein physikalisch gesehen ist die Zugkraft, die aufgebracht werden muss, um einen Stamm zu bewegen, dann am geringsten, wenn sie parallel zum Boden wirkt.
Vereinfacht lässt sich dies mit der Formel

$F_Z = F_G \times f$ (F_z = Zugkraft, F_G = Gewichtskraft, f = Reibungszahl)
darstellen.

Beispiele

Ausgangszahlen

Gewicht waldfrische Fichte: 700 bis 800 kg/fm
Gewicht eines Stammes mit 0,25 fm Stückmasse (10 m lang, Mitteldurchmesser von 18 cm): ca. 194 kg. Das ergibt eine Gewichtskraft von 1940 N.
Unterstellter Reibungsfaktor für den Boden in einem Fichtenbestand: f = 0,7.
Zugwinkel der Zugstränge 30°

Zugkraft in der Ebene

Zugkraft F_z = 1940 N · 0,7 = 1358 N

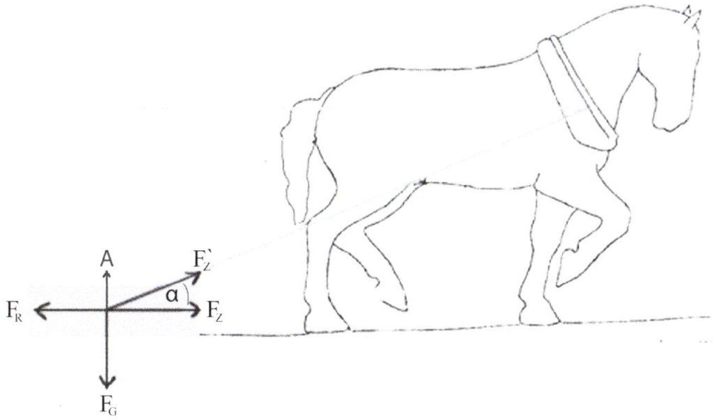

In der Praxis ist ein Zug parallel zum Boden aber nicht möglich. Durch die Anatomie des Pferdes ist ein mehr oder weniger hoch angesetzter Zugpunkt vorgegeben, der einen Zugwinkel entstehen lässt.
Die für den Pferdezug anzuwendene Formel sieht daher schon etwas komplizierter aus:

$$F'_Z = \frac{f \cdot F_G}{\cos\alpha + f \cdot \sin\alpha}$$

Dieser Zugwinkel hat durchaus seinen positiven Effekt: Beim Zug wird der Stamm leicht angehoben und die Reibungskraft F_R wird kleiner, da sich die Gewichtskraft F_G in zwei Komponenten zerlegt („Kraft" A). Damit reduziert sich auch die vom Pferd zu leistende Zugkraft.

$$F'_Z = \frac{0{,}7 \cdot 1940\ \text{N}}{\cos 30° + 0{,}7 \cdot \sin 30°} = 1117\ \text{N}$$

Je kleiner dabei der Winkel, umso größer der Zugkraftbedarf.

Für die Praxis bedeutet dies, dass ein niedriger Zugpunkt am Geschirr, wie zum Beispiel beim Brustblatt vorgegeben, sich negativ auf die Zugkraft auswirkt. Es bedeutet auch, dass kurz angehängte Lasten sich leichter ziehen lassen als Stämme, die an einer langen Kette hängen. Dies kommt dem Umstand entgegen, dass sich kurz angehängte Stämme besser lenken und dirigieren lassen.
Ein weiterer Effekt neben der Reduzierung der Reibungskraft ist zudem, dass Hindernisse sich so leichter überwinden lassen, und sich ein Stamm beim Zug auf weichem Boden nicht so schnell eingräbt, was wiederum den Zug und die Arbeit der Pferde deutlich erleichtert.

Zugkraft am Hang

Der Zugwinkel ist bei folgenden Berechnungen nicht berücksichtigt.

<u>Zugkraft bergauf</u>
(20° Hangneigung = ~ 40 %):

$F_Z = F_G \cdot \sin\beta + F_G \cdot \cos\beta \cdot f$

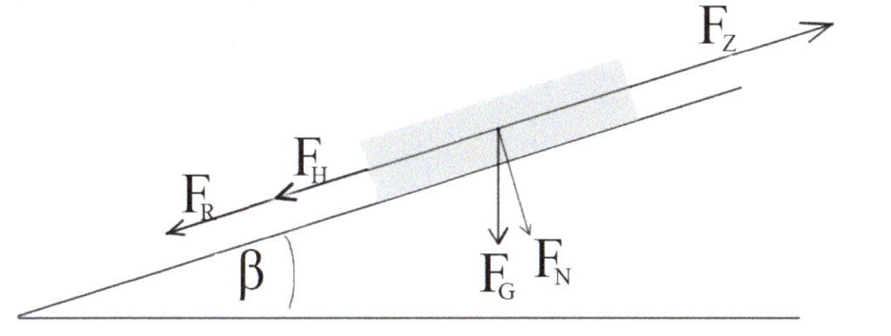

Zugkraft in unserem Beispiel:

F_z = 1940 N · sin 20° + 1940 N · cos 20° · 0,7 = 1940 N

<u>Zugkraft bergab</u>
(20° Hangneigung = ~ 40 %):

$F_Z = F_G \cdot \cos\beta \cdot f - F_G \cdot \sin\beta$

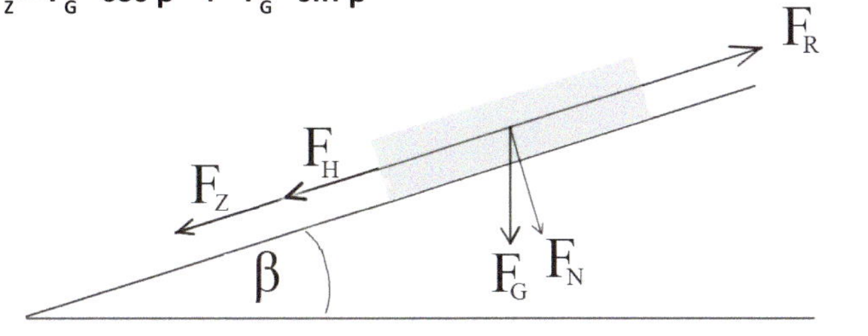

Zugkraft in unserem Beispiel:

F_z = 1940 N · cos 20° · 0,7 - 1940 N · sin 20° = 612 N

Ab einer Hangneigung von etwa 30° kann es passieren, dass man für einen Stamm, sobald einmal seine Haftreibung überwunden wurde, überhaupt keine Zugkraft mehr aufbringen muss. Die Hangabtriebskraft **F_H** reicht dann für sich alleine schon aus, den Stamm in Bewegung zu halten.
Das ist der beim Holzrücken gefährliche Moment, in dem das Holz ins Rutschen kommen und unkontrolliert ins Tal schießen kann.

Was ist Pferdearbeit?

Auf eine vereinfache Formel gebracht bedeutet
Arbeit = Kraft x Weg

Auf die Pferdearbeit beim Holzrücken übertragen bedeutet dies die Kraft, die das Pferd aufwenden muss, um den Zugwiderstand zu überwinden, den der auf dem Waldboden liegende und über den Waldboden geschleifte Stamm ihm entgegensetzt, multipliziert mit der zurückzulegenden Wegstrecke. Der vom Pferd zu überwindende Zugwiderstand ist dabei im Wesentlichen abhängig vom Gewicht des Stammes, der Bodenbeschaffenheit und der Geländeneigung.

Rückentfernung

Die Rückentfernung bezeichnet die Wegstrecke, die das Pferd mit der angehängten Last zurücklegen muss; beginnend am Fällort, wo der Stamm angehängt wird und endend an der Rückegasse, wo die Stämme vorkonzentriert für den Weitertransport abgelegt werden. Bei der Verlohnung wird nicht die tatsächlich zurückzulegende Strecke zugrunde gelegt, sondern die kürzeste Distanz von der Rückescheide (Mitte zwischen zwei Rückegassen) zur nächsten Gasse.

Zugwiderstand und Stückmasse

Es gibt Studien, die die Größe der aufzuwendenden Zugkraft der Pferde beim Holzrücken unter unterschiedlichen Bedingungen und für unterschiedliche Hölzer untersuchen, diese bestimmen und versuchen, sie zu kategorisieren. Problematisch für Verallgemeinerungen sind hierbei allerdings die in der Praxis vorkommenden starken Unterschiede in Bodenstruktur, Gelände und Bewuchs aber auch Einflüsse von Temperatur und Feuchtigkeit, ganz zu schweigen von der Astungs- und Aufarbeitungsqualität der Stämme.
In der Praxis wird man auch rasch feststellen, dass – bei gleicher Gesamtstückmasse – sich ein einzelner langer Stamm in der Regel leichter ziehen lässt, als mehrere Stammholzabschnitte.
Der Reibungskraft spielt dabei die zentrale Rolle, und der Reibungsfaktor f ist in der Regel der große Unbekannte in der Gleichung.

Grundsätzlich gilt aber: Alle theoretischen Berechnungen ersetzen in der Praxis nicht das Auge und den gesunden Menschenverstand! Müht sich ein Pferd mit einem Stamm extrem ab, den es rein rechnerisch eigentlich spielend leicht ziehen können müsste, so hat das seine handfesten Gründe, denn Pferde sind keine Schauspieler.

Die Frage des Zugwiderstandes ist deshalb so wichtig, weil das Pferd selbst nur eine relativ „geringe Zugkraft“ hat. Ein gut konditionierter Kaltblüter kann Stämme mit einer Stückmasse von ca. 0,25 bis 0,3 m³ (fm) dauerhaft auch über lange Distanzen ziehen. Dieses Kraftpotential steht ihm also beinahe ständig zur Verfügung. Bei der praktischen Arbeit sollte das Verfahren so gewählt werden, dass diese optimale Anhängelast durchschnittlich bei jeder Lastfahrt erreicht wird. Ist die Stückmasse klein, müssen entsprechend mehrere Stämme oder Stammholzabschnitte gleichzeitig angehängt werden. Ist sie größer und ein Stamm deutlich schwerer, empfiehlt es sich, zur Entlastung des Pferdes bei der nächsten Lastfahrt etwas weniger anzuhängen oder eben eine entsprechende Pause zu machen.

Leistungsfaktoren

Die beiden Leistungsfaktoren Rückeentfernung und Stückmasse stehen in einer direkten Abhängigkeit zueinander und sind die Kalkulationsgrundlage, um abschließend die Leistungsfähigkeit der Pferdearbeit zu beurteilen.
Die Rückeentfernung (der Weg) ist der Zeitfaktor. Die Stückmasse dient zur Auslastung der feststehenden Zugkraftkapazitäten. Mit diesen beiden Faktoren kann der Pferderücker Einfluss auf die Wirtschaftlichkeit des Verfahrens nehmen.

Neben den beiden genannten Faktoren ist die Leistung beim Holzrücken zudem stark abhängig von Erfahrung und Kondition von Fuhrmann und Pferd sowie der Schlagorganisation (Fällordnung, Geländeverhältnisse, usw.). Eine Kalkulation der Arbeit ist aus diesen Gründen besonders für Berufsanfänger sehr schwierig. Eine Kalkulationshilfe der KWF aus den 1980er Jahren ist auch heute noch weitgehend aktuell und kann als Grundlage dienen (siehe Seite 68).

Belastbarkeit der Pferde

Eine Untersuchung der Belastbarkeit von Rückepferden aus dem Jahr 1992 weist nach, dass eine

Dauerzugkraft von ca. 10 bis 15 % des Körpergewichts

vertretbar ist, ohne dass sie sich dabei der Gefahr Gesundheits schädigender Überanspruchung aussetzen würden (Vera Hoffmann 1992). Bei einem Kaltblutpferd entspricht dieser Wert im Übrigen der notwendigen Zugkraft für einen Fichtenstamm von ca. 0,25 m³(fm) Stückmasse in der Ebene. Eine ständige Belastung des Pferdes über diese Grenzen hinaus führt zu dauerhaften Schäden und ist zu unterlassen.

Der Rückezyklus - Zeit zum Regenerieren

Dieser theoretische, dauerhaft konstante Zug, wie er zum Beispiel bei langen Kutsch- oder Wagenfahrten aber auch bestimmten Ackerarbeiten auftreten kann, kommt beim Holzrücken in unseren Regionen nicht vor. Die Rückentfernungen

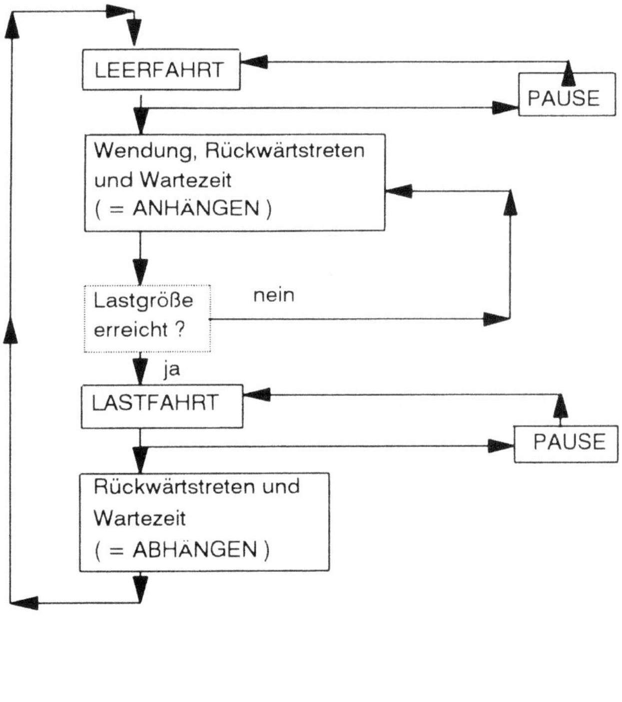

sind in der Regel kurz, und die Arbeit des Holzrückens ist gekennzeichnet durch einen sich ständig wiederholenden Rückezyklus, der dem Pferd durch Pausen beim An- oder Abhängen und bei den Leerfahrten meistens genügend Zeit zur Regeneration bietet. Somit können natürlich kurzfristig auch wesentlich größere Lasten bewegt werden. Ein 800 kg schweres Pferd ist in der Regel problemlos in der Lage, in der Ebene auch mal einen Fichtenstamm von 0,7 fm Stückmasse oder auch mehr zu bewegen. Es braucht dann aber genügend Zeit, sich von dieser Anstrengung wieder zu erholen.

FAUSTREGEL:

Die Hälfte der Gewichtskraft entspricht der höchstmöglichen Zugkraft

1/8 der Gewichtskraft entspricht der Dauerzugkraft

Beispiele für die Zugleistung von Pferden:

Rasse	mittlere Zugkraft (kN) kurzzeitig	mittlere Zugkraft (kN) dauernd	Geschwindigkeit (m/s)
Kaltblut 800 bis 900 kg	4,7	1,1	ca. 1
Schweres Warmblut 700 bis 800 kg	4,6	1,0	ca. 1
Haflinger 500 bis 600 kg	3,4	0,8	ca. 1

(Quelle: W. Beck, Tharandt, Soz. Forstwirtschaft 4/89)

Individuelle Belastbarkeit

Die Belastbarkeit von Pferden ist abhängig vom

- Gesundheitszustand
- Training
- Routine
- Alter der Pferde

Der Pferderücker muss in der Lage sein, das Verhalten und die Ausdrucksmöglichkeiten seines Pferdes richtig zu deuten. Er muss einschätzen können, was er seinem Pferd zumuten kann und wann es einfach zu viel ist.

Ein sichtbares Zeichen von Überforderung beim Pferd ist die nachlassende Konzentration. Das Pferd muss häufig ermahnt und zur Arbeit angetrieben werden. Es hat keinen flotten Gang mehr, bummelt bei der Leerfahrt, zieht nicht mehr gleichmäßig an, sondern springt ins Geschirr.
Treten schäumender Schweiß und stoßender Atem auf, ist die absolute Grenze der Leistungs- und Belastungsfähigkeit erreicht oder bereits überschritten.

Erfahrene Pferde beenden die Zugversuche von selbst, sobald sie spüren, dass ihre Zugkraft für die Fortbewegung des Stammes nicht ausreicht. Ein Antreiben mit Gewalt zu noch mehr Leistung verbietet sich schon allein aus Gründen des Tierschutzes.

Bei jungen unerfahrenen Pferden mit ausgeprägtem Zugwillen kann es durch den „Zugwahn" zur Überanstrengung kommen, ebenso bei Pferden mit sehr gutem Leistungswillen. Erschöpfung als Folge der Überanstrengung führt beim Pferd besonders bei großer Hitze und Schwüle leicht zum „Tod".

Zugkrafterleichterung durch Rückehilfsmittel

Während Zugdämpfer in den Strängen oder am Ortscheit bereits den Kraftaufwand des Pferdes durch die Eliminierung der auftretenden Kraftspitzen verringern helfen (siehe S. 31), können zusätzliche Maßnahmen, Hilfsmittel und Geräte dazu beitragen, die Reibung zum Teil deutlich zu reduzieren. Beim dickörtigen Rücken hilft zum Beispiel schon das Beischneiden der Wurzelanläufe und das Brechen der scharfen Kanten, damit ein Stamm sich nicht so schnell in den Boden bohrt und an Hindernissen hängen bleibt.

Rückezangen, -wannen oder -schlitten verstärken diesen Effekt und tragen ähnlich wie Zugdämpfer dazu bei, auftretende Belastungsspitzen zu entschärfen.
Ist der Reibungsfaktor beim Arbeiten mit Kette im bereits erwähnten Beispiel – unentrindeter Fichtenstamm auf Waldboden – mit 0,7 relativ hoch, wird dieser dadurch reduziert, dass nun ein Teil des Stammes auf Kufen oder einer anderen glatten Unterlage transportiert wird (schon ein geschälter Stamm lässt sich bereits wesentlich leichter ziehen).
Metallkufen bieten auf Waldboden einen geringeren Zugwiderstand als die raue Rinde eines Stammes. Auf trockenem, vereistem Schnee beträgt er gar nur etwa 0,03.

Wird ein Teil der Last des Stammes oder die gesamte Last auf Räder verlagert, kommt der Rollwiderstand zum Tragen, der, abhängig vom Raddurchmesser, wesentlich geringer anzusetzen ist als der Reibungswiderstand beim Kettenzug.

Im genannten Beispiel könnte ein Pferd mit Hilfe eines einachsigen, luftgummibereiften Rückewagens theoretisch mehr als das Fünffache dessen bewegen, was es normalerweise zu leisten im Stande wäre.
Trotz Abzug des Wagengewichts und möglicher Effektivitätsverluste durch die Art der Anspannung läge die vertretbare Dauerzugleistung in der Ebene unter optimalen Bedingungen bei etwa einem Festmeter Stückmasse. Bei Verlagerung der gesamten Last auf Räder, wie bei den schwedischen Kranwagen der Fall, lassen sich noch deutlich höhere „Stückmassen" erzielen.

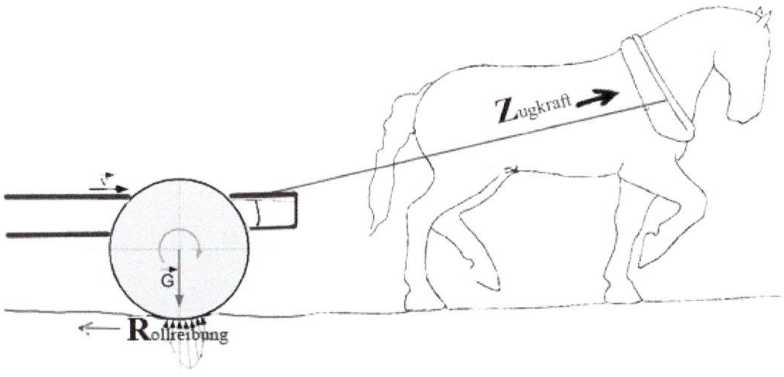

Die Rollreibungskraft ist abhängig vom Boden, der Bereifung, Raddurchmesser und -breite. Die Werte für die Rollwiderstandskoeffizienten sind, verglichen mit den passenden Werten für Gleitreibung, erheblich kleiner, die aufzuwendende Zugkraft daher wesentlich geringer.

Verbreiteter Irrglaube

„Holzrücken mit Pferden ist eine anstrengende, schweißtreibende und gefährliche Arbeit und nur etwas für wirklich harte Kerle“

Vom Schreibtischstuhl eines vollklimatisierten Büros aus betrachtet, mag dies auf den ersten Blick so wirken. Und tatsächlich muss man wetterfest, gesund und gut zu Fuß sein, über eine gute Kondition verfügen und alle seine Sinne beieinander haben, will man diese Arbeit ernsthaft ausüben.

Aber anstrengend und schweißtreibend?
Selbstverständlich gibt es die Situationen in denen man sich auch mal wirklichen anstrengen muss. Die eigentliche Arbeit aber sollen ja die Pferde verrichten. Arbeitsplanung und -technik, ergonomisches Arbeiten und gut ausgebildete Pferde sind daher wichtiger als bloße Körperkraft. Einer meiner „Lehrmeister“, damals über 80 Jahre alt, arbeitete noch gelegentlich mit seinem Pferd im Holzrückebetrieb mit. Ohne Hast und Hektik und ohne sich dabei zu verausgaben, erzielte er fast die gleiche Leistung, wie seine um viele Jahrzehnte jüngeren Kollegen...

Gefährlich?
Die Waldarbeit als solche zählt definitiv zu den gefahrenträchtigen Arbeitsbereichen. Laut Angaben der Berufgenossenschaft zeigen die Unfallstatistiken jedoch keine signifikant auffälligen Werte für Pferderücker. Und doch spielt das Pferd als Gefahren- und Unfallquelle in den Statistiken eine große Rolle: Im Bereich der Pferdehaltung und der Sport- und Freizeitnutzung zum Reiten und Fahren.

Nur für harte Männer?
Es gibt genügend Beispiele von Frauen, die erfolgreich diese Tätigkeit ausgeübt haben und ausüben und dieses Vorurteil widerlegen.

Es ist harte Arbeit,
heutzutage damit sein Geld verdienen zu müssen und ein sicheres Einkommen zu erzielen. Das liegt aber in erster Linie an der geringen Wertschätzung der Pferdearbeit durch viele Forstbehörden, die ihren Ausdruck findet in oft nicht angemessener Bezahlung, wenig lukrativen Aufträgen und unzureichender, unregelmäßiger Nachfrage.

Es ist eine schöne Arbeit.
Das oft tägliche, stundenlange, gemeinsame Arbeiten ermöglicht ganz neue Erfahrung im Umgang mit Pferden in der freien Natur. Es entsteht eine Beziehung, die außergewöhnlich intensiv ist und oft geprägt durch gegenseitiges Vertrauen und einer intuitiven Zusammenarbeit ohne viele Worte. Es gibt viele Situationen und Erlebnisse, die unglaubliche Glücksgefühle erzeugen können und das Holzrücken mit Pferden zu einer der schönsten Arbeiten machen, die man sich denken kann.

„Holzrückepferde werden nicht alt, da sie so hart und so viel arbeiten müssen“

Die Arbeit, die ein „Waldpferd“ verrichtet, führt es kaltblutgemäß im Schritt aus und bewegt sich dabei fast ausschließlich auf Naturboden. Sein Arbeitsrhythmus ist in der Regel geprägt von sich abwechselnden Belastungs- und Erholungsphasen, die sich über mehrere Stunden am Tag ziehen, und dem Pferd immer wieder Zeit geben, seine Kräfte zu regenerieren.
Anders als viele Reitpferde, die oft 23 Stunden am Tag in der Box verbringen und dann eine Stunde oft intensives Reit- oder Springtraining „genießen“, werden Holzrückepferde regelmäßig und gleichmäßig belastet und müssen nicht „aus dem Stand heraus“ sofort Höchstleistungen vollbringen.

Kaltblutpferde, die ausschließlich im Wald (oder in der Landwirtschaft) eingesetzt werden, haben anders als ihre Kollegen, die auf hartem Pflaster und Asphalt in Schritt und Trab Kutschen oder schwere Planwagen ziehen müssen, sogar eine recht hohe Lebenserwartung.
Mir selbst sind mehre Pferde bekannt, die noch im Alter von über 20 Jahren ihren Dienst im Wald souverän verrichten. Vielleicht nicht mehr mit der Kraft und Ausdauer jüngerer Jahre, aber mit umso mehr Routine und Professionalität – unbezahlbar, besonders in kniffligen Situationen!

„15 Festmeter pro Stunde“

Erst jüngst hat mir wieder ein ehemaliger Kollege erzählt, er würde im Durchschnitt immer 15 Festmeter Holz in der Stunde rücken. In meiner Anfangszeit als Pferderücker haben mich solche Aussagen immer mächtig frustriert, denn es deckte sich überhaupt nicht mit meinen Erfahrungen und meiner Leistung, und irgendwie musste ich da wohl etwas falsch machen.
Allerdings machte dieser Kollege nicht gerade den Eindruck, als würde er im Geld schwimmen – bei 15 Festmetern (fm) in der Stunde und damit etwa 100 fm am Tag, sollte er eigentlich keinerlei finanzielle Sorgen haben...
Außerdem: Bei 15 fm pro Stunde und einer Holzmasse von etwa 0,25 fm – was als ideal für Pferde gilt – wäre das in jeder Minute ein Stamm! Im Durchschnitt! Jeder kann sich über den Wahrheitsgehalt dieser Behauptung sein eigenes Urteil bilden.
Ich sehe das heute gelassener, habe mir aber abgewöhnt solchen Leuten zu widersprechen. Ich denke mir lieber meinen Teil ...

Auf Seite 70 ist übrigens eine Tabelle mit Leistungsangaben in Abhängigkeit von Stückmasse und Rückeentfernung abgebildet. Obwohl seriös ermittelt, sind selbst diese (wesentlich niedrigeren) Zahlen mit Vorsicht zu genießen. Bei der Erhebung der zugrunde liegenden Zeitstudien werden sich die beteiligten Pferderücker sicher keine Blöße gegeben und schnellst möglich gearbeitet haben. Die kurze Zeitaufnahme wird dann hochgerechnet und es ergeben so relativ hohe Durchschnittswerte.

„Mein Pferd braucht keinen Auslauf, es hat im Wald Bewegung genug.“

Mit dieser Begründung verteidigt so mancher Pferderücker die Ständerhaltung seiner Pferde. Bewegung ist jedoch nicht gleich Bewegung und der soziale Kontakt zu Artgenossen gehört zu den elementaren Grundbedürfnissen unserer Vierbeiner. Ist dies in der arbeitsfreien Zeit durch zusätzlichen Auslauf im Paddock oder auf der Weide gewährleistet, kann die Anbindehaltung über Nacht meiner Meinung nach im Einzelfall durchaus tolerierbar sein.

Tagsüber schwer arbeitende Pferde finden hier vielleicht sogar eher Ruhe und Zeit zum Fressen und Erholen als in einer Gruppenhaltung.

Gibt es diese Auslaufmöglichkeiten jedoch nicht oder werden sie nicht in Anspruch genommen, und die Pferde müssen ihre komplette „Freizeit“ angebunden im Ständer verbringen, so ist das völlig inakzeptabel. Eine ausschließliche Ständerhaltung ist weder tierfreundlich noch zeitgemäß!
In mehreren Bundesländern – nicht in allen – ist sie zudem gesetzlich verboten.

Auch eine ausschließliche Boxenhaltung ist übrigens alles andere als ideal. Auch hier müssen Auslauf- und Bewegungsmöglichkeiten und ausreichend sozialer Kontakt mit Artgenossen gewährleistet sein. Für die Ermittlung einer Mindestboxgröße kann folgende Formel zugrunde gelegt werden: (2 x Widerristhöhe)^2 ergibt die Grundfläche in m^2. Bei massigen Kaltblütern darf es auch ruhig etwas mehr sein. Die Deckenhöhe sollte mindestens die anderthalbfache Widerristhöhe betragen. Empfehlenswert ist ein direkt an die Box angeschlossener Paddock von mindestens gleicher Größe.

„Ein Holzrückepferd braucht zehn Kilogramm Hafer am Tag“

Wer diesen Fütterungstipp wörtlich nimmt und befolgt, wird sich unter Umständen wundern, wie aufgekratzt sich sein sonst so ausgeglichener Kaltblüter nach kurzer Zeit gebärdet. Zudem erhöht sich bei ihm die Gefahr von Krankheiten wie Kreuzverschlag, Kolik oder Hufrehe. Nicht, dass es völlig abwegig wäre, und sicherlich gibt es auch Pferde, die bei schwerer Arbeit diese Menge an Kraftfutter benötigen. Die Regel ist es jedoch sicher nicht.
Es herrscht aber oft Unsicherheit bei der Zusammenstellung der Futterrationen für die Arbeitspferde, da die üblichen Futtertabellen sich meist auf Reit- oder Fahrpferde beziehen und Begriffe wie „leichte Arbeit“ oder „schwere Arbeit“ kaum zu übertragen sind auf die Arbeit im Wald. Und so werden solche Futtertipps eben oft gerne angenommen.
Wie Eingangs erwähnt, kann hier nicht detailliert auf Fragen von Fütterung und Haltung eingegangen werden. In den Ausgaben 33 bis 35 der Zeitschrift STARKE PFERDE wird die Fütterung von Zugpferden von Dr. Reinhard Scharnhölz ausführlich behandelt. Weitere Literatur zum Thema „Fütterung“ finden Sie im Anhang.
Hier nur eines seiner Beispiele für eine Art Grundration:

Zugpferde (800kg) in kg Futter pro Tag

Futtermittel	leichte Arbeit	mittlere Arbeit	schwere Arbeit
Wiesenheu, mittel	8 bis 10	8 bis 11	10 bis11
Hafer	4	4,5	5
Futterstroh	1 bis 2	1 bis 2	1 bis 2
vit. Mineralfutter (15 bis 20 % Kalzium)	0,07	0,09	0,1

Einige allgemeine Hinweise zur Fütterungstechnik:

- eine halbe Stunde vor der Kraftfuttergabe Heu anbieten fördert durch intensive Kautätigkeit den Speichelfluss, „neutralisiert“ somit den Magensaft.
- bei großen Mengen Konzentratfutters, dieses auf mehrere Mahlzeiten (drei bis vier) verteilen; immer ausreichend Raufutter anbieten.
- für ganztägig arbeitende Pferde empfehlenswert:
Krippenfutter je ein Drittel der Ration morgens, mittags und abends;
Heu: morgens und mittags je ein Viertel, abends die Hälfte der Ration.
Nach starkem Schwitzen (harter Arbeit) Pferd abkühlen lassen, dann Wasser anbieten. Nach ausreichender Wasseraufnahme Heu geben; erst danach ggf. mit Kochsalz angereichertes Krippenfutter reichen.

Wichtiger Hinweis:
Bei Arbeitspferden an Ruhetagen (arbeitsfreien Tagen) die Menge des Kraftfutters drastisch reduzieren, da sonst Gefahr des so genannten „Kreuzverschlages“ besteht, der beim Kaltblutpferd fatal enden kann!!

Auch in der Pferdefütterung gilt:
„Das Auge des Herrn füttert das Vieh“

„Mit jungen Pferden muss man im Wald so früh wie möglich anfangen zu arbeiten - sie lernen dann besser und schneller“

In unserem Kulturkreis herrscht Einigkeit darüber, dass Kinder, um frühe körperliche Belastungen zu vermeiden, nicht zu schweren körperlichen Arbeiten eingesetzt werden sollen und dürfen. Das Verbot der Kinderarbeit ist unstrittig und wird von allen gesellschaftlichen Gruppen getragen und akzeptiert.
Bei Pferden sieht das leider oft anders aus. Speziell in Bezug auf Kaltblüter scheint dies trotz bestehender Tierschutzgesetze offensichtlich nicht allgemeiner Konsens zu sein.

Sehr häufig begegnet man gerade in Kaltblutkreisen sowohl im Freizeit- als auch im „professionellen“ Bereich dem Phänomen, dass sehr junge Pferde bereits vor dem Wagen angespannt werden oder andere Zugarbeiten verrichten müssen. Kaum haben die Fohlen eine Größe erreicht, wo sie beginnen nach „Pferd“ auszusehen, kribbelt es schon bei so manchem Pferdebesitzer unter den Nägeln: Es wird nach passendem Geschirr Ausschau gehalten und leichtfertig und bedenkenlos bei der nächst besten Gelegenheit angespannt. Oft sind die Fohlen dann erst gerade mal eineinhalb Jahre alt; auf Menschenalter übertragen also gerade mal sechs Jahre alt! (Ungefähre Faustregel: Pferdealter x 4 = Menschenalter).

Tatsächlich lassen sich junge Pferde vieles oft widerstandslos gefallen, sind in der Regel oft gehorsamer, umgänglicher und lernen sehr leicht und vor allem auch gerne. Nichts spricht gegen eine solide Grundausbildung – beginnend eigentlich schon im frühen Fohlenalter, allerdings ohne körperliche Belastung! Zu frühe auch psychische Belastung ergibt später oft abgestumpfte, widersetzliche, wenig zur Mitarbeit motivierte Pferde.

Kaltblüter gelten immer noch als frühreif und machen oft schon als Zweijährige den optischen Eindruck, als wären sie fertige, ausgewachsene Pferde. Tatsache ist jedoch, dass diese Tiere in der Regel erst mit ihrem sechsten Lebensjahr als voll entwickelt gelten. Erst dann haben sich Knochengerüst, Bänder und Sehnen soweit gefestigt, dass sie in vollem Umfang belastet werden können. Frühzeitige Belastung kann und wird in der Regel zu irreparablen Schäden und frühzeitigem Verschleiß führen.

Für die Waldarbeit sollte unbedingt gelten: Leichte Arbeiten im Wald zum Anlernen und Gewöhnen an das Arbeitsumfeld und die Arbeitsabläufe nicht vor dem dritten, volle Einbindung in den Holzrückebetrieb und normale körperliche Belastung nicht vor dem vierten bis fünften Lebensjahr! Ihr Pferd wird es Ihnen danken!

Stoppt die Kinderarbeit bei Pferden!

Belastbarkeit von Arbeitspferden – Gibt es eine Faustregel?

Studie untersucht physische Beanspruchung bei Rückearbeiten

aus
STARKE PFERDE 73, 2015

Wie viele Pferde muss ich für eine bestimmte Arbeit anspannen? Wie kann die Belastung der Pferde bei neu entwickelten Pferdezuggeräten beurteilt werden? Was hält mein Pferd dauerhaft aus, wenn es dabei auch gesund bleiben soll? Über diese Fragen gehen die Meinungen auseinander. Viel liegt im Ermessen des Pferdeführers, der seine Tiere kennt und weiß, wann sie überbeansprucht sind. Gibt es jedoch objektive Kriterien, und eine Faustregel, um die Belastung von Pferden bei der Arbeit zu beurteilen? Hier wird eine Diplomarbeit vorgestellt, die sich mit dieser Frage befasst.

Von Christiane Trierweiler und Florian Pforte

Die Diplomarbeit von Vera Hoffmann „Untersuchung physischer Beanspruchungen des Pferdes bei Rückearbeiten" wurde bereits 1992 verfasst (Fachhochschule Hildesheim/Holzminden, Fachbereich Forstwirtschaft in Göttingen). Die Fragestellung nach verantwortbarer Belastung von Arbeitspferden ist immer noch aktuell. Obwohl die Diplomarbeit keine breite Datenbasis hat und heutigen statistischen Anforderungen in der Wissenschaft nicht genügen würde, ist auf diesem Gebiet seitdem nichts veröffentlicht worden, was uns so gute praktische Anhaltspunkte liefert. Die Arbeit schließt mit einer Faustregel zur Belastbarkeit ab, die in weiten Kreisen akzeptiert ist: Es wird davon ausgegangen, dass ein Pferd eine Dauerzugleistung von zehn bis 15 Prozent seines Körpergewichts aufbringen kann, ohne dabei gesundheitliche Schäden davonzutragen. Wie die Diplomandin zu diesem Schluss kommt, wird im Folgenden dargestellt.

Erst werden hier einleitend theoretische Hintergründe und Methoden der Studie erläutert. Dann werden die Ergebnisse vorgestellt sowie Schlussfolgerungen gezogen und kommentiert.

Die Herzfrequenz als objektives Kriterium für Beanspruchung

„Wie die Pferde ihre Arbeit im Wald beim Holzrücken beurteilen, wissen wir nicht", schreibt Hoffmann. Um als Mensch objektiv beurteilen zu können, ob die Beanspruchung der Pferde verantwortbar ist, werden also Messmethoden gebraucht. Es bietet sich dazu das Messen der Herzfrequenz (Anzahl der Herzschläge pro Minute) an. Auf die Herzfrequenz wirken sich Beanspruchung durch dynamische und statische Arbeit sowie durch psychische und klimatische Belastung aus. Weitere Einflüsse sind z.B. Körpergröße, Geschlecht, Alter, Verdauung, Gravidität, Krankheiten, Erregungszustände und Trainingszustand.

Arbeitsphysiologie: Belastung und Beanspruchung

„Ein Gewicht an einer Spiralfeder ist die **Belastung**, die Ausdehnung der Feder die Beanspruchung." Die Belastung beim Arbeitspferd bezieht sich auf alle auf das Tier einwirkenden Faktoren, sowohl durch die Arbeitsaufgabe (z.B. Holz rücken) als auch durch die Arbeitsumgebung (z.B. Klima, Lärm, Insekten). Die Belastung ist physischer und psychischer Natur: sowohl durch die erforderliche Muskelarbeit als auch durch die nötige Konzentration.

Beanspruchung ist die Auswirkung der Belastung auf den Körper des Pferdes. Die Beanspruchung kann bei gleicher Belastung aufgrund körperlicher und mentaler Unterschiede von Pferd zu Pferd unterschiedlich sein.

Arbeitsphysiologie: Dauerleistungsgrenze und Erholungspulssumme

Um im Wald Arbeit zu leisten, braucht das Pferd Energie zur Fortbewegung seines eigenen Körpers und zur Fortbewegung der Baumstämme. Die Muskulatur ist die Voraussetzung für diese körperlichen Leistungen. Es wird unterschieden zwischen aerobem Stoffwechsel in der Muskulatur (an dem Sauerstoff beteiligt ist) und anaerobem (an dem kein Sauerstoff beteiligt ist). Bei leichter Arbeit wird hauptsächlich aerob Energie gewonnen - bei schwerer, langanhaltender Arbeit hauptsächlich anaerob. Bei hauptsächlich anaerobem Stoffwechsel führt Übersäuerung letztendlich zur Ermüdung der Muskulatur.

Deshalb wird die **Dauerleistungsgrenze** definiert als der Übergang vom vorwiegend aeroben zum vorwiegend anaeroben Stoffwechsel. Eine Arbeit oberhalb der Dauerleistungsgrenze führt schnell zur Ermüdung. Bei länger ausgeführten Arbeiten unterhalb der Dauerleistungsgrenze ermüdet das Pferd nur minimal. In der vorliegenden Arbeit wird die zur Dauerleistungsgrenze gehörende Herzfrequenz an Hand einer Formel aus der Humanmedizin (Buchberger 1984) berechnet:

Dauerleistungsgrenze (Herzfrequenz) = Ruhefrequenz + 0,4 * (Maximale Herzfrequenz - Ruhefrequenz)

Als maximale Herzfrequenz nahm Hoffmann einen Literaturwert von 240 Schlägen/Minute für Pferde an.

Bei Belastung (Muskelarbeit) erhöht sich die Herzfrequenz sehr rasch. Liegt die Arbeitsschwere unter der Dauerleistungsgrenze, pendelt sich die Herzfrequenz nach kurzer Zeit auf einem bestimmten (hohen) Niveau ein. Je größer die Belastung des Pferdes, desto höher liegt dieser Plateauwert. Nach Arbeitsende sinkt die Herzfrequenz schnell wieder auf den Ruhewert.
Bei Arbeiten oberhalb der Dauerleistungsgrenze steigt die Herzfrequenz stetig an, bis die Arbeit wegen Erschöpfung schließlich abgebrochen werden muss (es wird kein Plateau erreicht). Die Herzfrequenz kehrt erst nach längerer Zeit wieder zum Ruhewert zurück. Die Zeitdauer bis zum Erreichen des Ruhewertes stellt daher ein Maß für die vorhergehende Anstrengung dar (**Erholungsdauer**). Addiert man die Anzahl der Herzschläge während der Erholungsdauer, erhält man die **Erholungspulssumme**, auch ein Maß für die vorhergehende Anstrengung.

Tab. 1: Eigenschaften der Versuchspferde

Pferd	Geschlecht	Alter (Jahre)	Gewicht (kg)	Rasse
Pferd 1	Wallach	5	800	Westfälisches Kaltblut
Pferd 2	Stute	12	750	Süddeutsches Kaltblut
Pferd 3	Stute	11	780	Niederländisches Zugpferd
Pferd 4	Wallach	10	910	Kaltblut-Mix

Erholung (Pausen) wirkt der Ermüdung entgegen. Während der Pause können Stoffwechselprodukte aus den Muskeln abtransportiert werden, über frisches Blut erreicht mehr Sauerstoff die Muskulatur, und die Energiespeicher des Körpers können wieder aufgefüllt werden.

Versuche zur Beanspruchung von Rückepferden

Es wurden zwei Arten von Versuchen durchgeführt. Zum einen wurden Pferde bei der täglichen Rückearbeit (einspännig) im Forst verfolgt: Es gab acht **Tagesversuche** mit je 100 bis 300 Minuten Aufnahmen. Zum anderen gab es einen Versuch mit einem Pferd unter kontrollierten Umständen mit verschieden schweren Stämmen (ein **Stückmasseversuch**).

Die Versuche wurden mit vier Pferden durchgeführt (siehe **Tab. 1**). Pferde Nr. 1 bis 3 wurden beim Forstamt Brake (Nordrhein-Westfalen) eingesetzt, Pferd Nr. 4 beim hessischen Forstamt Nentershausen. Die sieben Forstbestände, in denen die Versuche durchgeführt wurden, waren überwiegend Nadelschwachholzbestände und hatten verschiedene Hangneigungen (4 bis 59 %). Die Versuche fanden im Juli, August und November 1991 statt.

Die Herzfrequenz der Pferde bei der Rückearbeit wurde mit einem 400 g schweren Digitalmessgerät gemessen, das am Geschirr des Pferdes in der Nähe des Widerristes befestigt war. Dieses Gerät zeichnete Elektrokardiogramme (EKG) der Pferde auf, aus denen die Herzfrequenz berechnet wurde. Dazu wurden Elektroden auf der Stirn und Unterbrust der Pferde angebracht. Weiterhin wurden während der Versuche Temperatur, Luftfeuchtigkeit und Gewicht der gezogenen Stämme notiert.

Die Zugkraft, die das Pferd während des Rückens aufbringen musste, wurde anhand einer Formel berechnet, die die Masse der Last, den Neigungswinkel des Geländes, den Gleitreibungskoeffizienten des Untergrundes (viel oder wenig Reibung) und Richtung der Lastfahrt (bergauf oder bergab) berücksichtigt (laut einschlägiger Fachliteratur):

*Zugkraft [daN] = Gewichtskraft [daN] * (cos(Neigungswinkel) * Gleitreibungskoeffizient +/- sin(Neigungswinkel))*

Gewichtskraft (in Dekanewton d.h. daN) = die Masse (in kg) multipliziert mit der Erdbeschleunigung (ca. 10). Cos steht für Cosinus, sin für Sinus. Bei Lastfahrten bergauf gilt das Plus in der Formel, bergab das Minus. Der Gleitreibungskoeffizient für das dickörtige Rücken von unentrindeten Fichtenstämmen auf Waldboden beträgt laut Hoffmann im Mittel ca. 0,5 bis 0,7.

*Zugkraft als Prozentsatz des Körpergewichts = Zugkraft (daN) / Körpergewicht (kg) * 100.*

Während der Versuche wurde der zeitliche Ablauf der Arbeitsabschnitte notiert: Leerfahrt, Anhängen, Lastfahrt, Abhängen und Pause (die lange Mittagspause wurde nicht mitgerechnet). Zusammen ergeben diese Abschnitte die **Einsatzzeit**.
Beim Stückmasseversuch wurden drei verschieden schwere Fichtenstämme mehrmals nacheinander 100 Meter weit gezogen. Der Versuch fand auf einem geraden, ebenen, feuchten Erdweg statt. Mit einem neuen Stamm wurde erst begonnen, wenn die Herzfrequenz wieder auf 60 Schläge/Minute gesunken war.

Tagesversuche: Durchschnittliche Herzfrequenzen

Bei den acht Tagesversuchen zogen die Pferde Stämme von 80 bis 191 Kilogramm bei Hangneigungen von acht bis 51 Prozent über durchschnittlich 28 Meter Entfernung. Dabei wurde durchschnittlich 1,91 Erntefestmeter/h ohne Rinde gerückt, was im unteren Bereich von Vergleichswerten aus der Literatur angesiedelt ist. Insgesamt war 58 Prozent der Einsatzzeit Wartezeit und damit Erholung für das Pferd (Anhängen, Abhängen, Pausen).
Während der Tagesversuche lagen die Herzfrequenzen aller Pferde im Mittel bei 85 Schlägen/Minute (mit 24 bis 33 Prozent Variation). Die Dauerleistungsgrenze laut Buchberger war durchschnittlich 82 Schläge/Minute, d.h. die Pferde arbeiteten im Forst durchschnittlich bei der Dauerleistungsgrenze. Laut Hoffmann ist der von anderen Autoren vermutete Wert der Dauerleistungsgrenze bei 150 Schlägen/Minute sicherlich zu hoch angesetzt, da solche Werte im Forst nur bei Belastungsspitzen erreicht wurden. Die Durchschnittswerte in Hoffmanns Studie zeigten eine verantwortbare Belastung der Pferde an, jedoch kamen zeitweise kritische Belastungen vor.

Tagesversuche: Detailanalysen

Bei den relativ unerfahrenen Pferden (Pferde Nr. 1 und Nr. 4) waren die Schwankungen in der Herzfrequenz bei unterschiedlichen Belastungen relativ groß, während bei den beiden erfahrenen die Herzfrequenz weniger schwankte. Allgemein kamen während der Tagesversuche häufiger niedrige Herzfrequenzen vor und nur selten sehr hohe, was für eine im Durchschnitt mäßige Beanspruchung der Pferde bei der Arbeit spricht.

Tab. 2: Belastung, Herzfrequenzen und Dauerleistungsgrenze (Tagesversuche)

Pferd	Datum	Versuchsdauer (h)	Dauerzugkraft (daN)	Dauerzugkraft (% des Körpergewichts)	maximale Herzfrequenz (Schläge/min)	durchschnittliche Herzfrequenz (Schläge/min)	Ruhe-Herzfrequenz (Schläge/min)	Dauerleistungsgrenze laut Buchberger (Schläge/min)
Pferd 1	22.7.91	3:32	47	5,8	160	93	41	88
	23.7.91	4:09	56	7,0	158	100		
	24.7.91	1:42	19	2,4	160	97		
Pferd 2	26.7.91	4:05	68	9,1	143	63	40	81
	20.8.91	4:53	62	8,2	167	86		
	22.11.91	2:43	127	17,0	121	81		
Pferd 3	19.8.91	4:26	66	8,4	106	61	33	63
Pferd 4	28.8.91	4:00	49	5,1	166	95	49	98

Tab. 3: Leistungen der Pferde und Umstände während der Tagesversuche

Pferd	Datum	mittleres Holzgewicht je Zyklus (kg)	durchschnittliche Vorlieferentfernung (m)	Rückeleistung (Efm o.R./h)	Hangneigung (%)	Richtung Lastfahrt	durchschnittliche Temperatur (° C)	Luftfeuchtigkeit (%)
Pferd 1	22.7.91	112	28	2,65	18	bergab	17	63
	23.7.91	80	21	1,97	11	bergauf	20	67
	24.7.91	147	20	2,18	51	bergab	19	89
Pferd 2	26.7.91	98	13	1,73	10	bergauf	15	86
	20.8.91	148	31	1,57	18	bergab	16	89
	22.11.91	188	18	2,38	8	bergauf	0	85
Pferd 3	19.8.91	158	30	1,67	18	bergab	15	69
Pferd 4	28.8.91	191	58	1,09	35	bergab	22	41

Tab. 4: Versuchsstämme und dafür benötigte Zugkraft im Stückmasseversuch

Stamm Nr.	Länge (m)	Efm m.R.	Gewicht (kg)	Zugkraft (daN)	Zugkraft (% des Körpergewichts)
1	8,2	0,16	75	44	4,6
2	14,1	0,32	151	91	9,4
3	12,3	0,78	435	261	27,2

Bei Pferd Nr. 1 war die Herzfrequenz beim Zug von sechs Prozent seines Körpergewichts an Tag eins etwas über der Dauerleistungsgrenze (Durchschnittswerte, siehe **Tab. 2** und **Tab. 3**). Eineinhalb Stunden nach Arbeitsbeginn pendelte sich die durchschnittliche Herzfrequenz auf einem Plateau ein, das durch relativ kleine Unterschiede zwischen Last- und Leerfahrt gekennzeichnet war. Nach der Mittagspause stieg die durchschnittliche Herzfrequenz jedoch kontinuierlich an, was auf eine Ermüdung des Pferdes hindeutete. Die Herzfrequenz war während der Lastfahrten und einige Sekunden danach („Nachklingen") am höchsten. An Tag zwei waren die Ergebnisse für dieses Pferd ähnlich (siehe Tab. 2 und 3).

An Tag drei arbeitete Pferd Nr. 1 an einem Steilhang bergab, wobei es nur 2,4 % seines Körpergewichts als Dauerzugkraft aufbringen musste (siehe Tab. 2 und 3). Dabei lag die durchschnittliche Herzfrequenz mit neun Schlägen/Minute über der Dauerleistungsgrenze. Während der Pausen sank die Herzfrequenz nie ganz bis auf den Ruhewert ab, was auf eine relativ hohe Beanspruchung hindeutete. Die höchste Herzfrequenz wurde bei einer Leerfahrt (bergauf) erreicht. Die körperliche Anstrengung des Pferdes beim Ersteigen des Hangs ohne Last war in der Regel größer als bei der Lastfahrt! Trotz der geringen aufzubringenden Zugkraft stieg auch während der Lastfahrten die Herzfrequenz recht hoch an. Hoffmann vermutet, dies könne auf eine psychische Belastung zurückzuführen sein, da das relativ unerfahrene Pferd am Hang ins Rutschen geratene angehängte Stämme abbremsen musste. Bemerkenswert ist, dass bei Pferd Nr. 1 die durchschnittlichen Herzfrequenzen an allen drei Tagen über der Dauerleistungsgrenze lagen. Dies war bei den anderen Pferden nicht der Fall, obwohl sie durchschnittlich ähnlichen Belastungen ausgesetzt waren. Hoffmann führt dies auf die Unerfahrenheit von Pferd Nr. 1 und die damit verbundene höhere physische und psychische Beanspruchung bei der Arbeit zurück.
Bei Pferd Nr. 2 lag die durchschnittliche Herzfrequenz an Tag 1 deutlich unter der Dauerleistungsgrenze (siehe Tab. 2 und 3). An Tag zwei waren wegen geringer Aufarbeitungsqualität der Stämme (viele Äste) und dementsprechend hohem Reibungswiderstand die Umstände relativ ungünstig. Die durchschnittliche Herzfrequenz lag an diesem Tag oberhalb der Dauerleistungsgrenze. Am dritten Tag (Vormittag) stellte sich ein Plateau bei der Herzfrequenz ein. Die Herzfrequenz lag durchschnittlich genau bei der Dauerleistungsgrenze. Hoffmann vermutet, dass die kühlen Witterungsbedingungen dafür sorgten, dass die Beanspruchung des Pferdes auch bei relativ hoher aufzubringender Dauerzugleistung (17 Prozent des Körpergewichts) nicht größer war. Pferd Nr. 2 war das einzige der vier Pferde, bei dem ein Anstieg der Herzfrequenz auf „Arbeitsniveau" bereits beim Anhängen beobachtet wurde. Scheinbar ist das Anhängen für die erfahrene Stute zum Signal geworden, dass unmittelbar danach eine Belastung erfolgt. Ein ähnliches Phänomen ist auch bei Reitpferden bekannt.

Pferd Nr. 3 wies einen niedrigeren Ruhewert und damit eine niedrigere Dauerleistungsgrenze als die anderen Pferde auf (Tab. 2 und 3). Dies illustriert individuelle Unterschiede in der Herzfrequenz. Pferd Nr. 3 zeigte viele Herzfrequenzen im niedrigen und einige im hohen, jedoch wenige im mittleren Bereich. Hoffmann erklärt dies dadurch, dass bei gutem Trainingszustand die Herzfrequenz nach hoher Beanspruchung schnell wieder in den Ruhebereich sinkt. Die benötigte Erholungszeit ist also relativ kurz.

Am Versuchstag von Pferd Nr. 4 war die Temperatur mit bis zu 26 °C (durchschnittlich 22 °C) ungünstig hoch (Tab. 2 und 3). Trotz dieser schweren Belastung war die durchschnittliche Herzfrequenz bei diesem gut trainierten Pferd unter der Dauerleistungsgrenze. Auch hier waren die Leerfahrten bergauf meist anstrengender als die Lastfahrten bergab (siehe Pferd 1).

Die Tagesversuche zeigten, dass Schwankungen der Herzfrequenz als Reaktion auf Belastungen bei verschiedenen Pferden unterschiedlich ausfallen können.

Tagesversuche: Bedeutung von Pausen

Wenn An- und Abhängen als Pausen mitgezählt werden, waren ca. 58 Prozent der Einsatzzeit im Wald Pausen (ohne An- und Abhängen: 30 bis 40 Prozent; lange Mittagspause nicht mitgerechnet). Die Pausen dauerten im Schnitt nur zwei Minuten, führten jedoch zu einer intermittierenden Belastung, bei der sich die Muskulatur kurzfristig erholen kann. Während der Lastfahrten waren die Herzfrequenzen der Versuchspferde oft weit über der Dauerleistungsgrenze, was zur Muskelermüdung führt. Jedoch dauerten die Lastfahrten selten länger als eine Minute. Beim Abhängen sanken die Herzfrequenzen unter Umständen schnell bis zum Ruhewert ab. Durch die Kurzpausen wurden die Versuchspferde durchschnittlich meist nicht über der Dauerleistungsgrenze gearbeitet und demnach nicht überbeansprucht. Hoffmann misst den Kurzpausen bei der Rückearbeit folglich eine große Bedeutung zu.

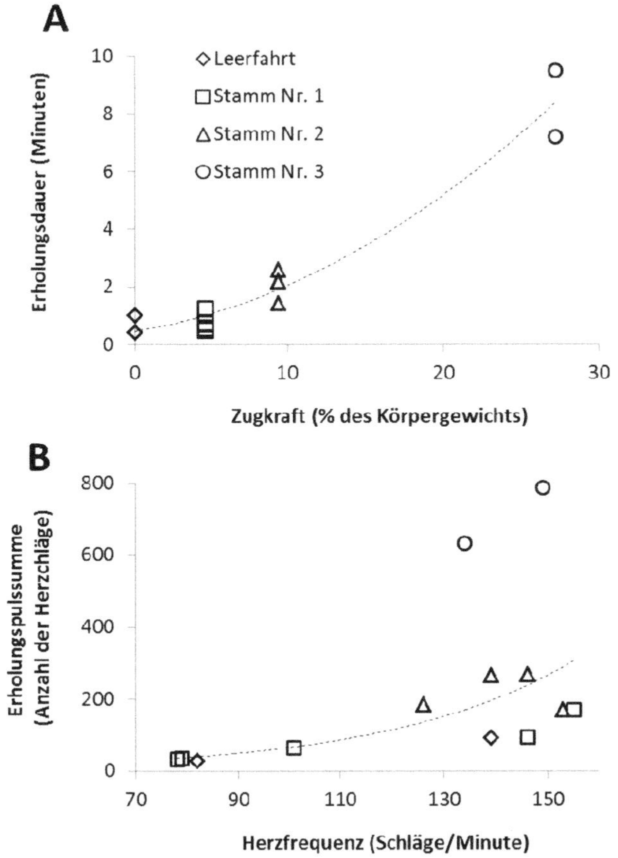

Abb. 1: Der Stückmasseversuch: (A) Beziehung der aufgebrachten Zugkraft zur erforderlichen Erholungsdauer und (B) Beziehung der Herzfrequenz zur Erholungspulssumme während der Stückmasseversuche (Daten aus Hoffmann 1992). Gestrichelte Linien sind exponentielle Trendlinien über alle Fahrten.

Der Stückmasseversuch

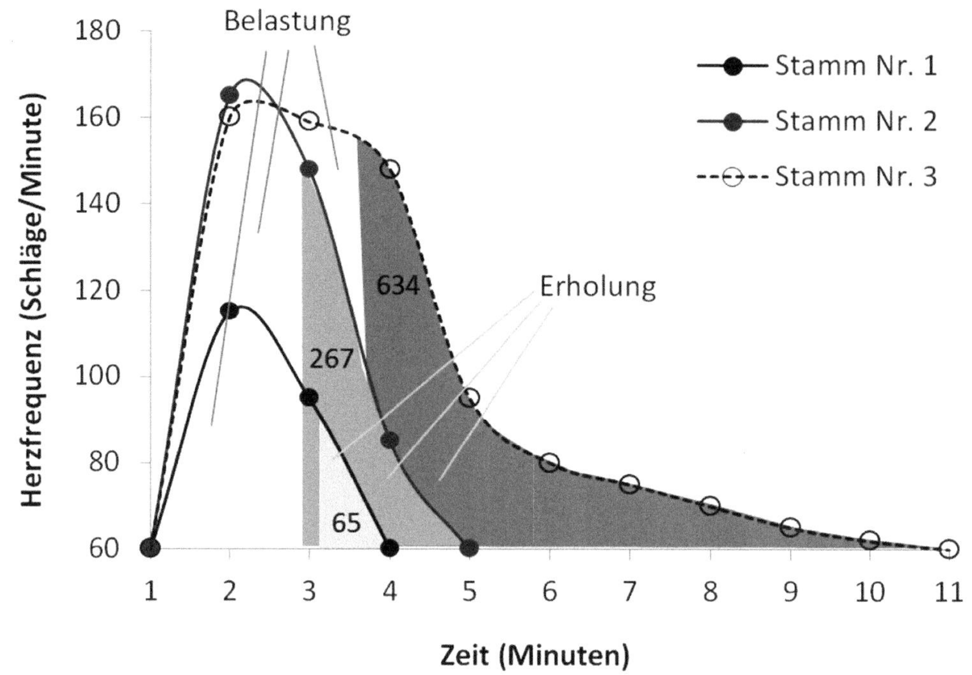

Abb. 2: Verhalten der Herzfrequenz beim Zug verschieden schwerer Versuchsstämme (Stückmasseversuch, siehe Tab. 4, Grafik nach Hoffmann 1992). Weiße Flächen unter den Kurven zeigen die Belastungsphasen (Lastfahrt), grau schraffierte Flächen zeigen die Erholungsphasen. Die Erholungspulssumme ist als Zahl (Anzahl der Herzschläge bis zum Erreichen von 60 Schlägen/Minute) angegeben.

Der Stückmasseversuch wurde durchgeführt, um die Beanspruchung des Pferdes bei unterschiedlicher Zuglast darzustellen. Hoffmann führte die Zugversuche bei demselben Pferd am selben Tag unter denselben Umweltbedingungen durch, um sicherzugehen, dass das unterschiedliche Verhalten der Herzfrequenz auf die Zuglast zurückzuführen ist. Für den Stückmasseversuch wurde Pferd Nr. 4 ausgewählt, das auf einer 100 Meter langen Strecke (4 % Neigung) Fichtenstämme verschiedenen Gewichts ziehen sollte (bei 3 °C und 84 % Luftfeuchtigkeit, siehe **Tab. 4**). Die Lastfahrten dauerten ein bis zwei Minuten. Die nächste Lastfahrt begann erst, wenn die Herzfrequenz nach der vorigen Lastfahrt unter 60 Schläge/Minute gesunken war. Die Zeit, die bis zum Erreichen dieser Herzfrequenz benötigt wurde, war die Erholungsdauer. Die Anzahl der Herzschläge während der Erholungsdauer war die Erholungspulssumme. Die Versuche liefen wie folgt ab: drei Lastfahrten mit Stamm 1, eine Leerfahrt, zwei Lastfahrten mit Stamm 3, vier Lastfahrten mit Stamm 2, eine Leerfahrt, zwei Lastfahrten mit Stamm 1. Wegen eines technischen Defekts musste danach der Versuch abgebrochen werden.

Stückmasseversuch: Zugkraft und Erholungsdauer

Um Hoffmanns Ergebnisse zu visualisieren, habe ich ihre Daten in zwei Grafiken dargestellt (Abb. 1). In **Abb. 1 A** ist zu sehen, wie die Erholungsdauer beim Stückmasseversuch bei steigender Zugkraft immer steiler ansteigt. Zugkraft erklärt dabei einen sehr großen Teil der beobachteten Variation in Erholungsdauer, d.h. die erbrachte Zugkraft ist vermutlich die beste Erklärung und offensichtlich die Ursache für Variation in der Erholungsdauer.

In **Abb. 1 B** ist die Beziehung der Herzfrequenz zur Erholungspulssumme dargestellt. Auch hier sieht man einen zunehmend steilen Anstieg der Erholungspulssumme mit steigender Herzfrequenz. Jedoch fallen mir zwei Punkte auf, die weit oberhalb der Trendlinie liegen: Es geht um die beiden Fahrten mit Stamm Nr. 3, dem schwersten Stamm. Offensichtlich kann die Herzfrequenz allein die Lage dieser beiden Punkte nicht erklären. Herzfrequenz erscheint mir demnach kein uneingeschränkt brauchbares Maß für Beanspruchung, während Erholungsdauer oder Erholungspulssumme aussagekräftiger zu sein scheinen.

Stückmasseversuch: Erholungsdauer und Wert kurzer Pausen

Abb. 2 zeigt, wie Herzfrequenz und Erholungsdauer sich beim Ziehen verschieden schwerer Stämme verhalten. Hier wird deutlich, dass beim Ziehen schwerer Lasten nicht nur die Herzfrequenz stärker ansteigt als bei leichten Lasten, sondern auch die Erholung langsamer vonstatten geht. Es fällt auf, dass die Herzfrequenz beim Ziehen von Stamm Nr. 3 nicht höher ist als bei Stamm Nr. 2. Hier kommt Hoffmann zur selben Schlussfolgerung wie oben aus Abb. 1 B, nämlich, dass die erhöhte Herzfrequenz allein nicht die lange Erholungsdauer (oder hohe Erholungspulssumme) erklären kann. Weiterhin illustriert Abb. 2 den vergleichsweise hohen Wert kurzer Pausen: die Erholung (Senkung der Herzfrequenz Richtung Ruhewert) geht erst schnell, dann immer langsamer vonstatten. Eine kurze Pause (ein bis zwei Minuten) ist darum eine effektive Erholung, während sehr lange Pausen nicht mehr zur Erholung im hier beschriebenen Sinne beitragen.

Stückmasseversuch: Faustregel für Belastung?

Pferde können bei Zugkraftprüfungen auf wenigen Metern bis zum Zehnfachen ihres Körpergewichts ziehen. Hoffmann schließt jedoch aus ihrem Stückmasseversuch, dass das Pferd bei einer Belastung mit beinahe 30 Prozent des Körpergewichts (Stamm 3) auf 100 Metern Strecke eine überproportional große Erholungsdauer benötigt (Abb. 1 B und Abb. 2). Das Rückepferd kann eine Dauerzugkraft von fast 30 Prozent seines Körpergewichts wohl nicht erbringen, ohne sich dabei einer gesundheitsschädigenden Überbeanspruchung auszusetzen. Dafür spricht auch, dass das Versuchspferd beim Ziehen von Stamm 3 immer wieder stehen blieb, um kurze Pausen zu erzwingen. Kurzfristig können solche hohen Zugleistungen natürlich erbracht werden, z.B. beim Losziehen von festgeklemmten Stämmen.

In der Literatur werden mögliche Dauerzugleistungen von bis zu 25 Prozent des Körpergewichts beschrieben (Cerny 1987, Gläser 1951). Die hier gezeigten Ergebnisse stimmen jedoch mehr mit der Einschätzung des Kuratoriums für Waldarbeit und Forsttechnik (1990) überein, die eine Dauerzugleistung von 13 Prozent des Körpergewichts als verantwortbar bewertet. Somit erscheint Hoffmanns Faustregel gerechtfertigt, dass ein Rückepferd eine Belastung von zehn bis 15 Prozent des Körpergewichts als Dauerzugleistung ohne gesundheitsschädliche Folgen erbringen kann.

Schlussfolgerungen

Laut Hoffmanns Faustregel liegt der angemessene Leistungsbereich von einem 800 kg schweren Rückepferd unter den hier gegebenen Umständen (Stückmasseversuch) auf ebener Fläche bei ca. 0,25 fm frische Fichte oder 0,43 fm lufttrockene Fichte. Die Tagesversuche (durchschnittliche Dauerzugkraft von ca. acht Prozent des Körpergewichts) bestärken Hoffmann in der Einschätzung, dass solche Leistungen die Rückepferde nicht überbeanspruchen. Während der Lastfahrten lagen die Herzfrequenzen dabei zwar über der Dauerleistungsgrenze, aber in den anschließenden Kurzpausen (ca. zwei Minuten) sanken sie häufig bis fast auf den Ruhewert ab. Die Ergebnisse von Stamm Nr. 2 (Stückmasseversuch) zeigen, dass zur kurzfristigen Erholung ca. zwei Minuten ausreichten (Abb. 1 A und Abb. 2).

Hoffmann folgert aus den hier beschriebenen Untersuchungen, dass Rückepferde unter angemessenen Einsatzbedingungen nicht überbeansprucht werden und somit über lange Zeiträume leistungsfähig bleiben können.

Kommentare

Wie die Diplomandin selbst anmerkt, ist der Stichprobenumfang ihrer Arbeit relativ gering. Es gab deutliche individuelle Unterschiede in den Herzfrequenzbereichen und der Reaktion der Pferde auf Belastungen. Jedoch überwiegen die Übereinstimmungen und lassen so erkennen, dass ein größerer Stichprobenumfang wohl nicht für überraschende Ergebnisse sorgen würde (aber für verlässlichere).

Leider ist Hoffmann bei der Analyse ihrer Daten wohl ein (Tipp-)Fehler unterlaufen: die Formel zur Bestimmung der aufgebrachten Zugkraft wird in ihrer Arbeit falsch zitiert, nämlich als

Zugkraft [daN] =
*Gewichtskraft [daN] * cos(Neigungswinkel) * (Gleitreibungskoeffizient +/- sin(Neigungswinkel)).*

Die fettgedruckte Klammer muss vor dem Cosinus stehen.
Aus dem Zahlenmaterial von Hoffmanns Arbeit ist nicht ersichtlich, ob sie die Formel tatsächlich falsch verwendet hat. Selbst wenn dies der Fall wäre, würde das die Ergebnisse des Stückmasseversuchs (auf ebener Strecke) nicht ändern. Für die Tagesversuche würden sich die Ergebnisse für steile Gefälle ändern. Bei Pferd Nr.1 an Tag 3 wäre die Dauerzugkraft nur 12 daN anstelle von 19 daN (37 % niedriger), bei Pferd 4 45 daN anstelle von 54 daN (8 % niedriger). In diesen beiden Fällen waren die Leerfahrten bergauf anstrengender als die Lastfahrten bergab (höhere Herzfrequenzen), d.h. die Interpretation der Ergebnisse der Tagesversuche bliebe gleich.
Eigentlich müsste in der Formel der Zugkraft auch berücksichtigt werden, dass das Pferd die Last nicht waagerecht zieht, sondern diese in einem Winkel (Zugwinkel) anhängt ist. Dabei hebt das Pferd die Last leicht an und damit verringert sich die Reibung. Ein größerer Zugwinkel ist bei einem hohen Gleitreibungskoeffizienten günstig, da sich dann die Zugkraft verringert. Dies gilt z.B. im Wald. Bei kleinem Gleitreibungskoeffizienten (z.B. Fuhrwerk auf Asphalt) sollte dagegen flach angehängt werden. Bei Kumtanspannung muss zusätzlich auf einen anatomisch sinnvollen Zugwinkel in Relation zur Schulter geachtet werden. Eine Formel für Zugkraft in der Ebene, die den Zugwinkel berücksichtigt, findet sich in Erhard Schrolls Buch „Holzrücken mit Pferden“:

*Zugkraft [daN] = Gleitreibungskoeffizient * Gewichtskraft [daN] / (cos(Zugwinkel) + Gleitreibungskoeffizient * sin(Zugwinkel)).*

Laut dieser Formel wären die Zugkräfte beim Stückmasseversuch ca. zehn Prozent kleiner als von Hoffmann angegeben. Für die Tagesversuche wird eine Formel benötigt, die Zugwinkel und Hangneigungswinkel berücksichtigt. Diese lässt sich aus der einschlägigen Literatur herleiten:

*Zugkraft [daN] = Gewichtskraft [daN] * (Gleitreibungskoeffizient * cos (Neigungswinkel) +/- sin(Neigungswinkel)) / (cos(Zugwinkel) + Gleitreibungskoeffizient * sin (Zugwinkel)).*

Laut dieser Formel wären die Zugkräfte bei den Tagesversuchen ca. 17 bis 18 % niedriger als Hoffmanns Werte. Dieser Unterschied ist ein Argument dafür, die Faustregel konservativ zu handhaben, da die Pferde während der Versuche bereits durchschnittlich bei der Dauerleistungsgrenze arbeiteten.

Interessant wäre weiterhin gewesen, Mittelwerte der Herzfrequenzen pro Pferd und Arbeitsabschnitt zu bilden (Mittelwerte für Last- und Leerfahrt etc.). Eine gründlichere beschreibende Datenverarbeitung und statistische Analysen wären bei den technischen Möglichkeiten heutiger Computer viel einfacher zu realisieren als Anfang der 1990er Jahre.
Kritisch anzumerken ist, dass die Rückepferde mit verschiedenen Geschirren (Sielen- und Kumtgeschirr) eingesetzt wurden. Die Frage ist, ob dies Auswirkungen auf die Beanspruchung der jeweiligen Pferde hatte.
Es wäre angemessener gewesen, wenn Hoffmann beim Stückmasseversuch den Ruhepuls von 40 Schlägen/Minute abgewartet hätte und nicht bereits beim Erreichen von 60 Schlägen/Minute die nächste Lastfahrt gestartet hätte. Diese Entscheidung begründet Hoffmann nicht, sie hängt wohl mit Zeitersparnis während der Versuchsdurchführung zusammen. Eine fortschreitende Erschöpfung des Versuchspferdes kann beim Stückmasseversuch nicht ausgeschlossen werden: der Versuch hätte vielleicht besser über mehrere Tage verteilt und am besten wiederholt durchgeführt werden sollen.

Weiterhin ist fraglich, ob die Herzfrequenz allein ein gutes Maß für Beanspruchung des Pferdes ist. **Abb. 1 B und 2** zeigen, dass allein die Herzfrequenz nicht die überproportional lange Erholungsdauer nach sehr schwerem Zug erklären kann. Des weiteren ist die Herzfrequenz vielleicht auch kein ausreichendes Maß für Erholung: Dass das Pferd wieder seinen Ruhepuls erreicht, oder dass es unter der Dauerleistungsgrenze gearbeitet hat, steht nicht notwendigerweise für eine uneingeschränkte Leistungsfähigkeit. Lange Pausen (z.B. lange Mittagspause) haben sicherlich auch eine wichtige Funktion für die mentale und physische Erholung des Pferdes, z.B. das Füllen der Energiespeicher. Schön wäre es gewesen, noch etwas über den physiologischen Hintergrund (Ursachen) der Erholungsdauer zu erfahren.

Weiterhin frage ich mich, ob es überhaupt gerechtfertigt ist, mit Mittelwerten der Herzfrequenz zu rechnen. Eine dauerhafte Fortbewegung, bei der sich die Herzfrequenz immer bei der Dauerleistungsgrenze befindet, stellt für den Körper möglicherweise eine ganz andere Form der Belastung dar, als die Rückearbeit mit Belastungsspitzen und darauf folgenden Pausen. Hierzu würde ich mir noch mehr Hintergrundinformationen wünschen.

Ich stimme Hoffmann zu, dass bei der Beurteilung der Belastbarkeit von Pferden in der Praxis, ohne eine Verkabelung mit Messgeräten, der „Pferdeverstand“ unerlässlich ist. Bei alledem sollte man außerdem nicht aus den Augen verlieren, dass physische Forderung und Bewegung von Pferden nicht nur kritisch hinterfragt werden sollte, sondern auch einer der wichtigsten Faktoren ist, die Pferde gesund erhalten.

Interessant zu wissen wäre weiterhin, ob die hier gewonnen Erkenntnisse und die aufgestellte Faustregel auch auf andere Arbeitspferde, z.B. in der Landwirtschaft oder bei der Personenbeförderung, übertragbar sind. Die Rückearbeiten während der Versuchsreihen bestanden aus ca. zwei Minuten dauernden Lastfahrten. In der Landwirtschaft und gerade in der Personenbeförderung dauern die Belastungen wesentlich länger an, oftmals ohne die hier als wichtig beschriebenen häufigen Kurzpausen.

Ein Pferd ist bei der Waldarbeit gestürzt: Nun gilt es, ruhig zu bleiben und bedacht zu handeln. Glücklicherweise sind hier Helfer zugegen.

Erste Hilfe

bei Unfällen mit Pferden

aus STARKE PFERDE 93, 2020

Von Christiane Trierweiler

Während der Arbeit mit dem Pferd kann es zu einem Notfall kommen, bei dem sofortiges korrektes Handeln gefragt ist.
Zur medizinischen Ersten Hilfe gibt der Experte Dr. Jan Rottmann (53) von der Pferdeklinik Röntorf in NRW im Gespräch mit der SP wertvolle Ratschläge *(kursiv gedruckt)*. Für ihn sind Notfälle mit Pferden seit 28 Jahren das Alltagsgeschäft.

Notfälle von A bis Z

Augenverletzungen

Durch einen eingedrungenen Fremdkörper, Schlag o.Ä. kann das Auge verletzt werden. Es tränt, ist geschwollen oder berührungs-/lichtempfindlich.
Erste Hilfe: Fremdkörper dürfen nur entfernt werden, wenn sie nicht in der Hornhaut feststecken. Sie können mit einem sauberen Tuch Richtung Augenwinkel herausgetupft werden. Ansonsten: Tierarzt! Nicht behandelte Augenverletzungen können chronische Entzündungen oder Erblindungen zur Folge haben.

Festliegen

Das Pferd kann nicht aufstehen. Es hat sich bei einem Sturz im Geschirr verheddert, ist anderweitig verkeilt oder im Anhänger unfreiwillig zu Fall gekommen.
Erste Hilfe: Wenn möglich: Hindernisse beseitigen, die das Pferd am Aufstehen hindern. Dies können Geschirrteile sein (siehe Kasten S. 32) oder beim Pferdetransport die hintere Boxen-, oder vordere Bruststange oder die mittlere Trennwand. Ist dies nicht möglich, erscheint als nicht Erfolg versprechend oder nur unter eigenem hohen gesundheitlichen Riskio, sollten umgehend Feuerwehr und Tierarzt zur Rettung gerufen werden.

Liegt das Pferd an einem nicht bewegbaren Hindernis fest, kann mit ein paar helfenden Händen und Stricken versucht werden, das Pferd in eine andere Position zu ziehen, die ihm das Aufstehen ermöglicht. Dabei geht jedoch die Sicherheit des Menschen vor!

„Liegt das Pferd wegen Schwäche oder Krankheit, so ist eine Ersthilfe durch den Pferdehalter nicht sinnvoll“, meint Dr. Rottmann.

Knochenbruch

Symptome sind z.B. Lahmheit, offene Wunde, Schwellung, Schmerzverhalten.
Erste Hilfe: *„Es sollte sofort der Veterinär verständigt werden“*, so Dr. Rottmann. *„Am besten, man bewegt das Tier bis zum Eintreffen des Tierarztes nicht und lässt alles so, wie es ist. Ob*

Mein Pferd ist gestürzt und/oder hat sich im Geschirr verheddert:

Was tun?

- **Versuchen, ruhig zu bleiben.**
- Sich einen Überblick verschaffen und versuchen, die Situation einzuschätzen.
- **Hilfe rufen** (Helfer, ggf. Feuerwehr, Tierarzt).
- Auf die **Sicherheit** der beteiligten Menschen und Tiere achten.
- Dem Pferd beruhigend zusprechen.
- Sich dem Pferd nur nähern, wenn das Tier ruhig ist.

Beim liegenden Pferd

- **Nur vom Rücken her nähern**, nicht von den Beinen her.
- So lange das Pferd mit dem Fahrzeug/der Last verbunden ist, **auf den Hals oder Kopf knien**, um unkontrollierte Aufstehversuche zu verhindern. Sonst können Panikreaktionen die Situation verschlimmern.
- Sollte das Geschirr unter Spannung stehen, ist das **Lösen des unteren Hamenriemens** beim amerikanischen Kumt eine gute Option. Das Geschirr (ohne Martingal) kann dann einfach abgestreift werden. Kann es nicht gelöst werden, müssen ggf. Riemen oder Stränge **zerschnitten** werden. In jedem Fall vorher bedenken, ob durch das plötzliche Lösen der Spannung Verletzungen verursacht werden können.
  Im Notfall keine Rücksicht auf Verluste beim Geschirr! Lieber kaputte Leinen oder Stränge als ein verletztes oder totes Pferd.
- Vorsicht, wenn ein gestürztes Pferd nach der Befreiung plötzlich aufsteht!

Beim stehenden Pferd

- **Stimmkommandos für Stopp und Stehenbleiben** geben.
- Das Pferd **am Kopf sichern**: Ein Helfer hält das Pferd von der Seite oder hinten an Strick oder Leine am Kopfstück oder Halfter. Niemals *vor* ein Pferd stellen; Sicherheitsabstand wahren.
- **Last/Fahrzeug abhängen** und danach wenn nötig **Geschirr lösen**. Bei angehängtem Ortscheit niemals zwischen die Zugstränge oder anderweitig zwischen Pferd und Last/ Fahrzeug treten. Alternativ kann die Last/das Fahrzeug durch Lösen des Geschirrs vom Pferd getrennt werden.
- Ist das Pferd am Kopf gesichert und ruhig, und die Last/das Fahrzeug ist abgehängt, kann ich beim *stehenden* Pferd einen Huf nach dem anderen anheben, um das Geschirr so zu entwirren, dass das Pferd sich wieder bewegen kann.

Nachsorge

Nach einem Sturz oder anderweitigem Unfall das Pferd auf Verletzungen hin untersuchen und auch danach verstärkt den Gesundheitszustand beobachten. Das Pferd ggf. dem **Tierarzt** und danach eventuell einem Heilpraktiker/Osteopathen vorstellen.

ein Pferd nach einem Beinbruch wieder wirklich genutzt werden kann, kommt auf die Art der Fraktur an." Muss das Pferd in eine Klinik transportiert werden, sollte der Tierarzt es gegebenenfalls mit Medikamenten, Schmerzmitteln und Sedation auf den Transport vorbereiten. Gerade bei Knochenbrüchen sollte eine möglichst gerade Strecke ohne scharfe Kurven gewählt werden.

Kreislaufkollaps/Hitzschlag

Das Pferd taumelt, schwitzt stark, „pumpt" an den Flanken, heftige Atmung, rasender Puls; die Körpertemperatur geht auf bis auf 42 Grad Celsius nach oben, was selbst ohne Fiebertermometer von Hand feststellbar ist. Durch einen Wärmestau im Körper kann der Kreislauf vor allem bei schwülem Wetter kollabieren. Dieser Zustand ist lebensgefährlich!
Erste Hilfe: Tierarzt rufen. Das Pferd in den Schatten bringen. Lauwarmes Tränkwasser anbieten. Meinungen zum Thema „Kühlen mit Wasser" gehen auseinander. Zum Teil wird zu kühlen Umschlägen, beginnend am Kopf, geraten.

Kreuzverschlag

Siehe hierzu unseren ausführlichen Bericht ab Seite 98.
„Die ‚Montags- oder Feiertagskrankheit' kommt ab und zu noch vor – in unserer Klinik ein oder zwei Mal im Jahr. Die meisten Pferdeleute wissen jedoch inzwischen, dass dem Pferd an arbeitsfreien Tagen nicht dieselbe Kraftfutterration wie an Arbeitstagen gegeben werden sollte. Die Heilungschancen sind meist gut. Die Kreuzverschlag-Formen Tying up oder PSSM treten äußerst selten auf."
Erste Hilfe: Das Pferd nicht mehr bewegen, warm eindecken, Tierarzt rufen!

Lahmheit

Das Pferd zeigt Taktunreinheiten, nickt beim Gehen, lahmt oder geht nur auf drei Beinen.
Erste Hilfe: Schrittweise Untersuchung der Ursache. Kontrollieren der Hufe auf festgesetzte Steine, Äste oder Verletzungen. Kontrolle der Eisen auf korrekten Sitz, Abtasten der Beine auf Schwellungen und Kontrolle auf offene Verletzungen. Ist die Lahmheit nicht durch eine kleine Maßnahme wie die Ent-

Druckverband am Röhrbein anlegen

Eventuell sichtbare **Verschmutzungen**/Fremdkörper aus der Wunde entfernen. Eine sterile Wundauflage auf die Wunde legen. **Verbandswatte** möglichst faltenfrei auf die Wunde und um das Röhrbein auflegen. Über den Sehnen sollte das Polster doppelt liegen, da diese empfindlich sind. Ein bis drei noch **aufgerollte Mullbinden** werden nun auf die Verletzung gelegt, um den Druck zu erhöhen und das Bluten zu stillen. Mit der **selbsthaftenden Bandage** beginnt man mit dem Abwickeln über den aufgerollten Mullbinden. Man wickelt mit mäßigem Zug schräg in dieselbe Richtung wie die Verbandswatte. Die Bandage sollte dabei überlappen, um ein Verrutschen zu verhindern. Erst wickelt man abwärts bis über das Fesselgelenk, dann aufwärts am Bein (oder erst aufwärts, dann abwärts bis über das Fesselgelenk). Es sollte oben und unten noch etwas Verbandswatte rausschauen, um ein Einschnüren des Beins zu verhindern. Der Verband sollte so fest am Bein anliegen, dass kein Finger mehr zwischen Verband und Bein passt. Der Verband wird oben, unten und über der Wunde mit Klebeband fixiert. *„Das Bein bitte niemals abbinden", meint Dr. Rottmann.* Video-Anleitungen zum Anlegen eines Druckverbands finden sich im Netz. Auch gibt es hilfreiche Bücher oder kann ein Erste Hilfe-Kurs für Pferde besucht werden.

fernung eines Steins in der Strahlfurche o.Ä. zu beheben, sollte mit dem Pferd nicht weiter gearbeitet werden. Ursachen können z.B. sein: Nageltritt, Hufgeschwür, Einschuss, Arthrose, Hufrehe, Verrenkungen, Verstauchungen, Knochenbrüche, Gelenks- oder Sehnenverletzungen. Therapie in Absprache mit dem Tierarzt.

Nageltritt

Das Pferd hat sich einen Nagel oder anderen spitzen Gegenstand in den Huf getreten.
Erste Hilfe: Tierarzt rufen! Expertenmeinungen darüber, ob der Gegenstand schnellstmöglich selbst mit einer Zange entfernt werden oder besser bis zum Eintreffen des Tierarztes im Huf belassen werden sollte, gehen auseinander. Für das Entfernen spricht, wenn längere Zeit auf den Tierarzt gewartet werden muss sowie die Gefahr besteht, dass der Gegenstand weiter in den Huf eindringt und mehr Schaden anrichtet. Für das Belassen spricht, dass Eintrittsrichtung und die Beschädigung von Strukturen im Huf vom Tierarzt, evtl. durch Röntgen, besser beurteilt werden können, so lange der Gegenstand noch im Huf steckt. Im Zweifelsfalle hält man erst telefonische Rücksprache mit dem Tierarzt, bevor man selbst Hand anlegt. Der Tierarzt schneidet den Huf aus, desinfiziert und legt einen Verband an. In schweren Fällen ist eine Operation in der Klinik notwendig.

Erste Hilfe-Set ... zum Mitnehmen bei der Arbeit weit entfernt von zu Hause.

Inhalt: Sterile Wundauflagen, Verbandswatte, Mullbinden, (selbsthaftende) Bandagen, Klebeband (z.B. Fixierpflaster oder Panzer-Klebeband), Verbandschere.

Ein Handy mit eingespeicherten (Notfall-)Nummern und **ein Messer s**ollte man immer mit dabei haben: auf dem Kutschbock ebenso, wie auf dem Feld oder im Wald! Hilfreich sind auch Führstrick, Ersatzhalfter und Bindfäden/Strohband.

Fremdkörper, die anderweitig in den Pferdekörper eingedrungen sind (z.B. Äste), müssen unter Umständen in der Klinik operativ entfernt werden. *„Dies kommt sehr selten vor",* berichtet Dr. Rottmann.

Nasenbluten

Aus einem oder beiden Nasenlöchern tritt wenig oder viel Blut aus.
Erste Hilfe: *„Sollte das Blut wie ein Sturzbach aus der Nase fließen, sollte sogleich der Tierarzt verständigt werden. Als erste Hilfe ist angezeigt, das Pferd am Stallhalfter so anzubinden, dass es den Kopf etwas höher als gewöhnlich trägt, um die Blutung zu reduzieren. Kommt nur einmalig eine kleinere Menge Blut aus der Nase, sollte man das Pferd regelmäßig beobachten, kann es aber dabei erst einmal belassen"*, ist die Expertenmeinung.
Behandelt wird je nach Ursache. Schon heftiges Schnauben kann von Zeit zu Zeit zu leichtem Nasenbluten führen, weitere Gründe können z.B. eine Pilzinfektion des Luftsacks aber auch ein Knochenbruch im Schädelbereich sein.

Offene Wunde

„Zu den häufigsten Verletzungen beim Pferd gehören stumpfe Verletzungen sowie Risse, Schnitte und andere offene Wunden, die die Tiere im Stall oder auf der Weide erlitten haben", so Dr. Rottmann. Auch bei der Arbeit mit dem Pferd kann es vorkommen, dass das Tier sich eine offene Wunde zuzieht.
Erste Hilfe: Zunächst die Tiefe und Lage der Wunde überprüfen. Bei kleinen, oberflächlichen Verletzungen reicht oft eine Reinigung: Schmutz mit einem möglichst sterilen, ggf. feuchten Tuch oder Tupfer entfernen und ggf. mit einer sterilen Wundauflage abdecken. Tiefere Verletzungen sollten einem Tierarzt vorgestellt werden, damit diese versorgt und eventuell genäht werden können. Auch Verletzungen, die nahe an Gelenken oder Sehnen liegen, sollten vom Tierarzt überprüft werden, um eine Beeinträchtigung auszuschließen.
Bei starkem Blutverlust Druckverband anlegen (siehe Kasten) und den Tierarzt rufen. Selbstbehandelte, kleinere Verletzungen sollten auch später genau beobachtet werden. Bei offenen Wunden am Pferdebein kann es beispielsweise zu einem Einschuss kommen. Bei einem Anschwellen oder Entzündungsanzeichen wie Fieber: Tierarzt rufen!

Sturz

Erste Hilfe: *„Nach einem Sturz sollte der Pferdehalter das Allgemeinbefinden seines Tieres kontrollieren, auch mit Hinsicht auf Knochenbrüche und offene Wunden. Innere Verletzungen nach einem Sturz sind eher unwahrscheinlich,"* so Dr. Rottmann.
Wenn das Tier abgestürzt ist, z.B. in einen Wassergraben, ist das Abnehmen der Trense, ggf. des Sattels oder von Geschirrteilen (wenn möglich) sowie das Anlegen eines Stallhalfters oder Nothalfters ratsam. Der Kopf sollte wenn möglich gesichert und über Wasser gehalten werden. Alles weitere ist Aufgabe von Feuerwehr und Tierarzt.

Quellen

- Dr. Jan Rottmann *(die Passagen sind kursiv gedruckt).* www.pferdeklinik-roentorf.de
- Erhard Schroll, www.starke-pferde.de
- Conny Döring, www.fuhrhalterei-doering.de
- Inhalte APRI-GK Arbeitspferde
- Cavallo Basic Nr. 2: Erste Hilfe. www.cavallo.de

Alle Angaben nach bestem Wissen und Gewissen, jedoch ohne Gewähr.

Nichts scheint unmöglich: Selbst die dicksten Stämme wurden früher mit Pferden bewegt. Alles ein Frage der Technik ... und der Kosten. Heute wäre eine solche Szene wie diese aus Kalifornien aus dem Jahr 1895 kaum denkbar. **Foto:** Adobe Stock

Möglichkeiten und Grenzen des Pferdeeinsatzes

Nichts ist unmöglich?

Ausgehend von unserer von Technik- und Fortschrittsgläubigkeit geprägten Sichtweise, fällt es uns oft schwer, einfache Lösungen oft komplizierter Problemstellungen zu erkennen, zu akzeptieren und möglicherweise gar umzusetzen. Das Arbeitspferd – bei uns eher Symbol für technische Rückständigkeit –hat es deshalb selbst in der Forstwirtschaft sehr schwer, sich seinen angemessenen Platz zurückzuerobern. Waldnutzung im Einklang mit der Natur, ohne nachhaltige Schädigung des Ökosystems, ohne Energie- und Ressourcenverschwendung, ohne negative sozial-ökonomische Folgen – (k)eine Utopie ?!

In der Zeit vor den schweren Forstmaschinen wurde nahezu alles mit Hilfe von Zugtieren und menschlichen Arbeitskraft bewältigt. Mit Unterstützung der Pferde wurden damals unvorstellbare Lasten bewegt – oftmals allerdings ohne Rücksicht auf die Gesundheit von Mensch und Tier!
Die moderne Technik ermöglicht es heute, Pferde bei der Arbeit so einzusetzen, dass es unter tierschützerischen Aspekten vertretbar ist und Gesamtleistung und -kosten – selbst unter heutigen wirtschaftlichen Bedingungen – konkurrenzfähig bleiben. Grundsätzlich ist ein großes Potential vorhanden, welches bisher noch nicht im Ansatz ausgeschöpft werden konnte. Durch die Entwicklung moderner Pferdetechnik für die Waldarbeit könnte die Effektivität der Pferde beispielsweise noch erheblich gesteigert werden.

Das Pferd arbeitet praktisch umwelt- und klimaneutral und ist dabei dennoch ungemein leistungsfähig.
Bei einer größeren Gewichtung ökologischer Aspekte und der Berücksichtigung der (volks-) wirtschaftlichen Folge- und Zusatzkosten durch den Technikeinsatz, würde sich die Konkurrenzfähigkeit des Pferdes deutlich verbessern und sich ihm fast automatisch viele neue Einsatzmöglichkeiten erschließen.

Die wirklichen Grenzen des Pferdeeinsatzes und seiner Einsatzmöglichkeiten sind nicht in seiner vermeintlichen Unwirtschaftlichkeit, mangelnder Fähigkeiten oder des geringen Leistungsvermögens der Pferde zu suchen. Die Grenzen des Einsatzes werden ausschließlich durch wirtschaftliche und politische Rahmenbedingungen vorgegeben.

Möglichkeiten und Grenzen

Arbeiten am Steilhang (**Foto:** Fritz Heinze, Herisau) oder in Schlägen mit viel Schlagabraum erschweren die Pferdearbeit und mindern die Leistung enorm.

Jahreszeit/Witterung

Das Arbeiten mit Pferden ist praktisch zu jeder Jahreszeit möglich. Während Maschinen bei feuchten Witterungsverhältnissen auf empfindlichen Böden erhebliche Schäden verursachen können, kann mit Pferden auch eine längere Nässeperiode überbrückt werden. Während Betriebe, die nur Maschinen einsetzen, in diesen Zeiten praktisch zum Nichtstun verdonnert sind, kann der Pferdebetrieb nahezu ungestört Holz vorliefern und Vorlasten bilden, die dann bei guten Wetterverhältnissen um so schneller mit der Maschine endgerückt werden können. Holzrückearbeiten mit Pferden sind auch im Sommer während der Saftperiode der Bäume vertretbar, ohne dass mit großen Schäden am stehenden Bestand gerechnet werden muss.
Jahreszeitliche und witterungsbedingte Probleme treten beim Pferdeeinsatz im Zusammenhang mit schwül-warmem Wetter und damit oft einhergehender Fliegenplagen in den Sommermonaten auf.
Ideale Witterungsbedingungen für den Pferdeeinsatz sind kühle Tagestemperaturen bei geringer Luftfeuchtigkeit. Optimal ist ein leicht gefrorener Boden. Sind die Pferde warmgearbeitet und schwitzen, muss man bei niedrigen Temperaturen dafür Sorge tragen, sie bei längeren Pausen gut einzudecken.

Es gibt extreme Wetterbedingungen, bei denen man als Pferderücker am besten zu Hause bleibt. Starker Schneefall behindert nicht nur den Pferdetransport zum Arbeitsplatz, nicht selten würde man dort das Holz unter der Schneedecke erst suchen müssen.

Geländeverhältnisse

Steilhang

Behinderungen entstehen durch hohe und steile Böschungen.
Bei Hangneigungen von 50 % ist die Grenze der Geländegängigkeit erreicht
Die Leistung des Pferdes ist bei einem Gefälle von ca. 20 bis 30 % am höchsten. Bei einer größeren Hangneigung besteht die Gefahr, dass die Stämme „ins Schießen" kommen, d.h. von selbst in Bewegung geraten und den Pferden in die Hinterbeine rutschen. Besonders groß ist die Gefahr beim Rücken von geschälten oder nassen Stämmen oder generell von Holz auf gefrorenem Boden.
Ebenso problematisch kann das Rücken von Kurzholz schräg zum Hang sein, da die Stämme ins Rollen kommen können.

Abhilfe schaffen besondere Rücketechniken sowie spezielle Rückehilfsmittel:

- Verwendung von Wirbelhaken
- Verwendung von Blockstreifhaken
- Bei Bäumen, die „schießen" können, keine feste unlösbare Verbindung zwischen Pferd und Stamm herstellen.
- Den Stamm notfalls nicht ziehen, sondern anschieben.
- Verwendung von Rückeschlitten mit Bremsgeschirr
- Vorkehrungen treffen, um die Pferde im Falle eines Un(m)falles aus dem Geschirr befreien zu können (Keine durchgehenden Ketten als Zugstränge! Immer ein Messer zur Hand!).

Rücken bergauf

Beim Bergauf-Rücken sind die Leistungsgrenzen der Pferde schnell erreicht.
Die benötigte Zugkraft bei der Bergaufbringung erhöht sich deutlich, je steiler ein Hang ist. Eine weniger als zehnprozentige Hangneigung bedeutet mehr als eine Verdoppelung der benötigten Zugkraft.
Nach Möglichkeit sollte bergab gerückt werden. Es können auch auf diese Weise Vorlasten gebildet werden, die anschließend mit der Seilwinde bergauf befördert werden.

Tiefe breite Gräben sollten im Quergang überwunden werden. Ein Springen der Pferde über Gräben mit angehängter Last sollte wegen der großen Unfallgefahr für das Pferd vermieden werden.

Bodenverhältnisse

Der Pferdeeinsatz kommt sogar auf problematischen und unbefahrbaren Böden in Frage. Bei Bodenverhältnissen, wo sich ein Schleppereinsatz verbietet, kann mit dem Pferd gearbeitet werden.
Behinderungen entstehen aber durch:
- extrem viel Schlagabraum
- sumpfige Partien, die vom Pferd meist instinktiv gemieden und ungern begangen werden
- steinige und blocküberlagerte Partien, auf denen das Pferd Trittunsicherheiten hat.

Bestände

Das Holzrücken mit Pferden ist sinnvoll
- in Durchforstungen von Rein- und Mischbeständen
- in Altbeständen (mit der Vorgabe des Schutzes des Bodens und der Verjüngung)
- in Beständen mit hohem Sortierungsaufwand
- in Beständen mit geringer Hiebsentnahme
- in Beständen mit einzelbaumweiser verstreuter Nutzung (Sammelhieben)
- in Beständen mit kleinflächiger Räumung (z.B. bei Zeitmischung)

Probleme können entstehen in Beständen, in denen die Bewegungsfreiheit des Pferdes stark eingeschränkt ist, z.B.
- in Durchforstungsbeständen mit überdurchschnittlich hohem Massenanfall pro Hieb,
- bei hoher Reisigauflage
- in Beständen mit hohem Totholzanteil
- bei sehr dichtem Unter- und Zwischenstand
- auf Sturmholzflächen

Erschließung

Eine gute Feinerschließung mit 3,50 m bis vier Meter breiten Gassen ist unerlässlich. In der Regel rücken Pferd und Maschine kombiniert: Pferd im Bestand und Schlepper auf der Gasse. Aus ökologischen Gründen sollte der Abstand der Gassen nicht unter 50 Metern liegen. Unter diesen Vorgaben ist auch die Leistungsfähigkeit des Pferdes am größten. Der optimale Einsatzbereich liegt bei bis zu einer maximalen Vorlieferentfernung von 50 Metern.

Sortimente

Mit Pferden gerückt werden können:
Laub- und Nadelholzsortimente;
Vollbäume, Stangen, Industrieholz, Profilzerspanerholz, Stammholz, Stammholzabschnitte, Kurzholz, Meterholz.
Je mehr Sortimente getrennt abgelegt werden müssen, umso mehr Aufwand bedeutet das für den Pferderücker. Es muss auch genügend Platz dafür da sein, um unnötige Arbeit zu vermeiden.

Stückmassen

Das Pferd ist zwar enorm stark, hat aber dennoch eine begrenzte Zugkraft. Stückmasse, Holzart (Gewicht), Reibung und Transportentfernung sind die Faktoren, die die Leistung des Pferdes beeinflussen.

Allgemein gilt:
Beim Rücken über weite Entfernungen bzw. beim Endrücken liegt der angemessene Leistungsbereich für das Pferd bei ca. 0,20 fm/Last im Laubholz und bei ca. 0,30 fm/Last im Nadelholz. Das entspricht Durchforstungsbeständen mit einem durchschnittlichen BHD von ca. 20 cm.
Auf kurzen Strecken können deutlich höhere Zugwiderstände bis zum Fünffachen des Körpergewichts bewältigt werden.

Aufarbeitungsqualität und Schlagordnung

Schlecht geastete Stämme, Aststummel und auch kleine Wurzelanläufe vergrößern die Zugwiderstände.
Es sollte von daher auf eine gute Aufarbeitungsqualität geachtet werden. Die Stöcke müssen möglichst niedrig gehalten werden, da sie für die Pferde oft zu unüberwindlichen Hindernissen werden können. Vorteilhaft ist oft auch ein Einschneiden der Kronen und der dicken Äste, sodass der Pferderücker ohne allzu großen Aufwand Hindernisse aus dem Weg räumen kann.
Auch wenn man mit dem Pferd in der Lage ist, schlecht gefällte Bestände in überdurchschnittlich guter Qualität zu rücken, sollte dies nicht ausgenutzt werden, da es allein auf Kosten des Pferderückers geht und mit erheblicher Mehrarbeit verbunden ist.
Eine Schlagordnung muss auch beim Pferdeeinsatz konsequent eingehalten werden! Je länger die Sortimente ausgehalten werden, desto spitzwinkliger muss zur Gasse gehauen und entsprechend vorgeliefert werden. Direkt an der Gasse fast parallel, mit zunehmender Entfernung zur Gasse muss der Winkel entsprechend größer ausfallen.

Arbeitsorganisation

Auch die Planung und Aufteilung von Maschinen- und Pferdearbeiten sind von entscheidender Bedeutung für Leistung und Kosten einer Maßnahme. Es muss vorher geklärt werden, ob Maschine und Pferde zeitgleich in einem Bestand arbeiten, oder ob zuerst die Pferde oder zuerst die Maschine zum Einsatz kommt. Ziel muss es sein, für beide Arbeitseinheiten eine optimale Auslastung zu erreichen, Stillstand und Wartezeiten zu vermeiden und unwirtschaftliche Arbeiten zu minimieren.
So ist der Zeitaufwand für das Rangieren und Umrücken von Holz, das bereits auf oder an der Rückegasse liegt – Rückeentfernung null Meter –, in der Gesamtkostenkalkulation meist wirtschaftlicher Unsinn.

Perfekt vorgelieferte, sortierte und aufwändig abgelegte Stammholzabschnitte.
Foto: Dominik Zabilka, Bodenfreund

Ausbildung eines Pferdes zum Holzrücken

Arbeiten an der einfachen Longe.

Von Karla Ebert und Erhard Schroll

Keine Kinderarbeit!

Multipliziert man das Lebensalter eines Pferdes mit vier, erhält man zur Orientierung ungefähr das vergleichbare Menschenalter. Ein dreijähriges Pferd wäre demnach vergleichbar einem zwölfjährigen Kind! Pferde in diesem Alter voll zu belasten rächt sich in der Regel später durch frühzeitigen Verschleiß und Arbeitsunfähigkeit *(siehe auch SP Nr. 5, 1998, S.13-14, D. Munkel)*.

Kaltblutpferde wachsen ungefähr bis zum sechsten Lebensjahr, dann ist ihre körperliche Entwicklung abgeschlossen und sie sind voll belastbar. So wurden früher Pferde bis zum fünften Lebensjahr von Fachleuten sogar noch als Fohlen bezeichnet *(Hippologische Mittheilungen und Notizen über die Natur, Eigenschaften, Pflege und Verwendung von Pferden, Friedrich Beck, Wien 1878)*. Auch beim deutschen Militär wurde früher viel Wert darauf gelegt, bei Mobilmachungen möglichst keine fünfjährigen oder jüngeren Pferde heranzuziehen, wenn ältere Pferde in ausreichender Zahl zur Verfügung standen. Erfahrungen hatten gezeigt, dass sich diese Pferde als wesentlich belastbarer erwiesen. *(Hendebrand und der Lasa, L. v..: Das Pferd des Infanterie-Offiziers, Leipzig 1878)*.

Das heißt nicht, dass man mit jungen Pferden nichts machen soll, im Gegenteil. Sie wollen gefordert werden, und es macht ihnen auch ersichtlich Spaß, wenn man sich mit ihnen beschäftigt. Alles, was später in ihrem Berufsleben von ihnen gefordert wird, kann man bedenkenlos mit ihnen üben und trainieren – eben bis auf die starke körperliche Belastung.
Der Übergang ist dann später fließend.

Nach Möglichkeit sollte es vermieden werden, junge Pferde übermäßig auf der Straße einzusetzen und sie auf dem Asphalt traben zu lassen. Junge Kaltblüter (und nicht nur junge) sind für diese Art von Arbeit nicht geschaffen und ausgelegt. Lahmheiten und verkürzte Nutzungsdauer sind gewiss!

Dominanzfrage

Die Verteilung der Rollen und die Hierarchie zwischen Pferd und AusbilderIn müssen eindeutig und klar geregelt sein. Das Pferd hat sich dem Menschen unterzuordnen und muss ihn als Ranghöheren akzeptieren. Man darf als Ausbilder (und Pferdenutzer) nicht zulassen, dass ein Pferd diese Rollenverteilung in Frage stellt. Ist dies dennoch der Fall, ist die Round-Pen-Arbeit, z.B. nach Monty Roberts, sicherlich eine geeignete Methode, um hier wieder Klarheit zu schaffen.

Konsequenz

Im Umgang mit Pferden ist es wichtig, sich konsequent und eindeutig zu verhalten.
Um ein Vertrauensverhältnis aufzubauen, muss das Pferd wissen, woran es ist. Es muss lernen, was richtig und was falsch ist. Dies funktioniert nur, wenn etwas Falsches auch immer falsch ist und nicht nur „manchmal" oder „vielleicht falsch". Hat es zum

Beispiel gelernt, auf das Kommando „oha!“ stehen zu bleiben, so muss es auch stehen bleiben, sobald man dieses Kommando ausspricht - auch wenn man vielleicht im selben Moment zu der Auffassung gekommen ist, dass es ja eigentlich weitergehen könnte. Ist das Kommando aber einmal ausgesprochen, muss man das Pferd dann auch anhalten lassen. Man kann es anschließend ja sofort wieder zum Weitergehen auffordern. Anhalten heißt anhalten, ohne Wenn und Aber! Inkonsequenz in einem solchen Fall kann besonders bei der Waldarbeit lebensgefährlich sein. Allerdings sollte das Stopp-Kommando nur dann gegeben werden, wenn es dem Pferd auch möglich ist, dieses auszuführen und man Einwirkung genug hat, es auch durchzusetzen (einem davonlaufenden Pferd sollte man z.B. das Kommando nicht hinterherbrüllen).

Selbstbeherrschung

Man sollte sich im Umgang mit Pferden, aber ganz besonders bei deren Ausbildung, mit Emotionsausbrüchen stark zurückhalten. Herumzubrüllen und zu toben, wenn mal etwas nicht so klappt und man sich ärgert, ist nicht gerade das, was man eine „Vertrauensbildende Maßnahme“ nennt. Verschärft wird das noch dann, wenn das Pferd gar nicht der Grund für die Unmutsäußerungen ist. Denn: wie soll es das verstehen!? Zwar kann man sich selbst dabei bestens abreagieren, die Pferde verunsichert ein solches Verhalten jedoch enorm. Woher soll es die benötigte Sicherheit bekommen, wenn „sein“ Leittier völlig unberechenbar ist? Das „Leittier Mensch“ sollte auf jeden Fall Sicherheit und Selbstbeherrschung ausstrahlen, um das Pferd zu beeindrucken.
Wer hierbei Probleme hat, sollte Übungen mit den Pferden am Besten vor Zuschauern machen. Dies fördert die Selbstkontrolle meist ungemein. Generell muss man dem Leitspruch der Schleswiger Züchter nichts hinzufügen: „In der Ruhe liegt die Kraft!“

Nicht unter Zeitdruck arbeiten!

Für die Ausbildung eines jungen Pferdes sollte man sich Zeit nehmen und nicht sich selbst und das Pferd unter Druck setzen und meinen, alles müsse innerhalb von 14 Tagen oder eines Monats erledigt sein. Hektik und Ungeduld sind fehl am Platz. Jedes Pferd ist anders, manches lernt schnell, manches langsam. Erzwingen kann man schließlich den Erfolg nicht. Soll er nachhaltig sein, setzt es die Mitarbeit und das Vertrauen des Pferdes voraus.

Fehler zuerst bei sich selbst suchen

Macht das Pferd einmal nicht das, was man von ihm verlangt, sollte man sich zuerst fragen, woran das liegen könnte, bevor man es voreilig und ungerechterweise maßregelt und den Vollzug erzwingt. Meistens liegt der Grund für eine Arbeitsverweigerung nicht daran, dass ein Pferd etwa „faul“ oder absichtlich „widersetzlich“ ist. Vielleicht ist es mit der Aufgabe einfach überfordert, hat sie überhaupt nicht verstanden, hat Angst, oder es fehlt ihm an Vertrauen und Selbstsicherheit. Vielleicht stimmt auch etwas nicht mit dem Geschirr? Es drückt oder scheuert, oder die Leine hat sich verhakt, oder ....

Bestrafung und Belohnung

Gibt es doch einmal einen berechtigten Grund ein Pferd zu bestrafen, wirkt oft ein lautes, ermahnendes, scharf ausgesprochenes „Nein!“ oder „Schluss jetzt!“ Wunder. Allerdings sollte dies im unmittelbaren Anschluss an das beanstandete Verhalten erfolgen und nicht etwa fünf Minuten später, da sonst der Lerneffekt beim Pferd gleich Null ist.

Die Peitsche ist als Hilfe und verlängerter Arm gedacht und nicht zum „Verprügeln“ da. Lediglich gegen ein aggressives und angreifendes Pferd kann sie zur Verteidigung und zur Sicherung der eigenen Führungsrolle auch scharf benutzt werden. Glücklicherweise sind solche Situationen aber äußerst selten.

Das Belohnen und Loben eines Pferdes ist für den Lernerfolg sehr wichtig. Freundliche Worte und Tätscheln am Hals sollten selbstverständlich sein, wenn ein Pferd etwas gut gemacht hat. Für besonders gute Leistungen und zur Motivationssteigerung kann man ein Pferd natürlich auch mal mit einem „Leckerli“ belohnen. Das allerdings nur dann, wenn die Rangfolge wirklich zu Gunsten des Menschen geklärt ist.

Mit dem Pferd sprechen

Bei der Kommunikation mit dem Pferd spielt die Sprache eine große Rolle. Man kann und soll sogar mit dem Pferd reden. Entscheidend sind dabei nicht unbedingt die Worte, sondern mehr der Tonfall, der einmal beruhigend wirken kann, manchmal auffordernd und antreibend.
Kommandos und Befehle müssen allerdings klar definiert sein, deutlich und für das Pferd verständlich ausgesprochen und konsequent angewendet werden.
Wie man die Kommandos letztlich definiert und festlegt, ist regional sehr unterschiedlich und spielt kaum eine Rolle. Die Begriffe sollten allerdings in der normalen Umgangssprache möglich nicht vorkommen, um Missverständnisse zu vermeiden. Deshalb ist es auch unklug, das Pferd durch einen ständigen „Sing-Sang“ einzulullen. Es wird dann vermutlich erhebliche Probleme haben, Stimmkommandos des Pferdeführers herauszufiltern.

Arbeiten mit Helfer

Bei allen neuen Aufgaben und Lernschritten sollte immer mindestens ein Helfer zugegen sein, der, wenn es darauf ankommt, dann auch tatsächlich in der Lage ist, zu helfen und mit anzupacken.

Eingezäunte Übungsfläche

Alle neuen Übungen mit dem Pferd sollten zuerst in einem klar überschaubaren, eingegrenzten und eingezäunten Areal begonnen werden. Erst wenn die Lektionen dort richtig „sitzen“, kann der Aktionsradius erweitert werden auf Wege, Straßen, Wiesen, und den Wald.

Übungen im Schritt

Die Grundausbildung zum Ziehen sollte grundsätzlich im Schritt durchgeführt werden. Im Schritt lassen sich die Pferde besser unter Kontrolle halten, bleiben ruhiger und heizen sich nicht so schnell auf. Beim Fahren vom Boden ist es zudem nur Leistungssportlern möglich, mit dem Pferd im Trab Schritt zu halten.
Bei sehr munteren oder widerspenstigen Pferden kann ein Longieren mit der einfachen Longe oder der Doppellonge in schneller Gangart durchaus sinnvoll sein, wenn das Pferd dabei lernt, dass eine gute ruhige Mitarbeit durch Weiterarbeiten im Schritt belohnt wird.

Kurze Lektionen

Die einzelnen Übungseinheiten sollten kurz sein, um die Konzentrationsfähigkeit des Pferdes nicht zu überfordern. 15 Minuten können am Anfang schon völlig ausreichend sein. Besser zwei kurze Übungen am Tag als eine lange.
Dabei sollte man Schritt für Schritt vorgehen, das Erlernte ständig wiederholen, drauf aufbauen und weiterentwickeln. Lektion nach Möglichkeit mit Erfolgserlebnis positiv beenden!

Einfahren einspännig oder zweispännig?

Ohne Zweifel: Das zweispännige Einfahren mit einem erfahrenen Pferd an der Seite ist in der Regel einfacher als die einspännige Ausbildung. Ein routiniertes „Schulpferd“ als Partner im Gespann dient dem Lehrling als gutes Vorbild. Bei ihm findet er Anlehnung und Sicherheit, anders, als wenn er, alleine auf sich gestellt, vor einen Wagen oder ein Gerät gespannt wird. Für Pferde, die später als Gespannpferde genutzt werden sollen, ist es die einfachste, effektivste und nahe liegende Methode.

Der Vorteil der einspännigen Ausbildung liegt darin, dass das Pferd dabei in seiner Persönlichkeit mehr gefördert wird, es mehr Vertrauen zu sich selbst gewinnt und selbstständiger wird – vorausgesetzt, es werden bei der Ausbildung nicht zu viele Fehler gemacht.
Pferde, die von Anfang an gewohnt sind, zweispännig zu arbeiten, tun sich später oft schwer, wenn sie einmal alleine gefordert werden und der Partner daneben plötzlich fehlt. Ein Pferd jedoch, welches solide einspännig ausgebildet ist, hat in der Regel wenig Probleme, sich später im Zwei- oder Mehrspänner zu integrieren.

Ob ein- oder zweispännig: Grundsätzlich sollte die Grundausbildung in beiden Fällen erstmal dieselbe sein: Gewöhnung an Geschirr, Gebiss, an das einspännige Fahren vom Boden und an das Ziehen erster Lasten.

Aufbau der Ausbildung zum Holzrückepferd

Von Karla Ebert

Vor Beginn der Ausbildung sollten drei Fragen beantwortet werden, die über den weiteren Ablauf der Ausbildung entscheiden:

1. Lässt sich das Pferd berühren?

Falls nein:
- Dominanz und Vertrauenstraining.
- Putzen, berühren des Pferdes an jeder Körperstelle.
- Aufheben und Hufbeschlag.
- „Round-Pen“-Arbeit (Rangfolge abklären).

2. Lässt sich das Pferd führen?

Falls nein:
- Führtraining
- Gewöhnung an feststehende Stimmkommandos.
- Gewöhnung an Halfter, Führkette/Führstrick und Gerte.
- Zum Vorwärtsantreten mit Stimmkommando und Gerte auffordern. Nie stark am Führstrick ziehen, dies erzeugt Druck auf Nacken und Kinn, führt zu Kopfheben und unter Umständen zum „Einlegen des Rückwärtsgangs“.

Eine Möglichkeit der „sanften“ Gewöhnung an ein Gebiss

Das gebisslose Sidepull eignet sich besonders gut, um einem Pferd die Wirkungsweise der Fahrleine/Doppellonge zu „erklären“. Zur Gewöhnung kann man später ein Gebiss dazu schnallen, das aber noch keine Verbindung zur Leine hat.

Bei dieser Verschnallung verteilt sich die Leinenwirkung gleichermaßen auf Nasenriemen und Trense.

So wird aus dem Sidepull eine „ganz normale“ Trense.

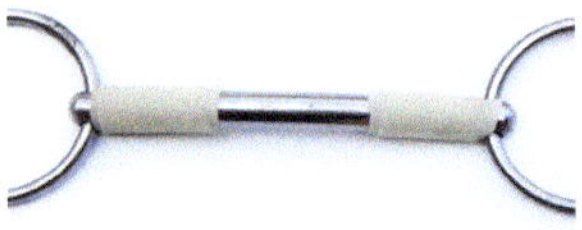
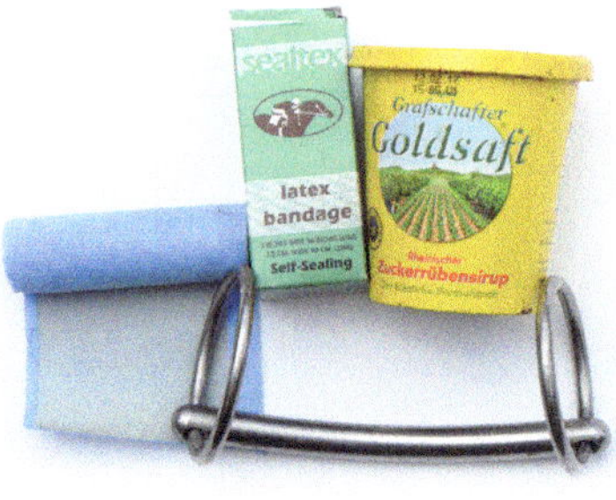

Altes „Familienrezept“, um ein junges Pferd an ein Gebiss zu gewöhnen: Latexbänder und Rübenkraut.

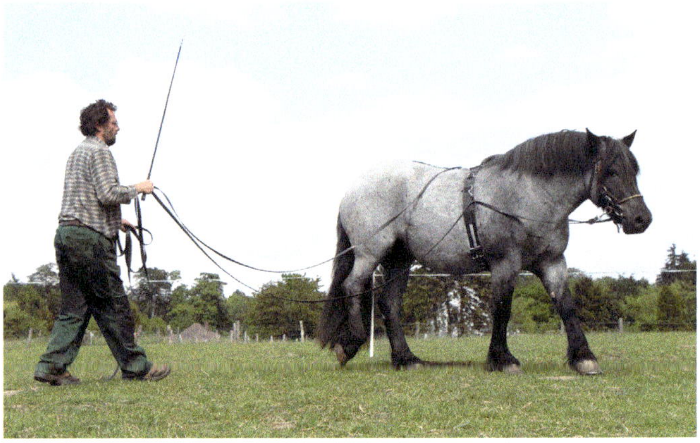

Nach wenigen Lektionen an Longe und Doppellonge lässt sich die junge Stute Ella im Round-Pen mit Stimmunterstützung schon recht gut vom Boden aus fahren.

Das Gelernte wird später wiederholt und vertieft. Ein zweite Person hilft der Stute dabei, die Leinen- und Stimmsignale richtig zu deuten.

Bald geht es schon ganz gut und der Strick kann gelöst werden. Erst wenn im Paddock alles perfekt funktioniert, kann daran gedacht werden, mit der Stute „ins Gelände" zu gehen. Doch auch dann muss bei den ersten „Ausfahrten" wieder eine Person zum Sichern mit dabei sein.

Nachdem ein Pferd – hier die Stute Eibe – an das Geschirrauflegen gewöhnt worden ist, werden die Übungen an der Fahrleine mit Geschirr wiederholt. Hier lernt die Stute gerade zum ersten Mal den Zugwiderstand kennen.

Bevor irgendetwas dahintergehängt wird, muss das Pferd sich an die Stränge gewöhnt haben. Es muss lernen, ruhig zu bleiben, wenn es über die Stränge getreten ist oder Druck auf die Innenseite der Schenkel bekommt.

- Pferd muss Abstand einhalten und darf den Ausbilder nicht überholen (unter Umständen dabei die Gerte einsetzen).
- Auf einem umzäunten Platz beginnen und auch über Hindernisse führen.
- Rückwärtsrichten, erst nur wenige Schritte, dann wieder vorwärts.
- Erst wenn alles richtig „sitzt" geht es ins Gelände. Führen an Wegen und Straßen, Gewöhnung an Autos. Führen auf verschiedenen Untergründen, Gewöhnung an die Umgebung „Wald".

3. Lässt sich das Pferd anbinden?

Falls nein, Anbindetraining unter Kontrolle:

- Zum Kraftfutter füttern anbinden.
- Zum Putzen anbinden.
- Neben erfahrenem Pferd öfters eine halbe Stunde anbinden.

3.1 **Lässt sich das Pferd verladen und fahren?**

Falls nein, Verladetraining:

- Futter auf den Anhänger
- Eventuell vertrautes Pferd zuerst verladen und Neuling daneben.
- Longe benutzen als seitliche Begrenzung und für den Druck auf die Hinterhand.
- Evtl. zuerst verladen – fressen lassen – wieder abladen.
- Danach verladen – kurz fahren – zu Hause wieder abladen.

Die folgenden Punkte sollten jeweils zuerst auf einem umzäunten Platz geübt werden, danach im Gelände:

4. Gewöhnung an Gebiss und Geschirr

- Dem Pferd Schwengel und Ketten zeigen.
- Spazieren gehen mit eingeschnalltem Gebiss.
- Auflegen des Geschirrs.
- Klappern mit Schwengel und Ketten; das Pferd darüber führen, etc.
- Bei Gebissproblemen und heftigen Pferden: eventuell ein „Side-Pull" einsetzen.

Mögliche Gründe für Gebissprobleme:

- Beim Leinenzug drückt das Gebiss (Trense) gegen den Gaumen und in den Maulwinkeln, Kandare verkantet sich: Das führt zum Kopfheben und provoziert Widerstand. Das Pferd versteht nicht, was von ihm verlangt wird.
- Zahnwechsel beim Vierjährigen.

Wirkungsweise eines „Side-Pulls":

- Durch den Druck auf den Nasenrücken senkt das Pferd den Kopf und wird langsamer und ruhiger. Das Verständnis des seitlichen Zuges zusammen mit Stimmkommandos wird vereinfacht.

5. Gewöhnung an Fahrleine und Fahren vom Boden.

- Pferd ist ausgerüstet mit Kopfstück und Trense (oder Side-Pull), dazu mit Longengurt oder Einspännergeschirr; Führstrick, Fahrpeitsche und Hilfsperson sind notwendig.

1. Die zweite Person hat das Pferd mit Führstrick am Kopf. Pferd mit der Leine abstreichen vor dem Einschnallen.

2. Die Leine wird eingeschnallt mit möglichst waagerech tem Verlauf vom Maul zu den Leinenführungsringen. Dies fördert ein tiefere Kopfhaltung = mehr Kontrolle. Die Leine ist hinten offen.

3. Während die zweite Person am Kopf bleibt, wird das Pferd mit der Leine überall berührt (Hinterhand, Beine, Bein-Innenseiten – Vorsicht bei der Fessel!). Bei entsprechenden Vorübungen sollten keine Probleme auftreten.

4. Position hinter dem Pferd einnehmen und Kommandos zum Antreten geben (evt. Fahrpeitsche einsetzen). Kontakt zum Pferdemaul halten. Die zweite Person

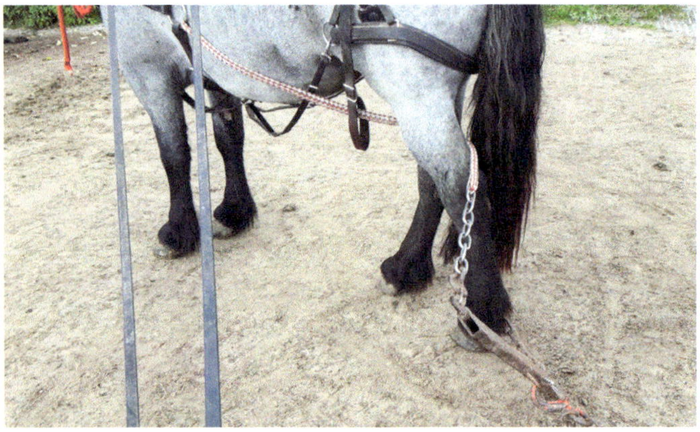

Bevor man ein Pferd vor irgend eine Last spannt muss es sich zuerst an das Ortscheit gewöhnt haben.

Zum ersten Mal im Geschirr mit angehängtem Ortscheit außerhalb des eingezäunten Übungs-Paddocks. In neuer Umgebung ist stets Vorsicht geboten.

Bei den ersten Übungen mit angehängter Last kann ein einfacher Strick als „Sicherheitsreißleine“ dienen.

Ein Patenthaken mit Schnellauslöser kann später für weitere Übungen eine sichere Verbindung zwischen Ortscheit und Schleppe herstellen: Ein Zug am Bindfaden und die Verbindung ist gelöst.

gibt keine Kommandos, tritt aber mit dem Pferd an und bleibt daneben.

5. Üben von Wendungen, Anhalten, Überwinden von Bodenhindernissen, Rückwärtsrichten üben.
6. Sobald dies problemlos möglich ist, den Führstrick lösen. Die zweite Person geht ohne Strick neben dem Pferd und vergrößert nach und nach die Distanz, bleibt aber für den Notfall in der Nähe.
7. Wurde zuerst ein „Side-Pull“ eingesetzt, sollte jetzt die Gewöhnung an das Gebiss erfolgen. Werden die Stimmkommandos gut verstanden, kann auch gleich eine weich geschnallte Kandare eingesetzt werden. Ihre Vorteile: Kein Kneifen in den Maulwinkeln, Kopfsenken durch Hebelwirkung. Nachteil: Die Kaufähigkeit ist auf einer Trense aus Eisen oder mit Kupfereinlage evtl. besser.
8. Longiergurt durch Einspännergeschirr ersetzen und die Leine durch die normal hohen Leinenführungsringe ziehen. Diese Leinenführung gibt dem Pferde später im Wald mehr Bewegungsfreiheit und unterstützt die Balance.

6. Gewöhnung an die Seilstränge

1. Zwei Seile von ca. drei Metern Länge werden im Einspännergeschirr eingehängt und deren Enden von der zweiten Person locker gehalten. Abwechselnd werden die Stränge links und rechts an den Hinterbeinen angelegt, um das Pferde an diese Berührungen zu gewöhnen.
2. Das Pferd antreten lassen und beim Laufen wieder die Seilstränge anlegen und etwas Druck geben.
3. Den Druck verstärken und das Pferd unter Druck antreten lassen.

7. Gewöhnung an den Schwengel

1. Seile durch einen Schwengel mit Seilsträngen ersetzen. Die zweite Person hebt den Schwengel mit einem Strick an und klappert damit.
2. Pferd antreten lassen. Die zweite Person senkt probeweise den Schwengel ab, kann ihn bei Aufregung aber sofort wieder anheben.
3. Klappern etc., verschiedene Übungen.

8. Gewöhnung an Last

Zuerst nur eine jederzeit und schnell lösbare Verbindung mit der jeweiligen Last herstellen (z. B. offener Strick oder Patent-Sicherheitshaken, der von der Begleitperson auslöst werden kann).

1. Reifen anhängen.
2. Balken oder Stange anhängen.
3. Mit zweiter Person erste Versuche im Wald.
4. Gewöhnung an Einspännerschere.

9. Gewöhnung an zweispänniges Arbeiten

- Zusätzlich zur Kreuzleine kann eine zweite Person mit Führkette (zum Teil nicht ungefährlich!) oder zusätzlicher Einspännerleine mitgehen. Die Lastverteilung der Spielwaage sollte zugunsten des jungen Pferdes verstellt werden.
- Gewöhnung an Wagen und Deichsel (feste Bracke und Achenbachleine).

10. Gewöhnen an Zupfleine (Stoßzügel)

1. Vorbereitende Übungen mit der Einspännerleine:
Rechts: Kurzes Zupfen an der rechten Einspännerleine;

Links: Gleichmäßiger Zug an der linken Einspännerleine; jeweils verbunden mit den entsprechenden Stimmkommandos.

2. Bei der Waldarbeit schließlich die Einspännerleine durch die Zupfleine ersetzen:

- Zweite Person hilft anfangs mit und zeigt dem Pferd die Richtung, wenn vom Fuhrmann das Kommando mit Stimme und Leine gegeben wird.
- Fuhrmann zeigt selbst die Richtung an.
- Leinengebrauch immer weiter reduzieren.

Sehr wichtig ist es, dem Pferd beizubringen, auch ohne Leinengebrauch auf Kommando anzuhalten und stehenzubleiben.

Was wird benötigt?

Ausrüstungsgegenstände Pferdeausbildung

- Eingezäunter Platz, Wiese, Longierzirkel mit ca. 15 m Durchmesser (ggf. Elektrozaunpfähle, Trassierband)
- Stabiles Halfter
- Führstrick, drei Meter lang
- Feste Schuhe (Stahlkappen), Handschuhe, Taschenmesser
- Longiergurt mit tief angesetzten Ringen oder Einspännergeschirr
- Kopfstück mit Trensengebiss, evtl. „Side-Pull“
- Zwei Longen (sieben Meter lang) und/oder lange Einspännerleine
- Fahrpeitsche
- Zwei Seile, ca. drei Meter lang
- Schwengel mit Seilsträngen und Haltestrick
- Zughaken für Schwengel und Kette zum freien Einhängen in Zughaken
- Autoreifen und/oder Holzbalken

Foto: Detlef Sönnichsen, SP 73, 2014

– Lehrgänge, Praktika

Pferderücker ist in Deutschland kein anerkannter Ausbildungsberuf. Es gibt derzeit keine Einrichtung oder Institution, die eine staatlich anerkannte Qualifizierung im Rahmen einer Ausbildung, Zusatzausbildung oder Weiterbildung anbietet. Interessierte sind daher darauf angewiesen, ihr Wissen bei Lehrgängen, Schnupperkursen und Workshops oder durch Praktika bei Pferde-Rückebetrieben zu erwerben.

In Deutschland gibt es verschiedene Angebote von Vereinen und Verbänden, die das Holzrücken mit Pferden zum Thema haben. Daneben gibt es von Privatpersonen und einzelnen Betrieben eigene Kursangebote.
Auch die Deutsche Reiterliche Vereinigung FN hat sich in den letzten Jahren diesem populären Thema geöffnet und bietet gelegentlich Holzrückelehrgänge an (www.pferd-aktuell.de). Ebenso haben einzelne staatliche Institutionen wie das Forstliche Bildungszentrum NRW in Arnsberg (www.wald-und-holz.nrw.de) oder das Bayerische Staatsgestüt Schwaiganger in Ohlstadt (www.baysg.bayern.de) solche Lehrgänge in ihrem Bildungsangebot.

Am Intensivsten widmet sich die Interessengemeinschaft Zugpferde e.V. – IGZ (www.ig-zugpferde.de) diesem Thema. Einen Schwerpunkt des IGZ-Ausbildungsangebotes bilden hier die Lehrgänge zur Arbeit mit Pferden in der Forstwirtschaft.

Das Ausbildungssystem der IGZ: die APRI (Ausbildungsprüfungsrichtlinien)

Die IGZ hat in den letzten Jahren ein modular aufgebautes Ausbildungskonzept erarbeitet, das 2008 unter dem Namen „Ausbildungs- und Prüfungsrichtlinien - APRI" an den Start ging. Die APRI deckt ein breites Spektrum des Pferdeeinsatzes ab. In den Grundkursen Fahren (vom Boden oder vom Bock) und Partnerschaft mit dem Arbeitspferd werden die Grundlagen des Umgangs mit Pferden und dem Arbeitsequipment vermittelt. Die Fachkursreihen Forst, Landwirtschaft und Gewerbliches Fahren enden jeweils mit einem Prüfungskurs.

Eine Berufsausbildung wird dieses aber nicht ersetzen können, dazu sind die Anforderungen an diese Tätigkeit zu anspruchsvoll. Neben umfassendem Wissen über alle Belange der Pferdehaltung, -ausbildung und -arbeit gehören dazu zudem ein fundiertes Wissen über forstwirtschaftliche Zusammenhänge und Praxis sowie Grundwissen über betriebswirtschaftliche Aspekte.

Wer also ernsthaft berufliche Perspektiven als Pferderücker in Betracht zieht, ist nicht schlecht beraten, zum Beispiel eine Ausbildung als Pferdewirt, Schwerpunkt Zucht und Haltung, und /oder als Forstwirt vorzuschalten und gleichzeitig von den Lehrgangsanboten intensiv Gebrauch zu machen. Unersetzlich und unbedingt empfehlenswert sind dabei jegliche Art von Praktika in Holzrückebetrieben mit Pferdeeinsatz.

IGZ-APRI

Das forstliche Ausbildungsprogramm der APRI

Gekürzter Auszug aus den Ausbildungs- und Prüfungsrichtlinien der Interessengemeinschaft Zugpferde e.V. (APRI), Stand 4.3.2023

APRI-Fachkurs Forst I (Grundlagen Holzrücken)

Vermittlung von Grundlagen für das Holzrücken mit dem Einspänner.

Teilnahmevorbedingungen:
- APRI-Grundkurs Arbeitspferde I (Fahren vom Bock)
- APRI-Grundkurs Arbeitspferde II (Fahren vom Boden)
- 10 Stunden praktisches Arbeiten mit dem Zugpferd

Teilnehmerzahl:
- Begrenzt auf 5 Personen pro Ausbilder und Pferd. Bei Einsatz eines weiteren Pferdes ist die Unterstützung durch eine fachkundige Hilfsperson erforderlich.

Dauer:
Mindestens 24 Zeitstunden
davon 8 Stunden Theorie und 16 Stunden Praxis

Theorie:
- Schutzausrüstung
- Sicheres Werkzeug und dessen Gebrauch
- Sicherheit am Pferd (auch Geschirrkunde)
- Tierschutz
- Belastbarkeit der Pferde
- Erste Hilfe für das Pferd
- Haltung und Fütterung von Rückepferden
- Besondere Gefahrenquellen (Problemgelände)
- Sicherheitsvorschriften, rechtliche Vorschriften
- Zuglast und Erleichterung der Arbeit

Praxis:
- Sicherheit bei der Arbeit
- Fahren eines Pferdes mit und ohne Last im Bestand
- Vorliefern von Lang- und Kurzholz

Abschluss: Teilnahmebescheinigung

APRI-Fachkurs Forst II (Holzrücken)

Vertiefung von Grundlagen für das Holzrücken mit Pferden und Einbindung in die forstliche Praxis.

Teilnahmevorbedingungen:
- APRI-Fachkurs Forst I
- 5 Stunden praktisches Arbeiten mit dem Holzrückepferd

Teilnehmerzahl
- Teilnehmerzahl für Praxis begrenzt auf 4 Personen pro Ausbilder und Pferd / Gespann. Bei Einsatz eines weiteren Pferdes oder Gespannes ist die Unterstützung durch eine fachkundige Hilfsperson erforderlich.

Dauer:
Mindestens 32 Zeitstunden
davon 12 Stunden Theorie und 20 Stunden Praxis

Theorie:
- Teilwiederholung von Forst I mit Schwerpunkt Sicherheit
- Einbindung des Pferdes in die forstliche Praxis
- Arbeitsplanung und Organisation des Pferdeeinsatzes (Forstliche Arbeitsabläufe) / (Berliner-/Kölner-/Wittgensteiner-Verfahren)
- Problemgelände (Steilhang, Uferbereich, Siedlungen)
- Einsatzmöglichkeiten des Pferdes (Rückewagen, Rückeschlitten, Kranwagen, Düngerstreuer, Geräte zur Bodenverwundung, Freistellungswalze, Roden, Pferd als Fällhilfe)
- Betriebsgründung
- Arbeitsweise mit dem Stoßzügel / Zupfleine

Praxis:
- Sicherheit bei der Arbeit
- Fachgerechtes Vorliefern von verschiedenen forstwirtschaftlichen Sortimenten
- Verwendung verschiedener Rückehilfsmittel

Empfohlen:
- Arbeiten im Steilhang
- Abziehen von Hängern
- Arbeiten mit Rückewagen
- Poltern
- Arbeiten zum Bestandsumbau

Abschluss: Teilnahmebescheinigung

APRI-Prüfungskurs Forst

Prüfung von Fuhrleuten zum Holzrücker mit Pferd. Nachweis ausreichenden Wissens und Könnens über die Beherrschung eines Einspänners beim Holzrücken.

Teilnahmevorbedingungen:
- APRI-Fachkurs Forst II
- Nachweis über Kettensägenlehrgang
- Nachweis Erste Hilfe-Kurs nicht älter als 24 Monate
- Nachweis praktischer Tätigkeit von 20 Arbeitstagen

Dauer:
Mindestens 16 Zeitstunden davon 8 Stunden Prüfungsvorbereitung und 8 Stunden Prüfung in Theorie und Praxis
Sonderregelung:
Die Prüfung kann mit dem eigenen Pferd durchgeführt werden.

Abschluss:
Prüfung in Theorie und Praxis mit Zertifikat

Gründung eines Pferderückebetriebes

Die Gründung eine Pferderücke-Betriebes scheint auf den ersten Eindruck genauso unübersichtlich und kompliziert zu sein, wie die Aufgabe, die hier der österreichische Pferderücker Christian Aigner zu lösen hat. Aber eigentlich ist es gar nicht so schwierig. **Foto:** Matthias Weiländer

Geeigneter Personenkreis

Der Pferdeeinsatz im Wald empfiehlt sich für:

- Forstwirtschaftliche Lohnunternehmer
- Landwirte im Nebenerwerb
- Forstbetriebe in Eigenregie und für Lohnarbeiten
- Kaltbluthalter als Hobby und zum Zuverdienst
- Pferdefuhrbetriebe (Planwagen o.ä.)

Voraussetzungen

Laut §11 des deutschen Tierschutzgesetzes benötigt allerdings jeder, der gewerbsmäßig ein Tier hält und einsetzt, eine Erlaubnis des zuständigen Veterinäramtes, ggf. auch einen Sachkundenachweis über eine vorhandene Qualifikation.
Die Sachkunde für das Pferderücken kann oft durch Vorlage entsprechender Lehrgangszertifikate der IGZ-APRI, der VfD oder der FN nachgewiesen werden (s.o.). Sicher ist man, wenn man sich dafür offiziell zertifizieren lässt (siehe rechte Seite).

Die Grundvoraussetzung ist, über genug „Pferdeverstand" zu verfügen, einen Hang zu den Pferden zu haben und der Wille und die Fähigkeit, mit Pferden arbeiten zu wollen. Nur wer mit Pferden richtig umzugehen vermag, wird bei der Arbeit mit ihnen positive Erfahrungen in den betrieblichen Ablauf einbringen können. Dieser „Pferdeverstand" ist nur begrenzt erlernbar; von Wichtigkeit ist unter anderem das intuitive Erkennen von situationsbedingten Verhaltensweisen. Diese Voraussetzungen werden im Folgenden als gegeben vorausgesetzt.

Wichtig für einen erfolgreichen Start sind zudem ausreichend fachliche Kenntnisse über forstwirtschaftliche Zusammenhänge und Arbeiten. Eine Fachausbildung, z. B. als Forstwirt, kann dabei sehr hilfreich sein.
Zunehmend wird von den Pferderückern auch entsprechend unternehmerisches Geschick gefordert. Aufträge müssen akquiriert, sich an Ausschreibungen beteiligt, Angebote kalkuliert und geschrieben werden. Arbeitsplanungen müssen erstellt und ggf. die Zusammenarbeit mit anderen Unternehmen oder mit Behörden koordiniert und organisiert werden.

Anstrebenswert bei einem Ein-Mann-Betrieb sollte mit Rücksicht auf optimale Auslastung von Pferd und Maschine eine Spezialisierung sein. Aus betriebswirtschaftlichen Gründen macht die gleichzeitige Anschaffung von Trag-/Zangenschlepper und Pferdegespannen wenig Sinn, da eines der beiden Betriebsmittel i.d.R. ungenutzt auf seinen nächsten Einsatz wartet. Angesichts der enormen Kostenbelastung eines Schleppers sollten aber die betriebsbedingten Standzeiten der Maschine möglichst gering gehalten werden. Für die Pferde wirken sich längere Ruhepausen (über Wochen) auch nachteilig aus, da Kondition und Fähigkeit abgebaut werden. Die Einarbeitungszeit nach längerer Einsatzpause wirkt sich dann wieder nachteilig auf Kosten und Leistung aus. Optimal für das Pferd ist der tägliche, aber dafür Körper schonende Einsatz. Der Holzrücker mit den Pferdegespannen ist Spezialist auf seinem Gebiet.
Die optimale Auslastung setzt häufig den Einsatz über die Grenzen eines einzelnen Reviers voraus.
Im Verbund mit einem Maschinenbesitzer, der wahlweise Kran oder Seil einsetzen kann und somit wiederum Spezialist in seinem Einsatzspektrum ist, ließe sich für beide Unternehmer sicherlich die optimale Auslastung finden. Für Existenzgründer bietet die Anschaffung von Pferdgespannen und den nötigen Betriebsmitteln zudem eine interessante Alternative zum Maschinenkauf, da der Gesamtfinanzbedarf nur ein

Bruchteil der Anschaffung eines Forwarders oder Forstspezialschleppers beträgt.

Tierschutztransportverordnung

Für alle, die ihre Pferde gewerblich nutzen und diese weiter als 50 bzw. 65 Kilometer transportieren wollen, ist seit Januar 2008 der Besitz eines Befähigungsnachweises vorgeschrieben.
Wenden Sie sich bitte an ihr zuständiges Veterinäramt oder an die örtliche Landwirtschaftskammer, wenn Sie sich unsicher sind, ob Ihre Nutzung unter diese Verordnung fällt. Dort erfahren Sie auch Termine für die obligatorischen Prüfungen.

Zertifizierung

Immer mehr Waldbesitzer verlangen von den Unternehmern den Nachweis der Zertifizierung. Viele Landesforstverwaltungen und auch die nach FSC oder PEFC zertifizierten Wälder versuchen, hiermit einen Qualitätsstandard beim Unternehmer sicherzustellen.
Pferderücker können sich beispielsweise beim Verband der Agrargewerblichen Wirtschaft e.V. (VdAW), der Firma Alko-Cert (Deutsches Forst Service Zertifikat - DFSZ, *www.alko-cert.de*) oder bei der Holz und der Wald Zertifizierungs-GmbH („Kompetente Forstpartner“, *www.hw-zert.de*) zertifizieren lassen. Zudem zertifiziert der „Sächsische Forstunternehmerverband“ (*www.sachsenforst.com*) Pferderücker auch außerhalb Sachsens nach dem KUQS-Standard (Kompetenznachweis zu Umwelt-, Qualitäts- und Sicherheitsstandards für forsttechnische Dienstleistungsunternehmen).
Die RAL Gütegemeinschaft Wald- und Landschaftspflege (*www.ral-ggwl.de*) hat sich als einziger Zertifizierer auf Pferdearbeit spezialisiert und dafür extra das Gütezeichen GZ081 entwickelt, das fast allen Einsatzbereichen von Arbeitspferden umfasst.

Betriebliche Organisation

Betriebsinhalt und -umfang

Die Überlegung „Was möchte ich machen?“ sollte möglichst genau umrissen und dokumentiert werden.

Beispiel:

Forstwirtschaftliches Lohnunternehmen

Inhalte:

- Rückearbeiten
- Einschlagsarbeiten
- Wegebau
- Pflanzarbeiten
- Eigenwerbung
- Holzhandel, etc.

Ausschlaggebend sind die regionalen Möglichkeiten, das vorhandene Arbeitsvolumen mit der geplanten Betriebskapazität in Einklang zu bringen.

Zu beachten sind

a) Bereits existierende Unternehmen (Konkurrenz, aber auch mögliche Kooperationspartner)
b) Wirtschaftliche Situation derselben
c) Potentielle Auftraggeber
d) Eventuell bestehende Arbeitsabsprachen (gesättigter Markt)
e) Eventuelle Mitbegründer Ihres neuen Betriebes und deren Erfahrungen

Betriebsstruktur bzw. Rechtsform

Die Gesellschaftsform, die gewählt wird, bekommt insofern besondere Bedeutung, als dass sie bei Besteuerung, Versicherung und Haftung einen bestimmten, gesetzlich festgelegten Stellenwert erhält. Wir beschränken uns im Folgenden auf die Gesellschaftsformen „Einzelunternehmen“ und „GbR“, da diese die in dieser Sparte übliche Rechtsform darstellen.

- Einzelunternehmung

Ein Gewerbebetrieb, dessen Eigenkapital von einer Person aufgebracht wird, die das Unternehmen verantwortlich leitet und das Risiko alleine trägt.

Vorteil	Nachteil
Unternehmer kann frei/ rasch entscheiden	Risiko wird allein getragen
Alleinige Gewinnverfügung	Haftung auch mit Privatvermögen
Keine Meinungsverschiedenheiten	Begrenzte Kapitalkraft

- Gesellschaft bürgerlichen Rechts

Vertragliche Vereinigung von Personen, die sich verpflichten, die Erreichung eines gemeinsamen Zieles in der durch den Vertrag bestimmten Weise zu fördern, insbesondere die vereinbarten Beiträge zu leisten.

Fachliche und finanzielle Beratung

Fachliche Beratung

Fachliche Beratung bei der Überlegung, einen Betrieb zu gründen, gibt es in der Regel durch die Institutionen, die im Rahmen der Interessenvertretungen, Berufsgruppenvertretungen oder von staatlicher Seite her für diese Auskünfte eingerichtet sind

- Industrie- und Handelskammer
- Veterinäramt
- Arbeitsamt
- Interessenverbände (IGZ)
- Waldarbeitsschulen

Zu den Genannten gruppieren sich im Anschluss die Einrichtungen der sozialen Absicherung, die im Regelfall kompetente Auskünfte über fachgebundene Fragen geben können:

- Gesetzliche Krankenkassen
- Private Krankenversicherungen
- Rentenversicherungsträger
- Berufsgenossenschaften

Finanzielle Beratung

Finanzielle Beratung kann durch jedes Kreditinstitut geleistet werden. Zudem gibt es die Möglichkeit, sich über Unternehmensberatungsfirmen Finanzierungspläne bzw. Finanzierungskonzepte erarbeiten zu lassen.

Stundenlöhne für das Pferderücken sind ein heikles Thema. Wir versuchen im Folgenden eine Annäherung an einen realistischen **Mindest-Stundenlohn**, den ein Pferde-Forstunternehmer erzielen muss, um kostendeckend zu arbeiten.

Leistungs- und Kostenkalkulation

Das im Folgenden verwendete Schema ist nur eine von mehreren Möglichkeiten, betriebswirtschaftliche Kosten zu kalkulieren. Die verwendeten Zahlen sind beispielhaft und müssen im Einzelfall durch die eigenen Beträge ersetzt oder ergänzt werden. Je nach örtlichen und persönlichen Bedingungen kann das Ergebnis einer individuelle Kostenrechnung erheblich von den hier ermittelten Zahlen abweichen. Wie bei Kalkulationen üblich, basieren die aufgeführten Anschaffungskosten auf Netto-Neupreisen. Ausgegangen wird von einem Forstbetrieb, der auf Pferdearbeit umstellt oder die Waldarbeit mit Pferden in seinen Betrieb integrieren will. Berücksichtigt sind ausschließlich rein pferdebezogene Investitionen; so fehlen PKW-Kosten, Kosten für Motorsägen, Schutzkleidung, etc.

„Kostenfaktor Pferd" – die Sachkosten

Haltung/Pflege (Position 1)

Der Einfachheit halber ist bei den Sachkosten für Haltung und Fütterung eine Summe eingesetzt, wie sie aktuell in unserer Region (Kreis Lippe) für eine Pferdebox in einem Pensionspferdebetrieb üblich ist. Darin enthalten sind Kosten für Stall, Grundfutter und Einstreu sowie Weidegang. Extra berechnet haben wir Zusatzfutterkosten, die für den Mehrbedarf von Kaltblutpferden und für vor allem für die Arbeitsleistung zu Buche schlagen. Mit den Ausgaben für Hufschmied und Tierarzt sowie den obligatorischen Versicherungen kommt man so in unserem Beispiel auf **monatliche Kosten in Höhe von 581,83 Euro** pro Pferd (siehe Tabelle rechte Seite).

Anschaffung (Position 2)

Für ein Kaltblutpferd im arbeitsfähigen Alter muss man heute etwa 6.000 Euro auf den Tisch legen. Für ein komplettes Kumt-Arbeitsgeschirr wird man mit ca. 3.500 Euro rechnen müssen, für Zubehör wie Ortscheit, Ketten, aber auch Pferdedecken kann man als Grundausstattung 600 Euro veranschlagen. Ein Pferdeanhänger schlägt in unserem Beispiel zudem mit 8.400 Euro zu Buche.
Insgesamt beträgt die Investitionssumme in diesem Fall 18.500 Euro, etwa so viel übrigens wie zwei neue, hochwertige Reifen für eine Forstmaschine kosten können (z.B. Trelleborg 35.5L-32/24 T418 SB TL).
Bei einer linearen Abschreibung von zehn Jahren belaufen sich die **monatlichen Kosten auf 141,58 Euro**.

Kostenkalkulation Holzrücken mit Pferden			
Position 1 **Sachkosten**			
		pro Jahr	**pro Monat**
Stallmiete/Boxmiete Pensionsstall inkl. Grundfutter		4.200,00 €	350,00 €
Alternativ Weidekosten/ -pacht	0,5 ha/Pferd		
Alternativ Einstreu	10 kg/Tag		
Futter			
Hafer (zusätzlich)	5 kg/Arbeitstag	270,00 €	22,50 €
Heu (zusätzlich)	6 kg/A.-Tag	240,00 €	20,00 €
Mineralfutter			
Berufsgenossenschaft		360,00 €	30,00 €
Versicherung (Tierhalterhaftpflicht)		80,00 €	6,66 €
Betriebshaftpflicht			
Zertifizierung		320,00 €	26,67 €
Hufschmied	Umbeschlagen	720,00 €	60,00 €
	neue Eisen	360,00 €	30,00 €
Tierarzt	Impfungen	216,00 €	18,00 €
	Wurmkuren, etc.	216,00 €	18,00 €
Summe		6.982,00 €	**581,83 €**
Position 2 **Lineare Abschreibung**			
Anschaffungskosten	**Preis**	**pro Jahr**	**pro Monat**
Pferd (10 Jahre)	6.000,00 €	600,00 €	50,00 €
Geschirr (10 Jahre)	3.500,00 €	350,00 €	29,17 €
Rückezubehör (10 Jahre)	300,00 €	24,00 €	2,00 €
Decke etc. (10 Jahre)	300,00 €	25,00 €	2,08 €
Zweipferdeanhänger (10 Jahre)	8.400,00 €	700,00 €	58,33 €
Summe	18.500,00 €	1.699,00 €	**141,58 €**
Position 3 **Verzinsung**			
		3 Prozent	**pro Monat**
(Summe x 0,5 x Zinssatz)	18.500,00 €	277,50 €	**23,13 €**
Position 4 **Reparaturen**			
		pro Jahr	**pro Monat**
20 % der Abschreibung		339,80 €	**28,32 €**
Sachkosten gesamt		**pro Jahr**	**pro Monat**
		9.298,30 €	**774,86 €**

Kapitalkosten, Verzinsung (Position 3)

Würde man die 18.500 Euro aktuell als Festgeld anlegen, bekäme man darauf in etwa 3 Prozent Zinsen (Stand Januar 2023). Der sich aus dem eingesetzten Kapital ergebende, nicht realisierte Ertrag von **monatlich 23,13 Euro** (18.500 x 0,5 x 3 %) muss als zusätzliche Kosten berücksichtigt werden.

„Reparaturen" – Instandhaltung (Position 4)

20 Prozent der Abschreibung wird kalkulatorisch für Reparaturen von Sachgütern veranschlagt. Hierunter können in unserem Fall beispielsweise auch zusätzlich anfallende Tierarztkosten fallen, die dazu dienen, die Arbeitsfähigkeit des Pferdes zu erhalten oder wieder herzustellen.
Im genannten Fall wären hierfür **28,23 Euro im Monat** zu veranschlagen.

Sachkosten pro Arbeitsstunde

Die Endsummen der Positionen 1 bis 4 ergeben zusammen einen jährlichen Betrag in Höhe von 9.298,30 Euro, bzw. monatlich 774,86 Euro.

Um den Anteil der Sachkosten am Stundenlohn zu ermitteln, müssen diese Kosten auf die geleisteten Arbeitsstunden umgelegt werden.
Bei einem hauptberuflichen Pferderücker sollte man davon ausgehen, dass er etwa 172 Tage im Jahr mit seinem Pferd produktiv im Wald verbringt, was bei einem Siebenstundentag etwa 1.200 Pferdearbeitsstunden (PAS) im Jahr entspricht. Bei Sachkosten von 9.298,30 Euro im Jahr käme er auf einen Betrag von 7,75 Euro pro Stunde für ein Pferd, den er erwirtschaften muss, um allein die Sachkosten zu decken.
Je höher die Auslastung, umso geringer fallen die Sachkosten ins Gewicht.

Kommt das Pferd 400 Stunden im Jahr zum Einsatz, wie es im Nebenerwerb eher die Regel ist, betragen die zu kalkulierenden Sachkosten nach diesem Modell 23,46 Euro.

Der „Kostenfaktor Mensch"

Sachkosten pro Arbeitsstunde			
100 Pferdearbeitsstunden		93,00 €	pro Stunde
400		23,46 €	
800		11,62 €	
1000		9,30 €	
1200		7,75 €	
1600		5,81 €	

Lohnkosten bzw. Unternehmerkosten (Position 5)

Den Hauptteil der Kosten für eine Arbeitsstunde mit Pferd stellt die Entlohnung des Pferderückers. Als Selbstständigem steht es natürlich jedem frei, die Höhe seines Lohnes selbst festzulegen. Genauso wenig, wie dieser zum eigenen Schutz unter dem gesetzlichen Mindestlohn liegen sollte, genauso wenig wären utopische Vorstellungen zielführend, wenn man Aufträge erhalten möchte. Letztlich stehen auch die Pferderücker auf einer fiktiven Lohntabelle in Konkurrenz mit anderen fortwirtschaftlich Tätigen.
Laut Internet-Jobbörse „Stepstone" lag 2023 das durchschnittliche Gehalt eines Forstmaschinenführers in Deutschland bei knapp 3.000 Euro im Monat bzw. 36.000 Euro/Jahr Brutto. Bei einer 40-Stundenwoche ergibt das einen Brutto-Stundenlohn von 18,75 Euro. Bei den folgenden Berechnungen wollen wir diesen Lohn als „Mindestlohn" für Pferderücker zugrunde legen. Grundsätzlich sollte der „Lohn" eines Selbstständigen jedoch über dem eines Angestellten liegen.

Als „freier Unternehmer" muss man für seine soziale Absicherung in vollem Umfang selbst aufkommen: für Rente, Krankenversicherung oder Verdienstausfall bei Krankheit. Auch Rücklagen für auftragslose Zeiten müssen bei Kalkulationen berücksichtigt werden, Ansparungen für Neuinvestitionen oder Ersatzbeschaffungen und vieles mehr.
In der Forstwirtschaft werden Lohnunternehmern in der Regel „Lohnnebenkosten" in Höhe von 100 Prozent zugestanden, welche die wesentlichen zusätzlichen Unternehmerkosten abdecken sollen.
Aus dem angenommenen Stundenlohn von 18,75 Euro wird so ein „Unternehmerlohn" von **37,50 Euro**, zu dem bei Rechnungstellung noch 19 % Mehrwertsteuer hinzu addiert werden müssen.

Auslastung

Bei einer Auftragserledigung fallen auch Arbeiten an, die in der Regel nicht vergütet werden, wie zum Beispiel die Anfahrt, Reparaturen vor Ort oder andere Ausfallzeiten wie „Schlecht-

Position 5	Personalkosten pro Arbeitsstunde	
Kalkulierter Lohn pro Stunde*		18,75 €
Lohnnebenkosten 100 %		18,75 €
Gesamt		**37,50 €**
Auslastung Auslastungsquote v. 0,9 unterstellt (z.B. Transport,) ohne Pferdepflege!		
	Lohn/0,9	**41,67 €**
Pferdepflege (1,3 h/Tag)		Kosten/Ah
41,67 € x 1,3 h / 7 Ah		**7,74 €**
Personalkosten pro Stunde		**49,41 €**

**Bruttogehalt 3.200 Euro/Monat/40 Std.*

wetter". Man rechnet daher grundsätzlich mit einer „Auslastungsquote" von 0,9. Der letztlich von einem Auftraggeber zu fordernde und in Rechnung zu stellende Betrag beläuft sich demnach in unserem Fall auf einen Stundenlohn von 37,50 Euro/0,9 = **41,67 Euro**

Rüstzeiten wie Putzen, Einschirren etc.

Nicht zu den „unbezahlten Arbeiten" sollten Vorbereitungen und Rüstzeiten gezählt werden. Dafür werden pro Pferdearbeitstag 1,3 Stunden veranschlagt. Den Stundenlohn von 41,67 Euro zugrundegelegt, ergibt dies umgerechnet auf die Pferdearbeitsstunde den Betrag von **7,74 Euro**.

Gesamt-Lohnkosten

Für die Arbeit im Wald, die Vor- und Nachbereitung, Hin- und Rückfahrt und ggf. witterungsbedingte Ausfallzeiten müssen demnach als reine Personalkosten kalkuliert und dem Auftraggeber in Rechnung gestellt werden: **49,41 Euro pro Pferdearbeitsstunde.**
Nicht enthalten sind darin die Sachkosten für das Pferd und die Mehrwertsteuer.

Gesamtkosten

Lohnkosten und Sachkosten ergeben zusammen den tatsächlich in Rechnung zu stellenden Gesamtbetrag pro Pferdearbeitsstunde. Während die Lohnkosten pro Stunden fix bleiben, sind die Sachkosten pro Stunde abhängig von der Zahl der jährlichen Pferdearbeitsstunden (Position 6). Bei nur 100 Einsatzstunden im Jahr belaufen sich die Sachkosten für den Pferdebesitzer mit 93,00 Euro pro Stunde in einer Größenordnung, in der sich die Pferdearbeit nicht mehr wirtschaftlich darstellen lässt.

Die meisten Pferderücker arbeiten heutzutage mit ihren Pferden nicht in Vollzeit im Wald. Ihre Einsatzzeiten bewegen sich geschätzt bei durchschnittlich etwa 400 Pferdearbeitsstunden im Jahr, was ungefähr elf Wochen oder 57 Arbeitstage á sieben Stunden Pferderarbeit entspricht. Die nach unserem Modell dafür zu kalkulierenden Sachkosten wären mit 23,46 Euro pro Pferdearbeitsstunde zu veranschlagen. Von einer ähnlichen Jahresauslastung scheint das Österreichische Kuratorium für Landtechnik und Landentwicklung ausgegangen zu sein, das in seinen ÖKL-Richtlinien für 2023 die (Selbst)-Kosten für einen Einspänner im Rahmen der Nachbarschaftshilfe mit 22,57 Euro beziffert.

Auf der Grundlage der Zahlen und Vorgaben unseres Modells kommen wir für die genannte Personengruppe auf Gesamt-Stundenlohnforderungen in Höhe 72,87 Euro für einen Einspänner mit Fuhrperson (Position 6). Dementsprechend muss natürlich auch die Leistung professionell sein.

Ein hauptberuflich tätiger Pferderücker mit etwa 1.000 Pferdeeinsatzstunden im Jahr hätte bei einer solchen Vergütung den Vorteil, dass in seiner persönlichen Kalkulation die Pferdekosten pro Stunde deutlich geringer ausfallen. Allerdings muss man in diesem Fall davon ausgehen, dass die Fahrzeug-/Pferdetransportkosten als Betriebsausgaben in vollem Umfang mitberücksichtigt werden müssen.

Unsere Rechenbeispiele machen aber auch deutlich, dass ein Pferderücker seine gewerbliche Dienstleistung – trotz „Hobbyfaktors" – nicht unter 60,00 Euro pro Stunde anbieten kann, ohne selbst dabei draufzuzahlen. Er würde mit Dumpingpreisen nicht nur sich selbst schaden, sondern auch seinen Kollegen und der Sache des Pferderückens generell.

Doch selbst hohe Stundensatzvereinbarungen schaffen noch lange keine wirtschaftliche Existenzgrundlage, welche die Gründung eines hauptberuflichen Pferderückebetriebes vertretbar machen würde. Neben einer angemessenen Bezahlung bedarf es gleichzeitig langfristig angelegter Auftragsvergaben mit verbindlichen Auftrags- bzw. Auslastungsvolumina und im öffentlichen Wald zudem gesonderte Ausschreibungen für die Pferdearbeit.

Gesamtkosten pro Arbeitsstunde (Position 6)

Bei Einsatzstunden im Jahr von	100	400	1000	1200
Sachkosten	93,00 €	23,46 €	9,30 €	7,75 €
Personalkosten	49,41 €	49,41 €	49,41 €	49,41 €
Gesamtkosten	**142,41 €**	**72,87 €**	**58,71 €**	**57,16 €**

Leistungsanforderungen

Vergütung/Rücketabellen

Die Entlohnung der Arbeit erfolgt in Zeitlohn oder Akkord, wobei leistungsbezogene Bezahlung überwiegt. Oft liegen den Abrechnungen sogenannte Rücketabellen zugrunde. Ausgehend von einem Grundpreis sind dort Zu- und Abschläge für Stückmasse, Rückentfernung, Anzahl der Sortimente, Hangneigung, usw. vorgegeben; häufig sind einzelne Positionen aber verhandelbar. Die Preise können regional auch sehr

Tabelle 1
Leistung in Abhängigkeit von Stückmasse und Entfernung

	Vorlieferentfernung in [m]						
Stückmasse Fm o.R.	10	15	20	25	30	35	40
0,10	2,60	2,30	2,10	1,90	1,80	1,70	1,60
0,15	3,80	3,50	3,20	2,90	2,70	2,50	2,30
0,20	5,10	4,60	4,20	3,90	3,60	3,30	3,10
0,25	6,40	5,80	5,30	4,80	4,50	4,20	3,90
0,30	7,70	6,90	6,30	5,80	5,40	5,00	4,70
0,35	8,97	8,09	7,37	6,77	6,36	5,85	5,48
0,40	10,20	9,24	8,42	7,74	7,17	6,68	6,26
0,45	11,50	10,40	9,47	8,71	8,07	7,52	7,04
0,50	12,80	11,06	10,50	9,68	8,96	8,35	7,89
0,55	14,10	12,07	11,60	10,60	9,86	9,19	8,61
0,60	15,40	13,90	12,60	11,60	10,80	10,00	9,39
0,65	16,7	15,00	13,70	12,60	11,70	10,90	10,20
0,70	17,90	16,20	14,70	13,50	12,50	11,70	11,00
0,75	19,20	17,30	15,80	14,50	13,40	12,50	11,70
0,80	20,50	18,50	16,80	15,50	14,30	13,40	12,50
0,85	21,80	19,60	17,90	16,50	15,20	14,20	13,30
0,90	23,10	20,80	18,90	17,40	16,10	15,00	14,10
0,95	24,30	21,90	20,00	18,40	17,00	15,90	14,90
1,00	25,60	23,10	21,10	19,40	17,90	16,70	15,70

DIEHL & KEILEN – Leistung beim Vorliefern mit Pferd in Abhängigkeit von der durchschnittlichen Stückmasse und der Vorlieferentfernung in Fm/h, AFZ 16/17 - 1986

stark schwanken, sodass hier keine verallgemeinernden Angaben gemacht werden können.

Werden Aufträge per Ausschreibung vergeben, muss eine individuelle Kostenkalkulation erstellt und das eigene Leistungsvermögen vorher gut eingeschätzt werden, bevor ein verbindliches Angebot abgegeben wird. Dazu ist es notwendig, die Bedingungen vor Ort vorher sehr genau zu begutachten.

Die erzielbare Leistung ist abhängig von Stückmasse und Rückeentfernung. Leistungseinschränkend wirken Faktoren wie Topographie, Bodenverhältnisse, Schlagordnung, Aufarbeitungsqualität, Schlagabraum usw., die in der Regel als Zuschläge bei der Bezahlung vergütet werden, bzw. in Angeboten bei Ausschreibungen berücksichtigt werden müssen.

Sehr hohe Rückeleistungen können mit Abschnittsholz bei kurzen Distanzen und bei durchschnittlichen Lastgrößen von einem Drittel Kubikmeter realisiert werden. Im Durchschnitt kann mit einer Rückeleistung von vier bis sechs Festmetern pro Stunde gerechnet werden (Einspänner). Rückeentfernungen über 100 Meter sind in der Regel wirtschaftlich nicht mehr vertretbar.

Pauschale Angaben wie „ein Pferd rückt in der Stunde die Menge x" können nie seriös verallgemeinert werden.
Selbst die Angaben von wissenschaftlich ermittelten Leistungstabellen, wie die von DIEHL & KEILEN, 1986 (Tabelle 1) können nur eine Orientierung geben. Nicht selten geben sich Teilnehmer an solchen Studien besonders große Mühe, um sich ja keine Blöße zu geben und arbeiten am Limit ihrer Möglichkeiten. Diese Leistung wird über einen begrenzten Zeitraum gemessen und dann beispielsweise auf den Tag hochgerechnet.

Generell ist zu fragen, ob in Zeiten, in denen so viel von Tierschutz gesprochen wird, Akkordlohn überhaupt noch eine zeitgemäße und angemessene Form der Bezahlung darstellen kann.

Jahresleistung

Um hauptberuflich ausschließlich vom Holzrücken mit Pferden leben zu können, benötigt ein Holzrücker ein stückmasseabhängiges Auftragsvolumen von mindestens 5.000 Efm bzw. eine Auslastung von mindestens 1.000 Stunden pro Jahr.
Voraussetzung hierfür ist allerdings, dass die erforderlichen durchschnittlichen Stundensätze mindestens erreicht werden. Dies wiederum ist abhängig von der Leistungsfähigkeit des Unternehmers bei den Aufträgen, die auf Akkordbasis vergütet werden sowie den auf dem Markt durchsetzbaren Stundentarifen bei Zeitarbeiten.

Ein typischer Arbeitsplatz für Wallach Dukat und Jorin Handtmann: ein Buchenholzbestand im Forstrevier Fohlenkoppel bei Reinfeld (Holstein). **Fotos:** Bente Stachowske

Erfolgreiche Unternehmensgründung

Pferderücker Jorin Handtmann startet „im Windschatten" von Kay Stolzenberg durch

aus
STARKE PFERDE 74, 2015

Seit zwei Jahren ist Jorin Handtmann nun Pferderücker im Vollerwerb. Der 33-Jährige gehört zu den wenigen jungen Menschen, die es in den letzten Jahren gewagt haben, mit ihren Pferden im Wald den Weg in die Selbstständigkeit zu gehen. Und das mit Erfolg.

Von Erhard Schroll

„Das war so nicht geplant", gesteht der staatlich geprüfte Agrarbetriebswirt ein, der im wendländischen Güstritz, Gemeinde Wustrow, zuhause ist. In den letzten Jahre hatte er neben seiner Tätigkeit als selbstständiger landwirtschaftlicher Betriebshelfer immer mal wieder - und im Laufe der Zeit immer häufiger und regelmäßiger - bei dem Pferderücker Kay Stolzenberg ausgeholfen (siehe auch Bericht in SP 73, S.38) und diesen bei der Erledigung seiner Aufträge tatkräftig unterstützt. Dessen Auftragslage war meist recht gut und von ihm alleine oft nicht zu bewältigen. „Seit der 40-Meter-Gassenabstand bei FSC-zertifizierten Forstbetrieben verbindlich vorgeschrieben ist, boomt das Geschäft" und die Arbeit sei jetzt selbst für zwei Unternehmen „kaum zu schaffen", erzählt der junge Forstunternehmer heute begeistert.

Immer auf Achse

Allerdings findet diese Arbeit überwiegend fern der Heimat statt. Der Niedersache ist mit seinen beiden Pferden, dem sechsjährigen Hannoverschen-Kaltblutwallach Dukat (Schleswiger x Süddt. KB)und der vierjährigen Stute Fesche (Schleswiger x Boulonnais) im VW-Bulli T4 Synchro und Pferdeanhänger viel auf Achse. Ihr Einsatzschwerpunkt liegt derzeit in Schleswig-Holstein, gut 200 Kilometer von Hof und Stall entfernt. Auch in Mecklenburg-Vorpommern ist er gelegentlich aktiv. Handtmann bleibt dann jeweils bis zu drei Wochen vor Ort auf Quartier. Er hat schon ein Problem damit, so selten zu Hause zu sein, würde das aber akzeptieren, da es für ihn unumgänglich sei, wenn er voll auf das Pferd setzen möchte. „Fernfahrer seien ja auch ständig unterwegs, genauso wie viele Geschäftsleute - das sei eben so", tröstet er sich. „Mein Arbeitsradius ist eigentlich unbegrenzt. Ich arbeite überall, wenn es dort genug Arbeit für eine längere Zeit am Stück gibt".

Pferderücken stark nachgefragt

Und in Schleswig-Holstein gibt es das für ihn - in letzter Zeit fast schon zu viel Arbeit.
Seit Dezember habe er richtig Stress und teilweise „bis zu drei Baustellen gleichzeitig“ am Gange. Unterstützung erhält er dabei von Patrick Mühlenberg aus Süsel, der neben seiner Zimmerei auch noch nebenberuflich mit seinen Pferden Holz rückt. Mit Kay Stolzenberg, der selbst sehr gut ausgelastet ist, arbeitet er nach wie vor sehr eng zusammen. Beide nehmen Aufträge gemeinsam entgegen, teilen sie sich untereinander auf oder erledigen sie bei größeren Holzmengen gelegentlich auch gemeinsam; einer arbeitet dann als Subunternehmer für den anderen. Beide stehen im engen Austausch, helfen sich gegenseitig und treten sogar auf Werbeflyern gemeinsam auf. Dennoch hat jeder von ihnen mittlerweile seine „Stammförster“, mit denen sie als Einzelpersonen kommunizieren.

„Das Ganze hat eine super Dynamik entwickelt“, freut sich Handtmann. Allein „in Schleswig-Holstein sind zwei Pferderücker gut ausgelastet“. „Ich habe in dieser Saison bisher rund 3500 Festmeter gerückt. Inklusive Nachunternehmerleistungen sind über meinen Betrieb rund 4200 Festmeter gelaufen“, weiß er zu berichten.

Seine Haupteinsatzgebiete sind die Wälder der Schleswig-Holsteinischen Landesforsten, der Kreisforsten Herzogtum Lauenburg und der Stadt Mölln.

Fruchtbare Kooperation

Etwa 50 Prozent aller seiner Aufträge laufen offiziell über die Firma Claus Rodenberg Waldkontor GmbH, für die Handtmann als Subunternehmer tätig ist. Dabei handelt es sich um ein großes, überregional agierendes, forstliches Dienstleistungsunternehmen.

Begonnen hat diese Zusammenarbeit in der Revierförsterei Fohlenkoppel der Forstverwaltung Reinfeld. Nach „Waldverwüstungen“ durch Rückemaschinen hatte sich hier die Bürgerinitiative Vivawald für den Pferdeeinsatz stark gemacht und aus einem ersten Versuchseinsatz „zur Imagepflege“ wurde eine dauerhafte Beschäftigung. „Mittlerweile werden wir dort überall im Laubholz eingesetzt“, freut sich der Pferderücker.
Für Rodenberg hat der Pferdeeinsatz gleich mehrere Vorteile: Er trägt nach außen zu einem positiven Image bei, verschafft der Firma oft Vorteile bei Ausschreibungen und hilft, ihre Maschinen optimal auszulasten.
Bis nach Mecklenburg war Handtmann schon mit der Firma unterwegs, wo sich auf feuchten Standorten der Pferdeeinsatz in Kombination mit Maschinen, die mit Boogie-Bändern ausgerüstet sind, bewährt hat.
Dem engagierten Pferdrücker kommt bei dieser Zusammenarbeit zugute, dass er mit Unterstützung seiner Kollegen auch Aufträge annehmen kann, die schon mal ein Volumen von 1000 Festmetern übersteigen.

Imageschaden durch Pferde-Förderung?

In Schleswig-Holstein und Mecklenburg wurde die finanzielle Förderung des Pferdeeinsatzes im letzten Jahr eingestellt. „Das ist auch gut so!“- ist Handtmann fest überzeugt. Die Mittel wären ohnehin so gut wie nicht nachgefragt und beantragt worden und wenn, dann wäre es auch vorgekommen, dass einzelne Rücker einfach „beschissen“ hätten und Pferde zwar mit in den Wald genommen, aber tatsächlich nur mit der Maschine gearbeitet hätten.
Dies seien wohl Ausnahmen, aber grundsätzlich führe eine finanzielle Förderung nicht nur zu „Verzerrungen des Wettbewerbs“, sondern würde auch erheblich zum „Imageschaden“ des Pferderückens beitragen. „Pferde kommen ohne finanzielle Hilfe nicht zurecht“ - wie oft musste er sich das schon anhören und sich immer wieder deswegen rechtfertigen“. Das „klebt regelrecht an den Pferden“ beklagt sich der junge Holzrücker. Eine finanzielle Unterstützung bestätige letztlich das Vorurteil, dass das Pferd teuer, schwach, langsam und eben nicht konkurrenzfähig sei.
Er jedenfalls komme gut ohne Zuschüsse aus: „Das muss allein über den Preis und die Leistung gehen!“ Und beides müsse zusammenpassen. Handtmann: „Wenn jemand kommt und behauptet, er könne das, was ich mit dem Pferd mache, mit der Seilwinde günstiger machen, sag ich nur: Mach es!“ Es wird sich dann rasch herausstellen, dass das vermeintlich günstigere Angebot dauerhaft nicht zu halten sei.

„Wenn ein Pferdeeinsatz zu teuer war, waren die Pferde falsch eingesetzt“. Dies ist eine der Kernaussagen des Pferdeunternehmers, die auf seinen praktischen Erfahrungen beruht. Die Organisation des Einsatzes und die Planung durch den Förster seien für den wirtschaftlichen Erfolg des Pferdeeinsatzes entscheidend.

„Das Pferd ist aus den Köpfen raus“

Da auch in FSC-Forsten in Nadelholzbeständen in der Regel immer noch der 20-Meter-Gassenabstand gilt und sich hier die Vollerntemaschinen weiterhin voll entfalten können, wird Handtmann mit den Pferden überwiegend im Laubholz eingesetzt. Hier bekommt er sehr viel Kurzholz von ca. drei Metern

Das Anhängen von Kronenholz ist oft eine mühsame Angelegenheit.

Sowohl beim zweispännigen als auch beim einspännigen Arbeiten verwendet Jorin Handtmann eine extrem lange Stoßleine. Damit kann er seine Pferde über eine gewisse Strecke praktisch „frei“ laufen lassen und sie dennoch aus der Distanz sicher kontrollieren. **Fotos:** Bente Stachowske

Länge zu rücken. Bezahlt wird er fast ausschließlich im Stundenlohn.

Um eine Übersicht über seine Leistung zu behalten, benutzt er einen Stückzähler.
Zwischen 150 bis 360 Abschnitte schafft er etwa an einem Acht-Stunden-Tag. Die Leistungsschwankungen ergeben sich durch die unterschiedlichen Bedingungen vor Ort. Oft behindern zum Beispiel viel Schlagabraum oder auch Naturverjüngung den Arbeitsfluss. Trotz der kurzen Hölzer kommt er nach seinen Angaben aber im Durchschnitt auf etwa 25 Festmeter am Tag.
Bei optimalen Holzsortimenten und länger ausgehaltenen Abschnitten würde er aber nahezu dieselbe Stückzahl schaffen, was dann jedoch eine Tagesleistung von bis zu 50 Festmetern ermöglichen würde - und das zum selben Preis! „Längere Aushaltung und nachheriges Einschneiden ist für den Forstbetrieb viel wirtschaftlicher“, ist er fest überzeugt.
Bei Einzelfällung dicker Laubbäume hat er häufig Probleme mit schlecht geastetem Kronenholz. „Das ist echt giftig!“beschreibt der Pferderücker diese ärgerliche, für die Pferde anstrengende und insgesamt stark leistungsmindernde Situation, mit der er aber immer wieder konfrontiert wird.

„Das Pferd ist aus den Köpfen raus“, muss Handtmann immer wieder feststellen. Die Entscheidungsträger und Verantwortlichen vor Ort, aber auch die Waldarbeiter, verfügten in der Regel über keine Erfahrung mehr mit dem Pferdeeinsatz. „Sie haben kein Gefühl dafür, was Pferdeholz ist“.
Aufklärung und Beratung seien daher dringend notwendig. Man müsse von vorneherein klar stellen, „wie der Einschlag in Bezug auf Kleinschneiden von Kronen, Astung und das Fällen in nasse Lunken und über Gräben aussehen soll,“ empfiehlt der Pferderücker. Arbeitsdemonstrationen können dabei sehr hilfreich sein: „Viele sind dann völlig überrascht, wenn sie sehen, wie schnell das gehen kann und was die Pferde in der Lage sind zu leisten!“ Das Ganze sei ein „Lernprozess und die Pferdearbeit könne noch viel besser und effizienter werden“, davon ist der Pferderücker überzeugt.
Seine Devise lautet: „Zeitnah, zuverlässig, klare Ansagen.“ Zur klaren Ansage gehört für ihn aber auch zu sagen, was mit dem Pferd nicht geht: „Man muss auch ehrlich die Grenzen der Pferde kommunizieren, sehr sensibel mit der großen Aufmerksamkeit der Öffentlichkeit umgehen und nicht zur Lagerbildung beitragen.“ Man muss „mit Leistung und Zuverlässigkeit überzeugen, nicht mit Worten.“
Bei der Entscheidung für oder gegen den Pferdeeinsatz hänge aber leider vieles nach wie vor von einzelnen Personen ab.

Ausrüstung und Arbeitsverfahren

Auch bei Jorin Handtmann hat sich das Schwebeortscheit durchgesetzt. Es bringt eine deutliche Arbeitserleichterung für ihn selbst und ermöglicht gleichzeitig eine wesentlich höhere Rückeleistung als ein standardmäßig hinter dem Pferd hergezogenes Ortscheit (siehe auch SP 64). Die Pferde tragen dabei amerikanische Kumte, und als Strangstutzen benutzt er gebogene Metallbügel („Rippscheit“), die den Pferden größtmögliche Schulterfreiheit gewähren.

Zum Rücken des Abschnittholzes verwendet er dünne Ketten aus hochfestem Stahl, die er beim Anschlagen bei Bedarf mit Hilfe eines langen Metallhakens unter den Stämmen hindurch fädelt. Die Ketten sind lang genug, dass er damit auch einzelne Stücke aus Baumkronen erreichen und herausziehen kann.

Zum gängigen Verfahren gehört die Zusammenarbeit mit einem Forwarder - einem Tragschlepper, der sich ausschließlich auf vorgegebenen Rückegassen bewegt und dort das von den Pferden vorgelieferte Holz mit einem bis zu zehn Meter langen Kran einsammelt und an einen mit LKW erreichbaren Weg transportiert.
Standardmäßig kommt in einem durchforsteten Bestand zuerst die Maschine zum Einsatz. Mit dem Kran wird alles eingesammelt, was auf und an der Gasse liegt, und auch das Stammholz ist meist bereits abtransportiert, bevor der Pferdeeinsatz beginnt. Für die Pferde ist dann in der Regel der Weg frei geräumt und es ist genügend Platz vorhanden, um das vorzuliefernde Holz an der Gasse abzulegen. Unter diesen Voraussetzungen ist das Pferd der Seilwinde bei weitem überlegen und die Maschinenführer lernen sehr schnell die Vorteile der Pferdearbeit zu schätzen. Sie erzielen extrem hohe Leistungen, da ihre Maschinen bei diesem Verfahren immer optimal ausgelastet sind und sie keine zeitaufwändigen und teuren Seilwindenarbeiten verrichten müssen.

Bei einem Gassenabstand von 40 Metern beträgt die Rückentfernung für das Pferd maximal 20 Meter, da das kurze Holz nicht erst rangiert werden muss, sondern auf dem direkten Weg senkrecht zur Rückegasse gezogen werden kann. Die 20 Meter werden allerdings eher selten erreicht, da es oft genügt, wenn die Pferde die Abschnitte lediglich bis in den Kranzonenbereich des Forwarders und nicht bis unmittelbar an die Gasse heran ziehen müssen. Gearbeitet wird überwiegend einspännig. Der Einsatz von Hilfsmitteln wie Rückewanne oder -schlitten würde sich laut Handtmann bei den kurzen Entfernungen nicht lohnen.

Jorin Handtmann fährt seine Pferde mit Stoßzügel und benutzt dafür eine mit 8,50 Meter außergewöhnlich lange Stoßleine. Mit dieser braucht er - bei den kurzen Rückedistanzen - während des Zuges nur wenig mit dem Pferd mitlaufen, was für ihn die Unfallgefahr deutlich mindert. Nur zum An- und Abhängen muss er sich zum Holz „bewegen“. Bei der Leerfahrt geht er meist vor dem Pferd her (das Schwebortscheit macht´s möglich!). „So braucht es nur halb so viele Kommandos verarbeiten und läuft dankbar wie ein Hund hinterher.“

Insgesamt ermöglicht all dies eine hohe Taktfrequenz der Arbeit und die Pferde sind mehr mit Wenden und Leerfahrt beschäftigt als mit Ziehen. So ist es auch kein Wunder, dass sie bei diesem „Kurzholz stoppeln“ oder „Pinne schrubben“ - wie Handtmann es spaßig nennt -
nicht einmal ins Schwitzen kommen.
Für die Pferde ist es dennoch anstrengend, da es von ihnen viel Konzentrationsarbeit erfordert und sie gleichzeitig bei der Zugarbeit keine Zeit haben, ihren eigenen Rhythmus zu finden. Handtmann freut sich daher über alle Arbeiten, bei

In der Regel arbeiten sie einspännig und wechseln sich beim Holzrücken ab; bei dickeren Stammholzabschnitten müssen Dukat und Fesche gelegentlich aber auch gemeinsam ran. Auch beim Zweispänner kommen die Vorteile der Schwebeortscheite voll zum Tragen. **Foto:** Bente Stachowske

denen auch mal längere Distanzen zurückgelegt werden müssen. „Das ist gut für die Pferde".
Er arbeitet in der Regel vier Stunden am Stück und wechselt nach einer ausgiebigen Mittagspause dann die Pferde. Im Dezember und Januar muss diese Pause für ihn allerdings relativ kurz ausfallen, wenn er in der Helligkeit acht Stunden arbeiten will.

Pferdearbeit rund ums Jahr

Mitte Mai ist die eigentliche Rückesaison vorbei. Im Juni hat Handtmann allerdings noch einen Auftrag zum Vorliefern von Vollbäumen in Erst- und Zweitdurchforstungen in seinem Auftragsbuch stehen. Ansonsten stehen Landschaftspflegearbeiten an. Sein Betrieb ist zertifiziert nach RAL für Holzrücken aber auch für die Landschaftspflege, und in den niedersächsischen Landesforsten ist jetzt die Saison für das Roden von Traubenkirschen aktuell.

Auch für die Stadt Hamburg sind Dukat und Fesche jedes Jahr bei der Pflege von Heideflächen im Einsatz: Hier sind es überwiegend Birken, die entfernt werden müssen. Das Roden in den Naturschutzgebieten ist allerdings während der Brut- und Setzzeit von April bis Ende August nicht möglich.
Grundsätzlich würde im Bereich Landschaftspflege noch deutlich mehr Potential für Pferdearbeit vorhanden sein, wie beispielsweise Mäharbeiten etc., ist sich Handtmann sicher. Aber das ist für ihn zeitlich nicht zu schaffen, denn auch zuhause in Güstritz wartet genügend Arbeit auf den Pferderücker und seine vierbeinigen Mitarbeiter.

Schon seit acht Jahren betreibt er im Sommer eine Imkerei und vor zwei Jahren hat er hier einen Resthof gekauft und plant gerade, gemeinsam mit seinem Bruder, einen Milchschafbetrieb aufzubauen. Denn neben dem Holzrücken liegt ihm die Landwirtschaft immer noch sehr am Herzen. Für die Waldarbeit wird er dann aber wohl noch jemanden zusätzlich beschäftigen müssen.

Auch Pferderücker Kay Stolzenberg hat seine Betriebsstätte in Güstritz. Die Pferdehaltung und Futterwerbung betreiben die beiden gemeinsam, vor allem während der Weidesaison. Ihre Pferde stehen zusammen auf Weideflächen, die sie rund ums Dorf zugepachtet haben. Arbeitspferde gehören hier aber nicht nur auf den Weiden zum Dorfbild, sondern sind auch praktisch in die dörfliche Wirtschaft integriert.
Die Gärtnerei der „Kommune Güstritz" betreibt im Dorf eine „VersorgerInnengemeinschaft" nach dem Prinzip einer CSA (Community Supported Agriculture), einer „Solidarischen Landwirtschaft", in die etwa 50 Menschen eingebunden sind und mit Lebensmitteln versorgt werden.
Die Grundbodenbearbeitung und Pflege der etwa 1,7 Hektar Ackerflächen erfolgt ausschließlich per Hand und mit Hilfe von Pferdekraft. Handtmann und Stolzenberg teilen sich diesen Job gemeinsam mit der Gärtnerin der Kommune, die mittlerweile mit den Pferden der Holzrücker einspännige Pflegearbeiten auch alleine durchführt.

Zusätzlich kommen ihre Pferde auf dem 300 Hektar großer Biolandbetrieb der Schäfer/Meyer Gbr zum Einsatz, der sich auf den Anbau von Bio-Feldgemüse spezialisiert hat. In Lohnarbeit werden hier jährlich etwa vier Hektar Rhabarber mit Pferden gehackt. Und dann muss ja auch noch für den Eigenbedarf Heu gemacht werden ....
Handtmann: „Die Pferde laufen bei uns rund ums Jahr." Durch deren vielseitigen Einsatz und deren hohe Auslastung rechne sich das Ganze erst so richtig. Und die Pferde bleiben dabei in Training und Kondition, um dann im Herbst im Wald erneut wieder „ihr Pferd zu stehen".

Im Windschatten ...

Unter den gegebenen Rahmenbedingungen ist es heutzutage sehr schwer, als Pferderücke-Anfänger Boden unter die Füße zu bekommen. Die Hürden und Anforderungen für einen Neueinstieg sind sehr hoch und die erforderliche Leistung kann gerade zu Beginn - logischerweise - (noch) nicht erbracht werden. Diese Erfahrung haben schon viele machen müssen und sind letztlich gescheitert.
Auf der anderen Seite gibt es einige etablierte Pferderücker, die sich derzeit über mangelnde Aufträge nicht beschweren können. Selbst wenn sie diese alleine nicht bewältigen können, handeln die meisten dennoch nach der alten Devise, ihr „Revier abzugrenzen" und sich „die Konkurrenz" vom Leibe zu halten.

Kay Stolzenberg hat dies anders gehandhabt und sowohl Jorin Handtmann als auch er selbst haben davon profitiert. „Im Windschatten" des erfahrenen und leistungsstarken Rückers konnte der „Anfänger" Erfahrung und Routine sammeln und auch ein eigenes, junges Pferd langsam aufbauen.
„Man kann sich nicht von heute auf morgen selbstständig machen, da fehlen die Aufträge, die Leistungsfähigkeit, die erfahrenen Pferde und das Szenewissen", weiß Handtmann aus eigener Erfahrung. „Am besten, man startet als Subunternehmer bei einem anderen Pferderücker. Es braucht den Windschatten!"

Geräte zum Holzrücken

Beim professionellen Einsatz kann sich unter bestimmten Voraussetzungen die Investition in teure und aufwändige Geräte zum Rücken und zum Holztransport lohnen. Viele anfallenden Arbeiten und Aufgaben lassen sich damit bewältigen, das Einsatzspektrum vergrößern und es kann oft auf den Einsatz von Forstmaschinen gänzlich verzichtet werden.

Die verfügbaren Pferde gezogenen Geräte eignen sich besonders für

- lange Rückewege ohne entsprechende Erschließung,
- das Rücken schwerer Stämme,
- bei genereller Verzicht auf Forstmaschinen,
- bei sozialverträglichen Arbeiten in sensiblen städtischen Wald/-Parkanlagen und
- zur Schonung von Wander-/Spazierwegen usw.

Rückewannen

Verschiedenste Ausführungen von Rückewannen für den Pferdeeinsatz wurden bei uns in den 1980er Jahren stark propagiert.
Es handelte sich in der Regel um Wannen, ähnlich dem Vorderteil eines Bootes, in die man leichte Stämme und Holzstangen dickörtig von Hand lädt und bündelt. An der „Bugspitze“ befindet sich eine Öffnung, durch welche die Zugkette geführt wird. Diese führt durch Ösen am Wannenboden und wird schließlich um das Holzbündel gelegt. Der Schlinghaken am Kettenende wird eingehakt, und sobald das Pferd anzieht, wird das Holzbündel zusammengepresst und gleichzeitig am Wannenboden fixiert.
Besonders beim Rücken von bereits manuell vorgelieferten, dünnen Stangenhölzern sind Rückewannen unübertroffen. Es können damit große Mengen auch über weite Entfernungen „über Stock und Stein“ gezogen werden. Da diese Holzsortimente bei uns mittlerweile Seltenheitswert haben, sind die Wannen nicht weit verbreitet. Angeboten werden Rückewannen aus Kunststoff oder Aluminium nach wie vor in Skandinavien und können bei Bedarf von dort bezogen werden.

Mit ähnlichem Effekt, allerdings etwas improvisierter und „spartanischer“, sind Ortscheite, an denen in voller Breite eine strapazierfähige, steife Gummimatte befestigt ist. Bei dieser einfachen Methode wird das Holz auf der Matte liegend gezogen und gleitet mit dieser über fast jedes Hindernis hinweg.

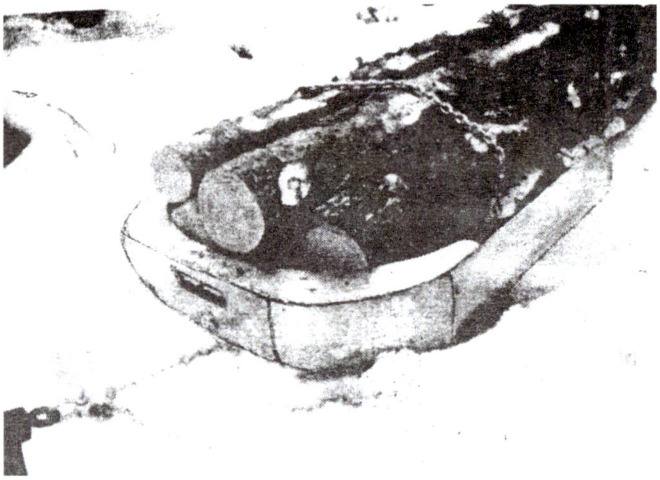

Mit dünnen Stangen beladene Rückewanne.

Minimaler Reibungswiderstand und dadurch extrem hohe Leistung: Rückeschlitten mit Eisenkufen auf Schnee.
Bis zu 15 (!) Festmeter Holz können unter optimalen Bedingungen von einem einzigen Pferd bewältigt werden. **Foto:** Albert Grillhiesl

Rückeschlitten

Rückeschlitten finden ihren Einsatz besonders dort, wo schweres Holz oder größere Holzmengen über längere Distanzen gezogen werden müssen. Besonders effektiv und hilfreich arbeiten sie in steilen Hanglagen. Zusammen mit einem entsprechenden Rückhaltesystem (Hinterzeug) verhindern sie dort das gefährliche Schießen des Holzes. Die Schlitten sind traditionelle Transportmittel, die sich vor allem in alpinen Gegenden bei den noch bestehenden Pferdebetrieben bis heute behaupten konnten.

Beladener Rückeschlitten. Die Lastfahrt auf Kufen vermindert den Reibungswiderstand. So lassen sich auch schwerere Stämme über weite Entfernungen bewegen.

Moderner schwedischer Rückeschlitten. Links oben mit Rungen und drehbarer Auflage, rechts mit Portalachse und aufgebauter, elektrischen Seilwinde. *Werkfotos,Wallströms, svetkonsult.AB*

In Skandinavien erlebt die Verwendung von Zugschlitten in den letzten 20 Jahren eine Renaissance. Auch dort gehören sie zu den traditionellen Holzrückegeräten, wurden aber mit modernen Werkstoffen und teilweise neuen Konzeptionen verbessert und verfeinert und den heutigen Anforderungen angepasst. Mehrere Firmen bieten eine Vielfalt verschiedener Produkte für unterschiedliche Verwendungszwecke an.
So gibt es ein- und zweigliedrige Schlitten auf Kufen, Schlitten mit kombinierten Kufen-Räder-„Fahrwerken" und schlittenähnliche Geräte auf Rädern. Bei dem Gros der Schlitten wird das Holz auf den Kufen oder Kufen-Räder-Kombinationen transportiert, muss also darauf ganz oder teilweise verladen werden. Andere Schlitten besitzen eine Portalachse auf Kufen, die entweder auf mechanischem Wege oder über eine Seilwinde die Stämme anhebt und „schwebend" transportiert. Hier sind die Grenzen fließend zu den „klassischen" Rückewagen.

Einachsige Holzrückewagen

Zum Bewegen schwerer Stämme wurden schon seit jeher besondere Rückekarren oder -wagen verwendet.
Die Grundkonstruktion dieser Rückewagen ist meist ähnlich: Sie bestehen aus einer Portalachse mit zwei, bei Verwendung einer Tandemachse mit vier Rädern. Ein Stamm wird in hängendem Zustand zwischen diesen Rädern transportiert. Unterschiede gibt es bei der Hebetechnik sowie in der Art der Anspannung.

Rückewagen ohne Deichsel

Großer Vorteil dieser Wagen ist es, dass die Pferde bei der Arbeit auf dem unebenen Waldboden und beim Überfahren von Hindernissen keinen Schlägen durch die Deichsel ausgesetzt sind. Nachteilig können sich die beschränkten Bremsmöglichkeiten vor allem im hängigen Gelände auswirken.
Das klassische Gerät ohne Deichsel ist die „Mariejanne". Große, stabile Holzspeichenräder auf beiden Seiten einer Portalachsa auf deren Mitte im Rechten Winkel dazu ein langer, deichselähnlicher Hebel montiert ist. Beim Anhängen wird die Achse so gekippt, dass das Portal auf dem Stamm zu liegen kommt und der Hebel nach oben zeigt. Eine Kette wird um den Stamm gelegt und mit der Spitze des Portals verbunden. Der Hebel wird dann von Hand oder mit Hilfe der Pferde heruntergezogen, wobei sich gleichzeitig das Portal aufrichtet und dabei den Stamm anhebt. Es gibt auch Varianten, bei denen noch eine zusätzliche Hebevorrichtung integriert ist. Je

Die „Mariejanne" wird lose hinter den Pferden hergezogen. Die Spielwaage ist am Ende des Hebels befestigt, der am Boden schleift.

Beim Anhängen wird das Gefährt über dem Stamm platziert, die Kette an gewünschter Stelle um den Stamm gelegt und hinter der Achse befestigt.

Der Stamm wird mit dem langen Hebel angehoben, der Hebel schließlich mit eigener Kette am Stamm fixiert.

Der Stamm kann nun mehr oder weniger freischwebend – je nachdem wo genau die Marjanne platziert wurde – von den Pferde lose gezogen werden.
Fotos: Robin Jähne

Das „Forstpferd“, ein Rückewagen mit lenkbarer Achse, die das Manövrieren des Stammes erleichtert und ein Verkanten mit den Rädern verhindert. Das Anhängen des Stammes erleichtert eine Rückezange, und das Anheben geschieht mittels eines Kettenzuges.

nachdem, an welcher Stelle des Stammes das Gerät platziert wird, wird dieser komplett oder nur teilweise angehoben. Die Spitze des Hebels wird schließlich am Stamm mit Ketten oder Einschlaghaken fixiert.
Angehängt an Spielwaage oder Ortscheit wird der Stamm in der Regel ganz gewöhnlich mit einer Kette, die um Stammfuß oder Zopf geschlungen wird. Die Bremswirkung wird dadurch bestimmt, wie viel Prozent des Stammes auf dem Boden schleifen. Bei Verwendung zweier dieser Geräte können ein oder mehrere Stämme auch ganz vom Boden gehoben und damit komplett auf den Rädern transportiert werden.
Die „Mariejanne“ gab es praktisch in allen denkbaren Größen. Heute existieren verschiedene moderne Varianten – selbstverständlich luftbereift, die meines Wissens aber nicht serienmäßig hergestellt und vertrieben werden.

Auch das „Forstpferd“ von Reinhard Jaster (Wörme) gehört zu den deichsellosen Rückewagen. Dieses Gerät kommt ohne Portalachse aus. Das Holz wird nicht zwischen den Rädern, sondern hinter der Achse an einem hohen, stabilen Rahmen, der bei der Leerfahrt auf dem Boden hinterherschleift, aufgehängt. Das „Forstpferd“ besitzt eine eigene Hebevorrichtung und verfügt zusätzlich über eine Achselschenkellenkung.

Links:
Moderne Variation der klassischen „Mariejanne“: ein kleines, handliches Gerät für den einspännigen Zug aus Belgien.

Der Wagen wird bei der Leerfahrt lose an der Rückekette hinterher gezogen.

Holzrückewagen ohne Deichsel: Im Vordergrund die Trinqueballe des französischen Herstellers Bernard Michon; im Hintergund ein Prototyp ähnlicher Bauart der Firma CJ ATELIER.

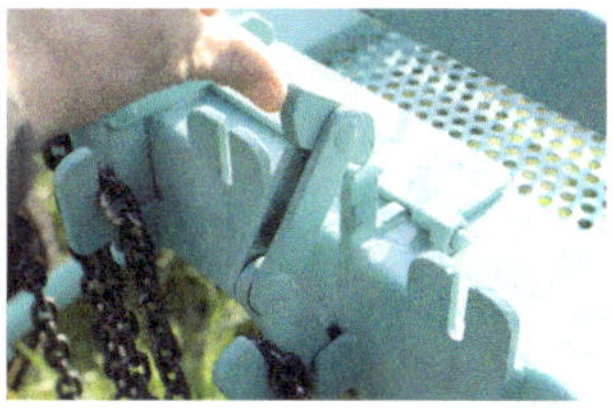

Detailaufnahmen der Kettenfallen zur Darstellung der Funktionsweise des Selbstlösemechanismus.

Die Hebelspitze des Rückewagens von Bernard Michon aus Azé in Frankreich ist kufenförmig ausgebildet und das ganze Gefährt wird in der Leerfahrt vom Pferd einfach mit der Rückekette hinterher gezogen. Der zu rückende Stamm wird von der Stirnseite oder vom Zopf her so angesteuert, dass die Räder links und rechts am Stamm entlang fahren und dieser zwischen der Portalachse zu liegen kommt. An der gewünschten Stelle wird eine Schlingkette um den Stamm gelegt. Der Rückewagen selbst besitzt eine Hebekette, die mit einer Handwinde bedient werden kann. An deren Ende befindet sich ein Verkürzungshaken, in den die Schlingkette eingehängt und so der Stamm angehoben werden kann. Auf der Portalachse befinden sich mehrere Kettenfallen, in welche die Schlingkette schließlich umgehängt werden kann. Die Spitze des Rückewagenhebels wird vor dem Anziehen zur besseren Steuerbarkeit ebenfalls mit Ketten am Stamm fixiert.

Der angehobene Stamm wird wie beim gewöhnlichen Bodenzug mit einer Rückekette am Ortscheit angehängt. Der große Vorteil dieser Anspannung liegt darin, dass keinerlei Erschütterungen durch Deichsel oder Landen auf die Pferde übertragen werden können. Selbst im rauen Gelände können sich die Pferde im schweren Zug relativ ungestört bewegen. Zudem lassen sich die Stämme besser manövrieren und es kann bei enger Kurvenfahrt nicht zu dem gefährlichen Verkanten der Last mit dem Fahrzeug kommen, was zu schweren Stürzen führen kann.

Diese überaus pferdefreundliche Methode hat aber auch ihre Nachteile, vor allem am Hang. Der Pferdeführer muss bei Bergabfahrt schon sehr genau wissen, an welcher Stelle des Stammes er den Rückewagen platziert! Reduziert er den Zugwiderstand zum Beispiel durch mittige Platzierung zu sehr, ist die Last kaum mehr zu bremsen und die Unfallgefahr extrem hoch.

Bernard Michon bietet diesen Rückewagen übrigens optional auch mit Landen oder Deichsel an.

Komplettausstattung mit optionalen Deichsel und Einspännerlanden.

Mit einem Hebelzug spannt Matthias Rensing † die Kette zwischen Rückewagen und angehängtem Stamm.

Leichter Rückewagen der Firma PZT-Möller (Raden), mit drehbaren Landen und Selbstlademechanismus.

Leichter schwedischer Rückewagen mit mechanischer Kettenfallen-Vorrichtung auf einer kombinierten Kufen-/Schlittenkonstruktion.

Die TRINQUEBALLE der französischen Firma CJ ATELIER, ein Rückewagen mit elektrischer Seilwinde. **Foto:** Jean-Léo Dugast

Selbstbau-Rückwagen von Theodor Weitze † (Sabbenhausen) zum Rücken von starkem Holz. **Foto:** Lothar Suppus

Richard Weil † (Bad Laasphe) mit zwei seiner Rheinisch-Deutschen Hengste bei der Arbeit mit einem „Käppeler-Rückewagen“ Zum Aufhalten und Rückwärtsrichten ist an der Deichselspitze eine Querdeichsel angebracht.

Einachsige Rückewagen mit Deichsel

Die wohl einfachste Variante besteht aus einer simplen Achse mit fester Deichsel oder Scheerbäumen und Rädern mit möglichst großem Durchmesser und kommt ohne jegliches Hebesystem aus. Es genügen einfache, auf eine Achse aufgeschweißte Kettenfallen, in welche die Rückeketten eingehängt werden können. Wird ein Stamm an einer Kette daran kurzmöglichst angehängt, genügt nun schon der höher gelegte Zugpunkt auf der Achse, um den Stamm beim Anziehen und bei der Fahrt leicht anzuheben. In etwas aufwändigerer Bauweise existieren viele Varianten. Vor allem in den USA sind Rückewagen beliebt, die nach diesem Prinzip funktionieren, aber in der Regel mit Sitzen ausgestattet sind und so Basisvorderwagen ähneln. Praktischerweise können sie auch als solche genutzt werden.

Technisch aufwändiger wird es, wenn die Stämme aktiv vom Boden gehoben werden sollen. Klassischerweise geschieht dies mit Hilfe einer Handseilwinde oder eines Ketten-Hebezuges mit Ratschenmechanismus. Andere Geräte, wie der PZT-M-Rückewagen, verfügen über eigene Hebemechanik und -systeme, welche die Zugkraft der Pferde und die Trägheit der Anhängelast ausnutzen.
Wichtig bei allen diesen Wagen ist natürlich die Möglichkeit, eine Last schnell und einfach wieder abzusenken und lösen zu können.

Schichtholz-Rückewagen (leider ohne Herstellerangaben).
Foto: Jean-Léo Dugast

In engen Kurvenfahrten, wo sich das Holz schnell verkanten kann, oder beim schwungvollen einseitigen Überfahren von Hindernissen können diese Rückewagen leicht ins Kippen kommen. Dies birgt ein nicht unerhebliches Unfall- und Verletzungsrisiko, besonders für die Pferde. Vor allem bei einspännig gefahrenen Wagen, wo das Pferd in einer starren Schere geht, reißt der umstürzende Rückewagen das Pferd oft mit um. Es ist daher ratsam, bei der Anspannung an Ortscheiten und ggf. Querdeichseln unbedingt Sicherheitshaken zu verwenden, die sich auch unter Spannung schnell lösen lassen.
Rückewagen, bei denen Deichsel und Spielwaagen/Ortscheit-Einheit drehbar gelagert sind, helfen die Unfallgefahr mindern.

Zweiteilige Rückwagenkombination der amerikanischen Firma FOREST Ltd. mit Handseilwinde.

Mehrachsige Holzrückewagen

Ein ebenfalls geringeres Risiko bieten zweigliedrige Wagen, meist bestehend aus einer Vorderwagen-Einheit mit Sitzgelegenheit oder Plattform und einer angehängten Portalachse mit Hebevorrichtung. Voraussetzung ist allerdings auch hier, dass die Verbindung der beiden Teile bis zu einem gewissen Grad ebenfalls drehbar ist. Reichlich riskant erscheint jedoch das Sitzen auf dem Gerät während der Lastfahrt im Bestand. Hier müsste der Sitz treffenderweise wohl eher als „Schleudersitz" bezeichnet werden ... Schwieriger als mit einachsigen Fahrzeugen gestaltet sich zudem das Rangieren, vor allem das Rückwärtsrichten, sodass solche Wagen eher für das Endrücken auf Rückegassen und Wegen geeignet sind und dort den Einsatz einer Forstmaschine überflüssig machen können. Mehrachsige Rückewagen mit Portalachsen sind bei den Holzrückern in den USA sehr beliebt.

Die Abbildungen oben und in der Mitte zeigen Ausführungen, die über einen Selbstlademechanismus verfügen. Eine Rückezange ist dabei beweglich auf einer schräg nach oben verlaufenden Laufschiene befestigt, deren höchster Punkt sich in der Spitze der Portalachse befindet. Man befestigt den am Boden liegenden Stamm mit der Zange und lässt die Pferde antreten. Durch die Trägheit seiner Masse bleibt der Stamm zunächst liegen. Die Zange gleitet an der schrägen Laufschiene nach oben und hebt dabei den Stamm an. In der höchsten Stellung wird die Zange automatisch arretiert. Das Anziehen auch schwerster Stämme erfolgt für die Pferde dadurch nicht ruckartig sonder extrem sanft. Zum Lösen der Arretierung muss lediglich ein Hebel umgelegt werden.

Moderne Rücketechnik gibt es auch in Frankreich, wie das oben abgebildete, zweiachsige Rückefahrzeug mit Fahrerplattform und hydraulischer Rückezange des Herstellers CJ ATELIER aus Oradour Sur Vayres.
Auch die Rückewagen des französischen Herstellers Bernard Michon aus Aze (rechts und unten) gehören zur forstlichen High-Tech-Klasse. Sie lassen sich gut miteinander koppeln,

und man kann so auch richtig schwere Stämme damit transportieren. Links sind zwei zu einem Fahrzeug fest miteinander verbundene Einachser beim Schleif-Transport eines Holzstammes zu sehen. Das Foto oben zeigt zwei einzelne Rückwagen, die zusammen mit dem Stamm ein Fahrzeug bilden, bei dem das Gewicht des Stammes komplett auf die Räder verlagert ist.

Fotos: Jean-Léo Dugast

Pferdeforwarder und Kranwagen

In Skandinavien und auch in Großbritannien haben sich in den letzten Jahren Geräte etabliert, mit denen Stämme oder Stammholzabschnitte komplett auf Räder oder kombinierte Rad/Kufen-gestützte Fahrzeuge geladen werden. Gerade im Klein-Privatwald kann mit ihrer Hilfe oft auf einen Traktor verzichtet werden. Das Auf- und Abladen geschieht dabei je nach Ausführung von Hand oder mit dem Pferd, mit Hand- oder Elektro-Seilwinde, oder gar mit einem hydraulischen Kran, dessen Hydraulikanlage von einem kleinen Hilfsmotor angetrieben wird.

Einspänniger englischer Forwarder mit zwei Pendelachsen. Die Beladung erfolgt per Hand oder bei schweren Stämmen durch Aufziehen mit dem Pferd.

Forwarder der schwedischen Firma Tegmyr. Auf die Rungen kann eine Handwinde gesteckt werden, mit deren Hilfe auch schwere Stämme leicht verladen werden können.

Von derselben Firma ein aufwändigeres Gefährt mit Fahrerplattform, einem schwenkbaren Kran und einer Elektroseilwinde.

Der schwedische Forstunternehmer Jan Bång mit einem SJM Kranwagen beim Poltern am Weg.

Da diese Fahrzeuge über keinen eigenen Antrieb verfügen, entsteht kein bodenschädlich wirkenden Schlupf. Das im Vergleich zu allen Forstmaschinen extrem geringe Eigengewicht ermöglicht auch das Arbeiten abseits von ausgewiesenen Rücke- und Fahrgassen.
Seit 1979 baut die schwedische Firma SJM Julsgård hydraulische Kranwagen für den Pferdezug und hat wohl die meisten Erfahrungen damit gesammelt. Die Firma verzichtet aus Rücksicht auf die Wirbelsäulenbelastung der Fahrer bei ihren Modellen bewusst auf Fahrersitze. Alle Fahrzeuge sind mit Plattformen ausgerüstet und besitzen eine Rückenstütze zum Anlehnen. Die Luxusmodelle verfügen sogar über eine Art „Fußbodenheizung" für den kalten Winter. Anbieter gibt es mittlerweile in mehreren Ländern.

Kranwagen der kanadischen Firma JMS Trailers Inc. mit Drehsitz und Kabinenaufbau zum Schutz des Fahrers vor Regen und herabfallenden Ästen.

Als Zubehör für Quads und Kleintraktoren werden auch Kranwagen angeboten, die man hinter Vorderwagen problemlos mit Pferden nutzen kann.
Foto: Bernhard Feistenauer

Endlich:

High-Tech für Pferde im Forst!

Teuer aber modern: Die ultimative, Computer gestützte Neuentwicklung der Firma S.A.Tiere® GmbH hebt den Pferdeeinsatz in eine neue Dimension.

Die vergangenen Jahre haben es bewiesen: In unserer fortschrittsgläubigen Gesellschaft genügt es nicht, dass die Pferde in punkto Umweltverträglichkeit, Boden- und Bestandesschonung bei der Waldarbeit jeder Maschine überlegen sind. Auch ihre Vielseitigkeit und Flexibilität im Einsatz und ihre enorme Leistungsfähigkeit konnten den modern denkenden Forstbeamten bei der Auftragsvergabe nicht überzeugen.
Das wird sich jetzt ändern

Mit HOTTEMAX-Systems® stellt die Firma S.A.Tiere® nun endlich das fehlende Bindeglied zwischen traditionellen, praktisch orientierten Pferderückern und den auf Technik eingeschworenen Forstleuten und -verwaltungen.

HOTTEMAX-Systems® beinhaltet ein GNSS (Global Navigation Satellite Systems) basiertes Navigations- und Kommunikationsnetzwerk, welches wichtige Daten des Arbeitsprozesses aufzeichnet, verarbeitet und weitervermittelt.

Der Sender – auf Wunsch mit Leuchtdioden in vier verschiedenen Farben lieferbar – ist praktisch am Geschirr zu befestigen. Zusammen mit der Parabolantenne auf dem Sattel (Sattel-Littenschüssel) bzw. Kammdeckel (Kammdeckelschüssel) bildet er eine harmonische Einheit, die dem Pferd gleich ein richtig modernes Outfit verleiht.

Neuartig, die Rückezange HORSE-TONGUE@ (ohne Abb.), die gleichzeitig als elektronische Messkluppe funktioniert. Der Stammdurchmesser des aktuell gerückten Stück Holzes wird automatisch über die serielle Schnittstelle HOTTEMAX® an die Leitstelle übermittelt. Gleichzeitig werden Daten der elektronischen Zugkraftmessung dorthin weitergeleitet. In der Leitstelle können so jederzeit die gerückte Stückzahl, Stammdurchmesser, Gesamtvolumen aktuell abgerufen sowie die Position der einzelnen Stämme direkt über HOTTEMAX-LINK® für den Weitertransport an den Rückezug oder LKW weitergeleitet werden.

Sensoren in den Hufeisen messen ständig den Bodendruck. Diese Daten werden ebenso wie die Gesundheitsdaten der Pferde (optional erhältlich: Rundumleuchte als Warnsignal bei drohender Überlastung) aufgezeichnet und übertragen. Magnetkontakte an allen relevanten Teilen des Geschirrs zeigen zudem sofort an, wenn sich zum Beispiel eine Verschnallung gelöst hat oder eine Beschädigung aufgetreten ist. Die Daten werden an die Leitstelle gefunkt und von dort automatisch Ersatzteile bestellt oder ein Termin mit dem Sattler vereinbart.

Noch Zukunft ist die bereits in der Entwicklung befindliche TOLLCOLLECT®.
Über das Pelitor-Lite-Com-Horse-System® kann der Pferdeführer mit dem Pferd in Funkkontakt treten und ist nicht mehr gezwungen, sich unmittelbar bei diesem aufzuhalten. Mit gut ausgebildeten Pferden kann es so möglich werden, dass ein Pferdeführer gleichzeitig zwei, drei oder mehr Pferde an verschiedenen Orten mit dem Programm HorseCommand® lenkt und beaufsichtigt. Optional kann hierfür eine WebCam am Kumt des Pferdes montiert werden.

Beurteilung

Die Ausstattung der Pferde mit HOTTEMAX-Systems® ist zwar teuer (Investitionsförderung!!!!), aufwändig und kompliziert, aber dafür top-modern! Niemand kann dem Pferdeeinsatz jetzt noch nachsagen, rückständig und antiquiert zu sein. Die Chancen, damit die Akzeptanz des Pferdeeinsatzes im Forst zu vergrößern, wird deutlich steigen.

S.A.Tiere

Gängige Holzrückeverfahren

Holzrücken ausschließlich mit Pferden

Vorlastbildung von Hand und Endrücken von schwachem Abschnittsholz mit dem Schlitten an den Abfuhrweg. *U. Tasche, 2021.*

Endrückung mit einem Rückewagen.

Wenn man beim Holzrücken ganz ohne Maschinenunterstützung auskommen will oder muss, sind mehrere Einsatzmöglichkeiten denkbar: Arbeiten im eigenen Klein-Privatwald, Brennholzwerbung für den Eigenbedarf oder für Dritte im Lohn, oder auch im gewerblichen Rückebetrieb bei kurzen Rückeentfernungen.

Die **Vorteile** liegen auf der Hand:

- Der Kleinbetrieb mit geringem Rückevolumen kommt ohne teure Investitionen in Maschinentechnik aus.
- Geringere Betriebskosten pro Stunde
- Arbeitsplanung und -organisation und Durchführung bleiben in einer Hand
- Keine Abrechnungsprobleme durch Kostenaufteilung und Leistungsermittlung für die verschiedenen Gewerke.
- Auf sensiblen Standorten kann komplett auf Boden zerstörende Eingriffe verzichtet werden.

Die **Nachteile**:
Die Leistung ist in der Regel geringer als mit Maschinenunterstützung und Arbeiten, wie das Poltern am Weg, sind zeitaufwändig und wenig produktiv.

Die Pferde können eingesetzt werden zum

a) **Vorliefern**

b) **Vorliefern und Endrücken**

c) **Vorliefern, Endrücken und Poltern**

d) **Im seltenen Fall zur Auslieferung z.B. von Brennholz an die Kunden**

Die Pferde können je nach den gegebenen Bedingungen

einspännig,

zweispännig, in

Tandemanspannung oder auch

mehrspännig eingesetzt werden.

In der Regel dominiert das einspännige Arbeiten. Bei größeren Stückmassen oder bei weiten Transportwegen empfiehlt sich entweder die Verwendung von Schlitten und Rückewagen oder das zweispännige Arbeiten. Bei schwerem Holz wird es kaum ohne solche zusätzlichen Rückehilfsmittel gehen.
Die Anspannung im „Team" (zwei Pferde nebeneinander) ist üblich, in engeren Beständen oder bei bestimmten Arbeiten (z.B. Pflügen) kann es auch sinnvoll sein, zwei Pferde voreinander zu spannen (Tandem). Mehrfachanspannung (drei oder mehr Pferde) ist in unseren Wäldern nicht üblich und wird nur sehr selten praktiziert.
Das „Handling" mehrerer Pferde erfordert eine größere Erfahrung und höhere Qualifikation des Pferdeführers. Die größere Zahl der Pferde im Gespann vermindert ihre Gesamtzugkraft. Ein Zweispänner leistet nur noch knapp 190 % der Arbeit von zwei Tieren im Einzelzug.

Arbeitsverfahren und Vorgehensweise sind abhängig von Stückmasse, Rückeentfernung und der Aushaltung in baumfallende Längen oder in Abschnittsholz.

Langholz

Bei Distanzen bis maximal 100 Metern bietet sich in der Regel das direkte Rücken mit Kette oder Rückezange vom Einschlagort bis zum Polterplatz an. Bei größeren Entfernungen sollte über den Einsatz von Rückewannen, Schlitten oder Rückewagen nachgedacht werden. Um mittelstarkes oder starkes Holz zu bewegen, wird der Einsatz von Rückewagen mit Hebemechanismus generell notwendig sein.

Schwedischer Pferderücker mit einem geländegängigen SJM-Rückewagen für dünne Holzabschnitte.

Sind die Entfernungen groß, kann es sinnvoll sein, das Holz wie gewöhnlich an Gassen oder Wegen oder extra für die Pferde angelegten Rückepfaden vorzurücken und vorzukonzentrieren und es später mit leistungsfähigen Rückewagen oder -schlitten zum Polterplatz zu ziehen.

Kurzholz

Abschnittsholz in Längen von drei bis sechs Metern kann auf Kurzstrecken mit Ketten oder Blockstreifhaken sehr effektiv gerückt werden. Bei größeren Entfernungen sind Schlitten oder Pferde-Forwarder die Geräte der Wahl, denn es gilt, möglichst viele Einzelabschnitte gleichzeitig zu transportieren. Die Ladezeiten relativieren sich mit zunehmender Strecke und größerer Lastbildung. Steht ein Kranwagen zur Verfügung, können mit diesem Gerät selbstverständlich alle Distanzen abgedeckt werden. In engen Beständen kann es sinnvoll sein, die Abschnitte – wenn manipulierbar – von Hand an befahrbare Hilfsgassen vorzuliefern oder eben mit dem Pferd vorzurücken.

Poltern und Verladen

Das Poltern von Stämmen mit Pferden an LKW-befahrbaren Abfuhrwegen oder -straßen bringt wenig ökologische Vortei-

Beim Verladen von Hand muss auf ergonomisches, d.h. kraft- und gesundheitsschonendes Arbeiten geachtet werden. Dieses schwedische Fahrzeug verfügt über einfache Ladehilfen.

Fuhrleute aus dem Chiemgau bei der traditionellen winterlichen Holzabfuhr mit dem Schlitten. Zum Bremsen der Last bei der Bergabfahrt sind hinter den Schlitten weitere Stämme angehängt. **Fotos:** Albert Grillhiesl

le, dafür umso mehr ökonomische Nachteile, die dazu führen, dass es im forstlichen Dienstleistungsbereich praktisch kaum noch praktiziert wird.
Diese Arbeit gestaltet sich mit Pferden meist recht aufwändig, zumal heute von Holzkäufern und Fuhrunternehmen in der Regel Einzelpolter von mindestens fünf Festmeter Volumen gefordert werden. Beim Abschnittsholz lässt sich dies wohl befriedigender Weise nur mit einem kranbestückten Forwarder realisieren.

Will man dennoch beim Holzrücken komplett auf Forstmaschinen oder Trecker verzichten, muss man sich etwas einfallen lassen, wie man die Stämme zur eigenen Hofstelle oder zum Sägewerk bringen kann. Ob nun der Transport mit Schlitten oder Langholzwagen erfolgt: Die Stämme müssen irgendwie verladen werden. Dasselbe gilt für den wohl häufigeren Fall, dass Holz mit den Pferden endgerückt werden soll, am Abfuhrweg aber keine Maschine zum Polter zur Verfügung steht. Muskelkraft und technisches Knowhow sind in beiden Fällen gefragt.

Leichtere Stämme oder Abschnitte können ggf. unter Zuhilfenahme geeigneter Hilfsmittel noch von Hand bewegt und verladen werden. Wissen über ergonomisches Arbeiten und über den Umgang mit Sapie oder Handpackzange ist sicher nicht von Nachteil.

Schwere Stämme wurden früher nach Möglichkeit an Hohlwegen oder steilen Hängen verladen, wo die Stämme waagerecht auf den Wagen gerollt werden konnten. War dies nicht gegeben, war es die gängigste Methode, die Stämme über eine improvisierte Rampe auf den Stapel oder das Fahrzeug zu rollen. Dies geschah entweder in gemeinsamer Arbeit mehrerer Akteure von Hand, wie die Chiemgauer Fuhrleute auf den Fotos links eindrucksvoll demonstrieren.

Oder das Verladen erfolgt mit Pferdezug, mit Seilen und Ketten, ggf. mit Hilfe von Umlenkrollen. Beide Enden einer langen Kette oder eines Seils werden dabei am Fahrzeug befestigt, ein Ende vorne, das andere hinten, und zwei Holzstangen werden als Rampe verwendet. Der zu ladende Stamm wird manuell mit Sappies oder dem Pferd so platziert, dass er parallel zum Fahrzeug am Fuße der Holzstangen auf der enstandenen Schlaufe zu liegen kommt. Die Schlaufe wird so um den Stamm geführt, so dass dieser zur Umlenkrolle wird.
Ein weiteres, langes Zugseil wird nun in die Schlaufe eingehängt und über das Fahrzeug oder den Holzstapel auf dessen gegenüberliegende Seite geführt. Wir nun an dem Seil gezogen, bringt das den Stamm zum Rollen. Da der Rollwiderstand deutlich geringer ist als der Zugwiderstand, lässt sich der

Christian Wiechardt mit Helfer beim Holz verladen auf einen Wagen. Dafür wird der Stamm mit Pferd und Muskelkraft zuerst in die richtige Position gebracht.

Die Holzrampen sind an den Wagen angelegt und die Ladekette (rot) um den Stamm gewickelt. **Fotos:** Gabriela Hübner

Das Pferd zieht an und rollt den Stamm mühelos auf den Wagen.

Die Stämme werden gesichert und können abgefahren werden.

Beispiel für einen mechanischen Stammheber: Die *Wippkiste*.
Sie besteht aus einem langen Hebel, der dazu dient, eine Last schrittweise anzuheben. Er funktioniert mit zwei Eisenbolzen, die abwechselnd in zwei Reihen von Löchern in den Verkleidungsbrettern eines Holzrahmens angebracht sind. Der Hebel wird auf und ab bewegt, und bei jedem Schritt wird der von der Last gelöste Bolzen in das nächsthöhere Loch geschoben. Insgesamt kann eine Last um die vertikale Höhe des Hebers angehoben werden. Das Absenken erfolgt wie beim Heben, indem der entlastete Bolzen einfach in das nächsttiefere Loch der Reihe gesetzt wird. **Fotos:** Detlef Marsch

Stamm auf diese Weise relativ einfach auf der Rampe hinaufziehen.

Eine Alternative hierzu bieten mechanische Hebehilfen, die ähnlich wie Wagenheber funktionieren. Mit Hilfe von Zahnstangengewinde oder Hebelmechanik können selbst schwerste Stämme so angehoben werden, dass man einen Schlitten oder ein Radfahrzeug darunter schieben und diese darauf absetzen kann.

Tiefe Gräben und Sumpf gehören zum Alltag der Pferderücker im hohen Norden. Wo es nicht anders geht, helfen lange Ketten und Umlenkrollen, die natürlichen Hindernisse zu bewältigen. Die Rückezange (oben) ist dabei eine große Hilfe, da sie verhindert, dass sich die Stämme in die Böschung bohren. **Fotos:** Brahmstädt, 2012

Unüberwindbares überwinden

Breite, tiefe Gräben, womöglich noch mit Wasser gefüllt, die man mit Pferden nicht überwinden kann, oder sumpfiger, tief morastiger Boden, der nicht betretbar ist: Man stößt bei der Arbeit mit den Pferden gelegentlich auf Probleme, die auf den ersten Blick nicht lösbar sind. Auch kommt es vor, dass beispielsweise Stämme eine Böschung hinaufgezogen werden müssen, das Holz aber zu schwer oder die Böschung zu steil ist. Ohne maschinelle Seilwindenunterstützung ist man schnell aufgeschmissen.

Oft ist es aber nur eine Frage des Aufwands und des Knowhows, um solche Probleme zu lösen. Die schleswiger Pferderücker um Arne Bramstädt haben in der Vergangenheit mehrfach demonstriert, wie sie mit Hilfe einer stabilen Umlenkrolle, einer langen Kette und einer Rückezange mit relativ wenig Aufwand Gräben überwinden konnten (Fotos oben). Mit einem oder zwei Helfern, und den passenden Hilfsmitteln lässt sich also oft schon viel erreichen.

Umlenkrollensysteme

Richtig kompliziert kann es werden, wenn ganze Flächen mit den Pferden nicht betreten werden können oder dürfen. Dass auch dies im Einzelfall möglich ist, bewiesen die Forstleute der Schweizer Vereinigung Dormirailleurs.ch im Februar 2023. Aus einem Torfgebiet bei Maules in 1000 m Höhe mussten von Borkenkäfer befallene Bäume geräumt werden.
Die Stämme konnten nicht im direkten Zug gerückt werden, da das Betreten der geschützten Torfflächen mit den Pferden grundsätzlich verboten ist, der Boden aber ohnehin nicht tragfähig gewesen wäre und man stellenweise wie in Treibsand versinken würde.
Entlang des Feuchtgebiets verläuft eine Böschung, auf der sich

Bei der Vielzahl von Umlenkrollen, Ketten und Seilen heißt es, Übersicht bewahren.

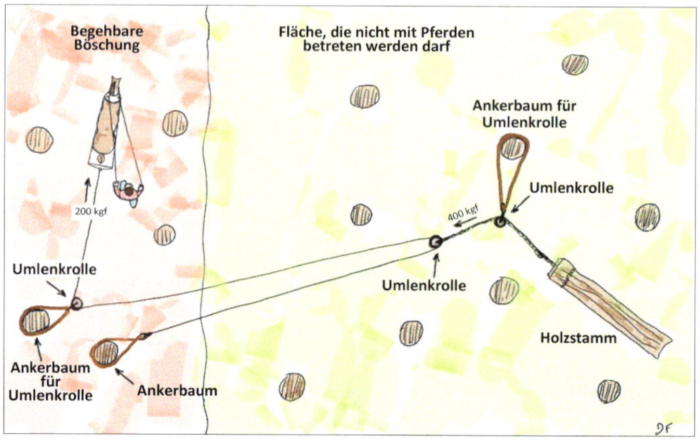

Abb.1: Beispiel für die Einrichtung der „Pferdeseilwinde".

Für diese Umlenkrollen wird eine Belastbarkeit pro Strang von 7.500 N (750 daN) angegeben, das sind etwa 750 kg. Insgesamt kann ein solches Set mit bis 4.500 daN, also ca. 4,5 t, belastet werden.

die Pferde bewegen konnten und von der aus ein Seil- und Flaschenzugsystem in den Bestand eingerichtet wurde (Abb. 1). Mehrere Personen waren notwendig, um Umlenkrollen während eines Zugvorganges zu versetzen oder zu entfernen und die Kommunikation zum Gespannführer sicherzustellen. Neben den drei Pferdeführern und den vier Pferden (je zwei Comtois und Freiberger) waren ein „Kabelträger“, der für die Koordination verantwortlich war, und drei „Aufhänger“, die für das Umhängen der Umlenkrollen zuständig waren und die Stämme Sapies begleiteten und steuerten.

Insgesamt wurden zwei 30 und 50 Meter lange synthetische Seile, ein Dutzend Rückeketten von je drei Metern Länge sowie zwei einfache und eine doppelte Umlenkrolle verwendet. Die weiteste Rückeentfernung betrug 75 Meter.
Die so aus dem Gebiet geborgenen Stämme wurden dann im direkten Pferdezug zunächst bis zu einem Waldweg gezogen und dort gesammelt. Später wurde sie – wiederum mit Pferden – zu einem kleinen Hüttendorf des Vereins an den Waldrand gezogen, dort gelagert und zu Brennholz verarbeitet.

Flaschenzug potenziert Pferdekraft

Der französische Association HIPPOTESE gehört zu den aktivsten Zugpferdevereinigungen Europas und widmet sich in besonderem Maße den Themen Gerätetechnik und Anspannung. Bei dem jährlichen Workshop zu Himmelfahrt in Montdenis im Département Savoie stehen besonders Holzrückeverfahren und Rücketechnik im Mittelpunkt. Bei dem 19. Seminar am 18. bis 23. Mai 2023 waren es zum wiederholten Mal Seil- und Flaschenzugarbeiten am steilen Hang, die in der Praxis ausprobiert wurden (Abb. 2).
Nachdem es in der Vergangenheit immer mal wieder Materialprobleme gegeben hatte, Hebegurte gerissen waren oder Zughaken aufgebogen wurden, legte man in diesem Jahr größten Wert auf professionelles, geprüftes Forst-Equipment. Zu Recht: Die Stämme, die bergauf gezogen werden mussten, waren teilweise so schwer, dass das Zugpferd an seine Grenzen kam. Seine eigene Zugkraft von geschätzten 200 kgf war bereits durch die Übertragung eines sechssträngigen Flaschenzugs auf 1.200 kgf (6 x 200 kgf) optimiert worden (Abb. 3). Durch ein weiteres Umflanschen des Zugseils konnte die Zugkraft am Ankerpunkt der Umlenkrolle schließlich auf etwa 2.400 kgf gesteigert werden (Abb. 4). Enorme Kräfte also, die sicher beherrscht werden wollen. Arbeit für menschliche und tierische Profis mit sicherer Ausrüstung!

Hippotese-Praxistag mit Seilzug in Montdenis.

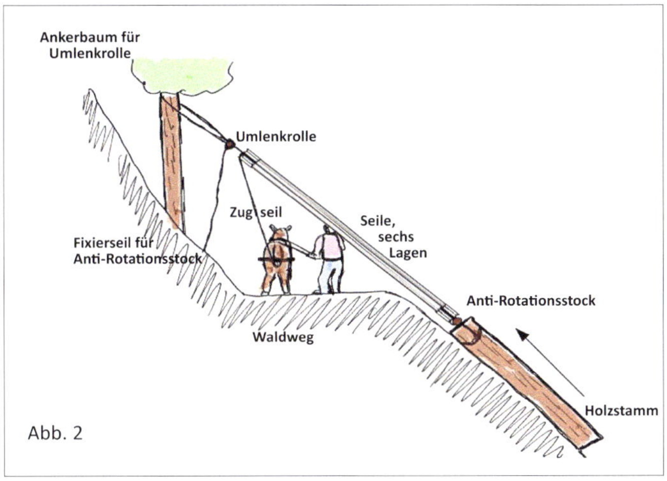

Abb. 2

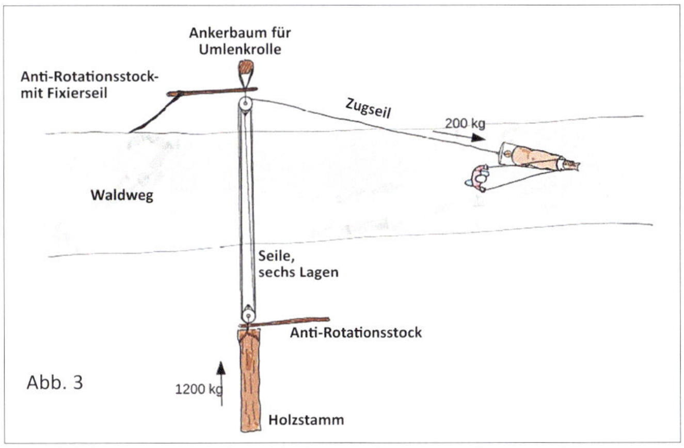

Abb. 3

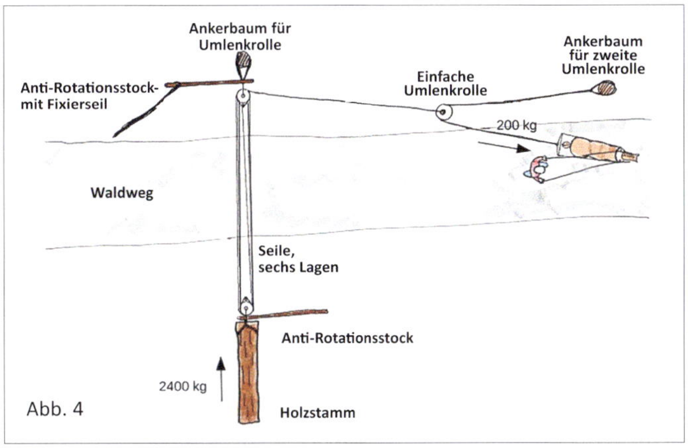

Abb. 4

Zeichnungen und Fotos:
Deny Fady, Hippotese, http://hippotese.free.fr/blog/index.php

Kranwagen - Pferdeforwarder

Der Kranwagen ermöglicht das Holzrücken mit Pferden vom Einschlagsort bis zum Abfuhrweg mit abschließendem Aufpoltern. Zeichnung: *U. Tasche, 2021*

Verfügt ein pferdegezogener Rückewagen über einen Kran als eigene Ladehilfe, erübrigt sich meist das Vorliefern, ob von Hand oder mit dem Pferd. Da diese Gespanne im Vergleich zu den üblichen Forstmaschinen selbst voll beladen nur ein extrem geringes Gewicht auf die Waage bringen und ihre Räder nicht aktiv angetrieben werden, fügt ihr Einsatz dem Waldboden bei normalen Bedingungen nachweislich keinen Schaden zu. Dies erlaubt das Arbeiten auch abseits von ausgewiesenen Rücke- und Fahrgassen, d.h. das flächige Befahren des Bestandes ist problemlos möglich.

In Skandinavien ein Standardverfahren bei der Holzrückung mit Pferden, sind in Deutschland vielleicht nur ein gutes Dutzend davon im Einsatz. Relativ hohe Investitionskosten, die Transportlogistik, aber vor allem die unsichere Auslastung bremsen bei uns die Verbreitung dieser überzeugenden und leistungsfähigen Technik.

Holzrücken in schwedischem Wald.

Dreispänner mit Kranwagen im Winter. **Foto:** Familie Carlsson

Drei ältere Aufnahmen aus dem STARKE PFERDE-Archiv:
Oben: Reinhard Jaster mit seinen Schwarzwälder Kaltblütern beim Holz laden im Bestand.

Auch für den Profi-Einsatz muss es nicht immer gleich ein teurer Hydraulik-Rückewagen sein. Das Verladen mit Kran und Seilwinde dauert zwar etwas länger, ist aber immer noch höchst komfortabel gegenüber dem ansonsten üblichen Verladen von Hand. Solche Fahrzeuge gibt es auch mit Elektroseilwinde.

Der Schwede Jan Bång aus Gislaved vor einem von ihm angelegten Holzpolter. Bis zu drei Festmeter Holz können seine Schweden-Ardenner mit dem Kranwagen auf einmal transportieren.

Aus:
STARKE PFERDE Nr. 18, 2001

Im Einsatz bei den Berliner Forsten:

Der Öko-Forwarder

Von Erhard Schroll

Besonderes Aufsehen und Aufmerksamkeit erregte auf der KWF-Tagung 2001 in Celle ein Verfahren, welches von der IGZ in Zusammenarbeit mit der Berliner Forstverwaltung präsentiert wurde*:
Der Einsatz eines mit Kran ausgerüsteten Rückewagens, der von Pferden gezogen wird.
Dieser „Öko-Forwarder" ist in deutschen Wäldern bisher nur selten zu sehen, gehört aber in Schweden mittlerweile zur Standardausrüstung professioneller Pferderücker.
Kaum ein Gerät hat die Gemüter in Celle mehr erregt und sehr extrem waren die Reaktionen der Fachbesucher. Während die einen sehr positiv erstaunt auf das Gezeigte reagierten, erzeugte es bei den extrem Großtechnik gläubigen Forstleuten offensichtlich Ängste, die sich in aggressiven, abwertenden Äußerungen widerspiegelten. Um eine „Spielerei", wie in Celle öfter gehört, handelt es sich bei diesem Geräteeinsatz allerdings bestimmt nicht! Es hat schon handfeste Gründe, warum sich die Berliner Forstverwaltung für dieses leistungsfähige und schonende Verfahren entschieden hat.

Das „Berliner Verfahren"

Beim Berliner Verfahren werden Stamm-Abschnitte, die im motor-manuellen Arbeitsverfahren eingeschlagen wurden, mit einem pferdegezogenen Kurzholzwagen endgerückt. Der in Schweden von der Firma Julsgard entwickelte Wagen wird von zwei Pferden gezogen und ist mit einem 5 PS Honda-Motor ausgerüstet, mit dessen Hilfe die Hydraulikpumpe für einen aufgebauten Kurzholzladekran betrieben wird.
Das Verfahren wird hauptsächlich im Schwachholz angewendet (max. Hubkraft des Kranes von 300 bis 500 kg, je nach Auslage). Dabei werden bei der motor-manuellen Aufarbeitung in den schwächeren Sortimenten (1 bis 3 m) Rauhbeigen von fünf bis sechs Stück gebildet. In den stärkeren Sortimenten (bis 6 m) werden mit dem Kran geeignete Lasten gebildet oder die Abschnitte einzeln aufgeladen. In Erstdurchforstungen werden aufgrund der Bestandsdichte die Abschnitte mit einem Pferd an die Rückegasse vorgerückt.
Das Pferdegespann bewegt sich mit dem Kurzholzwagen entweder im Bestand oder auf dafür vorgesehenen Rückegassen. Hat der Gespannführer eine genügend große Last gebildet

Zum Gerät:

Technische Daten des Berliner Gerätes:

Hersteller:	Julsgard/ Schweden
Anschaffungskosten:	23.000 DM (1994)
Alter:	7 Jahre
Antrieb	
Hydraulikkran:	5 PS Honda-Motor
Vorderachse:	Achsschenkellenkung
Hinterachse:	Pendelachse
Gewicht:	800 kg
Breite:	160 cm
Länge inkl. Gespann:	8 m
Hubkraft:	300-500 kg
Max. Auslage:	350 cm
Tragkraft:	4 rm (Nadelholz)
Holzlängen:	1 bis 6 m
Reparaturkosten:	2.500 DM
Anspannung:	2 Pferde à ca. 800 kg

(im Nadelholz bis zu vier Raummetern/ rm), wird der Bestand verlassen und an der Waldstraße für die LKW-Abfuhr gepoltert. Die durchschnittliche Rückeentfernung liegt bei 200 m.
Die max. Rückeentfernung sollte nur in Ausnahmefällen 350 m überschreiten.

Warum Kurzholzrückewagen im Berliner Wald?

Die kleinstrukturierten und mehrschichtigen Waldbestände Berlins erfordern den Einsatz von angepasster Kleintechnik. Mit deren Hilfe kann wirksam auf waldbauliche Besonderheiten bei der Durchforstung Rücksicht genommen werden. Schäden am verbleibenden Bestand hängen in erster Linie von der Sorgfalt des Gespannführers ab.
Der Rückung durch Pferde sind Grenzen gesetzt, d.h. die Rükkung kann nur unter günstigen Bodenvoraussetzungen erfolgen (Wasserhaushalt). Dies wirkt sich bestandesschonend aus und führt zur Vermeidung großer Fahrschäden.
Im Gegensatz zu Großmaschinen, die mit ihren teilweise über 40 Tonnen den Waldboden nachhaltig verdichten, bringt der Pferde-Forwarder gerade mal knapp drei Tonnen auf die Waage. Zudem entfällt der für den Erhalt der Bodenstruktur so schädliche Schlupf durch die Antriebsräder. Die Hufspuren der Pferde stellen keine ernst zu nehmende Beeinträchtigung des Bodens dar (z.B. Walker, A. 1994).

Forstwirtschaftsmeister Mielke, Berlin: *„Bei uns dürfen die Bestände großflächig nicht befahren werden, wie oft in anderen Forsten. Es muss alles vom Rückegassennetz aus geschehen. Das heißt, dass in den meisten Fällen das Kurzholz, das bei uns eben sehr viel anfällt, mit den Pferden auch vorgeliefert und mit dem Kurzholzrückezug dann auch an den LKW-fähigen Weg transportiert wird, was sehr bestandesschonend ist. Gerade bei uns in der Großstadt, im Erholungswald, hat dies eben doch seine Vorteile. Wir haben große Maschinen gehabt, die wir wieder abgeschafft haben, weil die Kosten durch Unterhalt und lange Standzeiten einfach zu hoch waren im Gegensatz zu diesen Pferdezügen. Mittlerweile haben wir einen zweiten Pferdezug angeschafft und wir sind eigentlich sehr zufrieden damit, auch mit dem Kosten-Leistungs-Verhältnis und wir werden sie auch weiterhin einsetzen."* Auch die Sensibilisierung der Berliner gegenüber Fragen des Umganges mit der Natur spielt beim Einsatz des Verfahrens, laut Mielke, eine Große Rolle.
„Man würde uns auch mächtig auf die Füße treten, wenn wir da noch weiterhin mit schweren Maschinen den Wald befahren würden. Von daher, denke ich, hat es zumindest hier bei uns, Zukunft."

Neben den genannten spielen auch andere Gründe eine Rolle, die für den Einsatz des Verfahrens in Berlin sprechen.
Pferde werden in den stadteigenen Wäldern schon lange eingesetzt, überwiegend zum Vorliefern von Holz, aber auch z.B. zum Roden von Traubenkirschen. Die Stadt Berlin besitzt eigene Arbeitspferde. Der Kurzholzwagen bietet eine zusätzliche Möglichkeit, die Pferde besser auszulasten und gleichzeitig ihren Einsatz zu optimieren.
Mit Hilfe des Rückewagens kann in der Regel ab der zweiten Durchforstung auf das Vorrücken verzichtet werden.

Die Bestände sind sehr vielschichtig und es werden in der Regel keine großflächigen Holzerntemaßnahmen durchgeführt. Der Holzanfall pro Maßnahme ist entsprechend gering und es lohnt sich daher oft auch kein Unternehmereinsatz.
Etwa 40 Prozent der Bestände sind unterbaut, so dass auch im Altholz nur wenig Platz für Maschinen vorhanden ist. Auch möchte man eine Zerschneidung der Bestände im Erholungswald durch Rückegassen möglichst vermeiden. In der Praxis werden diese von Erholungssuchenden als Wege angenommen und führen so zu einer ständigen Störung in den Waldbeständen.

Leistung

Die durchschnittliche Tagesleistung liegt bei 30 rm Nadelholz in 5,5 GAS (Gespannarbeitsstunde); im Laubholz ist die Leistung wegen des größeren spezifischen Gewichts etwas geringer. Bei einer max. Beanspruchung des Gespanns bis zu sieben GAS ist eine durchschnittliche Tagesleistung von 40 rm (= 28 Festmeter) möglich. Diese Zahlen aus der Berliner Praxis decken sich weitgehend mit den Werten, wie sie aus Schweden bekannt sind (Sidbäck, 1993), wobei dort die Rückeentfernungen oft erheblich größer sind.
(Schwedische Pferderücker haben mit dieser Leistung - ca. 30 fm/Tag, komplett endgerückt am Weg - ein recht gutes Einkommen, und die Ausgaben für das Gerät haben sich in relativ kurzer Zeit amortisiert.)

Ergonomie

Es treten keine einseitigen Arbeitsbelastungen auf, da der Arbeitsablauf ständig neue Arbeitshaltungen ermöglicht. Sehr Rücken schonend wirkt sich aus, dass der Gespannführer nicht sitzt, sondern frei oder angelehnt auf dem Wagen steht. Störend wirkt sich das Motorengeräusch aus. Der Motor wird nur angestellt, wenn der Kran in Einsatz kommen soll. In der übrigen Zeit und während der Fahrten ist er ausgeschaltet. Der Geräuschpegel liegt während des Betriebes bei 82,6 db. Deshalb empfiehlt sich das Tragen von Gehörschutz, da der Wert nahe dem in den Sicherheitsrichtlinien festgelegten Grenzwert von 85 db liegt.

*Das Engagement der IGZ auf der KWF-Tagung, die Produktion von Faltblättern zu den einzelnen Arbeitsverfahren sowie eines Videos, wurden gefördert durch die **Robert-Bosch-Stiftung**.

Thomas Enrin ist Mitglied der schwedischen Zugpferdeorganisation „Sveriges Hästkörare“ und bietet im Rahmen seines Unternehmens Pferdearbeiten als Dienstleistung in der Land- und Forstwirtschaft an. Im Folgenden berichtet er, wie er auf die Idee kam, Schwachholz und Buschwerk zu ernten, um dieses dann als Hackschnitzel zu vermarkten.

Forstunternehmer Thomas Enrin steuert den Kran mit der kombinierten Fäll- und Greifzange, während seine beiden Nordschwedischen Pferde ruhig und geduldig warten, bis sie wieder am Zuge sind.
Fotos: Firma Enrin

Mechanisierte Holzernte von Schwachholz nur mit großen Maschinen?

Erster Pferdeharvester im Einsatz

Von Thomas Enrin
(Übersetzung: Hjalmar Göransson und Erhard Schroll)

Ist die mechanisierte Holz-ernte von Schwachholz nur etwas für große Maschinen? Mit dieser Frage habe ich mich lange Zeit beschäftigt und mir gedacht, es müsse doch einen Markt geben, solche Arbeiten auch mit kleinerer Technik durchzuführen, vor allem entlang von Feldrändern und Gräben. Nach einigen Überlegungen und Kalkulationen sowie intensiven Diskussionen mit Stefan Hjulsgård von der Firma SJM, habe ich letztlich beschlossen, mir von SJM einen Pferdeforwarder miteinem Ernteaggregat ausrüsten zu lassen. Mein Gedanke war (und ist es), damit in der Lage zu sein, Gebüsch, Strauchwerk und auch kleinere Bäume auf den Stock zu setzen und als „Bezahlung“ für die Arbeit das anfallende Material behalten und als Hackschnitzel verkaufen zu können. Das funktioniert natürlich nur ab einer gewissen Holzstärke und ich muss herausfinden, wo genau die Grenze liegt, damit das Ganze profitabel ist.

Bis jetzt habe ich - ein Jahr nach der Anschaffung des Forwarders - noch keinen Auftrag entsprechend meiner ursprünglichen Idee in „Reinform“ ausgeführt.

Entweder habe ich die Arbeiten in Mischform zusammen mit der Motorsäge verrichtet oder den Wagen nur als Forwarder benutzt. Aber ich hoffe, die nahe Zukunft wird zeigen, ob meine Idee wirklich nachhaltig ist.

Nun zur Technik: Bei dem Forwarder handelt es sich um das größte Modell der Firma SJM, allerdings nicht mit der größtmöglichen Bereifung. Er ist 1,95 Meter breit und mit einem extra Paar Rungen ausgestattet, um damit Buschwerk und Äste besser transportieren zu können.

Bei dem Kran handelt es sich um ein Modell der Firma Vimek mit 4,20 m Reichweite und 300 kg Hubkraft.

An dessen Rotator kann wahlweise eine reguläre Holzzange

Die Reichweite des Krans reicht aus, um Gebüsch und dünne Baume vom Weg aus bequem zu erreichen.

Mit dem Greifer werden die einzelnen Triebe der Hecke gepackt und beim Schließen der Zange automatisch abgeschnitten.In einem Arbeitsgang kann dann das Schnittgut zur Ladefläche manövriert werden.

oder der kombinierte Fällgreifer Nisula 155e montiert werden. Diese beiden Varianten erfordern keine extra Hydraulikanschlüsse, da das Schneidwerk mit denselben Anschlüssen wie die Holzzange mit dem Kran verbunden werden kann.

Die Neigung des Schneidwerkzeugs erfolgt druckgeregelt. Ist der Greifer mit dem Messer weit geöffnet, klappt er hoch und nimmt eine Position parallel zum Boden ein. Ist er geschlossen, klappt er nach unten, wie auf den Fotos zu erkennen ist. Das Messer selbst ist fest montiert und besitzt keine beweglichen Teile. Beim Schneidevorgang pressen die Klauen des Greifers das Material mit Kraft gegen die Messerschneide und trennen es so durch. Laut Hersteller können damit Stämme bis zu 15 cm Stärke abgeschnitten oder durchtrennt werden.

Der Kran wurde so umgebaut, dass sein Aktionsradius im Nahbereich so erweitert wurde, dass es nun möglich ist, mit der Zange der Schneideinheit bis unmittelbar an das Frontgitter zu greifen, was bei der Standardausführung des Kranes nicht möglich ist. So kann das Abschneiden und das Laden in einem Arbeitsvorgang verrichtet werden, ohne mit der Zange umgreifen zu müssen.

Bei dem Motor handelt es sich um einen Briggs & Stratton Vanguard, der mit 18 PS etwas leistungsstärker ist als der sonst auf einem Forwarder verwendete Motor. Der Grund dafür liegt darin, dass der Fällgreifer mit mehr als 200 bar einen höheren Hydraulikdruck benötigt, um optimal zu funktionieren. Dieser höhere Druck wird erreicht, indem man den Motor mit zwei unterschiedlichen Drehzahlen laufen lassen kann. Die normale Drehzahl reicht völlig aus für alle Kranbewegungen. Wird beim Schneidevorgang einen höherer Druck benötigt, wird mit Hilfe einer Magnetspule und eines elektronischen Wechselschalters in der Hydraulikeinheit des Hydraulikhebels der Motor automatisch auf höchste Umdrehungszahl gebracht.

Für den Transport von Buschwerk wurde der Rückwagen mit einem Extra-Rungenpaar ausgestattet (links).

Auch die Reichweite des Krans im Nahbereich wurde erweitert. Um das Astwerk ohne umzugreifen aufladen zu können, muss der Greifer bis unmittelbar an das vordere Prallblech positioniert werden können (rechts).

Detailaufnahme des Schneidaggregats mit Greifern und Messer.

__Erstveröffentlichung__ in der schwedischen Zeitschrift „Moderna Hästkrafter", Jahrgang 21, Nr. 1, 2018

***Kontakt:** Thomas Enrin*
Tel. +46-73-373 33 05
thomas@holam.se

Thomas „Langbart" Carlsson.
Foto: Erhard Schroll

Low- und Hightech in einem Gespann

Der Schwede Thomas Carlsson setzt bei der Holzernte auf Pferde und moderne Technik

Von Lars-Göran Göransson und Erhard Schroll,
Fotos: Jenny Göransson

Thomas Carlsson ist Bauer und Pferdemann in Halland, einer Landschaft südlich von Göteborg im südwestlichen Schweden. Sein langer, weißer Bart ist so etwas wie sein Markenzeichen - in der Arbeitspferdeszene des Landes kennen ihn alle unter dem Spitznamen „Thomas Langbart". Er gehört zu den wenigen in Schweden, die bei der Pferdearbeit auf Belgier setzen. Er setzt diese schweren Tiere im Forst, aber auch zuhause in der Landwirtschaft ein, und eines seiner Hobbys ist das Pflügen, besonders das Wettbewerbspflügen. Im letzten Sommer hat er die schwedische Farben bei der Europameisterschaft in Dänemark vertreten und dort den siebten Platz errungen.
Im Winter arbeitet er viel im Wald, verrichtet Holzfällarbeiten und rückt Holz mit seinen Arbeitspferden und einem hydraulischen Kranwagen. Bei dem Wagen handelt es sich um einen MOWI- Rückeanhänger der schwedischen Firma FTG Cranes AB, der eigentlich für den Schlepperzug gedacht ist. Carlsson hat eine Vorderachse und Fahrerplattform montiert und den Wagen für den Pferdezug umgebaut. Er ist nun zwei Meter breit, 5,50 m lang und wiegt mit Kran unbeladen etwa 2.400 kg. Das ist auch der Grund, weswegen er beim Holzrücken gewöhnlich drei Pferde davorspannt.
Der Original-MOWI-Kran hat eine Reichweite von 5,20 m und bei voller Auslage noch eine Hubkraft von 400 kg. Der Mindestölbedarf beträgt zwischen 20 und 25 Litern pro Minute, die dafür benötigte Hydraulikanlage bezieht ihre Energie von einem 24 PS-Benzinmotor.
Der Motor geht nur dann in Betrieb, wenn die Hydraulik benötigt wird, also nur beim Be- und Entladen. Die Vorwärtsbewegung des Fahrzeugs geschieht fast ausschließlich durch die Kraft der natürlichen Pferdestärken an der Deichsel. Nur im Notfall, wenn sich das Gespann einmal festgefahren haben sollte, kann Carlsson über eine hydraulische betriebene Anpresswalze die Räder der Hinterachse antreiben und so den Pferden eine „Schubhilfe" geben.

Insgesamt spart diese Technik zum einen enorm viel Kraftstoff und ist zum anderen gleichzeitig sehr bodenschonend, da der für die Bodenstruktur besonders destruktive Schlupf der Antriebsräder in der Regel ausbleibt und die Folgen durch die Trittspuren der Pferde von den Bodenorganismen rasch wieder regeneriert werden. Ein Grund, warum Carlssons Dienste besonders in Naturschutzgebieten nachgefragt werden.

Halland ist bekannt für seine hier heimischen Buchenwälder, die seit Jahrtausenden hier ihren natürlichen Standort haben. Die Durchmischung dieser Laubholzbestände mit mehr Gewinn versprechenden Wirtschaftsbäumen im letzten Jahrhundert haben diese einmalige Waldlandschaft zunehmend gefährdet. Heute versucht man, die standortfremden Baumarten durch forstliche Maßnahmen wieder zurückzudrängen (siehe hierzu auch den Beitrag auf Seite 50).
Carlsson hat gemeinsam mit einem Holzfällertrupp den Auftrag bekommen, aus einem Mischbestand die Fichten zu entnehmen, aufzuarbeiten und abzutransportieren.
Die verbleibenden Buchen und Eichen sollen bei dieser Maß-

Unten: Das Gespann wurde hier nur scheinbar in eine Sackgasse manövriert. Umsichtiges und vorausschauendes Arbeiten ist aber unabdingbar

nahme gefördert und daher auch besonders geschont werden.
Damit das Ganze wirtschaftlich vertretbar und er konkurrenzfähig bleibt, hat der Fuhrmann seinen Kranwagen mit einem Impulsprozessor, einem hydraulischen Schub-Entaster der finnischen Firma Kesla, ausgerüstet. Die 24 PS des Kranwagenmotors reichen aus, um auch dieses Aggregat damit zu betreiben. Der Umbau ist relativ unkompliziert und Carlsson benötigt gerade mal 20 Minuten, um aus dem Rückewagen eine Aufarbeitungsmaschine zu machen.

Im Bestand fällen die Waldarbeiter die Bäume dann so, dass er sie mit dem Greifer des Kranes erreichen und sie als Ganzbäume dem Aufarbeitungsaggregat zuführen kann. Bis zu 35 cm dürfen die zu entastenden Stämme dick sein, die von einem Holzgreifer fixiert, mit Hilfe eines Hydraulikstempels durch die Entastungsmesser gezogen werden und dort von einer eingebauten hydraulischen Säge auch gleich auf die gewünschte Länge eingeschnitten werden.
Mit höchster Konzentration bedient Carlsson von der Fahrerplattform aus die zahlreichen Steuerhebel für die verschiedenen Funktionen des Prozessors und des Kranes, während die Pferde - trotz des Lärms - offenbar entspannt vor sich hin dösen. Ein Zweispänner ist es nur, den er für diese Arbeit benötigt. Angespannt hat er den sechsjährigen Hengst Orlando und den 13-jährigen Wallach Rabby.
Die Zugkraft der beiden schweren Belgier reicht aus, um den Kranwagen mit dem zusätzlich 550 kg wiegenden Aufbauprozessor über die Rückegassen zu ziehen.

Der laufende Motor, das Jaulen der Hydraulik, die kreischenden Geräusche der Säge, das laute Brechen der Äste, aber auch die ganzen Bäume, die in ihrer unmittelbaren Nähe vom Kran herumgeschwenkt und manövriert werden, können die beiden Kaltblüter nicht aus der Ruhe bringen. Sie sind an eine solche Kulisse gewöhnt und haben gelernt, dass ihr Fuhrmann dafür sorgt, dass ihnen nichts passiert.

Wenn alles aufgearbeitet ist und die fertigen Stammholzabschnitte links und rechts der Fahrgasse abgelegt sind, erfolgt in einem zweiten, zeitlich entkoppelten Arbeitsschritt der Abtransport. Dazu wird dann der Prozessor wieder abgebaut und der Kranwagen wieder seiner ursprünglichen Funktion zugeführt. Die Zugvorrichtung wird auf Dreispänner umgebaut und ein drittes Pferd dazugespannt.
Für professionelle Pferderücker in Schweden ist die Arbeit mit einem solchen hydraulischen Kranwagen standard. In der Regel handelt es sich dabei um serienmäßig hergestellte Fahrzeuge, die weniger Gewicht und einen kleineren Motor haben und von zwei Pferden gezogen werden. In Deutschland ist ihr Einsatz als „Berliner Verfahren“ bekannt.

Der gelbe Greifer mit integriertem Schneidwerk (rechts) zieht den Stamm nach rechts durch die Entastungsmesser. Er muss dabei immer wieder umgreifen und neu ansetzen, bevor der Stamm in gewünschter Länge abgeschnitten wird.

Oben: Carlsson muss gleich zwei Steuerhebelblöcke beherrschen: einen für den Kran und einen für den Prozessor.

Pferd und Forstmaschine

Seilschlepper beim Endrücken von mit Pferden vorgelieferten Fichtenstämmen.
Foto: Josef Gutsmiedl

Ganz ohne Maschinen geht es auch beim Pferdeeinsatz in der modernen Forstwirtschaft nur selten. Leistungs- und Kostendruck sind hoch, die Holzpreise niedrig und die auf dem Markt realisierbaren Rücketarife bescheiden. Die ökologische Leistung der Pferdearbeit und seine damit verbundenen, langfristig auch ökonomischen Vorteile werden nicht honoriert. Um wirtschaftlich überleben zu können, muss ein Pferde-Rückeunternehmen in der Regel die Zusammenarbeit mit einem Maschinenunternehmen suchen oder sich selbst zusätzlich motorisieren.
Der Kompromiss: das Pferd im Bestand, die Maschine auf Wegen und ausgewiesenen Gassen.

Pferde schonender Maschineneinsatz – Boden- und Bestand schonender Pferdeeinsatz

Der Maschineneinsatz bringt für den Pferdeeinsatz durchaus auch Vorteile und ermöglicht einen schonenden Einsatz der Pferde ganz im Sinne des Tierschutzes. Gefährlicher Einsatz im Sturmholz oder extrem schwere Arbeiten wie das Ziehen von Starkholz oder der Transport von Stämmen über große Entfernungen auf Wegen oder Fahrgassen: Aufgaben, die zwar mit Pferden verrichtet werden können, aber nicht nur aus Gründen der Wirtschaftlichkeit heute kaum vertretbar sind.
Dabei darf die Pferdeschonung durch den Maschineneinsatz natürlich nicht so weit ausgelegt werden, dass die Pferde überhaupt nicht mehr zum Zuge kommen. Ihre Stärken liegen ökologisch – in vielen Fällen auch wirtschaftlich – in der Boden-, Flora- und Fauna schonenden Feinarbeit im Bestand und in der Überwindung kurzer Distanzen. Die Stärken der Maschinen liegen dagegen beim Transport schwerer Lasten auf Wegen und Gassen über größere Entfernungen, bei Sicherungsarbeiten und beim Poltern.

Der Pferdeeinsatz kann erfolgen:

- zeitlich gelöst von der Maschine
- zeitgleich gekoppelt

Günstige Voraussetzungen hat ein Unternehmer, der sowohl über Pferde als auch über einen Schlepper verfügt, da er abwägen kann, wo und wie er welches „Rückemittel" am effektivsten einsetzen kann. Wird ein teurer Schlepper gekoppelt zum Pferderücken eingesetzt, erfordert dies zusätzliches Personal, wobei der Zwang zur Auslastung weiter verschärft wird. Pferd und Maschine sind sehr gut aufeinander abzustimmen. Wie viele Pferde zum Vorrücken eingesetzt werden müssen, um eine Maschine auszulasten, hängt von folgenden Dingen ab:

- Der Maschinenkapazität
- den Einsatzbedingungen
- der Holzerntemasse
- den Sortimenten
- den betrieblichen Verhältnissen des Rückeunternehmers
- dem Erschließungsgrad

Arbeitsorganisation

Wichtig für den Erfolg eines Pferdeeinsatzes im Rahmen einer Holzerntemaßnahme ist die gründliche Planung und Organisation und eine gute Abstimmung zischen allen daran beteiligten Personen.
Die Rückegassen müssen gut sichtbar gekennzeichnet sein, bei großen Gassenabständen ggf. auch die Rückescheiden. Dies ist wichtig sowohl für die Waldarbeiter bei der Fällung, als auch später für den Pferderücker zur Orientierung.

Die Waldarbeiter müssen vor Einschlagsbeginn über die geplante Pferderückung informiert sein und vom Einsatzleiter genaue Anweisungen für ihre Arbeit erhalten:
Vorgabe der Fällordnung;
Fällkerbe und Fällschnitte sind tief anzusetzen zur Vermeidung hoher Stöcke;
Astansätze, Wurzelanläufe oder auch Waldbärte müssen entlang der Stammwalze glatt abgeschnitten werden;
ggf. im Bestand verbleibende, quer liegende Stämme oder grobe Äste durchschneiden;
im Schwachholz manipulierbare Stämme oder Abschnitte sollen von Hand vorkonzentriert werden, ein Mehraufwand der natürlich entsprechend vergütet werden muss.

Vorrücken von Buchen-Schwachholz an einen Waldweg. Der Fahrer eines Zangenschleppers ist gerade mit der Lastbildung beschäftigt.

Forwarder mit ausgelegtem Kran am Polterplatz.

Vor Arbeitsaufnahme sollte eine gemeinsame Bestandsbesichtigung von Einsatzleiter und Pferderücker durchgeführt werden. Dem Pferderücker sollten Hinweise gegeben werden auf eventuelle Problemzonen wie unüberwindbare Gräben, Feuchtgebiete, Geländeverwerfungen, usw.
Er muss eine genaue und detaillierte Auftragsbeschreibung bekommen:
Angabe, für welche Maschine vorgerückt werden soll: Seilschlepper, Zangenschlepper oder Forwarder und ggf. Angabe der Kranreichweite; Vorgabe der Rückerichtung, Angaben zu Sortierung und Größe der Vorlasten.
Die einzelnen Sortimente müssen für ihn dabei deutlich zu unterscheiden sein, z. B. durch farbliche Markierungen.

Einschlags-, Maschinen- und Pferdeeinsatz-Planung

Beginnt der Pferderücker mit seiner Arbeit bereits, wenn die Waldarbeiter - in sicherem Abstand natürlich - noch am Fällen sind, kann er von ihnen rasch und unkompliziert zum Ziehen von Hängern herbeigerufen werden. Auch das Problem eventueller Alleinarbeit kann so geschickt gelöst werden.

Es gibt Bestände, in denen es sinnvoll ist, zuerst mit der Maschine „Platz zu schaffen", d.h. Wege und Rückegassen frei zu rücken und alles, was gut erreichbar ist, abzutransportieren. Die wirtschaftliche Leistung von Pferden, die auf den Gassen oder Wegen Stämme hin und her rangieren, um sich Platz zu schaffen, ist trotz der geringen Rückeentfernung von (theoretisch) null Metern ebenfalls Null – ineffektiv, teuer, überflüssig!

In anderen Beständen – zum Beispiel mit geringem Hiebsanfall – ist es oft sinnvoller, zuerst mit den Pferden vorzuarbeiten und die Maschine erst später einzusetzen.

Oft ist auch die gleichzeitige Anwesenheit von Pferd(en) und Maschine zu bevorzugen; etwa bei hohem Hiebsanfall und unterschiedlich stark dimensionierten Holzsortimenten.

Ziel muss immer eine optimale Auslastung sowohl der Pferde als auch der Maschine sein. Leerlauf, unnötige Wartezeiten oder „Beschäftigungstherapien" durch uneffektive Arbeiten müssen vermieden werden, wenn der Pferdeeinsatz wirtschaftlich sein soll.

Verfahrensbeispiele Pferd und Maschine

Das Rücken von Langholz

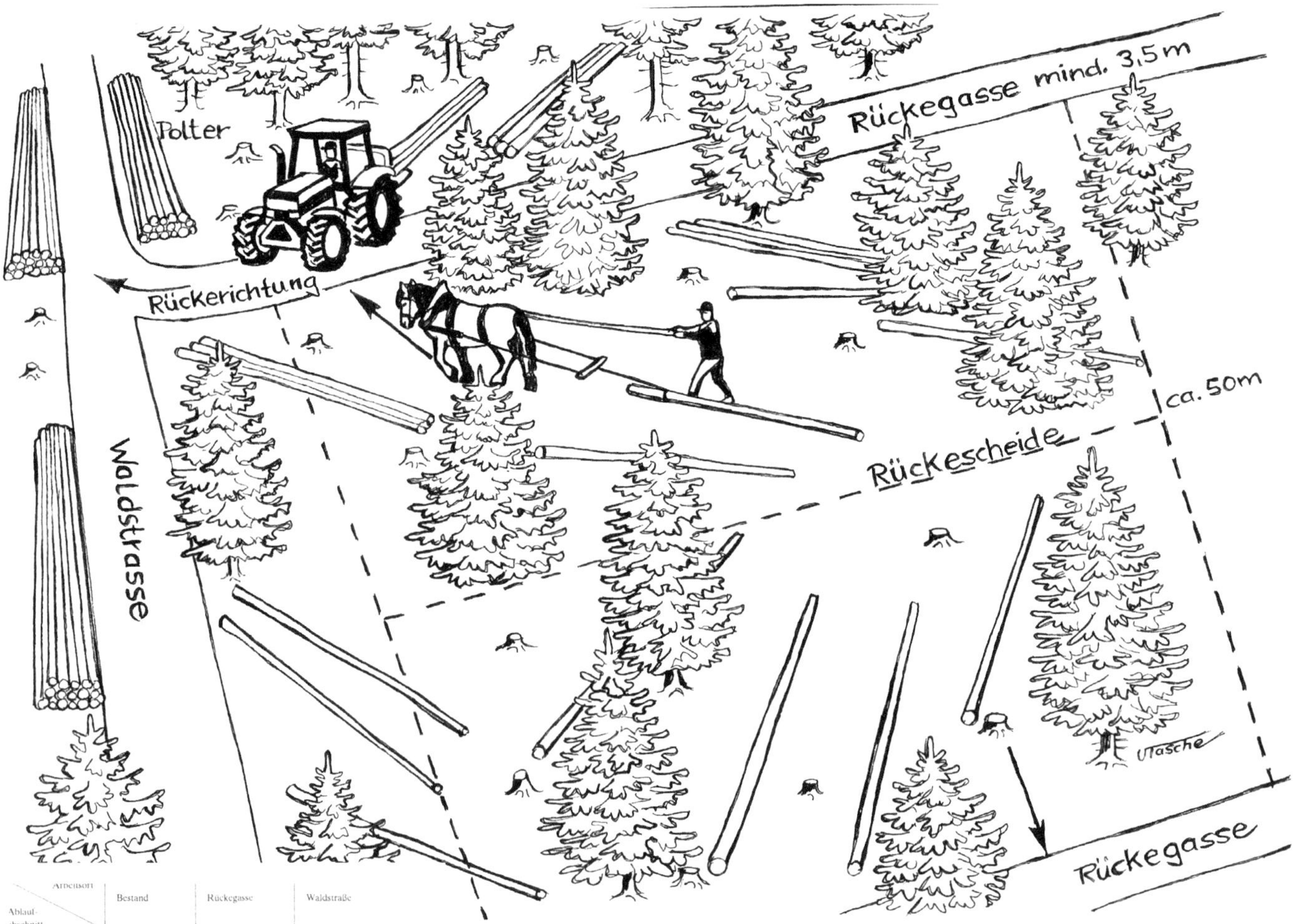

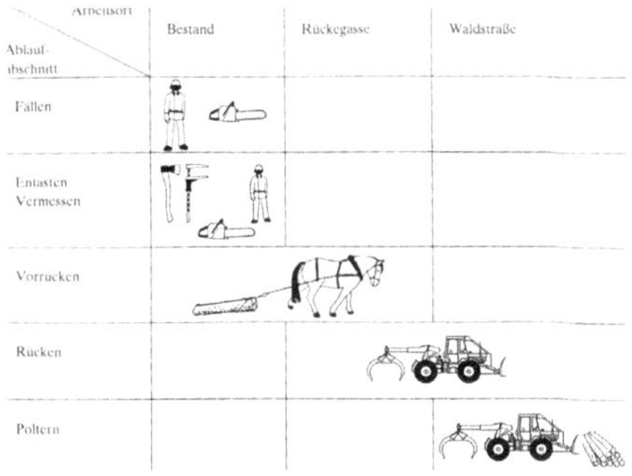

Je länger die Aushaltung der Stämme ist, umso schwerer lassen sie sich im Bestand rangieren und zwischen den verbleibenden Bäumen hindurchfädeln, ohne deren Rinde zu verletzen. Umso wichtiger ist daher die konsequente Einhaltung der vorgegebenen Fällrichtung durch die Waldarbeiter.
Je näher an der Gasse, umso spitzwinkliger, je weiter, umso rechtwinkliger zur Gasse hin muss das Holz gefällt werden. Der Pferderücker soll so in die Lage versetzt werden, die Stämme ohne großes Rangieren auf kürzestem Wege an die Gasse vorzurücken, wo sie von der nachfolgenden Maschine problemlos aufgenommen und ohne die Randbäume zu verletzen auf die Gasse eingeschwenkt werden können. Wird für einen Seilschlepper oder einen Schlepper mit Dreipunkt-Rückezange vorgeliefert, muss sehr exakt gearbeitet werden, da Seilwinde und Polterschild, bzw. Zange, dem Fahrer nur wenige Möglichkeiten bieten, das Holz noch selbst zu rangieren. Auch das Zusammenstellen großer Lasten mit getrennten Sortimenten gestaltet sich für ihn recht aufwändig. Die Stämme und Vorlasten müssen daher mit dem Pferd nach Sortimenten getrennt und bündig auf der Gasse oder fischgrätenartig an der Gasse abgelegt werden.

Ist ein Zangenschlepper mit Rückekran für die Endrückung vorgesehen, kann etwas großzügiger vorgerückt werden. Mit dem Kran ist der Maschinenführer in der Lage, Stämme hin und her zu schieben und sie auch im großen Bogen auf die Gasse einzuschwenken. Um Lasten schnell zusammenstellen zu können, muss der Pferderücker aber dafür sorgen, dass der Fahrer von seinem Sitz aus die einzelnen Sortimente gut unterscheiden kann.

Bei durchschnittlichen Stückmassen bis zu 0,4 fm wird in der Regel einspännig, bis 0,7 fm zweispännig gearbeitet. Zum Einsatz kommen dabei gewöhnlich Kette oder Rückezange. Bei größeren Stückmassen oder weiten Rückeentfernungen bieten sich die Verwendung von Rückewagen oder -schlitten an.

Was direkt möglich ist, wird von den Pferden gleich zum Polter gezogen und braucht von der Maschine dann nur noch zusammengeschoben zu werden.
Fotos: Steffen Schmidt

Pferde im starken Holz

Diplomarbeit an der Fachhochschule Hildesheim/Holzminden untersucht die Wirtschaftlichkeit und Bestandespfleglichkeit

aus:
STARKE PFERDE Nr. 15, 2000,
mit aktualisierten Kostenangaben in Euro.

Von Steffen Schmidt

Schwerpunkt der Pferdearbeit im Wald ist für gewöhnlich der Einsatz im schwachen oder mittelstarken Holz. Eine Untersuchung im Rahmen einer Diplomarbeit an der Fachhochschule Hildesheim/Holzminden belegt die Wirtschaftlichkeit des Pferdeeinsatzes auch im stärkeren Holz.

Zweispännig wird das Holz aus dem Bestand an die Rückegasse, bzw. an den Waldweg vorgerückt.

Vorgeliefertes Holz am Waldweg, ideal abgelegt, um mit der Rückezange einer Forstmaschine weitertransportiert zu werden - hohe Rückeleistung garantiert!

Gegenstand der Untersuchung von Steffen Schmidt war das von der Firma Weil, Banfe, angewandte kombinierte Rückeverfahren mittels Gespann und Zangenschlepper, das so genannte „Wittgensteiner Verfahren".

Die Firma Weil ist ein Betrieb im bergigen Süden Nordrhein-Westfalens, der bereits über eine mehr als 40-jährige Erfahrung als Holzrückebetrieb verfügt.
Ausgerüstet mit derzeit drei Forstmaschinen und fünf Arbeitspferden bewegen der Betriebsleiter Richard Weil und seine beiden Brüder pro Jahr fast 30.000 Festmeter Holz. 30 bis 40 Prozent hiervon, also 9.000 bis 12.000 fm, werden jedes Jahr mit den eigenen Pferden des Unternehmens vorgerückt.

Die Pferdearbeit wird ein- und zweispännig durchgeführt und in der Regel wird mit Ortscheit oder Spielwaage und entsprechenden Zugketten gearbeitet.
Die Leistungsfähigkeit der Gespanne ist stark abhängig von der Hangneigung. Im flacheren Gelände können Stämme mit einem Volumen von max. 1,5 fm vorgerückt werden. In Hanglagen dagegen können größere Lasten vorgerückt werden (Spitzenlast der Weils: 3,5 fm Stückmasse!).

Für spezielle Einsätze im dickeren Holz verfügt die Firma über einen Rückewagen mit dem Stämme bis zu einer Stückmasse von 2 fm pferdeschonend bewegt werden können. Bei dem Wagen handelt es sich um einen Nachbau des „Käppeler-Rückewagens".
Mit Hilfe einer mechanischen Hebevorrichtung werden die angehängten Stämme angehoben und sind, durch den dann geringeren Reibungswiderstand, für die Pferde wesentlich leichter zu ziehen.

Das Arbeitsverfahren

Die durchschnittliche Stückmasse in den untersuchten Beständen lag bei ca. 1,0 Efm (Erntefestmeter). Das Holz wurde mit dem Pferdegespann an die Rückegasse vorgeliefert und von dort mit einem Zangenschlepper weiter transportiert und

Das Gespann

erreichte eine durchschnittliche Vorrückeleistung von 8,9 fm pro Gespannarbeitsstunde (GAS).
Bei praxisüblichen Entfernungen von
30 bis 35 m wurden 11 bis 12,5 fm/GAS und selbst bei Entfernungen von 60 m wurden immerhin noch 8 fm/GAS erreicht.

Maschine auf dem Forstweg bei der Lastbildung.

Die Pferde schieben einen Stamm gegen die Zugrichtung. Im Rangieren von Stämmen im Bestand ist ihre Flexibilität und Schnelligkeit unübertroffen – ein großer Vorteil gegenüber der Seilwinde!

Bei kalkulierten Gespannkosten von 41 bis 51,00 €/GAS inkl. Lohn ergab dies durchschnittliche Vorrückekosten von 4,60 bis 5,75 € pro Festmeter.

Der Zangenschlepper

ein MB-Trac 900 Turbo, erreichte mit dem vorgelieferten Holz eine Rückeleistung von 22 fm pro Maschinenarbeitsstunde (MAS).
Bei einem kalkulierten MAS-Satz inkl. Lohn von 61,40 € ist mit einer Kostenbelastung von 2,80 € je maschinengerücktem Erntefestmeter zu rechnen.

Rückesystem

Arbeiten Gespann und Rückeschlepper gleichzeitig im Schlag, entstehen Kosten von insgesamt 102,40 bis 112,40 €/Stunde und eine Belastung von 6,90 bis 7,40 €/Efm bei einer durchschnittlichen Gesamtrückeleistung von 15,0 Efm/Systemstunde. Wird zusätzlich ein Einzelpferd (30,60 €/PAS = Pferdearbeitsstunde) mit eingesetzt, so erhöhen sich die Gesamtkosten auf 133,00 bis 143,00 €/Systemstunde und die monetäre Belastung beträgt ca. 6,00 bis 6,50 €/Efm bei einer Gesamtrückeleistung von 22,0 Efm/Systemstunde.

Pfleglichkeit

Neben der hohen Leistung und Wirtschaftlichkeit ist dieses kombinierte Pferde-Verfahren gekennzeichnet durch seine hohe Pfleglichkeit.
Große Gassenabstände minimieren die Befahrungsintensität und damit Verdichtung der Böden.
Auch bezüglich Rindenverletzungen ergaben sich sehr günstige Werte. Insgesamt betrug das durchschnittliche Schadprozent dieses Rückesystems 2,8 % (1,3 % beim Vorrücken, 1,5 % beim Enddrücken), wobei der Schwerpunkt der Rückeschäden erwartungsgemäß an den Rückegassen auftrat.

Zusammenfassend

belegt Steffen Schmidt in seiner Diplomarbeit eindrucksvoll, dass die Kombination von traditioneller Rücketechnik in Form eines Gespannes mit moderner Forsttechnik (Zangenschlepper) eine sehr interessante ökonomische und ökologische Alternative auch im Starkholzbereich darstellen kann.

Das Rücken von Kurzholz

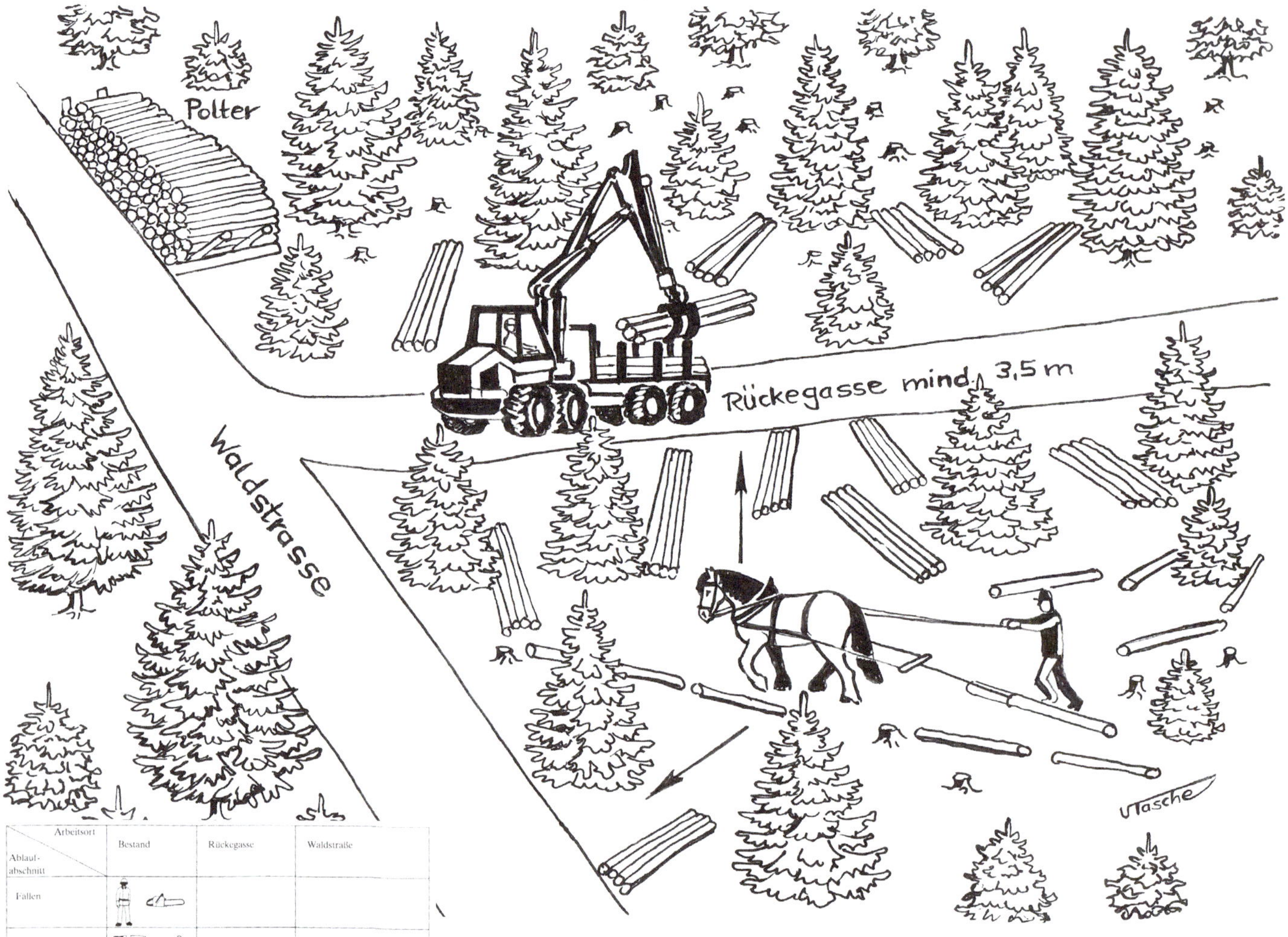

Arbeitsort / Ablaufabschnitt	Bestand	Rückegasse	Waldstraße
Fällen			
Entasten Vermessen			
Vorrücken			
Rücken			
Poltern			

Gekennzeichnet ist das Abschnittverfahren durch die Aushaltung von kurzen Stammholzstücken, das Vorrücken mit dem Pferd und die krangestützte Rückung durch Tragschlepper oder Traktor mit Rückeanhänger. Es wird - in der Durchführung jeweils leicht nuanciert - auch als „Kölner Verfahren" oder „Abtshagener Laubholzernteverfahren" bezeichnet.

Anders als bei der Langholzaushaltung, werden die gefällten Bäume von den Waldarbeitern in handelsübliche Fixlängen, gewöhnlich zwischen drei und sechs Metern Länge eingeschnitten.
Der Mehraufwand durch Einschneiden und Messen wird weitgehend dadurch wieder wettgemacht, dass von den Waldarbeitern in der Regel keine vorgegebene Fällrichtung eingehalten werden muss, da sich das kurze Holz von den Pferden problemlos durch den Bestand lenken lässt. Ihre Beweglichkeit und Wendigkeit kommen hier besonders gut zum Tragen. Da das Holz zum Endrücken mit dem Greifer eines hydraulischen Krans auf das Rückefahrzeug verladen wird, spielt es keine Rolle, in welchem Winkel zur Gasse es vom Pferderücker abgelegt wird. Somit kann er beim Vorrücken jeweils den unmittelbar kürzesten Weg zur Rückegasse wählen und die Stämme – bei entsprechender Reichweite des Kranes – auch schon mal in der zweiten Reihe liegen lassen.

Weitere Vorteile:

- Weniger Wurzel- und Rindenverletzungen an den verbleibenden Bäumen aufgrund der besseren Dirigierbarkeit des Holzes;
- Die Fällrichtung kann unabhängig von den Erfordernissen des Rückens gewählt werden und so zum Beispiel gezielt Naturverjüngung oder Jungwuchs geschont werden;
- Die Portionierung der Stämme ermöglicht den Pferdeeinsatz auch im stärkeren Holz;
- Die Art der Endrückung mit dem Kran ermöglicht am Abfuhrweg die Anlage großer, Platz sparender Polter.

Nachteile:

Die Lastbildung bis zum Erreichen der optimalen Rückelast ist vor allem bei dünnen Abschnitten oft zeitaufwändiger als beim Langholz. Zwei Abschnitte mit derselben Gesamtstückmasse wie ein langer Stamm lassen sich zudem schwerer ziehen.

Eingesetzt werden können die Pferde je nach Holzstärke einoder zweispännig. Bei kurzen Rückeentfernungen in schwächeren Dimensionen kommen in der Regel Ketten- oder Blockstreifengehänge zum Einsatz, bei größeren Distanzen Rückewanne oder Rückeschlitten und bei dickeren Abschnitten auch die Rückezange.
Dicke Stammholzabschnitte werden am besten zweispännig mit einem Rückewagen transportiert.

Eine Freude für jeden Forwarderfahrer: Die Stammholzabschnitte liegen hier bündig und sortiert links und rechts der Rückegasse. Das Beladen des Rückezuges mit dem Kran kann ohne jegliche Zeitverzögerungen vonstatten gehen.

Die Stämme sollen so abgelegt werden, dass der Maschinenführer die unterschiedlichen Sortimente, hier farblich markiert, von der Kabine aus erkennen kann.

Vorliefern für Seilkrananlagen

Auf schwierigem, für Maschinen nicht befahrbarem Terrain, wie zum Beispiel in steilen Hanglagen im Gebirge aber auch auf empfindlichen Standorten im Flachland, kommen häufig mobile Seilkrananlagen zum Einsatz.

Diese Systeme bestehen in der Regel aus einem kippbaren Mast, einer Seilwinde sowie einer Antriebseinheit, die gemeinsam auf einem Trägerfahrzeug montiert sind. Die Holzbringung mit Mobilseilkrananlagen gilt als besonders pfleglich für Bestand und Boden, ist in der Regel aber aufwändiger und teurer als kombinierte Verfahren mit Maschine und Pferd.

Mobilseilkräne verfügen je nach Größenklasse über unterschiedliche Reichweiten von bis zu 800 Metern. Je nach Seilsystem können sie für die Bringung bergauf und bergab aber natürlich auch horizontal eingesetzt werden.

Seilkrananlagen können gut mit verschiedenen Holzernteverfahren kombiniert werden. Sowohl die Bringung nach motormanueller Aufarbeitung von Stammholzabschnitten oder Vollbäumen, als auch eine Kombination mit Harvesteraufarbeitung ist möglich.
Auch eine Zusammenarbeit mit Pferden kann unter bestimmten Voraussetzungen sinnvoll sein und die Leistung des Gesamtsystems optimieren helfen. Erfahrungen aus Frankreich zeigen, dass mit Hilfe der Pferde das Tragseil nur etwa halb so oft umgesetzt werden muss, wie beim Standardverfahren. Da dieses Versetzen oft Stunden und unter schlechten Bedingungen sogar einen ganzen Tag dauern kann, bedeutet dies eine erhebliche Leistungssteigerung. Hinzu kommt, dass durch die Arbeit mit den Pferden weniger Ernteschäden an den anderen Bäumen entstehen.

Grundsätzlich müssen die zu bearbeitenen Flächen für die Pferde begehbar sein, das Gelände darf also nicht zu steil oder der Untergrund nicht zu nass sein.
Die Pferde liefern dabei die motormanuell aufearbeiteten Stämme auf kürzestem Weg zur Seiltrasse. Wegen der Rollgefahr beim Zug quer zum Hang sollte das Holz in Hanglagen lang ausgehalten werden.

Einsatz von Seilkrananlage und Pferden in Sturzelbronn (Elsass).
Fotos:
Jean-Léo Dugast

Das Abtshagener Laubholzernteverfahren:
kombinierter Einsatz von Pferd und Tragrückeschlepper

Pferd trifft Forwarder

aus: STARKE PFERDE 62, 2012

Von Dr. Thomas Gottlob, Forstamt Abtshagen-Rügen

Abtshagener Lehmböden, ein europäisches FFH-Gebiet, Touristen und Stadtmenschen sind die markantesten Umweltfaktoren, die der nachhaltigen Forstwirtschaft im Bereich der vorpommerschen Grundmoräne das Leben nicht gerade erleichtern. Vor den Toren der Hansestadt Stralsund findet Forstwirtschaft vor den Augen von vielen Waldbesuchern auf dem Präsentierteller der Öffentlichkeit statt. Gefällte Bäume, gesperrte Wege, Schlamm und Rückegassen sind auf diesem Präsentierteller eher ungeliebte Dinge, die regelmäßig mit vielen, vielen Worten und guten Nerven erklärt werden müssen. Und trotzdem werden in den Wäldern des Forstamtes Abtshagen-Rügen jedes Jahr rund 30.000 Festmeter nachhaltig eingeschlagen. Dabei helfen uns seit alters her auch unsere Rückepferde.

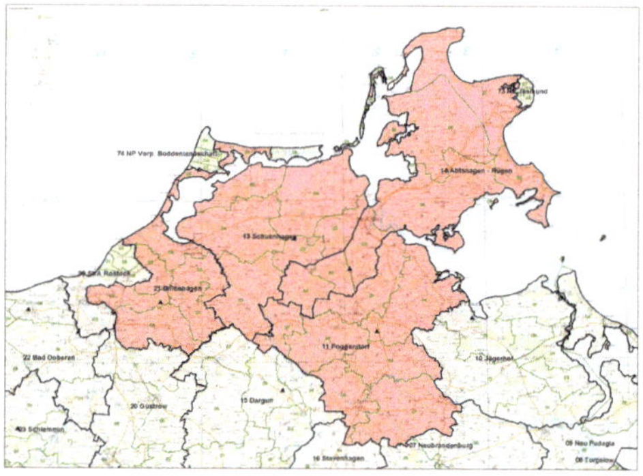

Das Forstamt Abtshagen-Rügen liegt ganz im Norden von Mecklenburg-Vorpommern und besteht aus einem Festlandteil (Stralsund-Zarrendorf-Grimmen-Tribsees-Richtenberg) und der Insel Rügen.

Pferd trifft Forwarder

Als Forstleute, die wir an der Pferderückung festgehalten haben, werden wir meistens belächelt und als „Romantiker" angesehen.

Dabei setzen wir unter dem Motto „Pferd trifft Forwarder" auf eine Kombination von moderner Forsttechnik und traditioneller Pferderrückung. An moderner Forsttechnik werden in den Wäldern des Forstamtes Abtshagen-Rügen im Regiebetrieb eingesetzt: ein Harvester des Typs Ponsse Beaver, drei Forwarder der Typen Ponsse Wisent, Pfanzelt Felix und John Deere Eco sowie zwei Seilschlepper vom Typ Valmet. Nach wie vor entzündet sich die Leidenschaft am Einsatz insbesondere der Harvester-Forwarder-Technik. Schablonenhaft kommt es zum Gegensatz „Pferd + Forstwirt = naturnahe Waldwirtschaft" gegenüber „Harvester + maschinengerechter Wald = naturferne Forstwirtschaft". Vor allem, wenn Waldwege schmutzig oder sogar zerfahren werden oder wenn Rückegassen im Einmündungsbereich zum Waldweg tiefe Fahrspuren aufweisen steht der Waldbesitzer in der Kritik der Öffentlichkeit.

Dabei hat die Forstwirtschaft in Mecklenburg-Vorpommern wie auch im gesamten Mitteleuropa in den letzten 20 Jahren durch Einführung der Harvester- und Forwardertechnik einen technologischen Sprung gemacht, der nur vergleichbar ist mit der Einführung der Motorsäge nach dem 2. Weltkrieg. Neben der Kosteneffizienz hat diese Technologie mittlerweile eine Schlagkraft erreicht, die kurzfristig die Bereitstellung erheblicher Einschlagsmengen ermöglicht und damit auch marktangepasste Einschlagsstrategien unterstützt. Die hochmechanisierten Ernteverfahren sind auf vielen Standorten (ohne Nass- und Steillage) und praktisch bei allen Baumarten (mit Ausnahme des Starkholzes) mittlerweile das Regelverfahren.

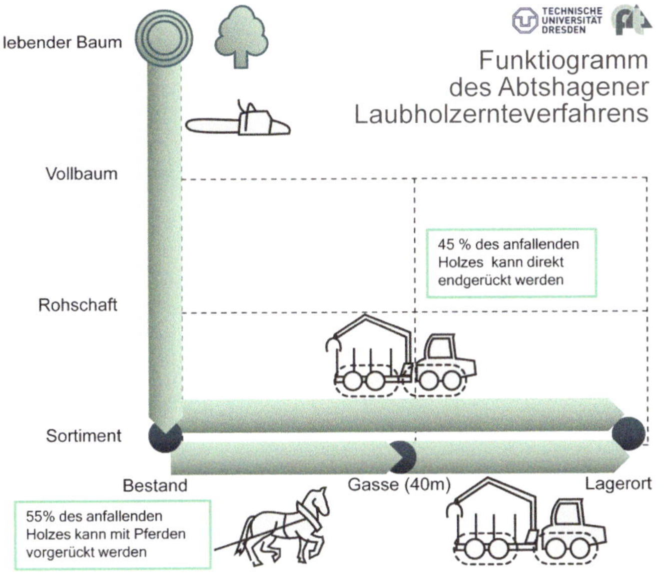

Quelle: Landesforst Mecklenburg-Vorpommern

Das beispielhafte Rücke-Verfahren mit dem Pferd im Bestand (ganz oben) und dem Tragschlepper auf der Rückegasse (oben) ist nicht nur wirtschaftlich, sondern ermöglicht auch Gassenabstände von über 40 Metern.

Solche Bilder sind nicht nur bei Spaziergängern äußerst unbeliebt.
Fotos: Landesforst Mecklenburg-Vorpommern

Nicht zuletzt wegen der Vorteile im Bereich der Ergonomie und Arbeitssicherheit gibt es zur Nutzung dieser modernen Technologie praktisch keine Alternative.

Die hochmechanisierte Holzernte

Der Vollernter fällt, entastet und teilt das Holz. Der Transport zur nächsten LKW-befahrbaren Forststraße, das Holzrücken, wird vom nachfolgenden Tragschlepper (Forwarder) erledigt. Der Vollernter arbeitet von Gassen aus, die er sich bei der ersten Durchforstung eines Bestandes selbst anlegt, und auf denen anschließend auch der Forwarder fährt. Bei jeder im Abstand von fünf bis zehn Jahren folgenden Durchforstung werden immer wieder die selben Rückegassen benutzt. Mit Kranreichweiten bis zu zehn Metern können so Flächen mit Gassenabständen von 20 Metern bearbeitet werden. Sind weitere Gassenabstände gefordert oder wird auf Problemstandorten gearbeitet, so wird motormanuell, also mit der Motorsäge, zugefällt.

Im ebenen Gelände legt der Vollernter die abgestreiften Äste als Polster auf die Fahrgasse. Dadurch wird der Bodendruck der fahrenden Maschine zusätzlich vermindert. Die aufgearbeiteten Stämme werden seitlich, unterschieden nach Sortimenten, abgelegt.
Die Schäden, die durch den Einsatz dieser in der Regel über 20 Tonnen schweren Maschinen verursacht werden, sind Teil aktueller Langzeitstudien. Dabei werden vor allem die Problematik der Bodenverdichtung und die Wurzelschädigung untersucht.
Der Landesforst Mecklenburg-Vorpommern wendet dieses hochmechanisierte Arbeitsverfahren auf allen terrestrischen Standorten an, die mit Nadelholz bestockt sind. Auch die Bestandespflege im schwachen Laubholz wird regelmäßig mit ökonomischem und ökologischem Erfolg praktiziert. Die Verfahrenskosten liegen derzeit bei 16,- €/Efm (Euro pro Erntefestmeter) bis 18,- €/Efm frei Waldstraße gerückt.
Auch die modifizierte Variante mit 40 Metern Rückegassenabstand und manueller Zufällung außerhalb der Kranzone ist verfahrenstechnisch im Nadelholz möglich, nicht jedoch im Laubholz, da der Vollernter das Laubholz nicht vom Zopf her aufarbeiten kann.
Die vollmechanisierte Holzernte ist jedoch in den Laubwäldern auf den hydromorphen Grundmoränenstandorten nicht möglich, da diese nicht oder nur temporär in den Sommermonaten befahrbar sind, in denen ein Holzeinschlag im Laubholz jedoch aus waldbaulichen und naturschutzfachlichen Gründen nicht sinnvoll ist.

Abtshagener Laubholzernteverfahren

Das „Abtshagener Laubholzernteverfahren" zeichnet sich durch den kombinierten Einsatz von Pferden und Tragschleppern mit Bändern aus. In den von Stieleiche, Edellaubholz und Rotbuche dominierten strukturreichen Laubwäldern wird auf Basis eines an die kleinstandörtlich wechselnden Gegebenheiten angepassten Feinerschließungssystems mit einem variablen Rückegassenabstand von mindestens 40 Metern gearbeitet. Die Holzernte erfolgt durch motormanuellen Ein-

Arbeitsproduktivität und Kosten des Abtshagener Laubholzernteverfahrens

Arbeitsproduktivität				Stückmasse in fm					
		[fm]		0,1 [fm/h]	0,2 [fm/h]	**0,30** [fm/h]	0,4 [fm/h]	0,5 [fm/h]	0,6 [fm/h]
Fällen/Entasten/Zopfen/Sortimentierung (2 AK)				0,67	1,42	**2,25**	2,98	3,78	5,31
Vorrücken mit Pferd	Rückedistanz	[m]	10	4,17	7,32	9,77	11,74	13,36	14,71
		[m]	**20**	2,97	5,41	**7,43**	9,15	10,62	11,89
		[m]	30	2,31	4,29	6,00	7,49	8,81	9,98
Rücken mit Tragrückeschlepper		[m]	200	6,38	7,29	**8,01**	8,51	8,73	8,95
Kosten									
Fällen/Entasten/Zopfen/Sortimentierung (2 AK)		[€/Fm]		80,99	38,21	24,12	18,21	14,35	10,22
Vorrücken mit Pferd bei 40 m Vorrückung		[€/Fm]		11,91	6,54	**4,76**	3,87	3,33	2,98
Rücken mit Tragrückeschlepper bei 100 m Rückedistanz		[€/Fm]		10,19	8,92	8,33	7,64	7,45	7,26
Gesamtkosten		[€/Fm]		103,09	53,67	**37,21**	29,71	25,13	20,46

Kostensätze		Lohn+LNK	Pferdeeinsatz	Maschinenkosten
Fällen/Entasten/Zopfen/Sortimentierung (2 AK)	[€/Std.]	54,26		
Vorrücken mit Pferd	[€/Std.]		35,38	
Rücken mit Tragrückeschlepper	[€/MAS]			65,00

Quelle: Landesforst Mecklenburg-Vorpommern

schlag verschiedener Laubbaumarten mit bis zu fünf Kurzholzsortimenten. Der Fällvorgang ist so zu realisieren, dass die Schonung des verbleibenden Bestandes und der Naturverjüngung grundsätzlich Vorrang vor der Einhaltung der Schlagordnung hat. Ein Tragrückeschlepper mit Bänderausstattung rückt das auf den Rückegassen und in Kranreichweite befindliche Nutz- und Energieholz an die Waldstraße. Parallel erfolgt durch einspännigen Pferdeeinsatz das Vorliefern vom Fällort zu den Rückegassen. Die mit dem Pferdeeinsatz verbundene Sortierung und Vorkonzentration der überdurchschnittlichen Sortimentsvielfalt optimiert die Lastbildung und erhöht die Produktivität des Tragschleppers. Abschließend wird die Endrückung an den Polterplatz maschinell realisiert.

Arbeitszeitstruktur der Pferderückung

Um Arbeitsverfahren betriebswirtschaftlich bewerten und ggf. optimieren zu können, ist es notwendig, den gesamten

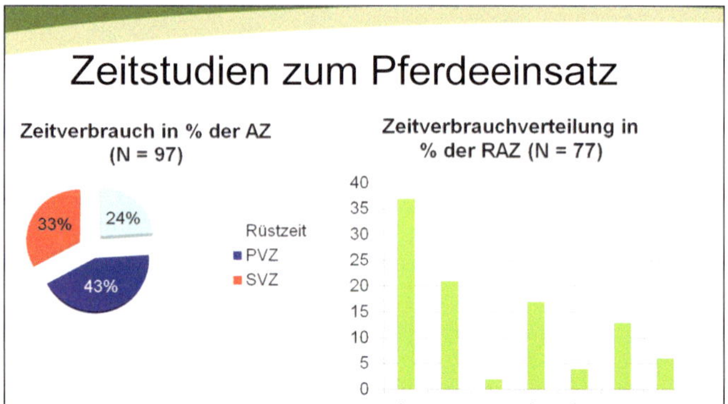

Quelle: Landesforst Mecklenburg-Vorpommern

Arbeitsprozess nach seinen Zeitanteilen zu analysieren. Für den Verfahrensbestandteil „Pferderückung" wurden 97 Arbeitszyklen aufgenommen und ausgewertet.
Bei einer Gesamtarbeitszeit von 208 Minuten entfielen 140 Minuten, das entspricht 68 % der Gesamtarbeitszeit (GAZ), auf die reine Arbeitszeit, d.h. auf die Zeit, in der tatsächlich Holz gerückt wurde. Auf die so genannten „Allgemeinen Zeiten" (AZ) entfielen 68 Minuten, also 32 % der GAZ. An diesen „Allgemeinen Zeiten" war die Rüstzeit, die der Arbeitsvor-, bzw. -nachbereitung dient, mit 24 % vertreten. 43 % machten persönliche Verteil- und Erholungszeiten aus, und bei 33 % handelt es sich um sachliche Verteilzeiten, die insbesondere beim Räumen von Schlagabraum anfallen, wenn dieser beim Anhängen des Holzes stört.

Im Vergleich zu mechanisierten Verfahren ist hier festzustellen, dass die Allgemeinen Zeiten mit 33 % deutlich über den in mechanisierten Arbeitsverfahren festzustellenden 20 % AZ liegen. Dieser hohe Anteil ist dadurch erklärbar, dass es sich bei der Pferderückung um eine für Pferd und Mensch körperlich anstrengende Arbeit handelt, was entsprechend höhere Pausen- und Erholungszeiten nach sich zieht.

Im Hinblick auf die Arbeitsproduktivität ist die Zeitverbrauchsverteilung innerhalb der reinen Arbeitszeit (RAZ) von Interesse. Die Analyse zeigt, dass die Leerfahrt den bei weitem höchsten Zeitverbrauch aller Teilarbeiten eines Zyklus erfordert. 37 % der RAZ werden durch diese Teilarbeit belegt. Gleichzeitig lässt sich feststellen, dass der Leerweg im Durchschnitt um 13 Meter länger war, als der Lastweg. Dieser Umstand lässt sich dadurch erklären, dass das Pferd während der Lastfahrt grundsätzlich den kürzesten Weg zur Rückegasse sucht. Auch die Analyse der Geschwindigkeit bestätigt, dass das Pferd sich auf dem Leerweg mit 0,7 m/s deutlich langsamer bewegt, als

Nachteile des Abtshagener Laubholzernteverfahrens

- Die Volumenleistung eines Pferdeeinsatzes ist im Verhältnis zum ausschließlich maschinellen Einsatz erheblich geringer (langsamere Geschwindigkeit, geringere Kraft)
- Pferdehaltung ist pflegeintensiv, was ein ungünstiges Verhältnis von reiner Arbeitszeit (RAZ) zu Gesamtarbeitszeit (GAZ) zur Folge hat.
- Pferdeeinsatz ist gefahrengeneigt, was ein deutliches Unfallrisiko nach sich zieht.

Vorteile des Abtshagner Laubholzernteverfahrens

- Das Rücken mit Pferden benötigt weniger Rückegassen, was einen höheren Anteil an produktiver Holzbodenfläche bedeutet.
- Die Rückepferde verursachen geringere Schadensbilder an Boden, verbleibendem Bestand und Naturverjüngung.
- Die begrenzte Reichweite des Pferdeeinsatzes wird durch die technische Leistungsfähigkeit der Maschine kompensiert.
- Die Vorsortierung und die Mengenkonzentration durch den Pferdeeinsatz wirken sich deutlich positiv auf die Gesamtproduktivität des Verfahrens aus.

auf dem Lastweg mit 1,01 m/s. Ich interpretiere die höhere Lastweggeschwindigkeit auch dahingehend, dass das Pferd nach dem Anzug anstatt seines Gewichts, wie es für ein Kaltblutpferd kennzeichnend ist, seine Geschwindigkeit einsetzte, um den nötigen Schwung zur Überwindung des Zugwiderstandes und der Bodenunebenheiten zu haben. Außerdem nutzen sowohl Pferd als auch Rücker die Leerfahrt zur Erholung.
Die Ablaufabschnitte „Anhängen", „2 x Anhängen" und „Abhängen" bilden verhältnismäßig kurze Abschnitte. Insbesondere das zweimalige Anhängen und die Sammelfahrten sind abhängig von der Stückmasse des zu rückenden Holzes. Je schwächer das Holz und je weniger es durch die Forstwirte vorkonzentriert wurde, um so höher liegen die Zeitanteile für Sammelfahrten und zweimaliges Anhängen.

Arbeitsproduktivität der Pferderückung

Das Abtshagener Laubholzverfahren kommt insbesondere in strukturreichen Laubholzbeständen zum Einsatz, in denen bis zu fünf unterschiedliche Kurzholzsortimente anfallen. Die durchschnittliche Anhängelast pro Rückezyklus beträgt etwa 0,3 Efm. Die Anhängelast variiert zwischen 0,04 Efm als Minimum und 0,6 Efm als Maximum innerhalb der Zyklen. Angehängt werden ein bis vier Stämme pro Zyklus, wobei im Durchschnitt 1,57 Stämme vorgerückt werden. Die maximale Anhängelast beträgt 0,6 Efm, also etwa 600 kg. Sollten stärkere Stämme anfallen, werden diese in der Regel durch einen Seilschlepper gerückt.

Beurteilung des Verfahrens

Die Nutzungspotentiale mineralischer und organischer Nassstandorte lassen sich nur dann nachhaltig erschließen, wenn bodenschonend vorgegangen wird, da die Standorte mit Forstmaschinen nicht permanent und nicht vollflächig befahren werden können. Unter allen denkbaren Alternativen hat der kombinierte Einsatz von Pferd und Forwarder technologisch am günstigsten abgeschnitten. Das Pferd liefert aus den Zwischenfeldern und Problembereichen das Holz vor, der Forwarder profitiert von dem konzentrierten Anfall. Die Anzahl der Rückegassen und der Befahrungen je Rückegasse werden minimiert. Bei Niederschlägen und ungünstigeren Rückeverhältnissen wird die Maschine umgesetzt, die Pferde können jedoch weiter arbeiten. Dadurch erhöhen sich die Spielräume für einen witterungsoptimalen Forwardereinsatz.

Zur Aufarbeitungskette passt auch die Vermarktungsstrategie des Forstamtes Abtshagen-Rügen: Käuferspezifische Kurzholzsortimente erhöhen im Laubholz die Wertschöpfung und halten die Stückmassen im vorlieferfähigen Bereich. So können über ein Wirtschaftsjahr mit zwei Gespannen etwa 4.000 Efm verkaufsfähiger Sortimente im Rahmen von Durchforstungen geschlagen und vollständig gerückt werden.

Zusammenfassende Beurteilung

Der kombinierte Einsatz von Pferden und Tragrückeschleppern vereinigt die technische Leistungsfähigkeit moderner Forstmaschinen mit der anerkannten Umweltfreundlichkeit des Pferdeeinsatzes. Das Abtshagener Laubholzernteverfahren bietet einen Lösungsansatz für die bodenschonende Holzernte auf hydromorphen Standorten in strukturreichen Laubholzbeständen mit hoher Sortenvielfalt.

Fazit: Insgesamt ist die Strategie des Forstamtes Abtshagen-Rügen bis jetzt gut aufgegangen. Weiterer positiver Nebeneffekt: Nichts steht in der Öffentlichkeit so deutlich und glaubwürdig für eine naturnahe Waldbewirtschaftung wie ein Rückepferd! Das hat uns die Rückmeldung vieler Waldbesucher und das positive Presseecho in der Vergangenheit immer wieder gezeigt. Aus Sicht des Forstamtes Abtshagen-Rügen sind daher die Mehrkosten von drei bis fünf Euro pro Festmeter im Vergleich zum kostenoptimierten Standardarbeitsverfahren gerechtfertigt und gut angelegt.

Wahrscheinlich sind Pferde eben nicht nur die besseren Menschen, sondern auch die besseren Förster.

Stößt auf großes Interesse und genießt wachsende Beliebtheit: Das Pferd im Wald.

Pferdeeinsatz beim Holzeinschlag

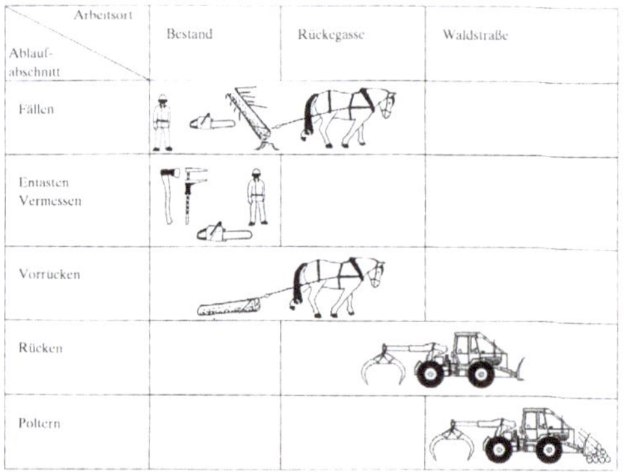

Das Kombinierte Verfahren

Fällen, Aufarbeiten und Vorliefern von Fichten - Schwachholz in einem ungebrochenen Arbeitsverfahren

Beim Kombinierten Verfahren ist der Pferdeführer gleichzeitig Motorsägenführer. Er fällt die Bäume, bringt sie mit Hilfe des Pferdes in die gewünschte Richtung zu Boden, arbeitet die Bäume auf, und das Pferd zieht die fertigen Stämme umgehend an die Rückegasse, von wo aus sie mit der Maschine weiter befördert werden können.

Die Vorgehensweise

Der Fuhrmann astet die zu entnehmenden Bäume auf, sucht sich eine ideale Vorlieferlinie von der Gasse zum dem am entferntest gelegenen zu entnehmenden Baum auf. Das Pferd wird in die gewünschte Zugrichtung gestellt und der Fällschnitt am Stamm so gesetzt, dass er die Fällkerbsohle unterschneidet. Der Baum wird entgegen der Rückerichtung aufgehängt und die Bruchleiste durchtrennt. Die Zugkette wird am Stammfuß befestigt und der Baum mit Hilfe des Pferdes vom Stock gezogen und zu Fall gebracht. Je nach Vorgabe wird der Stamm mit der Motorsäge aufgearbeitet und gemessen, ohne dass er abgehängt werden muss. Lediglich die Kette wird vor Beginn der Aufarbeitung so um den Stamm gewickelt, dass sich dieser bei erneutem Anziehen des Pferdes automatisch dreht, und so zum Abschluss auch die Unterseite des Stammes geastet werden kann. Anschließend wird der fertig aufgearbeitete und aufgenommene Stamm zur Rückegasse gezogen oder nur bis zum nächsten zu entnehmenden Baum, wo die Prozedur wiederholt wird. Auf diese Weise können bei einem Durchgang auch mehrere Bäume entnommen und an die Gasse gerückt werden.
Ideal ist das Verfahren in Fichtenbeständen bei der 1. und 2. Durchforstung, aber auch in der Kiefer und im Laubholz ist es einsetzbar.
Da sich die Alleinarbeit verbietet, sollten zwei Pferdeführer parallel arbeiten oder nach Möglichkeit ein anderer Waldarbeiter in Rufweite tätig sein.

Variationsmöglichkeiten

Im Fichtenbestand werden die Bäume vom Pferderücker nicht geastet, sondern nur gezopft. Ein zweiter Motorsägenführer führt das zeitaufwändige Asten, Messen und ggf. Einschneiden an der Gasse durch.

Zwei Motorsägenführer arbeiten parallel mit genügend Sicherheitsabstand und teilen sich gemeinsam ein Pferd.

Im schwachen Laubholz und engen Beständen bis BHD 30 cm kann sich die direkte Zusammenarbeit zwischen einem Holzfäller und einem Pferderücker anbieten. Hänger werden so vermieden und der Pferderücker hat immer „freie Bahn“. Aufgrund der Unfallgefahr durch herabfallende Äste ist das Verfahren schon im mittelstarken Laubholz nicht geeignet.

Vorteile des Verfahrens

Fällrichtung kann zu nahezu 100 % eingehalten werden;

Kräftezehrendes, zeitaufwändiges Herunterdrehen oder Abziehen der Bäume durch den Motorsägenführer entfällt;

Kein behindernder Schlagabraum bei den Rückearbeiten;

Noch weniger Rückeschäden durch gezieltes Benutzen noch zu entnehmender Stämme als Umlenkbäume;

Höhere Leistung beim Einschlag;

Abwechslungsreiche Tätigkeit;

Keine Überlastung der Pferde durch ausreichend Pausen;

Geringer Energieaufwand;

Geringe Kapitalkosten;

Geringer Organisationsaufwand;

Selektive Entnahme möglich,
rentabel auch bei geringem Hiebsanfall
pro ha.

Voraussetzung

Klare Kennzeichnung der zu entnehmenden Bäume ggf. der besonders zu schützenden Z-Bäume;

Schutzkleidung;

Fachmännischer Umgang mit Motorsäge;

Sehr gut ausgebildete Pferde;

Keine Alleinarbeit!

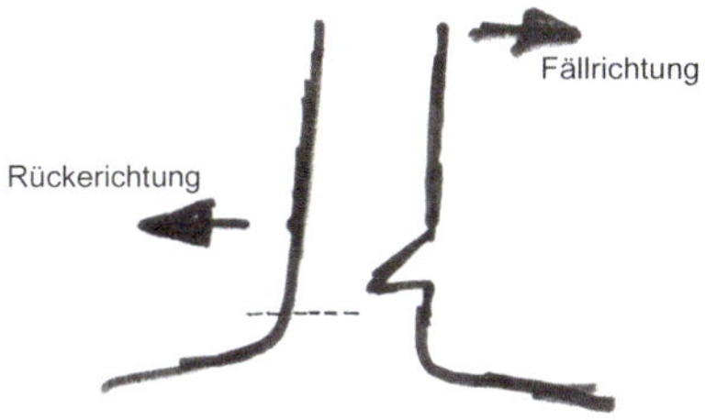

Der „negative Fällschnitt“.

Ein letzter Schnitt, und das Pferd kann den Baum vom Stock ziehen.

Geduldig wartet das Pferd, bis der Sägenführer mit dem Asten der Stammoberseite fertig ist. Ist er am Zopf angelangt und hat diesen abgeschnitten, gibt er das Kommando zum kurzen Anziehen. Die Zugkette hatte er vorher so um den Stamm gelegt, dass sich dieser beim Anzug dreht und die noch nicht geastete Unterseite nach oben kommt. Auf dem Rückweg wird der Rest geastet und der Stamm sofort abtransportiert.

Ganzbaumrückung für den Harvester

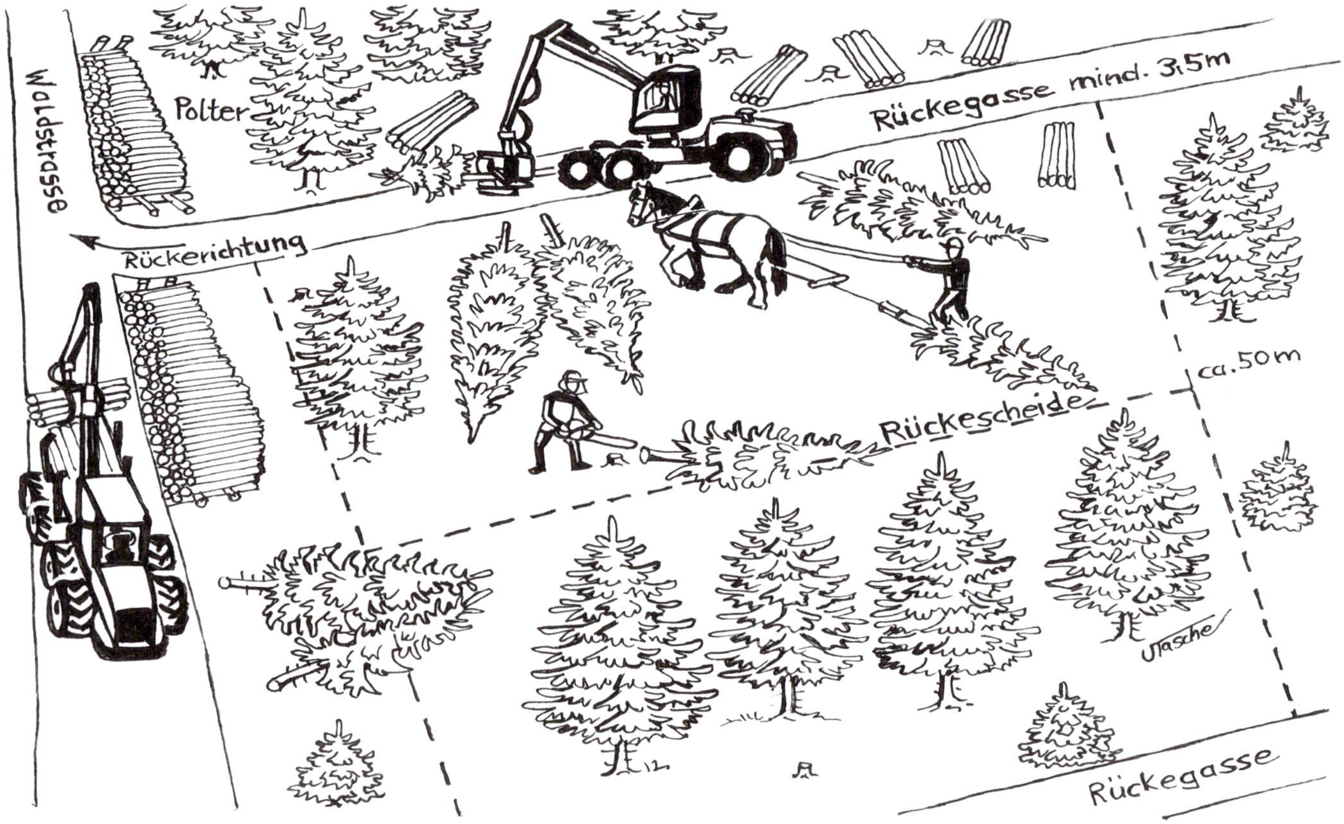

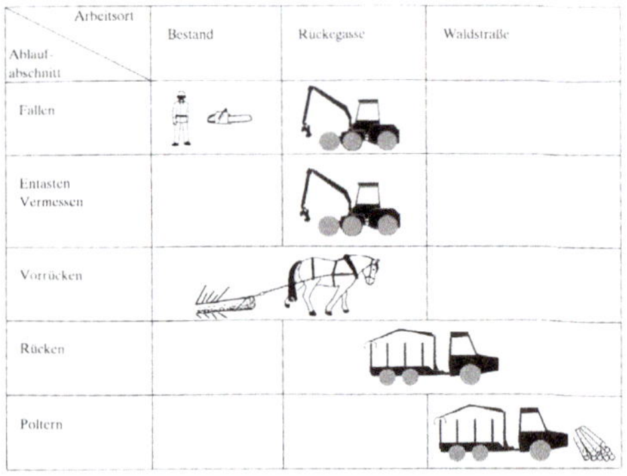

Vollerntemaschinen, so genannte Harvester, haben sich in den letzten Jahren auch in Deutschland mehr und mehr durchgesetzt. Diese Maschinen besitzen an ihrem in der Regel zehn Meter langen Kranausleger ein Fäll- und Astungsaggregat, mit dem sie Bäume in einem Arbeitsgang fällen, asten, einschneiden und für die Endrückung mit einem Rückezug „vorrücken“.
Bei Gassenabständen bis 20 Meter funktioniert dieses System ohne weitere Vorliefereinheit. Ist der Gassenabstand breiter, verbleibt ein Streifen, der mit dem Kran nicht direkt erreichbar ist. Die Bäume in diesem „**Mittelblock**“ können nun motormanuell zugefällt werden – ein zeitaufwändiges und wenig Bestand schonendes Unterfangen, da der Harvesterführer die Bäume mit dem Kran am Zopf greifen und zur Aufarbeitung zurechtrangieren muss.

Oder die Bäume werden motormanuell gefällt und mit der Seilwinde oder dem Pferd in den Greifbereich des Krans gezogen.

Verfahrensbeschreibung

Der Ablauf erfolgt ähnlich dem beim Kombinierten Verfahren. Der Pferdeführer kann gleichzeitig Motorsägenführer sein oder aber eine zweite Person führt die Fällarbeiten durch. Auch hier ist Alleinarbeit ausgeschlossen!
Die Bäume werden gefällt und unaufgearbeitet auf dem kür-

Damit man den Stamm später vom Stock ziehen kann, bedarf es einer speziellen Schnittführung mit der Motorsäge. **Foto:** Samuel Künzli

Auch noch wesentlich steilere Hänge als hier abgebildet können von den Pferden bewältigt werden. Freiberger-Stute Zita nimmt´s gelassen.
Fotos: Samuel Künzli

zesten Weg in den Greifbereich des Vollernters gezogen. Im einspännigen Zug erreichen Pferde in der Ebene ihre Leistungsgrenze bei einem Brusthöhemdurchmesser von etwa 30 Zentimetern. Gegebenenfalls muss der Zopf abgeschnitten werden, um den Pferden die Bewältigung der Last zu ermöglichen. Das Standard-Rückehilfsmittel ist die Kette.

Das Pferd besitzt hier deutliche Vorteile gegenüber dem Einsatz eines Schleppers mit Seilwinde, da der Schlepper die Gasse nicht verlassen darf und sich dadurch aufwändige Seilzugarbeiten ergeben. Je nach Untersuchung liegen Pferd und Schlepper kostenmäßig gleich oder das Pferdeverfahren ist preislich sogar günstiger.

Moderne Technik und Pferdeeinsatz sind auch beim Forstunternehmen Schirmer in Kleinbardau (Sachsen) keine Gegensätze, im Gegenteil: Beides ergänzt sich ideal.
Auch Hengst Oskar zeigt keinerlei Berührungsängste.
Foto: Peter Tendler

Pferd und Seilschlepper: Vergleich von Rückeleistung und Pfleglichkeit

In Anbetracht des steigenden Kostendrucks auf die Landesforstverwaltungen, aber auch auf körperschaftliche und private Waldbesitzer sowie dem Ruf nach Effizienz, Einsparungen, Flexibilität, Pfleglichkeit und nachhaltiger, naturgemäßer Waldbewirtschaftung, wird es immer wichtiger, alle Möglichkeiten auszuschöpfen, um diesen Forderungen gerecht zu werden. Hierzu gehört auch, das wirtschaftlichste und pfleglichste Holzernteverfahren zu finden und in der jeweiligen Situation die effektivste Variante anzuwenden. Umso mehr erstaunt die Tatsache, dass in der heutigen forstlichen Praxis einzelne Arbeitsverfahren – wie der Einsatz von Pferden – häufig von vornherein kritisiert, als altertümlich abgestempelt oder ungeprüft abgelehnt und verworfen werden. Nicht selten hört man den Ausspruch: „Pferde in der Forstwirtschaft? – Das war doch früher!"
Es ist jedoch wohl der Wunsch eines jeden Forstmanns, passende Möglichkeiten an der Hand zu haben, um die Wälder, welche ihm zur naturnahen Bewirtschaftung anvertraut werden, pfleglich und wirtschaftlich zu behandeln. Im Rahmen einer Diplomarbeit an der Hochschule für Forstwirtschaft Rottenburg sollte deswegen der Einsatzbereich und die Einsatzgrenzen des Pferdeeinsatzes unter Berücksichtigung der Aspekte Leistung und Pfleglichkeit untersucht werden.

Von Julia Wirth

aus: STARKE PFERDE 47, 2008

Geschichtlicher Rückblick

Schon vor mehr als 4000 Jahren wurde das domestizierte Wildpferd vom Menschen als Arbeitshilfe eingesetzt. Die Beziehung zwischen Mensch und Pferd als Arbeitstier begann und entwickelte sich bis in die jüngste Vergangenheit. Der Bauer und sein Pferd, das er sowohl auf dem Feld als auch im Wald einsetzte, waren über viele Jahre hinweg das Symbol für eine nutzbringende Partnerschaft. Der Mensch war in seiner Existenz lange Zeit vom Pferd abhängig. Dieses vertraute Miteinander fügte sich in die Kreisläufe der Natur ein und arbeitete mit ihr, statt gegen sie.

Angesichts der geistigen und hochtechnischen Entwicklung, die sich in unserer heutigen Gesellschaft natürlich auch in der Forstwirtschaft abzeichnet, ist der Gedanke, dass Pferdekraft ein Wirtschaftsfaktor ist, nahezu unvorstellbar. Der technische Fortschritt in der Forstwirtschaft brachte und bringt Erleichterungen mit sich, ohne die man sich heute die Arbeit im Wald nicht mehr vorstellen kann, begonnen beim motorbetriebenen Seilschlepper über die Funkseilwinde bis hin zu hochmodernen Harvestern und Forwardern.
Diese Entwicklungen hatten jedoch auch zur Folge, dass der Einsatz von Rückepferden in unserer Region Mitte dieses Jahrhunderts bis auf einen Funken erlosch und die Weitergabe

von Wissen über den Umgang mit Zugtieren fast vollständig verloren ging. Bei genauerem Hinsehen lässt sich jedoch feststellen, dass nach der Euphorie des unbegrenzten Fortschritts heute vielfach eine Besinnung auf Altbewährtes stattfindet. So gibt es immer noch einen kleinen Kreis von Menschen, die den Einsatz von Rückepferden in der Forstwirtschaft schätzen sowie auch praktizieren und die Vorteile in der Kombination von Pferd und Maschine entdeckt haben.

„Arbeitspferde haben Zukunft", so äußert sich die engagierte Unternehmerin Christel Erz bei einem Fachgespräch, dessen Ziel es war, auf die Ressourcen schonende Arbeitsweise und die vielfältigen Einsatzmöglichkeiten der Arbeitspferde hinzuweisen.
„Mit dem Pferd verbindet sich ein Lebensrhythmus – genau der Rhythmus, den die meisten von uns heute entbehren müssen."

Zielsetzungen der Diplomarbeit

1. Ermittlung von Rückeleistung und Pfleglichkeit, um für die Praxis eine Möglichkeit zu schaffen, belastbare Vergleiche zwischen Pferd und Maschine im Bereich des Vorlieferns anstellen zu können.
2. Die Arbeit versucht, Einsatzbereiche von Arbeitspferden im Wald besser schätzen zu lernen und die Vorteile der Pfleglichkeit darzustellen.
3. Erläuterung des Zusammenhangs zwischen Baumgesundheit und Betriebsgewinn.
4. Es soll der forstlichen Praxis mit dieser Arbeit ein Entscheidungsinstrument an die Hand gegeben werden, um von bekannten Wegen einmal abzuweichen und etwas „Altes", Neues zu versuchen.
5. Aktualisierung von Daten, Gewinnung neuer Kenntnisse.

Einsatzvoraussetzungen für Pferde

Für die Rückearbeit im Wald stellt das mittelschwere Kaltblut den Idealtyp dar, der genügend Wendigkeit und Gangvermögen mit ausreichender Zugkraft verbindet.
Geeignete Pferderassen sind, nach entsprechender Einarbeitung und guter Haltung unter angemessenen Einsatzbedingungen, nicht überfordert. Ausdruck dafür sind Arbeitswille und Leistungsvermögen. Die Arbeit des Rückers erfordert hohe Konzentration, Kraft, Geschicklichkeit und Ausdauer. Dafür ist er keinen maschinenbedingten Belastungen (Lärm, Vibration, Abgase) und einseitigen Körperhaltungen ausgesetzt. Beim Pferdezug ist das Gewicht und die Bodenreibung, nicht Länge und Durchmesser der Last entscheidend. Ein Pferd sollte beim einspännigen Zug auf Dauer nicht mehr als 20 % seines eigenen Körpergewichts ziehen müssen. D.h. ein 800 kg schweres Pferd sollte auf Dauer nicht mehr als 200 kg im Lastzug rücken müssen. Dies entspricht etwa 0,3 Fm. Kurzfristig können weitaus schwerere Lasten gezogen werden.

Im Gegensatz zu Maschinen, die zeitweise witterungsbedingt ihre Arbeit einstellen müssen, ist es mit Pferden möglich, das ganze Jahr über zu rücken. Ideale Witterungsbedingungen sind kühle Temperaturen. Im Sommer ist die Grenze der Leistungsfähigkeit früher erreicht.

Gründe für den Einsatz von Pferden können sein:
- Bestandes- und Bodenpfleglichkeit
- Betriebswirtschaftlich Überlegungen des Waldbesitzers
- Geringe Umweltbelastung, keine Abgase, kein Verbrauch von Diesel
- Einstellung des Waldbeitzers/Försters zum Einsatz von Pferden – Unterstützung örtlicher Pferderücker
- Problematische oder unbefahrbare Böden

Der Fällkerb wird entgegen der geplanten Zugrichtung angelegt und der Fällschnitt tiefer er als die Fellkerbsohle angesetzt.

Mit dem Fällheber wird der Baum in die gewünschte Richtung gedrückt und an Nachbarbäumen angelehnt.

Nach Befestigung der Kette wird das Pferd in Position gebracht und die Kette eingehängt.
Fotos: Julia Wirth

„Ausschlaggebend für die Bestandespfleglichkeit des Pferdes sind seine hohe Wendigkeit, die begrenzte Zugkraft, die einzelstammweise Bringung und die Flexibilität. Diese Vorteile können jedoch nur zum Tragen kommen, wenn die entsprechenden Voraussetzungen, wie ausreichend Bewegungsraum, saubere Schlagordnung und vor allem eine gute Abstimmung zwischen Fuhrmann und Pferd gegeben sind
Bei Hangneigungen von max. 50 % ist die Grenze der Geländegängigkeit erreicht. Bei zunehmender Rückeentfernung wird der Pferdeeinsatz immer unrentabler, da die Fahrtgeschwindigkeit mit ca. 3,5 km/h deutlich unter der eines Schleppers liegt.

Pferdeeinsatz ist in Durchforstungen von Rein- und Mischbeständen möglich. Von Vollbäumen über Industrieholz, Brennholz, Stammholz bis hin zu Abschnitten ist alles möglich, soweit das Pferd die Stückmasse bewältigt. Der typische Einsatzbereich von Pferden liegt jedoch im Vorliefern von schwachen Hölzern aus dem Mittelblock und motormanuell aufgearbeiteten Fixlängen. Absolut unschlagbar ist das Pferd wohl in der Erstdurchforstung.
Die Leistungsfähigkeit ist abhängig von Rückeentfernung, Stückmasse, Pferdetyp, Erfahrung von Pferd und Fuhrmann, Bestandes- und Bodenverhältnissen und Widerständen beim Zug (Rinde, Boden, Krone).
Empfohlen wird das kombinierte Rücken mit Pferd und Maschine. Das Vorrücken bis zur Rückegasse durch das Pferd und das Endrücken und Poltern durch eine Maschine.
Um von der Pfleglichkeit einen Abstecher zur Umweltfreundlichkeit zu machen, sei diese bemerkenswerte Tatsache genannt: „Ein Pferd spart im Laufe seines Arbeitslebens rund 70.000 Liter Diesel!"

Durchführung einer Zeit- und Pfleglichkeitsstudie

Bei den Versuchsbeständen handelte es sich um gedrängte bis geschlossene, kleinflächig ungleichaltrige Fichten-Stangen- und Baumhölzer im Alb-Donau-Kreis, Revier Ingstetten. Insgesamt betrug die Versuchsfläche etwa 5,5 ha. Es handelte sich sowohl um Erst- als auch um Zweit- und Drittdurchfostungen. Der durchschnittliche BHD des ausscheidenden Bestandes betrug 18,4 cm, die durchschnittliche Höhe 18,3 m, und die mittlere Stammzahl 1084 Stück/ha.

Erschlossen waren die Flächen durch Fahrwege und Rückegassen, welche in Abständen von 30 bis 64 m verliefen. Das Gelände war eben bis leicht geneigt. Die Z - Bäume waren mit Punkten dauerhaft markiert. Jeder zu entnehmende Baum war vom zuständigen Revierleiter mit Signalfarbe angewiesen, die Rückegasseneinmündungen sowie -verläufe markiert. Um für Pferd und Schlepper während der Zeitstudie die selben Bedingungen und Voraussetzungen wie Flächengröße, Dimension, Rückegassenabstand und Gelände sicherzustellen, wurden alle drei Versuchsbestände zunächst möglichst genau in der Mitte geteilt.

Außer dem Aufsprühen von Identifikationsnummer und Rücke-Richtungspfeil (kürzeste Entfernung zur Gasse) wurden bei jedem Baum die leistungsbeeinflussenden Bezugsdaten BHD und kürzeste rechtwinklige Entfernung von Baum zu Gassenrand und die Vorlieferentfernung (entspricht Richtungspfeil) ermittelt.

Zur Ermittlung der Zeiten kam das Fortschrittszeitverfahren zur Anwendung. Die Durchführung der Zeitstudie fand zwischen 26. Februar und 6. März 2007 statt. Beteiligt an der Studie als Arbeitskräfte waren drei Pferderücker mit ihren vier Arbeitspferden sowie ein Forstunternehmer mit seinem Seilschlepper Steyr 8110 mit Forstausrüstung und Doppeltrommelseilwinde. Ein Forstwirt stand während der gesamten Aufnahmen als Fäller zur Verfügung. Insgesamt waren für die Studie 619 Bäume in drei Versuchsbeständen nummeriert. 329 Stück für das Vorliefern mit Pferd, 290 Stück für die Bearbeitung mit Schlepper.

Die Aufnahme der Schäden erfolgte mit dem Verfahren der Linienstichprobe. Hierzu wurde in jedem Versuchsbestand alle 20 m auf der Rückegasse der Beginn, auf der Parallelrückegasse das Ende der Laufinie festgelegt und sichtbar markiert. Die Stichprobenlinien verliefen rechtwinklig von Gasse zu Gasse.

Ergebnisse

1. Stichprobenumfang

Insgesamt wurden von den vornummerierten 332 Bäumen (100 %) für das Pferd 265 Vollbäume (79,82 %) vorgeliefert und 59 Bäume zugefällt (17,77 %). Acht Bäume (2,41%) lagen entgegen der Planung doch noch in der Kranzone und mussten deshalb nicht bearbeitet werden. Für den Schlepper waren 297 vornummerierte Bäume vorhanden (100 %). 271 davon (91,25 %) wurden vorgeliefert, zwölf (4,04 %) zugefällt und 14 Stück (4,71 %) befanden sich in der Kranzone.

2. Bezugsdatensituation

3. Dauer der Ablaufabschnitte

4. Entwicklung von Leistungstabellen

Nach REFA liegen die Werte für die Allgemeinen Zeiten in der Praxis zwischen 25 % und 39 %. Bei den folgenden Leistungstabellen wurde ein allgemeiner mittlerer Wert von 32 % angewendet und die in der Arbeit nicht ganz linearen Leistungszeitreihen durch rechnerische Korrektur als annähernd lineare Zeiten abgebildet (siehe Tabelle unten).

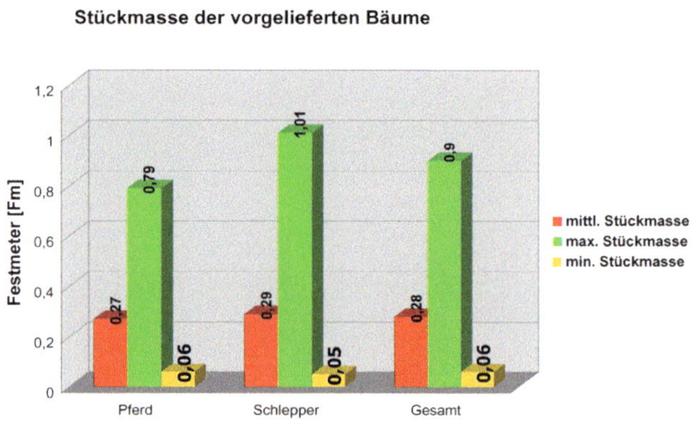

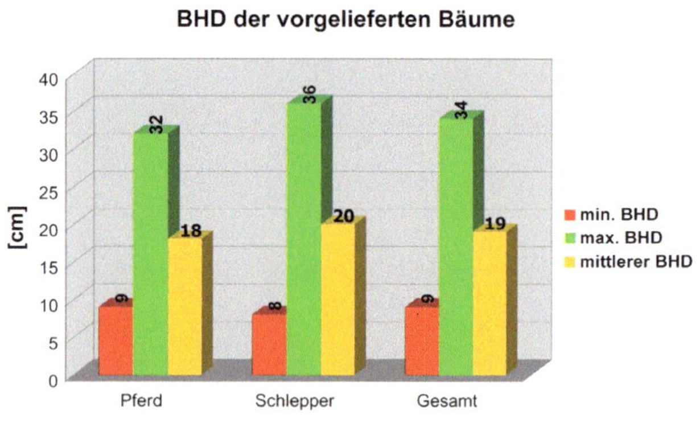

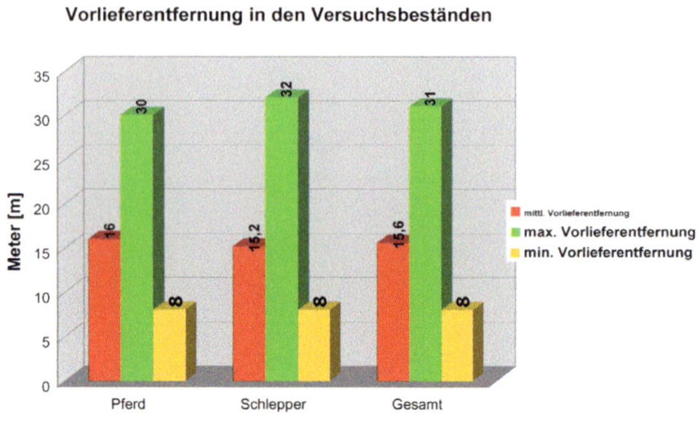

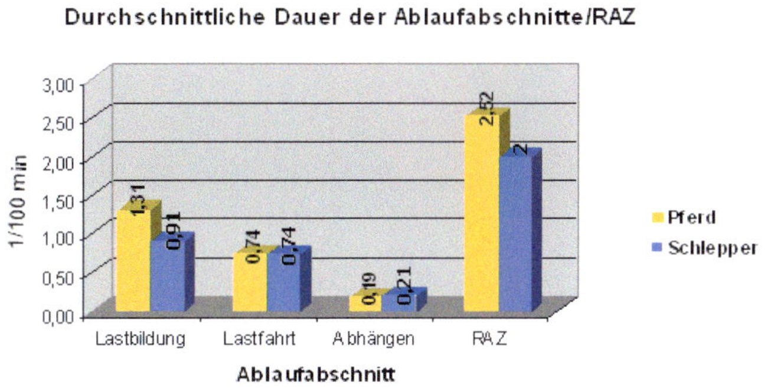

„Achtung, Baum fällt!". Abziehen des angelehnten Baumes vom Stock.
Fotos: Julia Wirth

5. Bestandespfleglichkeit

5.1 Schadprozente

Bei einem Stichprobenumfang von insgesamt 395 untersuchten Bäumen und einem Schadanteil von 22 Bäumen ergibt sich beim Vorliefern mit Pferd ein Schadprozent von 5,6%.
Von den im Schlepperteil insgesamt 391 auf Schäden untersuchten Bäumen wiesen 45 Stück einen oder mehrere Schäden auf. Das ergibt beim Vorliefern mit Seilschlepper ein Schadprozent von 11,5 %.
Damit liegt bei dieser Pfleglichkeitsuntersuchung das Schadprozent beim Vorliefern mit Pferd mit 5,6 % nur etwa bei der Hälfte des Schadwertes, der mit 11,5 % beim Vorrücken mit Schlepper erreicht wurde.

5.2 Abhängigkeit zwischen Schadprozent und Bestandesdichte

Stellt man einen Vergleich der Schadprozente zwischen zwei Beständen mit unterschiedlichen Bestandesdichten (N/ha) an, so wird bei Pferd und Schlepper erwartungsgemäß deutlich, dass mit steigender Stammzahl auch die Schadhäufigkeit erhöht wird.
Für einen Vergleich stehen in dieser Studie der Bestand 1 mit einer Stammdichte von 870/ha und einem Schadprozent von 4,8 % beim Pferd bzw. 10,9 % beim Schlepper und der Bestand 2 und 3 mit einer Stammzahl von im Mittel 1200/ha und Schadprozenten von 6,9 % / 12,2 % (Pferd/Schlepper) zur Verfügung.

5.3 Dimension der Schadbäume

Mit dem Wissen des Rückers um die besondere Wichtigkeit der Schonung von vitalen, stabilen Zukunftsbäumen, ob diese nun markiert sind wie in diesen Versuchsbeständen oder nicht, sollte beim Rücken ein entsprechendes Verhalten einhergehen. Das Rücken muss so gestaltet werden, dass diese entsprechenden Zukunftsbäume im Auge behalten und in das Rückegeschehen einkalkuliert werden können. Zudem müssen als unvermeidbar geltende Schäden vorhergesehen werden, um durch durchdachte und flexible Arbeitsweise die Schäden auf abgängige, qualitativ schlechtere oder unterständige Bäume zu konzentrieren.
Da die vitalen Zukunftsbäume durch regelmäßiges Freistellen und Pflegen in der Regel eine größere Krone und damit eine größere Dimension haben, muss das Ergebnis eines erfolgreichen, pfleglichen und durchdachten Vorrückeeinsatzes unweigerlich einen geringeren mittleren Durchmesser der Schadbäume als der unbeschädigten Bäume ergeben.
Bei der Beleuchtung der mittleren Durchmesser jener Bäume, die in die Pfleglichkeitsstudie mit einbezogen waren, (markierte Z-Bäume wurden hier jedoch nicht separat erfasst), ergibt sich folgendes Resultat: Mit einem mittleren Durchmesser der gesunden Bäume von 24,6 cm und einem mittleren Durchmesser der Schadbäume von 21,2 cm erfüllt nur das Pferd diese zuvor erwähnten Ansprüche. Beim Schlepper stellt sich die Situation invers dar. Hier beträgt der durchschnittliche Durchmesser der gesunden Bäume 24,2 cm, der Durchmesser der Schadbäume jedoch 25,1 cm.

Leistungstabellen für das Vorliefern mit Pferd und Schlepper in Fm/h RAZ inkl. 32 % AZ

Stückmasse [Fm]	Vorlieferentfernung [m]						
	bis 10	bis 13	bis 16	bis 19	bis 22	bis 25	bis 31
0,09	2,48	2,22	1,79	1,65	1,48	1,43	1,31
0,14	3,34	3,19	2,96	2,79	2,63	2,50	2,32
0,19	4,19	3,96	3,59	3,37	3,11	2,90	2,68
0,24	5,24	4,66	4,28	3,93	3,61	3,37	3,07
0,29	6,16	5,45	4,91	4,26	3,77	3,37	3,27
0,34	6,20	5,64	5,02	4,72	4,50	3,96	3,79
0,39	6,47	6,02	5,92	5,41	5,05	5,00	3,96
0,49	7,43	6,89	6,75	6,64	5,79	5,14	4,46
0,59	8,08	7,38	7,24	7,09	6,10	5,24	4,95

Leistungstabelle für das Vorliefern mit Pferd in Fm/h RAZ inkl. 32% AZ

Stückmasse [Fm]	Vorlieferentfernung [m]						
	bis 10	bis 13	bis 16	bis 19	bis 22	bis 25	bis 31
0,09	3,01	2,66	2,51	2,43	2,30	2,03	1,83
0,14	4,26	3,86	3,53	3,24	3,14	2,69	2,44
0,19	4,97	4,79	4,51	4,10	4,26	4,08	3,56
0,24	5,66	5,63	5,50	5,11	5,05	5,02	4,26
0,29	6,58	6,36	5,74	5,38	5,30	5,35	4,45
0,34	6,70	6,47	6,24	5,88	5,84	5,62	4,64
0,39	7,13	6,85	6,58	6,32	6,26	6,01	5,11
0,49	8,00	7,68	7,37	7,21	7,14	6,85	5,88
0,59	8,47	8,30	8,14	7,89	7,58	7,28	6,60

Leistungstabelle für das Vorliefern mit Schlepper in Fm/h RAZ inkl. 32% AZ

5.4 Schadgröße

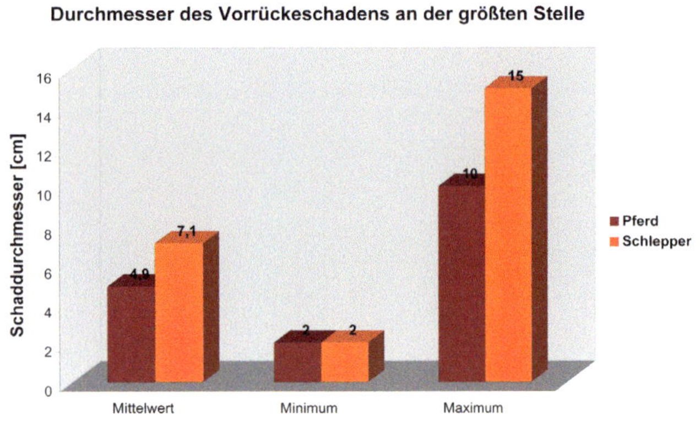

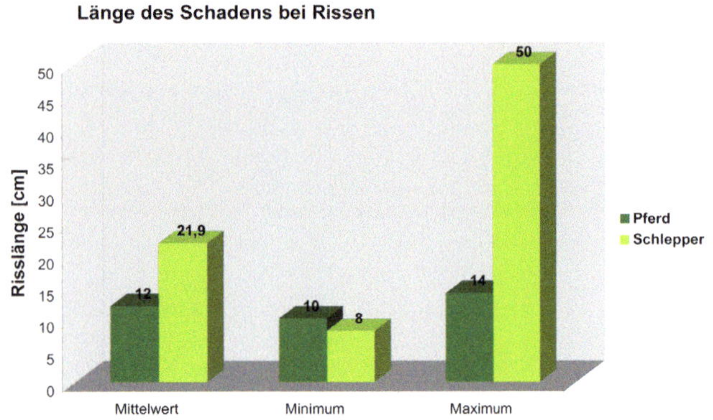

An den Darstellungen zur Schadgröße lässt sich erkennen, dass beim Vorrücken mit Pferd sowie beim Durchmesser des Schadens, als auch bei der Länge von Schadrissen in der Regel kleinere Schadausmaße als bei der Arbeit mit dem Schlepper entstehen.

Wirtschaftliche Betrachtung

Die Untersuchung zeigt, dass der Schlepper eine gering höhere Vorlieferleistung hat als das Pferd. Dies würde für den Waldbesitzer bei gleichen Kostensätzen von Pferd und Schlepper eine geringe Kosteneinsparung beim Vorliefern mit Schlepper gegenüber dem Einsatz von Pferden bedeuten.
Wie stellt sich nun aber die gesamte Kosten- und Gewinnsituation am Ende eines Bestandeslebens dar, wenn man bei der Entscheidung für oder gegen das Pferd bzw. Schlepper als Vorliefermethode schon mit einrechnet, dass bei mehr Schäden - vor allem an Z-Bäumen, größeren Schaddurchmessern, längeren Rissen, und damit einer höheren Gefahr der Pilzinfektion, wie es beim Schlepper zweifelsohne der Fall war, auch die Holzgesundheit und damit die Holzqualität leidet? Sind mehr Bäume beschädigt, sind auch mehr Bäume der Gefahr einer Pilzinfektion ausgesetzt. Die Wertverluste werden noch dadurch erhöht, dass stammfaule Bäume bei Sturm leichter brechen, die Betriebssicherheit also gefährdet ist. Winfried Meng stellte in seiner Untersuchung 1978 zu Baumverletzungen durch Transportvorgänge in der Holzernte fest:

Mit zunehmender Faullänge tritt folgende Wertminderung des Baumes ein:

1 m Faullänge: 5,0 % Wertverlust
2 m Faullänge 10,4 % Wertverlust
3 m Faullänge 13,3 % Wertverlust
5 m Faullänge 16,1 % Wertverlust
7 m Faullänge 19,5 % Wertverlust

Bedenkt man, dass ein mit Fäule befallener Stammabschnitt, der im gesunden Zustand in der Qualitätsstufe B/C gelegen hätte, durch die Entwertung nun in Kategorie D mit weitaus geringeren Erlösen eingestuft wird, so muss man sich doch die Frage stellen, ob beim Vorliefern die Wahl nicht auf die pfleglichste aller möglichen Alternativen gesetzt werden sollte.

Versuch, die Pfleglichkeit in betriebswirtschaftliche Überlegungen rechnerisch zu integrieren

Annahmen:
BHD 25 cm; Vorlieferentfernung bis 16 m; Schadprozent von 5,6 % beim Pferd und 11,5 % beim Schlepper; Vorlieferleistung von 4,91 Fm/h beim Pferd und 5,74 Fm/h beim Schlepper (laut Leistungstabellen); Lohn von 79 €|h für den Schlepper mit Fahrer und Fäller sowie 67 €/h für das Pferd mit Führer und Fäller (am Beispiel Alb-Donau-Kreis), damit Vorlieferkosten von 13,7 €/Fm beim Pferd und 13,8 €/Fm beim Schlepper, Kosten für die Prozessor-Aufarbeitung von 10 €/Fm und für die Forwarder-Rückung von 8 €/Fm; Preise von 73 €/Fm für Fixlängen L2a B/C, 55 €/Fm für D-Holz und 47 €/Fm für IS-Holz.
Unter Anwendung der unten aufgeführten Formel ergibt sich **ein Deckungsbeitrag von 16,59 Euro / Stamm (36,87 Euro/ Fm) beim Pferd und von 16,22 Euro / Stamm (36,05 Euro/ Fm) beim Schlepper.**

Bei den ausgeführten Überlegungen wird davon ausgegangen, dass ein Stamm ohne Schaden zwei Fixlängen B/C und zwei Abschnitte IS, ein Stamm mit Schaden und dadurch Fäule jedoch einen Abschnitt D-Holz, eine Fixlänge B/C und drei Abschnitte IS ergibt.

Werden also die Pfleglichkeit und der Stundenlohn in die betriebswirtschaftliche Betrachtung integriert, fällt der Deckungsbeitrag beim Pferd trotz etwas geringerer Leistung laut Tabelle 0,82 Euro/Fm höher aus als beim Schlepper. Bei einer Durchforstungsstärke von 100 Fm im Jahrzehnt/ha sind das 82 Euro, die beim Einsatz von Pferden zum Vorliefern pro ha in zehn Jahren gespart werden könnten.

Fazit

Bei den Aufnahmen zur Zeitstudie wurde unter anderem deutlich, dass der Anteil der Bäume, die nicht vorgeliefert, sondern zugefällt werden, beim Pferd höher ist als beim Schlepper. Ist ein Baum von der Dimension und vom Gewicht für das Pferd zu schwer, besteht zunächst die Möglichkeit, dass der Fäller versucht, den Baum nur anzulehnen. Mit der Ausnutzung des Schwungs beim Fallen kann das Pferd so oft auch Bäume bewältigen, die eigentlich zu schwer sind. Ist dies nicht möglich, muss der Baum zugefällt werden. Beim Zufällen in Richtung Rückegasse ergibt sich zwar eine höhere Leistung als beim Vorkonzentrieren, weil das Anhängen, die Lastfahrt und das Abhängen entfallen. Der Harvester muss jedoch später den Baum anstatt am Stammfuß an der Krone packen und in den gegenüberliegenden Bestand schieben, um am Stammfuß mit

Formel zur Ermittlung des Deckungsbeitrages

Schadfaktor **x (Stammerlös (€/Fm) – Harvester Aufarbeitungskosten (€/Fm) – Vorlieferkosten (€/Fm) – Rückekosten (€/Fm))**
+
Gesundfaktor **x (Stammerlös (€/Fm) – Harvester Aufarbeitungskosten (€/Fm) – Vorlieferkosten (€/Fm) – Rückekosten (€/Fm))**

dem Messen und mit der Aufarbeitung beginnen zu können. Dies erhöht wiederum die Bestandesschäden und den Zeitbedarf beim Harvester.
Beim Vorliefern mit Schlepper werden schwächere Bäume oft zusammen gerückt. Dies hat zur Folge, dass das Baumbündel sperriger wird. Die Wahrscheinlichkeit, an einem gesunden, stehenden Baum einen Schaden zu verursachen, ist höher. Außerdem steht beim Vorliefern mit Schlepper die Maschine stets auf der Rückegasse. Von dort aus werden so viele Seillinien wie möglich bearbeitet. Das sind nach Beobachtungen in der Regel ein bis drei Linien. Können weitere Bäume nicht mehr erreicht werden, muss der Schlepper umgesetzt werden. Durch die Gassenbreite von ca. 3,5 m gestaltet sich das Rangieren auf der Gasse schwierig. Oft muss der Schlepper also ein Stück in den gegenüberliegenden Bestand einfahren, um zu wenden oder sich neu positionieren zu können. Damit sind in den Gassenrandbereichen Bodenverdichtungen oder Wurzelschäden manchmal nicht zu vermeiden.

Wird vom Fäller, der oft ohne sofortiges kombiniertes Vorliefern schon einige Bäume vorfällt, ein Hänger produziert, können das Pferd und der Fuhrmann vom aktuellen Arbeitsort, meist nur wenige Meter entfernt, mit minimalem Zeitaufwand zu der entsprechenden Stelle laufen und den hängenden Baum in alle denkbaren Richtungen zu Fall bringen. Der Schlepper muss dazu oft zeitaufwändig umsetzen und kann dabei den Baum nicht in alle beliebigen Richtungen manipulieren, da er an seinen Standpunkt auf der Rückegasse gebunden ist.
Man stelle sich auch folgende Situation vor: Läuft der vorzuliefernde Baum während des Zuges an einen Wurzelanlauf, besteht die Gefahr eines Schadens. Oder fährt er sich im Waldboden fest, muss beim Arbeiten mit Schlepper das Seil umgehängt, der Zugwinkel verändert oder der Schlepper sogar umgesetzt werden – wenn der Schaden vermieden werden soll. Beim Vorliefern mit Pferd wird die Zugrichtung nach einem einzigen Kommando und einem Pferdetritt zur Seite verändert, ohne das Seil ab- oder umzuhängen, und der Schleifzug kann unmittelbar fortgesetzt werden.
Bei allen Vorteilen, die das Pferd bietet, von der Pfleglichkeit für den verbleibenden Bestand, verbunden mit der Wirtschaftlichkeit beim zukünftigen Holzverkauf über die Flexibilität beim Zug bis hin zur Umweltfreundlichkeit der Arbeitsweise, dürfen die Vorzüge des Seilschleppers nicht vergessen werden: Keine Einschränkungen in der Zugkraft, was die Dimension oder die Kronenbeschaffenheit betrifft, keine nachlassende Leistung am Ende eines anstrengenden Arbeitstages und eine Leistung, die bei vergleichbaren Gegebenheiten gering über der des Pferdes liegt, und die das Pferd in stärkeren Dimensionen nicht bieten kann. Bei der Auswahl des geeigneten Arbeitsverfahrens in der Praxis dürfen nicht nur die gegenwärtig anfallenden Kosten und die Leistung beim Vorliefern berücksichtigt werden. Im Sinne einer nachhaltigen Bewirtschaftung muss der Blick auch in die Zukunft der Bäume, zum angestrebten gewinnbringenden Verkauf von qualitativ hochwertigem Holz und einem Forstbetrieb mit betriebssicheren Beständen, gelenkt werden.

Voraussetzung für maximale Wirtschaftlichkeit und Pfleglichkeit ist jedoch die Offenheit und Flexibilität der Verantwortlichen gegenüber allen Verfahren und Möglichkeiten. Und zwar auch gegenüber solchen wie dem Pferdeeinsatz im Wald, die von der breiten Allgemeinheit oft gar nicht erst in Erwägung gezogen werden.

Christel Erz äußerte sich in einem Interview für das Merklinger Gemeindeblatt etwas ärgerlich: „Wind- und Sonnenenergie, alles nutzen wir, aber die Pferde stehen im Stall. Dabei haben sie in der Waldarbeit ihre natürliche Berechtigung". Und lächelnd fügt sie hinzu: „Ich bin überzeugt, das Arbeitspferd kommt wieder. Im Leben kommt alles wieder, nur in veränderter Form".

Ausblick

Die heutige Unterbezahlung der Pferderücker, die laut der Aussage von erfahrenen Rückern nicht im Verhältnis zu Leistung und Pfleglichkeit steht, ist zusammen mit der gering gewordenen Akzeptanz der meisten Förster wohl der Hauptgrund, warum sich viele Rücker mit ihren Arbeitspferden nicht mehr auf dem Markt behaupten konnten und können,.
In einem Fachgespräch mit dem Thema „Arbeitspferde haben Zukunft" äußerte Christel Erz ihre Wünsche für die Pferdearbeit im Wald: „Wir brauchen eine Arbeitsgruppe, die sich aus Fachleuten aus den Bereichen Arbeitspferd, Forst, Umwelt, erneuerbare Energien, Betriebswirtschaft und Vertretern des ländlichen Raumes zusammensetzt. Wir brauchen überarbeitete Stundensätze und Entlohnungstabellen, mit denen ein Unternehmer existieren kann. Wir brauchen "Pferdeführer" als anerkannte Zusatzausbildung z.B. für Forstwirte. Wir brauchen Ausbildungsbetriebe für Interessierte mit Rahmenbedingungen, durch die sie existieren können".
Die Zielsetzungen von NATURA 2000 und die starken Umweltschutzbestrebungen der letzten Jahre geben Anlass zur berechtigten Hoffnung, dass das sanfte Rücken mit Pferden im 21. Jahrhundert durchaus seinen Platz in der Forstwirtschaft behaupten wird. Es ist die Aufgabe der Holzrücker aber auch der Forstverwaltungen, ihre Einsatzmöglichkeiten, die Umweltfreundlichkeit und die wirtschaftliche Rentabilität von Pferden einer breiten Öffentlichkeit deutlich zu machen. Es geht vor allem darum, dem interessierten Publikum und den politisch Verantwortlichen klar zu machen, dass Pferde im Wald keine touristische Attraktion sind, sondern ein ökonomischer Faktor. Auch und gerade für die Forstwirtschaft sollte gelten: Zurück zur Natur!

Literatur:

CLOSEN, B. ; STADTFELD, M. ; FRORATH, B. (1987):
Erfahrungen und Hinweise zur Durchführung von Pferderücker-Lehrgängen. In: AFZ DerWald, 42. Jahrg., 51/52, 1342-1343
KOCH, M. (1998):
Traditionelles Arbeiten mit Pferden in Feld und Wald. Stuttgart (Hohenheim) : Ulmer
Kuratorium für Waldarbeit und Forsttechnik e.V. (Hrsg.) (1990):
Holzrücken mit Pferden. Merkblatt Nr. 7, gefördert durch den Bundesminister für Ernährung, Landwirtschaft und Forsten sowie die Landesforstverwaltungen, Sachbearbeiter: BRHEL, P., Groß Umstadt: KWF
MENG, W. (1978):
Baumverletzungen durch Transportvorgänge bei der Holzernte, Ausmaß und Verteilung, Folgeschäden am Holz und Versuch ihrer Bewertung. Schriftenreihe der Landesforstverwaltung Baden-Württemberg, 53, Stuttgart : Selbstverlag der Landesforstverwaltung
SOPPA, R. (2006):
Erstes Fachgespräch: Arbeitspferde haben Zukunft. In: AFZ-DerWald, 61. Jahrg. 6, 278

Im schweren Zug wird der ganze Baum in die Kranzone des Vollernters gezogen. **Fotos:** Julia Wirth (Bildtexte: E. Schroll)

Holzernte mit Pferden im „Vorwald“

Michael Mallmanns Rückepferd Franziska zieht einen abgeschnittenen Vorwaldbaum vom Stock. **Fotos:** privat

Hackschnitzel und Brennholz aus Bäumen, die sonst nicht verwertet würden

Manche Wertholzarten etablieren sich am besten unter dem schützenden Dach eines schnell gewachsenen sogenannten Vorwalds (z.B. Birke, Zitterpappel). Wenn die Schützlinge der Zielbaumart groß genug sind, werden die Bäume des Vorwalds normalerweise nicht geerntet, sondern gefällt und im Bestand gelassen. Geerntet wird deshalb nicht, weil eine Schädigung der Zielbäume gefürchtet wird oder die Ernte wirtschaftlich nicht attraktiv genug ist. Hier könnte Pferderückung als bestandschonendes und kostengünstiges Ernteverfahren etwas ändern, berichten Thomas Weich und Rüdiger Unseld vom Waldbau-Institut der Universität Freiburg. Die geernteten Bäume können z.B. zu Hackschnitzeln verarbeitet werden und der Industrie als Energielieferanten dienen. Energie aus nachwachsenden Rohstoffen wie Holz ist besonders klimaschonend im Vergleich zu fossilen Brennstoffen. Auch für die Ernte von schwachem Brennholz bei der Erstdurchforstung von Laubholzbeständen kann das Pferd gut eingesetzt werden, berichtet Forstbeamter Friedbert Ritter. Analog zum Vorwald wird auch in diesem Falle Brennholz geerntet, das sonst im Wald liegenbleiben würde. Michael Mallmann und Simon Strobel haben Erfahrungen beim Rücken mit dem Pferd zur Energie- bzw. Brennholzernte gemacht.

Von Christiane Trierweiler

In einem tief verschneiten Wald des Mittelgebirges Hunsrück in Rheinland-Pfalz kreischte die Kettensäge: Hier fand 2010 die erste Studie der Universität Freiburg zur Holzernte in Energievorwäldern statt. Eine der getesteten Varianten war die motormanuelle Fällung mit Pferderückung. Michael Mallmann aus Spesenroth (Hunsrück) reiste mit seinem mittelschweren Süddeutschen Kaltblut Franziska im traditionellen Kumtgeschirr an. Er demonstrierte, wie das Pferd zielsicher die langen, schlanken Bäume auf Zuruf aus dem Wald ziehen kann.

Hier wurde getestet, ob Waldflächen prinzipiell doppelt genutzt werden können: Während Bäume schnellwüchsiger Arten als Energieholz geerntet werden, konnten langsam wachsende Werthölzer in ihrem Schutz gedeihen. Voraussetzung für diesen zweistufigen Wald ist, dass die Energieholznutzung die Wertholzproduktion nicht beeinträchtigt.

Momentan sind als Vorwald gepflanzte Weichhölzer wie Pappel in Deutschland zwar noch nicht sehr gefragt. Dies könnte sich jedoch in Zukunft ändern. Weichholz kann in kürzerer Zeit mehr Biomasse produzieren als z.B. Buchen, Fichten und Kiefern, die stofflich als Industrieholz genutzt werden können. Und die Brennholznutzung von Weichholz ist im Zuge der erwünschten CO_2-Einsparung zum Klimaschutz ein aktuelles Thema. Da Fichten mit dem sich erwärmenden Klima in Deutschland schlecht zurechtkommen, werden bereits alternative Arten gesucht. So werden in Deutschland Verfahren getestet, um Pappelholz zu einem besseren Werkstoff zu verdichten. Auch als Rohstoff für Papier käme Weichholz in Frage.

Versuche: Ernte von Vorwaldbäumen mit Pferd oder Maschine

Die Forscher der Universität Freiburg wollten herausfinden, welche Erntetechniken geeignet sind, den Zielbestand nicht zu gefährden und das schwache Holz auf wirtschaftliche Weise bereitzustellen. Getestet wurde eine Kombinationsmaschine (Voll-ernter kombiniert mit Tragschlepper mit Sammelaggregat, sogenannter Harwarder/Forvester). Im Vergleich zu der nicht kombinierten Variante, bei der Vollernter und Tragschlepper separat arbeiten, entfällt hier das Vorkonzentrieren des Holzes an der Rückegasse, was bestandesschonender ist. Für die Energieholzherstellung würde dann noch ein Lkw-Hakker an der Forststraße benötigt. Bei größeren Gassenabständen als 20 Metern muss mit Pferd oder Seilschlepper vorgerückt werden, da die Reichweite der Maschinen sich auf zehn Meter beschränkt. Hier wurde nur das Vorliefern mit dem Pferd getestet.

Harwarder mit Sammelaggregat an der Arbeit im Energie-Vorwald.

Die Teilschritte „Vorliefern außerhalb der Kranreichweite mit dem Pferd“ und „vollmaschinelle Ernte der Bäume im Kranbereich“ wurden auf verschiedenen Versuchsparzellen durchgeführt, um die verursachten Schäden eindeutig einem Verfahren zuordnen zu können.

Versuchsparzellen: „Wiebke“ wirft

Vielen Hunsrückern ist der Orkan „Wiebke“ im Gedächtnis geblieben: Er wütete im Spätwinter 1990 und schloss eine Reihe von acht Stürmen ab, die damals über West- und Mitteleuropa hinwegfegten. Im waldreichen Hunsrück waren die großflächigen Windwürfe unübersehbar, die Landschaft war stellenweise bis zur Unkenntlichkeit verändert. Inzwischen sieht es wieder anders aus, denn bereits 1991 wurde mit der Wiederbewaldung begonnen. Besonders schnellwüchsige und ertragreiche Hybrid-Birken und Hybrid-Aspen (Zitterpappeln) wurden in quadratischen Versuchsparzellen gepflanzt oder gesät, um eine schützende Schicht für die Zielart Eiche zu bilden. Die Eichen wurden sechs Jahre später zwischen den Vorwaldbäumen eingebracht. Während die zu erntenden Birken und Zitterpappeln beim Versuch 2010 bereits 13 bis 19 Meter hoch waren (Durchmesser 14 bis 21 cm), waren die zu schützenden Eichen erst drei bis vier Meter hoch.

Es wurden eine Versuchsparzelle von 1250 m^2 und zwei von 2500 m^2 ausgewählt. Darauf befanden sich 700 bis 1200 Vorwaldbäume pro Hektar (gepflanzt bzw. gesät) und 1000 bis 2000 Eichen pro Hektar. Beim Vorliefern mit dem Pferd wurden die Vorwaldbäume mit einem Fällschnitt mit Kettensäge an einen benachbarten Vorwaldbaum angelehnt, von dort mit dem Pferd weggezogen und dickörtig vorgeliefert. Unter realistischen Umständen wäre die maximale Rückedistanz ca. 25 Meter gewesen. Da die Forstmaschine jedoch nicht in die Pferde-Versuchsparzelle fahren sollte, wurde mit dem Pferd 60 Meter bis zur Forststraße gerückt. Für den Harwarder (Tragschlepper Gremo 1350 mit Fäller-Bündler-Aggregat Narva Gripp 1500-40) wurden die Versuchsparzellen mit Rückegassen im Abstand von 20 Metern erschlossen, so dass nicht vorgeliefert zu werden brauchte.

Größte Vorteile beider Methoden

Größter Vorteil beim Harwarder war, dass Bestandsschäden relativ gering waren: Die Maschine konnte gefällte Bäume senkrecht zu sich führen, um sie im Rungenkorb abzulegen. Im Sammelaggregat konnten mehrere schwach dimensionierte Bäume als Bündel gesammelt werden. Dickere Bäume wurden erst senkrecht stehend zerteilt. Bei der eingesetzten Maschinenkombination war jedoch das Freischneiden der Rückegassen schwierig.

Größter Vorteil des Vorlieferns mit dem Pferd war, dass es relativ witterungsunabhängig war. Während für den Harwarder-Einsatz mehrwöchige Trockenphasen vorausgehen mussten, machte das Pferd sowohl bei Schneebedeckung als auch bei Tauwetter keine größeren Bodenschäden.

Schädigungen der Zielbäume (Eichen)

Sowohl bei der vollmechanisierten Ernte als auch beim Rükken mit dem Pferd waren die häufigsten verursachten Schäden Astverluste. An zweiter Stelle standen Rindenschäden.

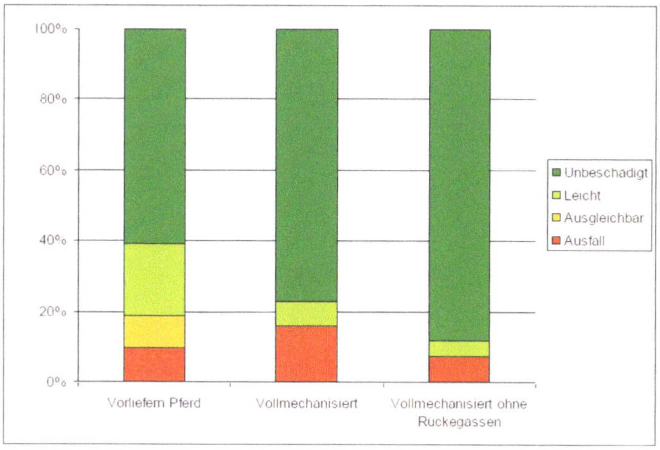

Abbildung 1:
Energieholzernte im Vorwald: Anteile der Schadintensität an unterständigen Eichen auf den Vorlieferflächen und auf den vollmaschinell geernteten Flächen mit und ohne Berücksichtigung der Anlage von Rückegassen.

In geringerem Maße kamen vor: Schaftbrüche, Neigung, Mehrfachschädigungen und Totalverluste. Die Intensität der Schäden wurde hinsichtlich der zukünftigen Nutzung der Eichen beurteilt. Sowohl bei der Ernte mit Pferd als auch mit der Maschine war der Anteil stark geschädigter oder ganz ausgefallener Eichen relativ gering (siehe Abbildung 1). Bei beiden Verfahren wurden weniger als 20 Prozent der Eichen stärker beschädigt. Der Hauptbestand wurde somit durch die Erntemaßnahmen nicht gefährdet. Beim Vorliefern mit dem Pferd war der Prozentsatz an Totalausfällen noch geringer als bei der Maschine (wenn Rückegassen berücksichtigt werden), nämlich um die 10 Prozent.

Wirtschaftliche Holzernte?

Beide hier getesteten Verfahren könnten auf wirtschaftliche Weise eingesetzt werden – separat oder in Kombination. Aus den Arbeitszeiten, geernteter Biomasse und Stundensätzen lässt sich berechnen, dass bei der vollmechanisierten Ernte die Erntekosten bis zur Waldstraße bei 41 Euro pro Tonne absolut trockenen Holzes (€/t_{atro}) liegen würden (siehe Tabelle 1). Legt man Hack- und Transportkosten von 40 €/t_{atro} zu Grunde, so würde das Endprodukt Hackschnitzel 81 €/t_{atro} kosten.

Für die komplette Ernte mit dem Pferd würden diese Kosten bei 99 €/t_{atro} liegen. Bei einem kombinierten Verfahren (Vorliefern mit dem Pferd über maximal 30 Meter, im Kranbereich vollmechanisierte Ernte mit dem Harwarder) würden die Kosten bei 90 €/t_{atro} liegen. Hier wäre im realen Betrieb durch kürzere Vorlieferdistanzen und bessere Auslastung der Maschine noch eine Leistungssteigerung zu erwarten. Erzielen konnte man 2010 Erlöse von ca. 110 €/t_{atro} bei Waldhackschnitzeln.

	vollmechanisierte Ernte	Pferderückung
mittlere Rückedistanz	105 m	62 m
Systemkosten	90 €/h	67 €/h
Geerntete Biomasse	16 t_{atro}	21 t_{atro}
Erntekosten bis zur Forststraße	41 €/t_{atro}	59 €/t_{atro}

Tabelle 1:
Kennwerte zu den Kosten der Energieholzernte im Vorwald

Weiterhin besteht die Möglichkeit, nicht nur Hackschnitzel zu produzieren. Möglicherweise könnte aus dem stofflich nutzbaren Sortiment der Vorwaldbestände auch Industrieholz gewonnen werden.

Vorliefern von Vorwaldbäumen mit dem Pferd empfehlenswert

Aus den durchgeführten Versuchen schließen die Wissenschaftler, dass Vorwälder für Energie- oder Industrieholznutzung bestandesschonend und wirtschaftlich beerntet werden können. Der Zielbestand wird nicht maßgeblich gefährdet. Die hier getestete Zielbaumart Eiche ist jedoch relativ robust gegenüber Schäden. Die gezogenen Schlüsse gelten nicht ohne weiteres für empfindlichere Baumarten wie z.B. Buche.

Um die Ernte der Vorwaldbäume für die Maschine zu vereinfachen, könnte die Einbringung nicht gleichmäßig über den Bestand verteilt, sondern entlang von Erschließungslinien mit Seitenrippen verteilt werden. Beim Pferd gibt es weniger Probleme. Trotz etwas höherer Kosten empfehlen die Freiburger Wissenschaftler deshalb auch in einem Folgeprojekt den Pferdeeinsatz zum Vorliefern in den Schwachholzbeständen des Energievorwalds.

Simon Strobel aus Eichenstegen, Gemeinde Ravensburg (Baden-Württemberg), hat in der Vergangenheit regelmäßig Energieholz mit dem Pferd aus Vorwäldern gerückt. „Mein Fuhrmann ist in Rente, selbst verdiene ich jetzt mein Geld mit dem Harvester. Als Neunjähriger ging ich schon mit den Pferden in den Wald, aber jetzt finde ich den Zeit- und Preisdruck so extrem angestiegen, dass ich die Pferde nur noch in der Freizeit einsetze." Seine Erfahrungen im Energievorwald beschreibt Strobel wie folgt: „Die Vorlieferleistung im Vorwald war mit dem Pferd stark abhängig von der Fläche und lag zwischen fünf und zwölf Kubikmetern am Tag. Wir arbeiteten im Staatswald und wurden im Stundenlohn bezahlt. Momentan sind die Energie-Vorwald-Aufträge rückläufig, da Energieholz wegen milder Winter und niedriger Ölpreise nicht nachgefragt wird. Flächen gäbe es genug, aber im Moment lohnt es sich im Gegensatz zu früher nicht. Ich glaube, das wird sich in der Zukunft wandeln, denn der Ölpreis kann nicht immer niedrig bleiben. Pferderückern, die im Vorwald arbeiten wollen, kann ich nur raten, sich die Sortimentsstruktur vorher gut anzuschauen. Die Flächen sind nicht homogen, sondern stark unterschiedlich. Eine rationelle Arbeitsweise und gute Planung sind sehr wichtig."

Rückeraupe oder Pferd: Vorliefern von Brennholz aus Erstdurchforstung

Auch bei anderen Versuchsbeerntungen kam Michael Mallmann mit seinem Rückepferd zum Einsatz, diesmal initiiert vom Forstamt Kastellaun (Hunsrück). Hier geht es nicht um Holz, das zu Hackschnitzeln oder Industrieholz verarbeitet werden soll, sondern um Brennholz, das früher traditionell in Eigenwerbung geerntet wurde, nämlich aus der ersten Durchforstungsphase im schwachen Laubholz.

Beim Forstamt Kastellaun spielt der Pferdeeinsatz immer wieder eine Rolle. Friedbert Ritter, technischer Produktionsleiter: „Wir setzen sonst das Pferd in wertvollen Beständen ein, um pfleglich mit den Zukunftsbäumen umzugehen. Auch vergeben wir aktiv Aufträge mit Pferdeeinsatz auf empfindlichen, z.B. staunassen Flächen. Bei dem angestrebten Rückegassenabstand von 40 Metern gibt es einen zusätzlichen Vorlieferbedarf. Ob Forstunternehmer dabei Pferde oder Maschinen einsetzen wollen, bleibt ihnen überlassen. Da das Pferd jedoch mindestens gleich leistungsstark ist wie die Seilwinde, könnte zur Vorkonzentration und Endrückung bei 40 Metern Gassenabstand die Kombination Pferd und Maschine vorteilhaft für den Unternehmer sein."

2015 und 2016 startete der Ideengeber, Revierförster Werner Barth (Forstamt Kastellaun), in Lauberstdurchforstungsbeständen mit dem Versuch zur Werbung von schwachem Laubbrennholz. Hier bedeutet das „kombinierte Verfahren": Forstwirt und Pferderücker arbeiten zu zweit im Team. „Die Versuchsparzelle war einen Hektar groß", berichtet Pferderücker Mallmann. „Der Forstwirt führte den Fäll- und Trennschnitt durch und lehnte die Bäume an benachbarte an. Unter Einsatz des Rückepferdes erfolgte das Zufallbringen der Bäume." Forstbeamter Ritter ergänzt: „Das Zufallbringen baumfallender Längen ist für den Forstwirt schwere Arbeit. Zudem befindet sich der Forstwirt beim klassischen Zufallbringen im Gefahrenbereich, wo mit Totästen zu rechnen ist. Bei unserem Versuch übernahm das Pferd das ergonomisch ungünstige Zufallbringen, währenddessen sich der Forstwirt in sicherem Abstand außerhalb des Totastbereiches befand. Nach dem Zufallbringen durch das Pferd wird der Rohschaft entastet und außerhalb des Verwertungsbereiches gezopft. Die gezopfte Krone und das Feinreisig verbleiben im Bestand und werden somit dem Nährstoffkreislauf Wald wieder zugeführt. In einem letzten Schritt liefert und konzentriert das Pferd den Brennholzrohschaft an die Rückegasse, in den Bereich der Forwarderkranzone, vor. Nach dem Sortimentstrennschnitt (vier Meter Fixlängen) liegt das Produkt für das entkoppelte Fertigrücken mit dem leistungsstarken Forwarder bereit. Der Forwarder poltert am befestigten Waldweg das Holz in Schätzgrößen zu fünf bzw. 10 Raummetern. Über eine Rungenmarkierung wird Maß genommen. Das so an der Waldstraße bereitgestellte Brennholz findet im Versteigerungsverfahren seinen Kunden."

Bei der Erstdurchforstung von Laubholzbeständen soll den Zukunftsbäumen Licht gegeben werden. Wird das Holz auf den Boden geschnitten und im Bestand gelassen, so ist die Bestandespflege eine teure Sache. Die früher übliche Eigenwerbung von Brennholz durch Privatleute wird aktuell immer mehr eingeschränkt, da die Landesforsten mehr Wert auf Sachkunde und Bodenschutz legen. Privatleute waren oft nicht kundig genug oder besaßen nicht die passende Ausrüstung, was zu Schäden am Bestand sowie häufigen und schweren Personenunfällen führte. Nun wird das Brennholz für private Abholer in vier Meter langen Stücken an der Forststraße bereitgestellt.

Pferderückung als realistische Alternative bei der Brennholzernte

„Der Versuch bewies, dass man das Brennholz zumindest kostenneutral ernten kann, damit war das Forstamt sehr zufrieden", erzählt Mallmann. „Bei 40 Metern Gassenabstand wird sich dieses System durchsetzen: entweder Vorrücken mit dem Pferd oder mit der Rückeraupe. Das Forstamt macht mir als Pferderücker Mut. Ich muss immer Nischen suchen und am Ball bleiben." Ritter meint, „vorteilhaft bei der Zusammenarbeit von Forstwirt, Pferd und Maschine ist vor allem die Ergonomie, also das Zufallbringen der abgeschnittenen Bäume durchs Pferd, weshalb die Unfallgefährdung für den Forstwirt reduziert ist. Außerdem ist das Vorrücken mit dem Pferd pfleglicher: Es kann den angelehnten Baum in der idealen Richtung wegziehen, da es im Vergleich zu Maschinen klein, wendig und flexibel ist." Auch mit der Kostenrechnung ist Ritter zufrieden: „Diese Aufarbeitung ist kostendeckungsfähig - wir haben sogar ein Plus gemacht."

Für einen großflächigen Einsatz von Pferderückung sieht Ritter jedoch das Problem, dass bei einem größeren Arbeitspensum nicht genügend Pferderücker verfügbar sind. Alternativ können kleine Rückeraupen mit Seilzug eingesetzt werden. Obwohl das Forstamt Kastellaun versuchsweise auch mit einer solchen Raupe gearbeitet hat, stehen noch nicht genügend Daten zur Verfügung, um Pferd und Raupe wirklich vergleichen zu können.

„Das Pferd kann im schwach dimensionierten Bereich kostendeckend arbeiten", meint Ritter. „Die Wertschöpfung kommt aus dem Brennholz. Sonst würde man das Holz nach einem Knickschnitt im Bestand liegen lassen, was auch die Begehbarkeit des Bestandes erschweren würde. Was die Biomasse betrifft, bleibt das Reisig trotz Brennholzernte dem Wald erhalten." Ritter sieht eine klare Zukunftsperspektive für die Pferderückung: „Das Pferd wird auf jeden Fall nicht aus dem Wald verschwinden. Es müssen wirtschaftliche Rückesysteme mit Kombinationen von Pferd und Maschinen entwickelt werden."

Quellen

Heup, Jürgen: „Wo die Turbobäume sprießen". Neue Energie Ausgabe 4 (2010).

Weich, Thomas und Rüdiger Unseld: „Erntetechniken im Energie-Vorwald und Konsequenzen für den Waldbau". AFZ-Der Wald Ausgabe 5 (2011).

Internet

Film von Michael Mallmann mit Franziska im Vorwald an der Arbeit: *www.youtube.com/watch?v=HqSavR5eLes*

Beteiligte

- Michael Mallmann
  arbeitet im Nebenerwerb als Pferderücker, unter anderem in Zusammenarbeit mit dem mechanisierten Forstbetrieb seines Bruders Werner Mallmann. *www.spesenroth.de/mallmann*

- Simon Strobel
  ist Landwirt und Forstunternehmer. www.strobel-eichstegen.de

- Diplom-Forstwirt Thomas Weich und Dr. Rüdiger Unseld
  sind wissenschaftliche Mitarbeiter im Projekt „Energie-Vorwald" des Waldbau-Instituts der Universität Freiburg. *www.waldbau.uni-freiburg.de/mitarbeiter/mitarbeiter_sammlung/weich*

- Friedbert Ritter
  ist Technischer Produktionsleiter beim Forstamt Kastellaun, Werner Barth ist dort Revierleiter des Forstreviers Bubach. *www.wald-rlp.de/forstamt-kastellaun/unser-team.html*

Bestandesumb

Weitere Einsatzmöglichkeiten in der Forstwirtschaft

u mit Pferden

Der Klimawandel fordert ein Umdenken auch in der Forstwirtschaft. Besonders in den Wäldern sind die dramatischen Folgen nicht mehr zu übersehen. Trockenheit, Sturm, Krankheiten und Schädlinge haben in weiten Teilen des Landes das Erscheinungsbild unserer Forsten bereits nachhaltig verändert.
Die Forstwirtschaft hat sich nun auf die Fahne geschrieben, das Ziel zu verfolgen, klimaresiliente und naturnahe Wälder mit standortgerechten, weit überwiegend heimischen Baumarten zu erhalten und zu entwickeln. Bei der Umwandlung unserer Wälder sollen die Förderung von Naturverjüngung sowie Saat- und Pflanzverfahren dabei helfen, diese Ziele zu erreichen. Nimmt man das Verbot, den Wald abseits eines dauerhaften Feinerschließungssystems flächig zu befahren, ernst, verbieten sich viele der bisher gängigen maschinellen Bearbeitungsmethoden mit schweren Forstmaschinen, da diese das Befahren voraussetzen.
Hier können die Pferde ihre Vorteile des bodenschonenden Arbeitens voll zur Geltung bringen und haben auch bezüglich technischer Lösung einiges zu bieten.

Vorgestellt auf der KWF-Tagung 1996 in Oberhof als „Beispiel für bodenschonende Bodenverwundung": 22-t-Bagger mit zehn Meter weit reichendem Kran.

Bodenverwundung

Zur Förderung der Naturverjüngung werden verschiedene Verfahren der Bodenverwundung praktiziert.
Folgende Ziele sind angestrebt und können mit Pferdeunterstützung umgesetzt werden:

- Förderung der natürlichen Verjüngung, vor allem der Buche, unter Schirm, durch eine Verbesserung der Anwuchs- und Entwicklungsbedingungen der Sämlinge;
- Boden- und wurzelschonender Zugpferdeeinsatz unter Schonung der bereits vorhandenen Naturverjüngung;
- Auflockerung und flaches Durchmischen von Auflageschicht und Oberboden;
- Bodenbearbeitung ohne Bodenverdichtung durch flächiges Befahren;
- Keine Nährstoffverluste.

Schwedischer Forstgrubber auf der PferdeStark´03 in Detmold.

Auf großen Flächen mit viel Platz und bei langen Einsatzzeiten durchaus sinnvoll: Das dreispännige Arbeiten.

Bodenbearbeitung mit Maschinen setzt ein flächiges Befahren der Bestände voraus und verursacht unter Umständen höhere Schäden als es Nutzen bringt. Bodenverwundung durch kranbestückte Maschinen z.B. mit Bagger oder Forwarder ist sehr kostenintensiv und erfordert zudem ein sehr enges Gassennetz und damit wieder großflächiges Befahren.

Der Einsatz von Pferden bei dieser Arbeit ist eine sinnvolle Alternative. Mit nur zwei PS kann nahezu die gleiche Flächenleistung erzielt werden wie mit einer PS-starken Maschine.

Durchführungszeitpunkt der Arbeiten, je nach Gerät kurz vor, während oder nach Abfall der Bucheckern. Bezahlung erfolgt pro Hektar oder im Stundenlohn.

Verschiedene Bodenbearbeitungsgeräte stehen hierfür klassischerweise aus der Landwirtschaft zur Verfügung, müssen aber für die speziellen Anforderungen im Wald angepasst und umgebaut werden. Bewährt haben sich Geräte mit überlastgesicherten Federzinken, Scheibeneggen oder Streifenpflüge.

Oben: der Forstgrubber „Weilmünster“ im Einsatz.

Unten: Das Ergebnis dieser Arbeit nach einem Jahr. Deutlich sind an der Konzentration der Buchenkeimlinge die Spuren zu erkennen, welche die Federzinken im Waldboden hinterlassen haben.

Beispiele einiger „Selbstbaugeräte“

Oben:
Der **„Bad-Meinberger-Streifenpflug“** wurde bereits in den 1990er Jahren entwickelt. Dieser Scheibenpflug wurde seitdem in unterschiedlichen Varianten von mehreren Fuhrleuten nachgebaut.

Links: Der Scheibenpflug „Bodenfreund“ von Dominik Zabilka aus Klaffer am Hochficht (A). Der „bodenfreundliche“ Scheibenpflug hat als Werkzeuge zwei Scheibenpaare, die den Mineralboden freilegen. Die Einspänner-Deichsel ist mit dem Trägerrahmen so beweglich verbunden, dass sie drehbar ist. Zudem kann eine Arretierung gelöst werden, welche die Deichsel für den Transport fixiert, sodass sich die Scheibenegge bei der Arbeit völlig frei bewegen kann, ohne das Pferd zu stören. **Foto:** Dominik Zabilka

Einreihige Grubber- und Scheibenpflug-Kombination für den einspännigen Zug von Thomas Sänger (Waldsolms).

Für die Bodenverwundung im Wald umgebautes Köckerling-Vielfachgerät von Gerd Aschoff (Rheda-Wiedenbrück).

Forstunternehmer Kay Stolzenberg aus Wustrow mit seinen Boulonnais-Pferden bei der Arbeit mit Forstgrubber Weilmünster. **Fotos:** Bente Stachowske

Förderung der Naturverjüngung

„Auf schwere Maschinen kann verzichtet werden"

aus STARKE PFERDE 73, 2015

Von Jorin Handtmann

2014 zeichnete sich in Schleswig-Holstein eine Vollmast in der Buche ab. Es hingen besonders viele Bucheckern an den Zweigen der Rotbuche, die auf einigen Waldstandorten in Schleswig-Holstein vorherrschend ist. Die Bucheckern sorgen, wenn sie anwachsen, für eine natürliche Verjüngung des Waldes.

Um die Naturverjüngung zu fördern, beauftragten die Schleswig-Holsteinischen Landesforsten Kay Stolzenberg mit seinen Arbeitspferden gleich zwei Mal. Versuchsweise wurde auf einigen Waldstandorten der Streifenpflug eingesetzt, solange die Bucheckern noch an den Bäumen hingen, damit sie auf ein ideales Saatbeet fallen.

Sie müssen eingearbeitet werden: frisch gefallene Bucheckern.

Die Grubberzinken durchbrechen die obere Mulchschicht.

Auf anderen Waldstandorten wurden die Pferde zu Mitte Oktober bestellt, nachdem die Bucheckern auf die Erde gefallen waren. Wie sich herausstellte, handelte es sich in diesem Jahr lediglich, doch immer noch erfreulich, um eine starke Halbmast mit über 300 Bucheckern pro m^2.
Der Auftrag lautete, mit dem pferdegezogenen Forstgrubber die Bucheckern einzuarbeiten. Mittels fünf Grubberzinken im Abstand von 35 cm wird die dicke Laubschicht und der teilweise vergraste Waldboden aufgerissen. So gelangen die Bucheckern großteils an den gewachsenen Boden und werden im Idealfall gleichzeitig mit Erde bedeckt. Dann sind sie vor Austrocknung geschützt. Liegen die Bucheckern im Gras oder auf dem Laub, ist die Chance, dass sie anwachsen, deutlich verringert.

Der Weilmünster-Forstgrubber wiegt schätzungsweise 350 Kilogramm und besitzt eine Arbeitsbreite von 1,75 m. Er arbeitet max. 15 cm tief und ist für den Einsatz im Wald mit extrem federnden Zinken ausgerüstet, die Hindernissen wie Steinen und Baumstümpfen zumeist ausweichen. Die Arbeitstiefe ist so flach gewählt, um Schäden an Wurzeln der Waldbäume zu vermeiden. Die Deichsel mit Knickgelenk macht den Grubber sehr wendig und verhindert ein Deichselschlagen, was die Pferde im Wald sehr beanspruchen würde.
Der Zugkraftbedarf ist relativ gering, sodass ein routiniertes Arbeitsgespann sieben Stunden am Tag zum Einsatz kommen kann. In dieser Zeit können bis zu drei Hektar bearbeitet werden.

Kay Stolzenberg ist mit der Arbeit des Grubbers sehr zufrieden. Besonders begeistert ihn die Pferdefreundlichkeit des Gerätes. Der zu bearbeitende Bestand sollte allerdings möglichst frei von herum liegenden Ästen sein, da sich diese im Grubber verfangen und dann sehr aufwendig von Hand entfernt werden müssen. Ein Holzeinschlag sollte nach dem Grubbern geplant werden, um möglichst wenig Schlagabraum im Bestand zu haben.

Forstunternehmer Stolzenberg freut sich, mit dem Einarbeiten von Bucheckern mittels Forstgrubber ein weiteres Verfahren zu seinem Leistungsportfolio hinzufügen zu können. Mit dem Streifenpflügen, Holzrücken, Adlerfarnbekämpfen, Roden und nun auch Bucheckerneinarbeiten sind seine Pferde rund ums Jahr im Wald beschäftigt.

Für die Schleswig-Holsteinischen Landesforsten und andere interessierte Forsten steht ein sehr flexibles und Boden schonendes Verfahren für die ganzflächige Bearbeitung des Waldbodens zur Verfügung. Auf schwere Maschinen kann verzichtet werden.
Wenn das Rehwild knapp gehalten wird, welches bevorzugt die jungen Buchenkeimlinge in der Grubberspur frisst, sollten die Weichen für die Naturverjüngung der Buche aus dem Mastjahr 2014 in Schleswig-Holstein auf Erfolg gestellt sein.

Kay Stolzenberg mit seinen beiden Boulonnais-Stuten Polka und Kira.

Der Grubber ist wendig, Deichsel und Spielwaage drehend gelagert.

... und der Hund ist immer mit dabei.

Oben:
Der Prototyp des neuen Forstpfluges der Schweizer Firma Schenk&Schmitz Pferdezugtechnik.
Zwei gezahnte Scheibenseche schneiden den Boden auf und schaffen eine schmale, flache Furche, die anschließend von zwei Pflugscharen verbreitert und ausgeräumt werden. Schwere Gewichte im Heckbereich sorgen für die nötige „Durchschlagskraft".

Links:
Lena Sänger bei ersten Versuchen mit dem Schweizer Pflug. Der aufgebaute Sitz erwies sich während des Arbeitens als nicht sonderlich bequem und sie bevorzugte es sehr rasch, hinter Gespann und Gerät herzugehen. Die Boulonnais-Stuten von Kay Stolzenberg, Polka und Kira, mussten sich auch ohne „Zusatzgewicht" ganz ordentlich ins Zeug legen.

Bodenverwund(er)ung

aus STARKE PFERDE 64, 2012

Pferderücker aus Niedersachsen, Hessen, Bayern und der Schweiz trafen sich im Wendland zu Vorführungen und forstwirtschaftlichen Pflügeexperimenten

Von Erhard Schroll

Zu Arbeitsvorführungen mit Pferden hatten der Forstunternehmer Kay Stolzenberg und der Revierleiter Andre´Kaiser, Waldbesitzer und Vertreter der Landesforstverwaltung in den Dragahner Forst im niedersächsischen Landkreis Lüchow-Danneberg eingeladen. Kaiser betreut dort für die Forst Dragahn GmbH&Co.KG etwa 1280 Hektar Wald. Ein geschichtsträchtiger Ort, an dem sich früher eine große Sprengstoff- und Bombenfabrik befand, von der heute nur noch einige wenige Gebäude übrig sind, die u.a. dem Forstbetrieb als Betriebsstelle dienen. In den 1980ern war dieses Gelände übrigens auch als Standort für eine atomare Wiederaufbereitungsanlage im Gespräch.

Gestörte Naturverjüngung

Ungestört bedecken heute wieder überwiegend Kiefern- und Kiefernmischwälder diese hügelige Landschaft, die einst von gewaltigen Gletschern geformt wurde. Doch die Bäume haben hier ein Problem: Wegen einer Flächen deckenden, dicken Grasmatte bekommen die Baumsamen keinen Kontakt zum Mineralboden und können so nicht keimen und anwachsen. Eine Naturverjüngung findet so gut wie nicht statt.
Hier muss also künstlich nachgeholfen werden, und zu diesem Zweck sollten im Rahmen der Vorführungen verschiedene Bodenbearbeitungs-/Bodenverwundungsgeräte vorgestellt und getestet werden.

Akteure und Technik

Neben Kay Stolzenberg, der mit dem Scheibenpflug „frischling" aufwartete, steuerte seine Kollege Thomas Sänger, mit Tochter Lena aus Waldsolms (Hessen) angereist, den Weilmünster Forstgrubber bei. Alfred Dauber (Miltenberg, Bayern) hatte seinen handgeführten Streifenpflug im Gepäck und Christoph Schmitz von der Schweizer Firma „Schenk&Schmitz Pferdezugtechnik" hatte den Prototyp eines neu entwickelten Streifenpfluges mitgebracht.

Die Versuchsfläche

Für die Vorführung hatte Revierleiter Kaiser einen 70- bis 80-jährigen Kiefern-Mischbestand in leichter Hanglage ausgewählt. Neben der dominierenden Kiefer findet man hier auch Douglasien, Küstentannen, Weymouthskiefern und einzelne Fichten. Der Boden ist flächig und dicht mit verschiedenen Gräsern bedeckt, deren Halme teilweise so hoch gewachsen sind, dass sie – wie sich später herausstellte – die Sicht beeinträchtigen und ein vorausschauendes Arbeiten mit dem Pferd erschweren. Vereinzelt sind auch Heidelbeere, Himbeere und Brombeere auf der Fläche vertreten; erleichternd wirkt ein nur sehr geringer Anfall an altem und neuem Schlagabraum.
Allen Beteiligten war schon bei der ersten Flächenbesichtigung klar, dass der Forstgrubber und auch der kleine Handpflug von Alfred Dauber hier wohl kaum Erfolg versprechend eingesetzt werden können. Dazu waren der Bewuchs und die Grasmatte einfach zu stark und zu dicht. Die beiden Streifenpflüge sollten es daher richten.
Als Vorgabe sollten die Geräte etwa 30 Zentimeter breite Pflugstreifen anlegen, auf denen der Mineralboden freigelegt ist.

Die Vorführung

Die beiden routinierten Boulonnais-Stuten Polka und Kira aus dem Stall von Kay Stolzenberg waren dafür vorgesehen, bei den Vorführungen die Geräte in Einsatz zu bringen.

Oben:
Der „frischling“ ist ein massiv gebauter Streifenpflug zur Bodenverwundung. Zwei hintereinander angeordnete gezackte Hohlscheiben schneiden den Boden auf, räumen die Deckschicht nach links und rechts zur Seite und legen so den Mineralboden frei.

Rechts:
Das Gerät ist für den einspännigen Zug konzipiert und zur Schonung der Stute Polka ist ein gut gepolsterter Karrensattel für dessen Einsatz unbedingt erforderlich.
Fotos: Erhard Schroll

Die beiden Pflüge bei der Arbeit mit den für sie typischen Pflugbildern: links der Schweizer Pflug und rechts der „frischling“.

Obwohl zweispännig vor den Schweizer Forstpflug gespannt, taten sie sich überraschend schwer damit. Die Scheibenseche durchschnitten wie gewünscht die Gras und Mulchschicht und legten in Zusammenarbeit mit den beiden Pflugscharen den Mineralboden frei. Getrübt wurde der Gesamteindruck allerdings dadurch, dass die Grasmatte häufig in Teilen, manchmal sogar ganz wieder in die Furchenöffnung zurückklappte und so mit dem Fuß nachgearbeitet werden musste. Auch die angestrebte Furchenbreite von 30 Zentimetern konnte mit dem Pflug nicht durchgehend realisiert werden. Für eine erfolgreiche Verjüngung seien die Streifen zu schmal, so der erste Kommentar des Revierleiters Kaiser.

Das Endergebnis der Pferdepflugexperimente in Dragahn: Pflanzstreifen mit dem Pferdegespann angelegt.

Schließlich kam der zweite Scheibenpflug, der „frischling" zum Einsatz, ein Pflug, der zuvor jahrelang wertvolle Dienste im Nationalpark Harz verrichtet hatte. Es handelt sich dabei um einen extrem massiv und schwer gebauten Scheibenpflug, der als Einspänner konzipiert ist.
Die achtjährige Polka wird dafür extra mit einem breiten und gut gepolsterten Karrensattel ausgerüstet. Trotz des wuchtigen Eindrucks des Pfluges hat es den Anschein, als ob sich die Boulonnais-Stute überraschenderweise nicht übermäßig anstrengen muss.
Doch auch dieser Pflug stieß auf der Testfläche rasch an seine Grenzen.

Durch die Anordnung der Scheiben und fehlende Räumschare ergibt sich ein etwas anderes, nicht so sauberes, ausgeräumtes Pflugbild. Mit Heidelbeere bewachsene Stellen vermögen die Pflugscheiben nur oberflächlich anzukratzen und rollen stellenweise darüber hinweg ohne überhaupt an den Mineralboden zu gelangen.

Ernüchterung

Die Arbeitsergebnisse entsprachen nicht den Vorstellungen der Forstleute. Wie es deren Meinung nach optimaler Weise aussehen sollte, konnten wir zu einem späteren Zeitpunkt begutachten (siehe Foto oben). Was in Buchen-Altholzbeständen oder auch in der Fichte völlig ausreicht, um eine Naturverjüngung erfolgreich einzuleiten, wird nach Auffassung der Experten unter den gegebenen Bedingungen scheitern. Zu schnell würde die konkurrierende Begleitvegetation wieder die Oberhand gewinnen und die Keimlinge und jungen Pflanzen ersticken.

Nach Ende der offiziellen Vorführungen stellte sich bei allen Beteiligten Ernüchterung ein.
Woran liegt es? Lassen sich die Mängel beseitigen? Wie soll das Ergebnis eigentlich genau aussehen?

Bodenverwun(der)ung

Damit sich die Pferderücker ein Bild davon machen können, wie nach „guter forstlicher Praxis" die Pflanzvorbereitung auszusehen hat, nimmt Kaiser sie mit zu Flächen, die gerade mit dem Traktor bearbeitet – „traktiert" – worden waren. Wäre da nicht Vorinformation gewesen, hätte man zumindest bei

Oberflächliche Bodenverwüstung und tiefgründige Bodenverdichtung: Pflanzstreifen im Dragahner Forst nach „guter forstwirtschaftlicher Praxis" mit Traktor und schwerem Gerät angelegt.

Teilen der Fläche auf den Gedanken kommen können, Panzer hätten hier im Rahmen eines Manövers ihre Spuren hinterlassen. Jetzt wird auch klar, warum die Forstleute so skeptisch reagiert hatten. Solche Ergebnisse lassen sich mit Pferdekraft nicht realisieren!

Das Angebot

Im Laufe der anschließenden Diskussion machte Revierleiter Andre´ Kaiser den Fuhrleuten das Angebot, auf einer anderen Fläche, auf der sowieso ein Unterbau geplant war, mit den Pferden Pflanzstreifen anzulegen. Hierfür gelten unter der Kiefer ähnliche Anforderungen wie bei der Bodenverwundung. Je breiter der freigelegte Streifen, umso jüngeres und damit preiswerteres Pflanzgut kann verwendet werden und umso weniger Kulturpflegearbeiten müssen in der Folge durchgeführt werden.
Ganz klar und eindeutig daher die Vorgaben, von deren Umsetzung der Förster eine Auftragsvergabe abhängig machte: Das durchgehende Freilegen des Mineralbodens auf mindestens 30 cm Breite, in Streifen von etwa zwei Metern Abstand.

Testphase und Ernstfall

Mit der Technik und den Geräteeinstellungen, so wie sie vorlagen, war dies nicht zu schaffen, das hatten die Vorführungen gezeigt. Zwei Tage erhielten Kay Stolzenberg und seine Kollegen Bedenkzeit. Zwei Tage, an denen sie gemeinsam technische Lösungsmöglichkeiten diskutierten und Änderungen an dem Schweizer Gerät vornahmen. Aus der Vorführung wurde so ein intensiver Workshop, bei dem Gerätebauer und Anwender sehr eng und praxisbezogen zusammen arbeiteten. Mit den begrenzten technischen Möglichkeiten vor Ort konnte natürlich dennoch nur ein Provisorium geschaffen werden. So wurde die Halterung der Räumschare verstärkt und die beiden Pflugkörper weiter auseinandergestellt, um eine größere Arbeitsbreite zu erreichen. Auch die Winkelung der Schare und deren Arbeitstiefe wurden flacher eingestellt, was auch den Pferden die Arbeit etwas erleichtert haben dürfte.

Nach Begutachtung der nun erzielten Furchenqualität gab Revierleiter Kaiser grünes Licht für den Einsatz des Pferdepfluges auf etwa drei Hektar Fläche. Das Ergebnis war seiner Meinung nach zwar immer noch nicht optimal, aber er wollte es versuchen. Entscheidend für eine Fortführung dieses Pferdeprojektes, an dem er grundsätzlich großes Interesse habe, sei für ihn, wie das Ganze im nächsten Jahr aussieht und ob zusätzliche Kulturpflegearbeiten – und damit zusätzliche Kosten anfallen werden oder nicht.

„Nachspiel“

Mittlerweile ist die Fläche längst komplett bearbeitet und bepflanzt. Christoph Schmitz hat den Pflug wieder mit in die Schweiz genommen und zusammen mit seinem Partner Jürg Schenk die erkannten Defizite, die in Dragahn aber nicht richtig beseitigt werden konnten, in der heimischen Werkstatt behoben.

Die Räumschare werden nun in zwei Ausführungen angeboten; die größere Version ist mit längeren und weniger stark geschwungenen Streichblechen ausgestattet.
Als vermutlich leichtzügigere Alternative werden in einer dritten Variante Hohlscheiben mit etwa 40 cm Durchmesser angeboten (siehe Bild unten).

Das gesamte Heck lässt sich auf dem mittleren Vierkantrohr nach vorn und hinten
verschieben. So wird gewährleistet, dass die Schare/ Hohlscheiben möglichst dicht an den Scheibensechen laufen. Im Heck befindet sich ein Register, in dem nun die Gewichtsteine verstaut werden und durch eine Platte vor dem Herausfallen gesichert werden können.

Bei allen drei Versionen lassen sich Höhe und Breite verstellen und sind untereinander austauschbar. Der Pflug kann so nun dem jeweiligen Boden, der Humusdicke und dem Bewuchs der Fläche individuell angepasst werden.

Diskussionen über die richtige Technik beim Streifenpflügen.

Urzustand des Pfluges zu Beginn der Versuche im Wendland: sehr spitze Schneidwinkel des Räumschares, stark nach unten gewundene Streichbleche und tief hängenden Gewichte.

Die aktuelle Weiterentwicklung: Bei dieser Version sind die Pflugschare zum Ausräumen der Furche und zum Freilegen des Mineralbodens gewölbten Pflugscheiben gewichen. Auch die Halterung für die Gewichte hat einen neuen Platz bekommen. **Fotos:** Werkfotos

Forstunternehmer Douke Eekman mit seiner Belgier-Stute Lilli (20) und seiner Belgier-Mix-Stute Nele (10) vor dem Forststreifenpflug in einem Waldstück bei Dahme in Teltow-Fläming. **Foto**: Sibillja Gutmann

Maik Reichel aus Lengefeld im Erzgebirge beim Pflügen mit seinen Rheinisch-Deutschen Kaltblütern. Hinter dem Scheibenräumgerät: Wolfram Richter, der dem Gespann mit einem Eimer voller Tannensamen folgt, die er in der Pflugfurche fein verteilt. **Foto:** Peter Tendler

Pflügen zur Pflanzvorbereitung

Einsatz eines Eberswalder Streifenpflug in einem Kiefernbestand mit sandigem Boden und einer dicken Matte Drahtschmiele.

Mit Hilfe spezieller Forststreifenpflüge für Pferde werden Pflanzstreifen für den Vor- und Unterbau hergestellt. Bei den Pflügen handelt es sich in der Regel um die gleichen Geräte, wie sie auch zur Bodenverwundung eingesetzt werden. Die Anforderungen an die Arbeitsqualität sind jedoch meist höher. In die freigelegten Streifen werden in einem zweiten Arbeitsgang mit Hacke oder Spaten junge Laubholzgewächse eingepflanzt.

Durch das Pflügen werden die Anwuchs- und Entwicklungsbedingungen der Jungpflanzen verbessert durch:

- Schaffung eines optimalen Pflanzbettes durch Beseitigung konkurrierenden Bewuchses und
- Verbesserung der Wasserversorgung;
- Vermeidung von Nährstoffverlusten; Minimierung des künftigen Pflegeaufwandes (Mähen);
- Reduzierung der Pflanzkosten durch Herstellung einer optimalen Arbeitsfläche sowie die Möglichkeit der Verwendung kostengünstiger Kleinpflanzen (z.B. einjährige Sämlinge).

Die klassischen Pflüge bestehen aus links und rechts wendenden Streichblechen - ähnlich den Pflügen zum Kartoffeln häufeln. Sie sind allerdings wesentlich massiver gebaut. Vor den Scharen durchschneidet ein Scheibensech den vorhanden Bewuchs und öffnet dadurch den Oberboden für die eigentliche Pflugarbeit. Der Mineralboden wird freigelegt, indem der Oberboden links und rechts entlang der Spaltfurche abgelegt wird. Das Scheibensech hat auch die Aufgabe, ein Festhaken und Festfahren des Pfluges zu verhindern und diesen über Hindernisse hinweg zu heben.

Scheibenpflüge bestehen aus zwei großdimensionierten Scheibensechen, die in Zugrichtung spitzwinklig angeordnet sind und den Oberboden rollenderweise aufschneiden und beiseite schieben. Je nach Größe des Winkels verbreitert oder verschmälert sich die Spaltfurche. Diese Pflüge sind im Einsatz weniger störanfällig als Streichblechpflüge, erreichen aber oft nicht deren sauber ausgeräumte Furchenqualität, die für das Pflanzen gewünscht wird.

Ein Jahr nach dem Pflanzen haben die Buchen in den Pflugfurche immer noch einen deutlichen Vorsprung gegenüber der Begleitvegetation.

Junge Buchenpflanzen auf einer geräumten und gepflügten Fichten-Sturmholzfläche.

Pferdegespann bei der Saat von Bucheckern mit der Saatmaschine ÖkoSat/U.

Klimatoleranter Mischwald für die Zukunft:

Buchensaat mit Pferden

aus: STARKE PFERDE 90, 2019, Originaltitel: „Waldumbau mit Arbeitspferden"

Der Einsatz von Pferden bei der Aussaat von Bucheckern zum Umbau von reinen Fichtenbeständen in gemischte Wälder ist das Thema der Dissertation von Dirk Drewes an der Universität von Göttingen (Fakultät für Forstwissenschaften und Waldökologie, 2006). Drewes untersuchte fünf verschiedene Pferdearbeitsverfahren aus ungewöhnlich vielen Blickwinkeln: Zeitverbrauch der verschiedenen Pferdegeräte, Kosten und Qualität der ausgeführten Arbeiten (Keimerfolg der Buchensaat, Verletzung am Fichtenbestand, Veränderung der Bodenstruktur) sowie körperliche Belastung des Pferdeführers und der Pferde (Herzschlag und, bei den Pferden, Zugkraft und Blutlaktat – „Milchsäure").
Die Studie ist somit umfassend und wurde sorgfältig durchgeführt. Die statistischen Auswertungen sind bei den recht kleinen Stichproben relativ einfach und robust, die Schlussfolgerungen aussagekräftig. Aus diesen Gründen möchten wir die Studie, obwohl das Erscheinungsdatum schon länger zurückliegt, im Folgenden für Sie zusammenfassen.*

** Viele Passagen sind wörtlich zitiert, andere in eigenen Worten zusammengefasst. Da es generell um eine Zusammenfassung von Drewes' Arbeit ohne eigene Kommentare geht, haben wir die wörtlichen Zitate nicht gesondert gekennzeichnet.*

Von Christiane Trierweiler

Warum Umbau?

In der Vergangenheit verschwanden viele Buchenbestände zu Gunsten von wirtschaftlich einträglicheren Fichten. Dies führte dazu, dass Anfang des 21. Jahrhunderts fast 90 Prozent der Fichten in Europa außerhalb ihres natürlichen Verbreitungsgebietes wuchsen – auf Standorten, wo ursprünglich überwiegend Laubwälder beheimatet waren. Die angepflanzten reinen Fichtenwälder sind anfällig für Sturm- und Schneebruchschäden sowie Massenvermehrungen von Schadinsekten.
Die schweren Stürme in den 1990er Jahren, bei denen viele dieser Fichtenbestände verheerende Windwürfe erlitten, sorgten für verstärkte Forderungen nach einem ökologischeren Waldbau durch einen Umbau in standortgerechte, stabile und artenreiche Wälder. Tatsächlich wurde in den darauf folgenden Jahren der Laubwaldanteil in Deutschland erhöht. Laubbaumarten wurden in reine Nadelholzbestände eingebracht – der Wald soll hin zu mehr Stabilität, Vitalität und Naturnähe „umgebaut" werden. Auch soll nun im Sinne des Klimaschutzes langfristig Kohlenstoff gespeichert werden, indem z.B. nicht ganze Flächen gerodet, sondern Bäume, die eine Zielstärke erreicht haben, einzelstammweise genutzt werden.

Von der Fichte zur Buche – mit dem Pferd

Den Schwerpunkt beim Waldumbau bilden reine Fichtenwälder, die sich zumeist auf Standorten befinden, wo die Rotbuche die heimische Baumart ist. Hier werden vor allem Mischbestände mit Buche angestrebt. Da sich in einigen Regionen nicht genug Laubbäume in der Nachbarschaft befinden, kann die Umwandlung nicht durch Naturverjüngung (natürliches Aussamen benachbarter Laubbäume) stattfinden. Der ökologisch orientierte Waldbau sieht in der Regel eine kahlschlagsfreie Waldbewirtschaftung vor, so dass eine Überführung in Mischbestände in erster Linie durch künstliche Verjüngung umgesetzt werden soll.

Oft werden die Laubgehölze durch Pflanzung von jungen Bäumen in den Nadelwald eingebracht. Klassisches Pflanzmaterial ist der Buchenwildling, da dieser vor Ort beschafft werden kann und besser anwächst als Sämlinge und Pflanzen aus der Forstbaumschule. Die Beschaffung des Pflanzmaterials und Pflanzung von Hand sind jedoch oft teuer. Die eingebrachten Pflanzen werden durch das Umsetzen im Wachstum gehemmt und bilden durch die Art des Einbringens in den Boden eventuell weniger stabile Wurzeln als natürlich vor Ort gewachsene Bäume.
Um dies zu vermeiden, wird vermehrt auf Naturverjüngung und Saat direkt in den Waldboden anstelle von Pflanzungen gesetzt. So wachsen auch auf natürliche Weise nur die stärksten Bäume auf, was einen gesunden Wald fördert.

Junge Buchen in einem Fichtenbestand: Hier sind die Erfolge des geplanten Waldumbaus bereits zu sehen.

Saattechniken wurden bereits Anfang des 19. Jahrhunderts im Wald angewendet, waren jedoch im 20. Jahrhundert rückläufig. Die Buchensaat in reine Fichtenbestände kam zum Ende des 20. Jahrhunderts wieder verstärkt zur Anwendung, z.B. in Nordrhein-Westfalen, Bayern und Sachsen. Damit die aufwendig geernteten und vorbereiteten Bucheckern erfolgreich keimen können, ist vor allem die Freilegung des Mineralbodens unter der Humusauflage des Waldbodens sowie die Abdeckung des eingebrachten Saatgutes mit Erde von Belang. Hierzu kann Handarbeit oder tierische Arbeit, einfache Maschinenarbeit oder höher mechanisierte Schlepperarbeit zum Einsatz kommen. Noch bis zur Mitte der 1940er Jahre stellte das Pferd das alleinige Zugmittel bei der Handarbeit im Wald dar.
Berücksichtigt man die modernen waldbaulichen Konzepte (mehr Naturverjüngung, Mischbestände, kleinflächiger Wechsel der Bestockung), die zwangsläufig zu auf kleinem Raum wechselnden Arbeitsaufgaben führen, dann lassen sich nur schwerlich großflächige Anwendungsmöglichkeiten hochmechanisierter Schleppertechniken erkennen. Der Handarbeit, gegebenenfalls mit technisch einfachen Geräten, sollte eine größere Bedeutung zufallen.
Forstschlepper können höhere Flächenleistungen als bei Hand- oder tierischer Arbeit erzielen. An ihrem Einsatz als Zugmittel beim Waldumbau wird die flächige Befahrung der Standorte und die damit einhergehende Bodenverdichtung kritisiert sowie Schäden am verbleibenden Bestand.
Leider sind für die Pferde beim Waldumbau geeignete Geräte oft Einzelanfertigungen und nicht weit verbreitet oder verfügbar. Dem steht gegenüber, dass Pferdearbeit als wesentlich bestands- und bodenschonender eingeschätzt wird als die Arbeit mit dem Forstschlepper. Auch eignet sie sich besser für kleinräumig wechselnde Tätigkeiten und fordert weniger hohe Investitionskosten als die Schlepperarbeit.

Von der Produktivität bis zur Arbeitsphysiologie

Die Beurteilung verschiedener pferdebasierter Verfahren bei der Bodenverwundung und Saat zum Umbau von Fichtenreinbeständen erfolgt in Drewes' Arbeit auf Grund von
- Produktivität (Zeitverbrauch, störungsfreier Arbeitsablauf, Bearbeitungsqualität),
- Wirtschaftlichkeit (Preiskalkulationen von Geräte- und Pferdearbeitsstunden sowie Zeitbedarf pro Verfahren),
- ökologischer Verträglichkeit (Verdichtung des Waldbodens, Verletzungen am alten Baumbestand) und
- Arbeitsphysiologie des Pferdeführers und der Pferde (körperliche Beanspruchung).

Die Arbeitsaufgabe der Bucheckern-Voraussaat im Rahmen der Umwandlung von reinen Fichtenbeständen liegt in der Freilegung des Mineralbodens als Keimbett, der Ausbringung von Bucheckern sowie der anschließenden Abdeckung von Saatplätzen bzw. -reihen mit Erde.
Die vorliegende Arbeit untersucht zwei Arbeitssysteme: Erstens, die Bodenvorbereitung und zweitens, die mit der Bodenvorbereitung kombinierte Aussaat.

Die Versuche fanden in zwei Fichtenbeständen statt (Bestand 1 bei Bad Driburg, Bestand 2 bei Paderborn, NRW). Bestand 1 stellte realistische, Bestand 2 grenzwertige Bedingungen für den Pferdeeinsatz dar.
In Bestand 1 wuchsen bei Gefällen von sechs bis acht Prozent 78 Jahre alten Fichten im durchschnittlichen Stammabstand von fünf Metern. Somit war ausreichend Bewegungsfreiheit für die pferdegezogenen Geräte gewährleistet. Hindernisse: Durchschnittlich waren zehn Prozent der Fläche mit Kronenmaterial und Ästen (Schlagabraum) der letzten Fällung vier Jahre vorher bedeckt und es standen durchschnittlich 46 Baumstümpfe auf 1000 Quadratmetern.
In Bestand 2 wuchsen bei Gefällen von sechs bis 30 Prozent hauptsächlich 80 Jahre alte Fichten mit einem Stammabstand von durchschnittlich sechs Metern. Es standen durchschnittlich 29 Baumstümpfe auf 1000 Quadratmetern, plus unter dem Schlagabraum versteckte Stümpfe. Durchschnittlich 25 Prozent der Fläche war mit Schlagabraum der Fällung im Vorjahr bedeckt. Die Äste und das Kronenmaterial waren noch frischer – somit hinderlicher – und enthielten mehr feines Astmaterial als in Bestand 1.
Pro Verfahren und Bestand wurden Versuche auf acht 1000 Quadratmeter großen Teilflächen durchgeführt. Die Bearbeitung erfolgte in Spiralen (praxisnah, jedoch schwierig zu untersuchen) bzw. in Streifen (einfacher zu untersuchen, jedoch mussten aufwendige Wendemanöver ausgeklammert werden). Für jedes Verfahren wurde Folgendes protokolliert:
- Zeitbedarf für Bearbeitung, Überfahren von Hindernissen (Schlagabraum, Baumstümpfe), Wendemanöver, Orientierung im Bestand, Räumen, Fehler am Gerät beheben, Erholungspausen

Der *Meinberg Wundstreifenpflug* mit dem Anhängeaggregat *EggeSaat* im Einsatz.

Das Säaggregat EggeSaat wird als Anhänger hinter dem Meinberg Wundstreifenpflug betrieben.

und Verweigern des Pferds, z.B. vor einem Hindernis. Der Zeitbedarf wurde an Hand von Videoaufzeichnungen der Versuche ausgewertet.
- Qualität der Arbeiten, z.B. ausreichendes Freilegen des Mineralbodens, Ablegen des Saatgutes, Übererden des Saatgutes, Auflauf der Buchensaat.
- Verletzungen am Fichtenbestand, z.B. Stamm- und Wurzelverletzungen, die Rotfäule der Fichten begünstigen.
- Bodenverdichtung, gemessen an Hand verminderter Luftdurchlässigkeit des Bodens.
- Belastung des Pferdeführers, gemessen an Hand der Herzfrequenz.
- Belastung der Arbeitspferde, gemessen an Hand von Zugkraftmessungen sowie der Herzfrequenz und des Blutlaktatwerts (was landläufig als „Milchsäure" bezeichnet wird).
Zum Schluss wurden die Kosten pro Verfahren an Hand verschiedener Schätzungen beurteilt.

Der Eberswalder Streifenpflug mit einem der Versuchspferde. Das Foto wurde allerdings in einem anderen Zusammenhang aufgenommen.

Die Arbeiten wurden bis auf wenige Ausnahmen von nur einem Pferdeführer mit zwei Rheinisch-Deutschen Kaltblütern durchgeführt. Nach der Aussaat wurden die Versuchsflächen zur Vorbeugung von Wildschäden eingezäunt. Die Versuche fanden an zehn Tagen im Mai 2001 statt. Das Auflaufen der Saaten wurde im Herbst 2001 und im Frühjahr 2002 kontrolliert.

Streifenpflüge und kombinierte Saat-Aggregate im Test

Bei der Bodenvorbereitung kamen zwei pferdegezogene Streifenpflüge zum Einsatz, die den Mineralboden freilegten, indem sie die organische Auflage sowie den Bewuchs abschälten.
1) Die 150 Kilogramm schwere Pferdezugvariante des Eberswalder Streifenpflugs – eines Forststreifen-Grindel-Karrenpflugs der Firma Grube KG (Preis 2002: 2000 Euro). Das Gerät besitzt ein doppeltes Pflugschar mit vorgeschaltetem Scheibenkolter, der ein Überrollen von Hindernissen ermöglicht. Das Schar hebt formbedingt beidseitig die Bodendecke an und legt sie gewendet am Rand des ca. 40 Zentimeter breiten Streifens ab. Die einstellbare Arbeitstiefe reicht bis zu 15 Zentimetern. Das Gerät wurde zweispännig gezogen.
2) Der Meinberg Wundstreifenpflug, ein 150 Kilogramm schwerer Einspänner-Scheibenpflug mit Vorderkarren und Gabel, entwickelt vom Forstbeamten Karl Meinberg (Preis 2002: 2500 Euro). Die Scheiben zerschneiden rollend den Rohhumus und Grasfilz (Bodenauflage) und legen auf einer Breite von ca. 40 Zentimetern den Mineralboden frei. Die Tiefenwirkung ist auf acht Zentimeter begrenzt.
Wie bei allen anderen hier besprochenen Verfahren wurden Polyamid-Zugstränge mit Naturgummi-Zugkraftdämpfern eingesetzt. Bei beiden Geräten zur Bodenvorbereitung mussten im Anschluss von einem Forstwirt von Hand Bucheckern ausgesät und mit einem Garten-Dreizack übererdet werden.

Bei der kombinierten Rillensaat wurde Bodenverwundung, Aussaat und Übererdung in einem Arbeitsgang durchgeführt. Es wurden hierbei drei Pferdegeräte getestet.

1) Der einspännig gefahrene Meinberg Wundstreifenpflug mit Anhängeaggregat EggeSaat, auf das zusätzliche 60 Kilogramm Gewicht entfallen (Preis Saataggregat 2002: 900 Euro). EggeSaat läuft auf zwei Rädern hinter dem Scheibenpflug und besitzt einen Saatgutbehälter mit fünf Kilogramm Fassungsvermögen. Der Auswurf von Bucheckern kann über eine Gangschaltung der Geschwindigkeit des Zugpferdes angepasst werden. Die Bucheckern werden durch ein Saatrohr in eine durch zwei Scheibenkolter gezogene Rille abgelegt, die mit einem nachlaufenden Striegel verschlossen wird. Die regulierbare Arbeitstiefe beträgt ca. sechs Zentimeter im freigelegten Mineralboden.

2) Die 450 kg schwere ÖkoSat/U ist eine Kombination von Bodenbearbeitungseinheit und landwirtschaftlicher Drillmaschine (Preis 1998: 10.000 Euro). Bei den durchgeführten Versuchen wurde die ÖkoSat/U mit einem Vorderkarren zweispännig gefahren. Das zweiachsige Gerät besitzt einen 40 Kilogramm fassenden Saatgutbehälter. Die Dosierung des Saatgutes kann über eine regelbare Übersetzung am Särad und einen Dosierschieber im Saatgutbehälter reguliert werden. Die Bucheckern fallen

Das Rillensaatgerät ÖkoSat/U konnte bei den Versuchen in Bad Driburg und Paderborn überzeugen.

Der Waldgrubber Weilmünster als Einspänner mit zwei Zinken und aufgebautem Säaggregat.

durch ein Saatrohr in eine Bodenrille, die durch zwei gezackte und V-förmig angeordnete Scheibeneggen gezogen wird und werden durch einen nachlaufenden Plastikstriegel übererdet. Die Ablagetiefe der Eckern beträgt circa sieben Zentimeter.

3) Der 340 Kilogramm schwere Weilmünster Waldgrubber mit Säeinheit (Preis 2002: 7000 Euro). Der ursprünglich mit fünf Federzinken ausgerüstete Waldgrubber fährt auf zwei Rädern und einem Stützrad. Er wurde mit Hilfe einer Gabel einspännig eingesetzt und drei Federzinken wurden entfernt. Der Vorratsbehälter der Säeinheit fasst drei bis vier Kilogramm Bucheckern. Durch eine kettengetriebene Vorrichtung fallen die Eckern über zwei Auslaufrohre in die von den verbleibenen zwei Federzinken gezogenen Rillen und werden direkt in den Mineralboden eingearbeitet. Dieses Aggregat produziert zwei Saatreihen im Abstand von 80 Zentimetern und legt die Eckern zwei bis drei Zentimeter tief ab.

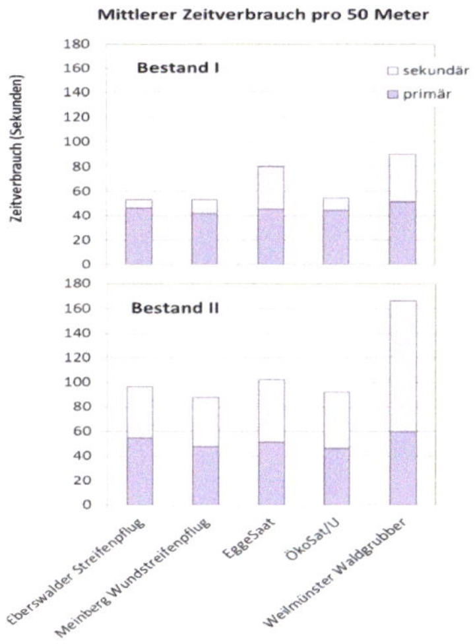

Abb. 1: Zeitverbrauch in Bestand I (normale Bedingungen) und Bestand II (verschärfte Bedingungen), aufgeschlüsselt nach Primärtätigkeiten (Bodenverwundung bzw. Direktsaat) und Sekundärtätigkeiten (Hiebsreste räumen, Orientierung im Bestand, Wiederherstellen der Betriebsbereitschaft des Aggregats etc.). Daten entnommen aus Drewes 2006.

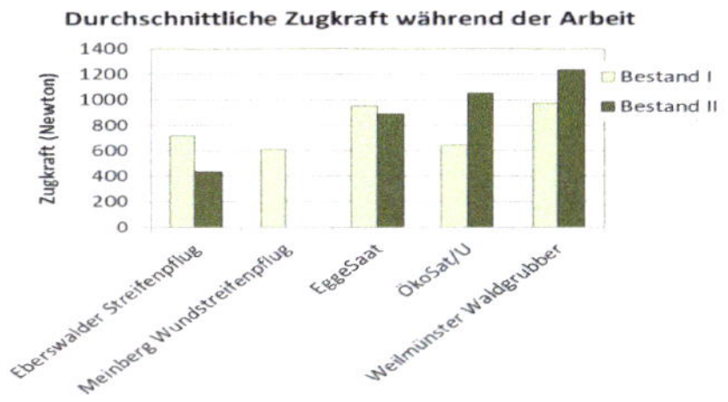

Abb. 2: Durchschnittliche von den Pferden erbrachte Zugkraft während der Arbeit (Pausen zwecks Fehlerbereinigung, Räumen etc. ausgenommen) pro Verfahren (Daten entnommen aus Drewes 2006).

ÖkoSat/U gewinnt, Weilmünster Waldgrubber überzeugt nicht

Funktionalität

Das Bodenverwundungsverfahren Eberswalder Streifenpflug zeigte eine hohe Leistung, wobei sich der Schlagabraum stark auf die Kontinuität des Arbeitsablaufes und somit auch auf die Produktivität auswirkte. Eine Bearbeitung konnte oft erst nach einer manuellen Teil-Flächenräumung durch den Pferdeführer stattfinden. Zudem war ein häufiges Eingreifen des Fuhrmanns erforderlich, um das Gerät in der Spur zu halten. Der tiefe Eingriff des Pflugschars in den mineralischen Oberboden sorgte für einen höheren Zugkraftbedarf als bei dem zweiten Streifenpflug. Durch die frei abrollenden Scheibeneggen und den somit verringerten Bodenwiderstand fiel die Zugkraft beim Meinberg Wundstreifenpflug gut ein Viertel geringer aus als als beim Eberswalder Streifenpflug. Dieses Gerät zeigte eine gute Funktion und Leistung, die relativ wenig durch Hangneigung und Schlagabraum beeinflusst wurde. Das Überfahren von Hiebsresten und Baumstümpfen behinderte jedoch die kontinuierliche Freilegung des Mineralbodens, auch war die Bearbeitungstiefe relativ gering. Bei beiden Streifenpflugverfahren kostete die Orientierung im Bestand und das Räumen von Hiebsresten viel Zeit.

Das Rillensaatverfahren mit dem Gerät ÖkoSat/U war mit Abstand am leistungsfähigsten. Mit diesem Gerät konn-

Mit schweren Gewichten werden die zwei v-förmig angeordneten Scheibeneggen der ÖkoSat/U in den Boden gedrückt.

te über einzelne Hiebsreste gefahren werden, ohne dass der Saatvorgang unterbrochen wurde. Auch unter erschwerten Bedingungen erfolgte eine kontinuierliche und tiefe Bearbeitung, so dass das Saatgut gleichmäßig in die Saatrille abgelegt und diese fest verschlossen wurde. Je größer die Bedeckung mit Schlagabraum, desto höher waren die benötigten Zugkräfte.
Die Rillensaat mit der EggeSaat wies einen kontinuierlichen Arbeitsablauf auf, allerdings wurde durch einzelne zeitaufwändige Fehlerbereinigungen am Aggregat die ansonsten gute Leistung beeinträchtigt. Dieses Verfahren benötigte relativ viel Zugkraft. Auch unter ungünstigen Flächenverhältnissen zeigte das Aggregat kaum Leistungseinbußen. Die Ausbringung der Bucheckern wurde jedoch häufig unterbrochen und die Säeinheit ermöglichte keine ausreichende Einarbeitung des Saatguts in den Mineralboden.
Der Weilmünster Waldgrubber mit Saataggregat überzeugte nicht. Das Verfahren wies mit Abstand die geringste Produktivität auf. Auch hier kostete die Orientierung im Bestand und das Räumen von Schlagabraum viel Zeit (siehe Abb. 1). Auch behinderten flach anstehende Wurzeln des Fichtenaltbestandes die Arbeit stark. Diese waren im Zuge eines Verhakens mit den Federzinken Auslöser für Zugkraftspitzen und den höchsten Zugkraftbedarf aller vorgestellten Verfahren (siehe Abb. 2). Weiterhin war die Saatgutdosierung nicht zu variieren, so dass trotz hohen Bearbeitungsgrades nur circa die Hälfte des angestrebten Saatguts auf der Fläche ausgebracht werden konnte. Auch viele unbearbeitete Teilstrecken, sehr geringe Bearbeitungstiefe, geringer Kontakt zum Mineralboden und mangelnde Abdeckung der Saatrille ließen dieses Verfahren im Vergleich am schlechtesten abschneiden.

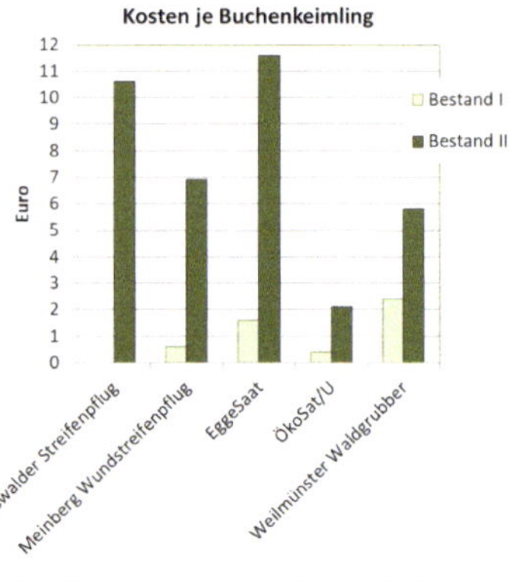

Abb. 3: Mittlere Kosten für die Begründung eines Buchenkeimlings im Jahr der Saat (Daten aus Drewes 2006).

Wirtschaftlichkeit

Auf Basis der Zeitstudien erfolgte eine wirtschaftliche Bewertung der Arbeitsverfahren. Zur Berechnung wurden herangezogen: Zeitbedarf, Gerätekosten und Kosten einer Pferdeeinsatzstunde. Die Kosten für die Pferdearbeitsstunde wurden mit 46 Euro angesetzt. Die Gesamtkosten der kombinierten Rillensaatverfahren fielen im Durchschnitt um 25 Prozent niedriger aus als die plätzeweise Handsaat im Anschluss and die Bodenvorbereitung durch einen der Streifenpflüge (Streifenpflüge: Kosten von ca. 229 Euro pro 0,1 Hektar). Dabei schloss das Verfahren EggeSaat am günstigsten ab (ca. 171 Euro), gefolgt vom Zweispännerverfahren ÖkoSat/U (ca. 175 Euro). Das Saatverfahren Weilmünster Waldgrubber hielt dem Vergleich am schlechtesten stand (178 Euro), was auf die geringe Produktivität in Kombination mit den hohen Gerätekosten zurückzuführen war.
Bei der Saat unter normalen Bestandesbedingungen entstanden mit dem Verfahren ÖkoSat/U geringere Kosten je Buchenkeimling als bei den übrigen Verfahren (siehe Abb. 3). Unter erschwerten Arbeitsbedingungen stieg die finanzielle Belastung je Keimling über alle Verfahren an, wobei wiederum das Verfahren ÖkoSat/U am besten abschnitt.

Ökologie

Ein teilweise sehr geringer Auflauf der Buchensaat über alle Verfahren verdeutlichte die hohen Anfangsrisiken. Tendenziell ließ sich bestätigen, dass Mineralbodenkontakt und eine gute, feste Abdeckung der Bucheckern mit Mineralboden den Keimerfolg positiv beeinflussten. Bei den Verfahren mit dem ÖkoSat/U und der Bodenverwundung mit anschließender Handsaat wurden geringere Verluste erfasst als bei EggeSaat und Weilmünster Waldgrubber. Der Ausfall von Keimlingen im ersten Winter lag zwischen 20 und 50 Prozent.

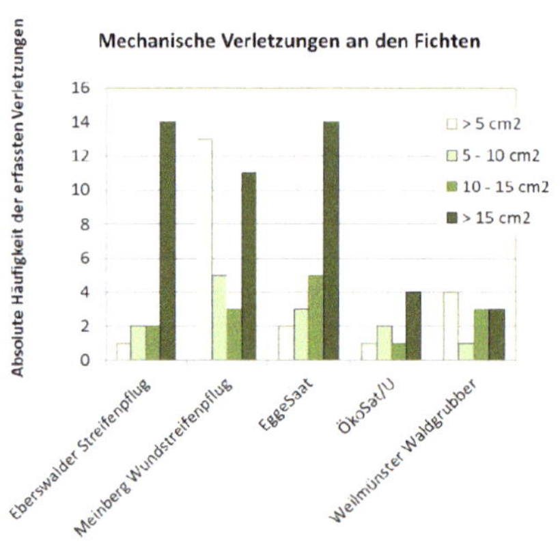

Abb. 4: Mechanische Verletzungen an Wurzelanläufen und Stämmen des Fichtenaltbestands (Anzahl der untersuchten Bäume: ca. 2.700).

Die durch die Aggregate verursachten Verletzungen an den Fichtenstämmen waren meist kleinflächig und das Schadprozent fiel geringer aus als zum Beispiel beim Holzrücken mit Pferden (siehe Abb. 4). Die meisten Verletzungen wurden beim Meinberg Wundstreifenpflug erfasst. Die geringsten Beschädigungen produzierte das Aggregat ÖkoSat/U.
Die registrierten Wurzelbeschädigungen fielen am häufigsten bei EggeSaat und Weilmünster Waldgrubber auf. Lediglich verletzte Wurzeln wurden bei allen Verfahren angetroffen, etwas häufiger beim Meinberg Wundstreifenpflug und EggeSaat. Durchtrennte Wurzeln kamen häufiger bei EggeSaat als bei den anderen Verfahren vor, herausgerissene Wurzeln häufiger beim Weilmünster Waldgrubber.

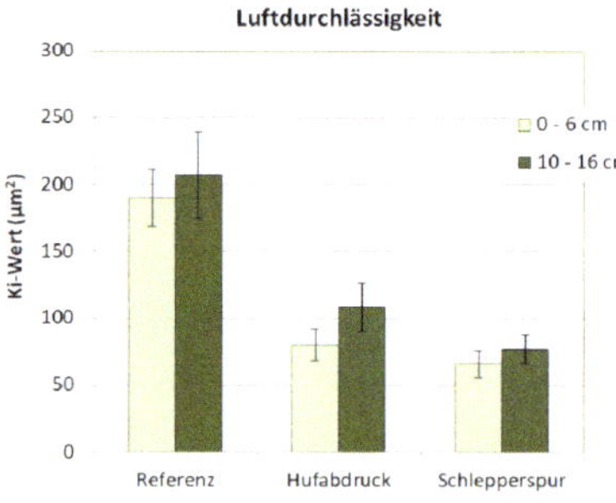

Abb. 5: Luftdurchlässigkeit im Oberboden (Null bis sechs Zentimeter Tiefe) sowie Unterboden (10 bis 16 Zentimeter Tiefe) im Ausgangszustand und nach Begehen bzw. Befahren mit Pferd bzw. Schlepper (Mittelwerte, Daten aus Drewes 2006, ca. 44 Stichproben pro Kategorie). Die Fehlerbalken stellen Standardfehler der Mittelwerte dar.

Bei der Luftdurchlässigkeit wurde nach Bearbeitung mit der schlepper- bzw. pferdegezogenen Variante des Meinberg Wundstreifenpflugs sowohl unter Schlepperfahrspuren als auch unter Pferdehuftritten Bodenverdichtung festgestellt. Bei dem Schlepper handelte es sich um einen MB-Trac mit Niederquerschnittreifen und Reifeninnendruck von 0,5 bar. Die Luftdurchlässigkeit im mineralischen Oberboden (bis sechs Zentimeter Tiefe) im Ausgangszustand lag bei 136 µm2 (Median), was bereits als „beeinträchtigt" eingestuft wurde. Dieser Wert unterschied sich signifikant von 52 µm2 unter einem Hufabdruck (unteres Ende der Kategorie „beeinträchtigt") bzw. 47 µm2 unter der Schlepperspur (oberes Ende der Kategorie „kritisch"). Ein Unterschied zwischen beiden Zugmitteln konnte nicht nachgewiesen werden. Auf Grund der Ergebnisse, die nicht klar dem Bereich „kritisch" zuzuordnen waren, erwartete der Autor keine negativen Effekte der Verdichtung auf die Bodenökologie. (Die signifikant stärkere Verdichtung des Schleppers im Unterboden – siehe Abb. 2 – sowie das flächige Verdichten durch Befahrung im Gegensatz zur punktuellen Verdichtung unter den Hufen wurden hier außer Acht gelassen – Anm. d. Red.).

Ergonomie

Unter normalen Umständen (Versuchsbestand 1) war der Pferdeführer hauptsächlich mit seiner anvisierten Arbeitsaufgabe beschäftigt. Verschärfte Umstände (Versuchsbestand 2) führten dazu, dass er viele Hiebsreste räumen musste und die Pferde am Hang schwieriger zu führen waren, unabhängig vom gewählten Pferdegerät. Unter den ungünstigen Bedingungen arbeitete der Pferdeführer oberhalb der Grenze der arbeitsmedizinisch tolerierbaren Dauerleistung (siehe Abb. 7).

Den gut trainierten Pferden wurden vor allem unter den schwierigeren Voraussetzungen bei den kombinierten Verfahren maximale tolerierbare Zugkräfte zugemutet, während unter günstigen Umständen bei der Bodenverwundung nur eine Belastung im Rahmen der möglichen Dauerleistung von den Pferden gefordert wurde (siehe Abb. 6). Je seltener der Pferdeführer Hiebsreste räumte, desto mehr wurde das Herz-Kreislaufsystem der Pferde belastet. Wurde der Pferdeführer durch das Räumen vieler Hiebsreste stärker belastet, so konnten sich die Pferde in den entstehenden Arbeitspausen erholen.

Die Herzfrequenzen deuteten auf eine eher geringe Belastung des Pferdes 1 hin (leichte Zugarbeit). Das Blutlaktat stieg bei der Arbeit von circa 0,8 auf circa 0,9 bis 1,5 mmol/l an: die Energiezufuhr konnte aerob gedeckt werden, das heißt die Muskeln „versauerten" nicht. Die Pferde wurden somit im tiermedizinisch vertretbaren Bereich belastet.

Hier war die Saat erfolgreich: Eine der Versuchsflächen bei Neuenheerse im Jahr 2005. Die jungen Buchen zwischen den Fichtenstämmen sind mit weißen Bändchen markiert.

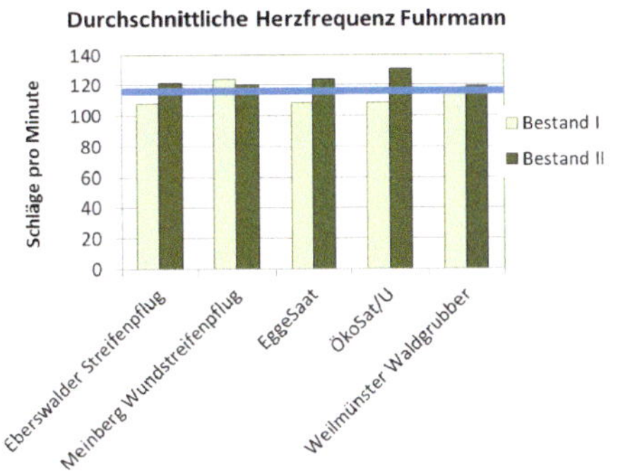

Abb. 7: Durchschnittliche Herzfrequenzen des Fuhrmanns während der gesamten Tätigkeit pro Verfahren. Die Unterschiede zwischen den Beständen waren statistisch signifikant. In Blau die individuelle Dauerleistungsgrenze der Person (Daten entnommen aus Drewes 2006).

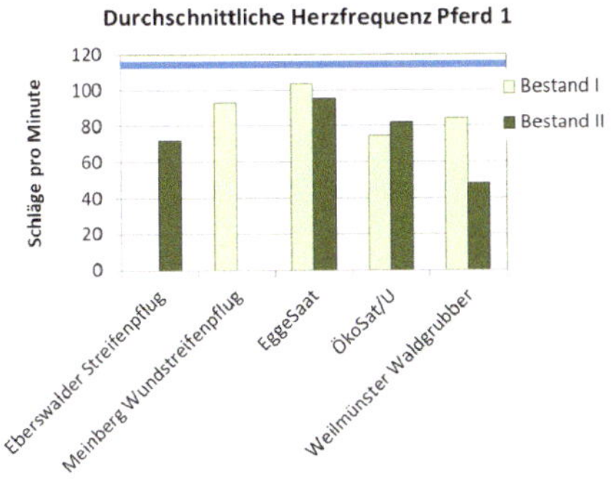

Abb. 6: Durchschnittliche Herzfrequenzen des gut trainierten Zugpferdes 1 während der gesamten Tätigkeit pro Verfahren (Daten entnommen aus Drewes 2006). Für die kombinierten Verfahren waren die Unterschiede zwischen den Beständen statistisch signifikant (bei der Bodenverwundung fehlten Vergleichsdatensätze). In Blau die angenommene Dauerleistungsgrenze eines durchschnittlichen schweren Kaltblutpferdes (aus SP 74, S. 60).

Schlussfolgerungen

Allgemein gilt, dass der Saaterfolg stark von äußeren und inneren Faktoren beeinträchtigt werden kann und deshalb für Saatverfahren nur Fichtenbestände in Frage kommen, in denen hinsichtlich Standort, Bestandesdichte, Alter, Vegetation etc. optimale waldbauliche Voraussetzungen gegeben sind. Um die Kosten der Umwandlungsmaßnahme zu reduzieren, kann das Saatgut in Mastjahren in Eigenregie des Forstbetriebs geerntet werden und eine Bearbeitung durch regionale Fuhrleute erfolgen.
Mit Arbeitspferden durchgeführte Verfahren zur Umwandlung von Fichtenreinbeständen stellen eine ernstzunehmende Alternative zu Hand- und Schlepperarbeit dar. Bei gutem Trainingszustand der eingesetzten Pferde und Fuhrleute bestehen keine gesundheitlichen Bedenken gegen die Arbeit mit den vorgestellten Geräten.
An ihre Grenzen stoßen die Verfahren bei starker Flächendeckung durch Hiebsreste vergangener Eingriffe und zunehmende Hangneigung. Im Vergleich zur reinen Handsaat liegen die Leistungen der Pferdevarianten höher und verursachen insgesamt geringere Kosten.

Weiterführendes

Die komplette Dissertation von Dirk Drewes können Sie als Taschenbuch (224 Seiten) für 27,55 Euro plus Portokosten beim Cuvillier Verlag, Göttingen, über Cuvillier.de bestellen.

Flyer der Niedersächsischen Landesforsten zur Direktsaat: www.landesforsten.de/wp-content/uploads/2019/01/flyer_freisaat_2017.pdf oder Suchterm für Suchmaschine: „Flyer Freisaat Aktualisierung 2017 Niedersächsische Landesforsten"

Internetartikel von Robert Nörr zur Buchendirektsaat: www.waldwissen.net/waldwirtschaft/waldbau/verjuengung/lwf_buchensaat_zukunft/index_DE

Merkblatt der Bayerischen Landesanstalt für Wald und Forstwirtschaft „Erfolg von Buchensaaten steigern": www.lwf.bayern.de/mam/cms04/service/dateien/mb-16-buchensaat.pdf oder Suchterm für Suchmaschine: „LWF Merkblatt Buchensaaten"

Robert Schmidt: www.forstsaat.de
Kay Stolzenberg: www.kay-stolzenberg.de
Christoph Schmitz: pferdezugtechnik.jimdo.com

Kurze Filme auf www.youtube.com:
- Streifenpflugeinsatz mit dem Pferd: www.youtube.com/watch?v=jY8J38lh1uo, www.youtube.com/watch?v=hkLn0dvFVqs oder youtube Suchterm: „Pferdepflug im Wald"
- Streifenpflugeinsatz mit dem Schlepper z.B.: www.youtube.com/watch?v=D0mVpr1MGgk

Pferdearbeit aber auch viel Handarbeit sind beim Roden von Traubenkirschen angesagt. Beim Forstunternehmen Lange in Bad Oeynhausen werden die herausgerissenen Bäume mit Wurzelballen auf Haufen geschichtet.
Foto: privat

Arbeitspferde im Naturschutz

Traubenkirschen roden

Arbeitspferdeeinsatz in Naturschutzgebieten hat oft mit Gehölzen zu tun: von der Heckenpflege bis zur Waldarbeit, von der Entbuschung bis zur Rodung von Traubenkirschen oder anderer invasiver Pflanzen. Gerade auf empfindlichen Standorten bietet der Einsatz tierischer Zugkraft gegenüber motorisierten Fahrzeugen große Vorteile durch die Schonung des Bodens. Im Vergleich zur Handarbeit kann die Pferdearbeit eine erhebliche Erleichterung darstellen und zu effektiven Arbeitsabläufen beitragen.

Von Christiane Trierweiler

Auszug aus SP 84, 2017, „Arbeitspferde im Naturschutz"

Gehölzpflege

Entbuschung

Eine von Arbeitspferdehaltern, die im Naturschutzgebiet aktiv sind, oft genannte Betätigung ist die Entbuschung. Diese ist dort vonnöten, wo Verbuschung droht, aber offener Lebensraum erwünscht ist. Der Artenreichtum der Pflanzen kann nach der Maßnahme erst einmal zurückgehen, regeneriert sich aber aus noch im Boden vorhandenem Saatgut oder solchem, das durch Mähgutübertragungen von intakten Standorten oder sogar im Fell von grasenden Schafen und Ziegen das Biotop erreicht.
Es geht hier um z.B. Wacholderheiden, Magerrasen, Nasswiesen und Bergwiesen. Der Ursprung dieser Biotope war oftmals eine Rodung mit anschließendem Offenhalten. Endet die Nutzung, muss das Offenhalten fortgesetzt werden, da das Biotop sonst schnell seine Funktion als besonderer Lebensraum verliert. Offen gehalten werden auch Korridore, die mehrere offene Landschaftsstücke verbinden und damit einen Austausch von Tier- und Pflanzenarten gewährleisten. Erst nach der Entbuschung ist es möglich, das Offenhalten durch Beweidung und/oder Mahd fortzusetzen.
An Gewässerböschungen oder -ufern können Büsche und Bäume zu viel Laub und damit Nährstoffe ins Gewässer eintragen. Sie werden daher häufig gerodet und das Schnittgut mit Pferden abtransportiert oder an den Rand des Naturschutzgebietes gezogen, um einen zusätzlichen Nährstoffeintrag zu vermeiden. Pferde sind bei dieser Arbeit wendiger als Traktoren und schonen den Boden.

Bekämpfung der Traubenkirsche

Die Späte Traubenkirsche (Prunus serotina) stammt ursprünglich aus Nordamerika und wurde bei uns bis in die 1960er Jahre zur Erhöhung der Bodenfruchtbarkeit in Nadelholzkulturen, auf Heideflächen und auf windigen Standorten gezielt angepflanzt.
Der Baum bildet in jungen Jahren eine dichte Strauchschicht und vermehrt sich nahezu ungehemmt. Rasch entwickelte sich das Gehölz zum „Unkraut", das viele forstwirtschaftliche Arbeiten erschwert und andere Gehölze bei der Naturverjüngung hindert.
Laub und Rinde der Traubenkirsche enthalten Blausäure und sind übrigens für Mensch und Pferd giftig!

Die Bekämpfung erweist sich als recht schwierig. Aus abgesägten Strünken entwickeln sich in der Regel gleich mehrere neue Ableger. Der Einsatz von Herbiziden indes verbietet sich aus ökologischen Gründen.

Einzig wirksam ist das Entfernen der Pflanzen mitsamt Wurzelwerk. Hier kommen die Vorteile der Pferde voll zur Entfaltung: Sie sind im Bestand extrem schnell und beweglich und verursachen keine Bodenschäden. Sie sind kräftig genug, um die jungen Pflanzen mit der Kette auszureißen, und man kann mit ihnen die so gerodeten Pflanzen gleich im Bündel zur weiteren Entsorgung (z.B. Häckseln) aus dem Bestand ziehen.
Ältere Pflanzen mit stärkerem Stamm und Wurzelwerk werden in der Regel etwa in Brusthöhe abgesägt und der verbleibende lange Strunk als Hebel benutzt, um den Wurzelteller aus dem Boden reißen zu können.

Ein kurzer kräftiger Ruck reicht meistens aus, um die kleineren Bäume aus dem Boden zu reißen. Manchmal muss das Pferd allerdings auch mehrmals kräftig anziehen. Die Anforderungen an diese Art zu arbeiten unterscheiden sich von anderen Zugarbeiten und müssen vom Pferde erst gelernt und verstanden werden. **Foto:** privat

Quelle: SP 84, 2017

Von Erhard Schroll

Beispiel Bad Oeynhausen (NRW)

Seit 2013 nimmt das Roden von Traubenkirschen in der Jahresplanung des Forstunternehmers Bernd-Uwe Lange aus Bad Oeynhausen immer mehr Raum ein. Mit 50 Stunden angefangen, lag das Auftragsvolumen 2017 bereits bei etwa 200 Einsatzstunden. Abgerechnet werden diese Arbeiten im Stundenlohn. Aufgrund der Verschiedenheit der Bestände und der unterschiedlichen Stärke der zu entnehmenden Pflanzen - vom Bäumchen bis zum ausgewachsenen Baum - lässt sich Akkordarbeit hier kaum seriös kalkulieren. Die Traubenkirschen werden mit den Wurzeln herausgezogen und schließlich, Wurzelballen nach oben, auf Haufen abgelegt. Sind die Traubenkirschen für die Pferde zu dick, kommt der Traktor mit Seilwinde zum Einsatz, bei dünnen Bäumchen ist häufig Handarbeit angesagt. Hier leistet der kanadische Rodehebel „Bigfoot" wertvolle Hilfe. Bei dickeren „Pferde-Bäumen" kommt bei Lange auch häufig eine Dreifuß-Hilfskonstruktion erfolgreich zum Einsatz, die Pferdekollege und Schlossermeister Gerd Aschoff entwickelt hat.

Der Einsatzradius liegt 15 bis 20 Kilometer um die Hofstelle und die Pferde werden mit PKW und Anhänger zum Einsatzort gebracht. Meist sind sie zu zweit unterwegs, Bernd-Uwe Lange mit Ehefrau, Tochter oder Sohn, allerdings in der Regel mit nur einem Pferd. Wenn es erforderlich ist, geht es mittags nach Hause und am Nachmittag mit einem anderen, frischen Pferd erneut ans Werk. An Wochenenden kann es aber auch vorkommen, dass Jasmin, die in der Woche als Tierarzthelferin tätig ist, ein zweites Pferd anspannt und auch mit vor Ort ist.

„Das Roden ist für die Pferde nicht gut"", schätzt Lange diese Tätigkeit ein. Die ruckartigen, kurzen und manchmal starken Belastungen seien auf Dauer sehr anstrengend und die rasch aufeinanderfolgenden, kurzen Arbeitszyklen erforderten vom Pferd auch sehr viel Konzentration. Die vierjährige Stute sei noch zu jung für das Roden und soll erst einmal langsam und schonend an die Waldarbeit gewöhnt werden. Am besten kommt laut Lange der Haflinger-Routinier Ammon mit den hohen Anforderungen zurecht. Auch der fünfjährige Bronco kommt zum Einsatz, habe aber noch nicht genug Ruhe und Selbstvertrauen gefunden und würde in manchen Situationen auch schon mal schnell hektisch reagieren. Als Ausgleich werden die Pferde neben dem Weidegang an den Wochenenden vor den Marathonwagen gespannt und mit ihnen längere, ruhige Ausfahrten unternommen. „Das tut ihnen richtig gut", stellt der Betriebsleiter immer wieder fest.

Aus:
STARKE PFERDE NR. 33, 2005

Beispiel Hamburg

Von Kay Stolzenberg

Das Naturschutzgebiet Klövensteen ist eines der schönsten Naturschutzgebiete im Hamburger Stadtgebiet. Es zeichnet sich durch weite Wälder und eine alte Sanddünenlandschaft aus. Wie in vielen anderen Gebieten ist auch hier die aus Nordamerika stammende, spät blühende Traubenkirsche *Prunus serotina* im Wachstum nicht mehr aufzuhalten. Damit aber eine alte Sanddünenlandschaft nicht durch den ausschließlichen Bewuchs von Traubenkirsche seinen Charakter verliert, habe ich den Auftrag zu deren Rodung vom Hamburger Bezirksamt Altona bekommen. In Absprache mit dem Revierförster haben wir den schonenden Einsatz von Pferden geplant und abgestimmt. Zunächst haben wir uns auf einen Termin im August geeinigt, der sich aufgrund seiner Hitze sehr gut zum Roden eignet, weil die im Boden verbliebenen Wurzelreste dann unter größeren Schwierigkeiten wieder ausschlagen können, da sie im lockeren Sandboden weniger Halt finden und unter Wasserstress stehen. Die Fläche von 1,5 ha musste komplett gerodet werden. Es waren finger- bis armdicke Kirschen zu entfernen. Ich habe mich entschlossen, zuerst die sieben- bis 15 cm dicken Kirschen auf ein- bis eineinhalb Meter über dem Erdboden abzusägen, damit wir daran die Rückeketten anbinden konnten, um den großen Hebel des Stammes zum Herausreißen zu nutzen. Das Absägen hat zusammen mit einem Mitarbeiter drei Tage gedauert. Das Buschwerk wurde gebündelt und mit den Pferden an den Rand der Düne gezogen, damit es dort gehäckselt werden konnte, was bei 30° C Hitze schon eine sehr anstrengende Arbeit ist. Nach ungefähr zehn Tagen sah die Düne schon wieder wie eine Düne aus, nur mit unendlich vielen Stoppeln von abgesägten Traubenkirschenstämmchen.

Nun konnte also die Hauptarbeit beginnen. Wir merkten ziemlich schnell, dass die kleinen bis sieben cm dicken Traubenkirschen nicht mit dem Pferd gerodet werden mussten – per Hand ging es viel schneller. Mein Mitarbeiter hat mit einer Pflanzhacke losgelegt und ich habe mit dem weißen Kiri (6) bei den stärkeren Traubenkirschen begonnen. Für Kiri war das Roden der Traubenkirschen ganz neu, und wir hatten es noch nicht zusammen geübt. Zuerst war es eine ungewohnte Zugbewegung, da der Widerstand durch den festen Wurzelteller sehr groß war. Kiri hat dann immer aufgehört, anstatt weiter anzuziehen. Nach ein paar Anspornungen und Überredungen aber ging es immer besser und die Stoppeln mit den Wurzelherzen wurden Stück um Stück von ihm herausgerissen. Gut ging es, wenn die Rückekette am Stamm in eineinhalb Metern Höhe festgemacht wurde, damit die Hebelkraft ausgenutzt werden konnte. Beim ersten Anziehen des Pferdes war ein deutliches Kruseln und Knacken im Boden hörbar und eine kurze Zeit danach war das Wurzelherz herausgerissen. Wenn es nicht beim ersten Mal gleich funktionierte, wurde die Anzugrichtung geändert und somit der Teller gelockert, bis er sich nicht mehr im Boden halten konnte. Es muss schon eine erhebliche Kraft angewendet werden, da die Wurzelteller manchmal eine Größe von etwa vier bis fünf qm² hatten. Wenn die Kirschen dicht beieinander stehen, kann man, wenn eine herausgerissen wurde, gleich die benachbarte nehmen und so im Zick-Zack problemlos über die Fläche kommen.

Nach kurzer Zeit hatten die Pferde auch diese für sie neuen Bewegungsabläufe gelernt und konnten problemlos bei der Arbeit „mitdenken“. Sie haben bei größeren Widerständen nicht gleich aufgehört zu ziehen, sondern zogen gleichmäßig kräftig weiter, bis der Widerstand nachließ und die Kirsche gerodet war. Bei besonders fest im Boden sitzenden Bäumen hat Kiri die Kette stramm gezogen und sich dann ein wenig auf die Hinterhand gestellt und sich mit seinem Körpergewicht nach vorne fallen lassen. Dieses Gewicht von 900 Kilo hat jede Kirsche herausgerissen.

Bei meinem Shire-Wallach Murphy (10) ist mir durch sein sehr ruckartig temperamentvolles Anziehen einmal das Holz eines süddeutschen Kumtes gebrochen. Dieses passierte allerdings in den ersten Tagen, als der Ehrgeiz von Murphy, das Unmögliche möglich zu machen, zu groß war.

Ein großes Problem waren die Traubenkirschen, die vor Jahren auf den Stock gesetzt worden waren und mittlerweile aus dem ehemals solitären mit bis zu vier neuen, gleichstarken Stämmen aus der Wurzel ausgeschlagen waren. Diese saßen so fest im Boden, dass es unmöglich war, sie herauszubekommen. Dabei glaube ich nicht unbedingt, dass es die starke Bodenverankerung war, sondern die fehlende Ansatzmöglichkeit für die Rückekette. Wenn wir die Kette um einen der bis zu vier Stämme herumgelegt hatten und Kiri angezogen hat, ist nicht der Wurzelteller herausgekommen, sondern der einzelne Stamm ist mit einem Krachen abgebrochen. Das passierte mit jedem der verbliebenen Stämme ebenso, bis wir keine Ansatzmöglichkeit mehr hatten. Wenn man die Kette um alle vier Stämme gleichzeitig legt, kann es passieren, dass alle gleichzeitig abbrechen. Um diese herauszubekommen, musste von der Naturschutzbehörde noch ein Minibagger geordert werden, der sie ausgegraben hat. Die Entsorgung der Wurzeln hat das Grünflächenamt übernommen, da die Reste nicht auf der Düne bleiben sollten. Hierzu wurden die Wurzelteller in Containern gesammelt und mit einem Spezialschredder zerkleinert. Um diese Kosten zu sparen und die Schwierigkeiten zu umgehen, sollten Flächen, die mit Traubenkirschen bewachsen sind, lieber gleich im jungen Alter gerodet und nicht erst auf den Stock gesetzt werden.

Mein Resümee:

Es funktioniert gut, mit Pferden Traubenkirschen zu roden, wenn man ein ruhiges Pferd hat, welches auf Zuruf die Befehle ausführt und nicht nervös in den Leinen hängt. Außerdem ist das Roden gut für die Koordination des Pferdes, da man sehr viel mit dem Tier sprechen muss und dadurch viele Drehungen und Bewegungen geübt werden können. Die Pferde können also problemlos in mit Traubenkirschen bewachsenen Gebieten eingesetzt werden. Eine gute Möglichkeit besteht natürlich auch für Naturschutzgebiete, da die Tiere hier keinen Schaden durch starke Bodenverdichtung anrichten.

Eine besondere Freude für mich ist es, auch zu sehen, dass Reiter, die vorbeikommen, ebenso Interesse an meiner Arbeit zeigen wie deren Pferde, und ihnen dadurch bewusst wird, dass ein Pferd nicht nur zum Reiten da ist.

Beispiel Taura (Sachsen)

Von Dietmar Dietze

Aus:
STARKE PFERDE NR. 66, 2013

Im Staatsforstbetrieb Sachsenforst – Forstbezirk Taura – gibt es erhebliche Probleme mit der Spätblühenden Traubenkirsche. Diese hat sich bereits auf etliche Hektar stark ausgebreitet – Tendenz steigend. Eine Bekämpfung wird zurzeit nur auf Verjüngungsflächen durch Flächenvorbereitung, Kulturpflege und spätere Verdunkelung durch den Voranbau erzielt.

Angeregt durch einen Artikel in STARKE PFERDE, in dem Kay Stolzenberg seine erfolgreichen Aktivitäten beim Roden von Traubenkirsche beschreibt (siehe links), schlug ich diese Variante dem Revierleiter Herrn Friedrich vor und bekam prompt den Auftrag über eine Probefläche von vier Hektar im Revier Schöneiche.

Teilweise waren die Traubenkirschen auf dieser Fläche sehr stark und nicht mehr für die Pferdearbeit geeignet. Diese sollten wir dann auf den Stock herunter sägen und so belassen.
Als wir mit der Arbeit begannen, merkten wir schnell den erheblichen Zeitaufwand des Absägens und auf Haufen legen der Stammstücke und Äste. Problematisch war auch das Herausreißen der kleinen Kirschen, die für die Handarbeit zu groß- und für die Pferdearbeit zu klein waren.

Der Pferdeeinsatz ging dann deutlich zügiger voran. Teilweise ließen sich die Wurzeln gut herausreißen, teilweise aber auch gar nicht.
Ich denke, es hängt unter anderem mit der Bodenverdichtung von früheren Befahrungen zusammen, welches das Einschätzen zwischen noch machbar oder nicht mehr machbar erschwerte.
Der Zugwiderstand ist bei dieser Arbeit alles andere als gleichmäßig und schwer für das Pferd zu bewältigen.

Oben: Berlin-Grunewald – Wallach Volker braucht nur sein Gewicht gegen die Last zu stemmen, ein kurzer Rück, und gleich zwei kleinere Traubenkirschenstubben lösen sich mitsamt ihren Wurzelballen aus dem sandigen Boden.

Oben: Die dickeren Traubenkirschen-Stämmchen erfordern schon die ganze Kraft der Pferde. Fuhrmann Rohloff hängt hier die Kette etwas höher an, um von der Hebelkraft zu profitieren.

Wo die Kirsche nicht so stark war, ging es relativ gut und das Ergebnis kann sich sehen lassen.
Durch den hohen Anteil an sehr starken Traubenkirschen auf der Probefläche und auf die Gefahr hin, dem Pferd die Zugwilligkeit zu nehmen, brachen wir den Versuch bei einem knappen halben Hektar ab.

Mein Fazit:

- Sehr zeitintensive Arbeit,
- Bei stärkeren Kirschen muss das Pferd immer wieder anrucken, somit eine sehr unschöne Pferdearbeit, mit der man das Tier versauen kann, wenn man es übertreibt.
- Bei schwächeren (fauststarken) Kirschen kann ein gutes Ergebnis erzielt werden.
- Im Erdreich befinden sich Samen, die auch nach der Aktion wieder austreiben können.

Beispiel Berliner Forsten

Erhard Schroll: „Volker, Pünktchen und das Filliped – Traubenkirschen roden und andere Pferdearbeiten bei den Berliner Forsten“, Auszug aus STARKE PFERDE 77, 2016

Forstwirt und Pferdeführer Fred Rohloff führt als wichtiges Werkzeug an seinem Gürtel eine lange, schmale Astsäge mit sich, mit der er die Traubenkirschenstämmchen in Knie- bis Hüfthöhe kappt. Dies macht er so schnell und geschickt, dass man gar nicht auf die Idee kommt, für diese Arbeit als Alternative zur Handsäge eine Motorsäge verwenden zu müssen.
Der abgesägte obere Teil mit der Baumkrone wird dann von Hand oder mit dem Pferd auf Haufen und Wälle zusammengezogen. Der Großteil der Fläche ist damit so freigeräumt, dass Pferde und Fuhrleute ausreichend Platz haben, um sich ungestört mit den Stubben beschäftigen zu können, die nun gerodet werden müssen.
Forstwirtin Lisa Müller lenkt ihre Stute zu einer Gruppe abgesägter Bäumchen, nimmt das Ortscheit auf und dreht das Gespann auf der Stelle. Die Kette ist an einem Verkürzungshaken mit dem Ortscheit lose verbunden und hat an jedem Ende einen Schlinghaken. So kann sie zwei Strünke gleichzeitig anhängen. Auf Kommando tritt Pünktchen an und allein die Bewegung ihrer Masse von etwa 750 kg reicht schon aus, um die beiden Stubben nahezu ohne Kraftanwendung aus dem Boden zu reißen.
Direkt angrenzend haben es Rohloff und Wallach Volker mit einem etwas dickeren Vertreter der Gattung Prunus serotina zu tun, dessen Stammumfang bereits etwa 15 Zentimeter be-

Der Rodehebel „Bigfoot“ ist ein praktisches Werkzeug, um kleinere Bäumchen von Hand zu roden.

trägt. In einer Höhe von etwa 20 Zentimetern über dem Boden legt Rohloff die Kette an und lässt den Wallach anziehen. Hier reicht es für Volker nicht aus, sein bloßes Körpergewicht in die Waagschale zu werfen. Ohne dabei ins Geschirr zu springen, muss er sich kräftig ins Zeug legen und sich richtig anstrengen, um den Stubben mitsamt dem Wurzelballen aus dem sandigen Boden zu reißen. Der Zug ist dabei ein völlig anderer als beim Holzrücken, aber der routinierte Wallach hat es gelernt, wie er mit einer solchen Last umzugehen hat. Leichter wäre es für ihn, würde Rohloff die Kette am Stubben ganz oben anhängen und so die Hebelwirkung besser ausnutzen. Dabei würden aber zu viele Wurzeln abbrechen, im Boden verbleiben und später wieder austreiben, erklärt der Forstwirt.

Auch Stute „Pünktchen“ ist fleißig und ruhig bei der Sache. Hinter der Gespannführerin Lisa Müller ist einer der Wälle mit abgeschnittenen und gerodeten Traubenkirschen zu sehen, den die beiden Arbeitsteams bereits aufgeschichtet haben.

Eines wird jedenfalls rasch klar: Die Zugkraft der Pferde ist begrenzt und ab einem bestimmten Stammumfang wird diese Arbeit für sie recht unangenehm. Da Rohloff und Müller ausschließlich einspännig arbeiten, ist die Grenze auch rasch erreicht. Der erfahrene Forstwirt und Fuhrmann kann in der Regel gut einschätzen, was er seinem Pferd zumuten kann, was geht und was nicht geht. Die wenigen dickeren Stubben, die sich nicht herausreißen lassen, bleiben stehen und werden mit Farbe markiert: Der Harvester soll sie später bei der Durchforstung mit dem Kran herausziehen.

Der Wallach zieht den gesamten Stubben nun zu dem Wall aufgeschichteten Traubenkirschengeästs, wobei sich die sandige Erde fast vollständig aus dem Wurzelballen löst. Von Hand packt Rohloff den Wurzelteller schließlich auf den Haufen, die Wurzeln nach oben, damit sie keinen Bodenkontakt bekommen und später nicht wieder austreiben können.
Das Ganze wiederholt sich über den Tag unzählige Male. Traubenkirsche für Traubenkirsche, dick oder dünn, wird angehängt, mit den Pferden herausgerissen und auf Wälle gepackt. In dem aktuellen Bestand ist der Arbeitsfortschritt deutlich zu erkennen und der noch zu bearbeitende Traubenkirschenhorst bereits überschaubar.

Thomas Mayer vom Ross-Hof in Kandern im Landkreis Lörrach mit einer von ihm entwickelten Farnwalze, 2013. **Foto:** Mayer

Adlerfarnbekämpfung

Auszug aus SP 84, 2017, „Arbeitspferde im Naturschutz"

Von Christiane Trierweiler

Der Adlerfarn ist weltweit verbreitet, außer in Wüsten und Polgebieten. Die Pflanze wird oft bis zu zwei Meter, manchmal sogar bis zu vier Meter hoch und kann sich durch Rhizome und Sporen schnell große Gebiete erobern.

Im intensiv genutzten Grünland wird der Adlerfarn durch Düngung, Schnitt und Tritt vertrieben. In extensivem Grünland jedoch, gerade auf armen und sauren Standorten, breitet die für Weidetiere giftige Pflanze sich gerne, ausgehend von Waldrändern, aus. Im Wald können massive Adlerfarnbestände die Naturverjüngung behindern. Kleinere Farnbestände

Einspänner-Spezialwalze zur Bekämpfung von Adlerfarn

Dreifach-Walzenkombination beim Einsatz in Großbitannien. Vor allem in den schottischen Highlands stellt Adlerfarn ein großes Problem dar.

Gezogene Farnwalze hinter einem Vorderkarren.

können umgetreten oder ausgerissen werden. Totalherbizide sind bestenfalls zur Einzelpflanzenbekämpfung geeignet. Beweidung oder Abbrennen wirken kontraproduktiv, da diese die Ausbreitung des Farns noch begünstigen. Neben maschineller Bekämpfung mittels Mähen oder Mulchen eignen sich pferdegezogene Walzen besonders gut zur Eindämmung dieser invasiven Art. Auf einer (ggf. mit Wasser befüllten) Walze sind Flacheisen angebracht, die die Wedel abdrücken. Nach zwei Überfahrten früh im Jahr im Abstand von ca. drei Wochen kann ein zufriedenstellendes Resultat erwartet werden. Die pferdegezogene Variante ist schonender für den Waldboden als schwere Zugmaschinen und wegen geringer Arbeitsbreite sehr wendig.

High-Tech-Spezialwalze der italienischen Firma EQUI IDEA mit vorbildlichen Schutzvorrichtungen und pferdefreundlichem Design.

Sonstige Einsatzmöglichkeiten

Abtransport von Mähgut oder, wie hier, von gerodeten, invasiven Pflanzen kann auch zum Aufgabengebiet von Pferden gehören. **Foto:** Jean-Léo Dugast

Pferdetechnik für die Reitwegepflege in den Berliner Forsten: Whitehorse-Vorderwagen mit umgebautem Reitbahnplaner. **Fotos:** Heinrich Kiso

Neben den bereits aufgeführten, gibt es noch eine Vielzahl von weiteren Möglichkeiten, die Pferde in der Forstwirtschaft sinnvoll einzusetzen. Erwähnt sei hier nur die allgemeine **Fällhilfe** beim Holzeinschlag, z.B. in Nadel- und Laubholz-Mischbeständen, sowie generell das **Ziehen von Hängern** in pferdegeeigneten Holzdimensionen.
Bei der **Räumung von Flächen**, oder von Beständen zur Vorbereitung für einen Bestandesumbau, kann mit Pferden effektiv der grobe Schlagabraum, wie z.B. Kronenholz ohne Bodenschäden beseitigt werden.
Denkbar sind auch **Transportarbeiten** innerhalb der Bestände, z.B. beim Gatterbau oder bei Pflanzarbeiten.
In forsteigenen Baumschulen bietet sich ein Pferd idealerweise für die notwendigen **Hackarbeiten** an.
Bei der **Anlage und Pflege von Wildäckern** können nahezu alle anfallenden Arbeiten mit Pferden erledigt werden: Pflügen, Grubbern, Eggen, Säen.
Die **Ränder der Waldwege** können mit Pferden nachgemäht werden, mit Vorderwagen und senkrecht gestelltem Doppelmesser-Mähwerk können Hecken oder dünnstämmige Gehölze beschnitten werden. Der Gehölzschnitt kann mit einem pferdegezogenen Mulcher zerkleinert werden.

Reitwege planiert und instandgehalten und **Feuerschutzstreifen** gegrubbert oder mit Hilfe von motorisierten Vorderwagen sogar auch gefräst werden.

Viele der genannten Möglichkeiten sind sicherlich für Anfänger in dieser Branche nicht realisierbar und auch nicht empfehlenswert. Sie zeigen aber, wie man Pferdearbeit in den forstlichen Alltag integrieren kann.

Je breiter das Angebot ist, das pferdeeinsetzende Forstunternehmer den Waldbesitzern unterbreiten können, desto wahrscheinlicher ist eine ganzjährige Auslastung ihrer Pferde zu erreichen.

Links: Der Dreispänner-Kalkstreuer im Einsatz. Oben: Rückansicht des Fahrzeuges mit Streuaggregat, Streutellern und allen vorgeschriebenen Sicherheits-Abdeckungen und Schutzvorrichtungen.

Auszug aus: "Waldkalkung mit Pferden" von Erhard Schroll in STARKE PFERDE Nr. 26, 2003

Waldkalkung mit Pferden

Das Phänomen des „Waldsterbens" oder, wie es offiziell beschwichtigend genannt wird, „der neuen Waldschäden", ist nach wie vor aktuell und die jährlichen Waldschadensberichte geben keinerlei Entwarnung. Führte die wachsende Sensibilisierung der Öffentlichkeit gegenüber ökologischen Fragen, nach der Entdeckung dieses Phänomens, zu Beginn der 80er Jahre, zu der Forderung nach einem schonenderen Umgang mit Wald und Boden, dominieren bis heute selbst bei der „Behandlung" und „Therapie" des kranken Waldes tonnenschwere, bodenschädigende, Kalkstreuer oder -gebläse, mit denen die Bestände befahren werden oder Kerosin fressende, abgasreiche Hubschrauber die Kalk aus der Luft verteilen. Es stellt sich die Frage, ob diese Verfahren langfristig nicht mehr Schäden verursachen, als sie Nutzen bringen?

Eine mögliche Alternative ist seit dem Frühjahr im Stadtwald von Essen im Einsatz zu sehen. Die Fuhrhalterei Stertenbrink aus Erkrath hat im Rahmen einer öffentlichen Ausschreibung von der Stadt Essen den Zuschlag erhalten, ca. 800 ha der städtischen Waldfläche zu kalken. Bedingung: Die Arbeit muss mit Pferden durchgeführt werden.
Die in ländlichen Gebieten mittlerweile übliche Kalkung mit dem Hubschrauber lässt sich in dem dicht besiedelten Stadtgebiet, mit seiner Vielzahl einzelner kleinerer Waldflächen, kaum realisieren. Dagegen spricht die Gefährdung der Bewohner durch die zahlreichen Flugbewegungen direkt über ihren Dächern sowie die Belästigung der Anwohner und Spaziergänger durch den Fluglärm und den Kalk selbst. Angrenzende Wassergewinnungsanlagen schränken die Luftraumnutzung zudem stark ein. Eine alternative Ausbringung per Forstmaschine schied für die Entscheidungsträger offensichtlich aus, da dies nur durch flächiges Befahren mit tonnenschweren Maschinen zu verwirklichen gewesen wäre.

Ziele dieser Waldkalkung sind u.a.:

- deponierte Säuren zu neutralisieren
- durch Auswaschung und Biomasseentzüge verursachte Nährstoffverluste zu ersetzen
- die natürlichen Nährstoffkreisläufe zu stärken
- den Bodenzustand für Bodenmikroorganismen und Wurzeln als Lebensraum zu verbessern
- die Humusform in Richtung biologisch aktiver Moder oder mullartiger Moder zu verschieben
- toxische Effekte durch z.B. hohe Aluminium-Konzentrationen zu verhindern
- die natürliche Verjüngung der Waldbäume zu fördern.

Bericht über den ökologischen Zustand des Waldes, Nov. 2000, MURL

Gefördert vom Land NRW hat der Erkrather Forstunternehmer und Pferdespezialist Elmar Stertenbrink in enger Zusammenarbeit mit den Firmen „BREDAL" (Dänemark) und „HYPRO" (Schweden) gemeinsam mit Schlossermeister Gerd Aschoff aus Rheda-Wiedenbrück den forsttauglichen Kalkstreuer entwickelt.
Als Basisfahrzeug und Träger der Streueinrichtung dient ein Hydraulik-Holzrückewagen der schwedischen Firma HYPRO. Bei dem Aufbau handelt es sich um einen für den landwirtschaftlichen Einsatz gebauten Standard-Kalk- und Düngerstreuer der Firma BREDAL.
Aus einem Vorratsbehälter wird das Streugut mit einem Kratzboden, bestehend aus einem gummierten Transportband, zu zwei großen Streutellern transportiert, die mit hoher Geschwindigkeit rotierend das Kalkgranulat bis max. 16 m weit links und rechts des Fahrzeuges schleudern können. Bei dem Motor, der für den Antrieb des Streuaggregates zuständig ist, handelt es sich um einen 22-PS-Benzinmotor mit zwei Zylindern.

Der Vorratsbehälter fasst ca. 1,5 t Kalk-Granulat; bei einem Leergewicht von ca. zwei Tonnen müssen drei Pferde bei voller Ladung eine für sie vertretbare Gesamtlast von 3,5 t bewegen.

Arbeitsort / Ablaufabschnitt	Bestand	Rückegasse	Waldstraße
Gassenanlage			
Beladung			
Streuen	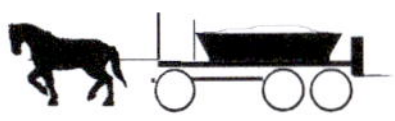		

Das Verfahren wird mit drei Personen durchgeführt.
1. Zulieferer mit Radlader
2. „Kalkkutscher"
3. Motorsägenführer zum Herrichten der Arbeitslinien.
Alle Mitarbeiter sind ständig über ein „Peltor Lite Com"-System miteinander verbunden. Die direkte Koordination der Arbeitsabläufe wird hierdurch optimal garantiert.

Aufpoltern ist eine beliebte Wettbewerbsaufgabe. Dafür werden die Stämme des Polters fest miteinander verbunden. Pferde im Wald auf Holzstapel klettern zu lassen, birgt enorme Verletzungsgefahren! Hier ist Robert Pritzi mit seinem Gespann zu sehen auf dem Weg zum Titel *Europameister 2022*.

Holzrücken als Sport

Bei dem Aufzug muss das Pferd eine festgelegte Anzahl Sekunden den Stamm hochgezogen halten.

Den Stamm an der Wippe in die Schwebe zu bringen erfordert zentimetergenaues arbeiten.

Von Sibillja Gutmann

Besonders in den Sommermonaten kann man viele Veranstaltungen besuchen, in denen das Holzrücken als Wettbewerb durchgeführt wird. Weitere Disziplinen, die für Arbeitspferde angeboten werden, sind das Leistungspflügen und Geschicklichkeitsfahren mit landwirtschaftlichen Wagen.

Die Anforderungen, die an Pferd und Fuhrperson im Parcours und im Wald gestellt werden, unterscheiden sich deutlich. Während im Wald die Arbeit sehr gleichförmig ist, auf jede Lastfahrt eine Leerfahrt folgt und das Pferd viele Gelegenheiten hat, mental und körperlich zu entspannen, folgen im Parcours viele Präzisionsaufgaben in schneller Abfolge aufeinander. Je nach Parcours sind etwa 15 bis 20 Minuten allerhöchste Konzentration gefragt. Die Wettbewerbsstämme sind häufig eher leicht. Körperlich werden von den Pferden keine Höchstleistungen gefordert. Meistens finden die Wettbewerbe auf Wiesen statt. Besonders erfolgreich sind nicht unbedingt die beruflichen Holzrücker, sondern jene, welche die Parcoursaufgaben geübt haben und die mit ihren Gespannen Routine in der Wettbewerbssituation haben.
Trotzdem sind diese Veranstaltungen ein wertvoller Teil einer lebendigen Holzrückekultur. Es ist ein Ort, wo Praktiker sich begegnen und austauschen können, wo Werbung für den Pferdeeinsatz gemacht wird und wo interessierte Fuhrleute erste Eindrücke von der Arbeit bekommen können.
Da es in diesem Wettbewerbswesen um überschaubare Teilnehmerzahlen geht, existieren verschiedenste Regelwerke.

Das Umgreifen um Stämme ist eine sehr praxisnahe Aufgabe.

Für das präzise Schieben von Stämmen in ein Hindernis gibt es bei fast jedem Wettbewerb kreative Prüfungsaufgaben.

Überregional verbindlich sind die wenigsten. Meistens entscheidet der Veranstalter, nach welchen Regeln gerichtet wird.
Üblicherweise wird eine Geschirrkontrolle durchgeführt und das Ortscheit gemessen (ein zu schmales Ortscheit wäre ein unlauterer Wettbewerbsvorteil). An jedem Hindernis werden Punkte vergeben. Unbefestigte Auflagen wie Bälle, Holzstückchen oder Balken können bei Berührung fallen und verursachen Strafpunkte. Beliebte Wettbewerbshindernisse, die relativ wenig mit dem Alltag des Holzrückens zu tun haben, sind das Poltern, Aufladen auf Wagen, Wasserdurchfahrten und „Wippen", an denen der Stamm eine festgelegte Anzahl Sekunden in Schwebe gehalten werden muss. Manchmal müssen auch Brücken überquert oder an einem „Aufzug" der Stamm auf einer bestimmten Höhe gehalten werden. Dass Pferde ohne Hilfe der Leinen dirigiert werden, ist zwar eine praxisnahe Aufgabe, wird aber aus Sicherheitsgründen eher selten durchgeführt. Weitere Präzisionsaufgaben sind zentimetergenaues Bündigziehen der Stämme und das Rückwärtsschieben.
In der Regel werden die Wettbewerbe in zwei Klassen, also für Einspänner und die Zweispänner, durchgeführt. Manchmal wird auch ein Einsteigerwettbewerb für unerfahrene Holzrücker angeboten.
Neben regionalen Wettbewerben und Wettbewerbsreihen gibt es in Deutschland Landesmeisterschaften und Deutsche Meisterschaften. Einmal jährlich findet auch eine Europameisterschaft statt. Die meisten Wettbewerbe werden von Zugpferdevereinen organisiert.
Während einige professionelle Holzrücker diese Wettbewerbsform ablehnen, schätzen die meisten das Treffen und den Austausch mit den Kollegen sehr.

An diesem Hindernis wartet das Gespann, bis der Fuhrmann die Stämme aus dem Weg geräumt hat.

Aus Sicherheitsgründen oft nicht Teil der Prüfungen, aber grundsätzlich sehr praxisnah, sind Aufgaben, bei denen das Pferd ohne Leineneinwirkung gelenkt werden muss.

Gassen, bei denen die Stämme an den Seiten nicht touchiert werden dürfen, bilden ab, wie wichtig es im Wald ist, nicht die stehenden Bäume zu verletzen.

Ein gutes Holzrückepferd vertraut seinem Menschen und überquert auch ungewohnte Hindernisse. Gräben, Brücken und Wasser fragen diese Ausbildungsgrundlage ab.

Ökologie und Klima

Diplomarbeit Uni Hohenheim 1997,
„Auswirkungen des Holzrückens mit Pferdezug auf den Bodengashaushalt im Vergleich zum Harvester-/Forwarder-Verfahren“:

„Kein ökologisch spürbarer Schaden durch Rückepferde“

aus:STARKE PFERDE/IGZ-Info Nr. 4, 1997

Von Alexandra Duffner

Im folgenden Artikel möchte ich kurz die wichtigsten Ergebnisse aus meiner Diplomarbeit vorstellen, die ich an der Universität Hohenheim erstellt habe. Die Untersuchungen wurden in Zusammenarbeit mit der Forstlichen Versuchsanstalt in Freiburg durchgeführt.

Bedeutung der Bodenbelüftung

Die Luft in der Atmosphäre setzt sich in ihren Hauptbestandteilen (Vol%) wie folgt zusammen :
Stickstoff 78,08; Sauerstoff 20,95; Argon 0,93; und Kohlendioxid 0,033.
Im Boden sieht die Zusammensetzung etwas anders aus. Die erhöhte Kohlendioxid-Konzentration bleibt in gut belüfteten Böden jedoch unter 1 Vol% und die Sauer-stoffkonzentration über 20 Vol% (SCHACK - KIRCHNER et al., 1992). Der Sauerstoff in der Bodenluft ist insofern von entscheidender Bedeutung für das Wurzel-wachstum, als dass sich Wurzeln nur in Bodenpartien mit ausreichend Sauerstoff ausbreiten können. Der Sauerstoffgehalt im Boden stellt die eigentliche Steuergröße des Wurzelwachstums dar (SCHACK-KIRCHNER et al., 1993).

Untersuchungsfläche

Die beiden zu vergleichenden Holzernteverfahren arbeiteten unabhängig voneinander, jedoch unter den selben Witterungsbedingungen Ende März 1994 auf einem weitgehend homogenen Schlufflehm, der mit einer ca. 30-jährigen Fichtenerstaufforstung bewachsen ist.
Die Messstellen des Harvester-/Forwarder-Verfahrens liegen auf den Rückegassen, für die Pferdezugvariante wurden im Bestand Messstellen nach erkennbaren Schleifspuren und Pferdehufeindrücken abgesucht, markiert und auf einer Karte eingezeichnet.

Geländemessungen der Gaskonzentrationen in der Bodenluft

Durch die Bereitstellung eines transportablen Gaschromatographen war es möglich, Gaskonzentrationen im Boden direkt im Gelände zu messen. Der entsprechende Messpunkt wurde auf den feinkartierten Messkarten eingezeichnet, so dass es später möglich war, Beziehungen festzustellen zwischen den Gaskonzentrationswerten und dem Punkt Fahrspurmitte sowie Gaskonzentrationswerten und dem Punkt Pferdehufeindrucks usw.

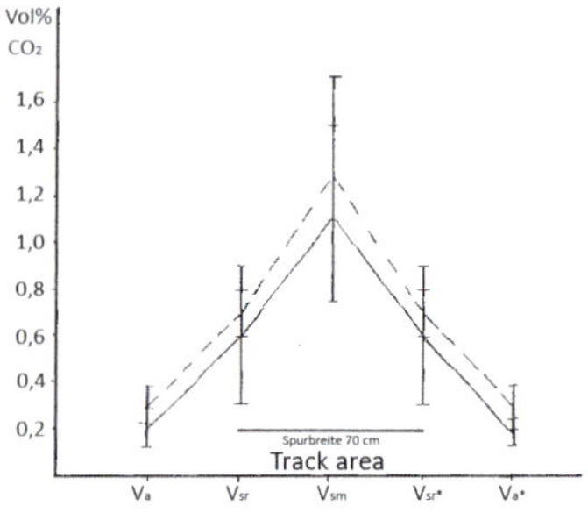

Abb. 1 Kohlendioxidkonzentration unter einer Fahrspur in 10 und 20 Zentimetern Tiefe

Va = Außenbereich, Vsr = Fahrspurrand, Vm = Mittelwulst, Vsm = Fahrspurmitte

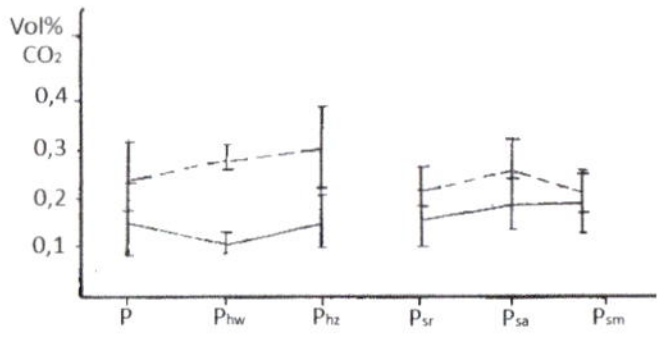

Abb. 2 Kohlendioxidkonzentration unter dem Pferdehuf in 10 und 20 Zentimetern Tiefe

P = Punkte auf der Messstelle, die nicht näher beschreibbar waren; Phw = Pferdehufwulst; Phz = Pferdehufzentrum; Psr = Pferdeschleifspurrand; Psa = Pferdeschleifspur außen; Psm = Pferdeschleifspur mitte.

Für die Auswertung der Ergebnisse wurden die gemessenen Kohlendioxidgehalte im Boden verwendet (Der Sauerstoffgehalt konnte nicht verwendet werden, da es mit diesem Gaschromatographen nicht möglich war, das Sauerstoffmolekül analytisch vom Argonmolekül zu trennen). Der Rückschluss von den Kohlendioxidgehalten auf die Sauerstoffgehalte ist insofern möglich, da annähernd im gleichen Verhältnis mit der Zunahme des Kohlendioxidgehalts in der Bodenluft der Sauerstoffgehalt entsprechend abnimmt (vgl. WOOD & GREENWOOD, 1971).

Ergebnisse der Gaskonzentrationsmessungen

Harvester-/Forwarder- Verfahren:

In Abbildung 1 sind die Ergebnisse aus einer Messung an einer Fahrspurseite dargestellt. Die untere Linie stellt die Kohlendioxidkonzentration in 10 cm Bodentiefe, die obere Linie in 20 cm Bodentiefe dar. Die Standardabweichung von den Mittelwerten ist als obere und untere Grenze mit eingezeichnet.
Signifikant unterschiedlich ist der Anstieg der Kohlendioxidkonzentration vom Außenbereich (Va) bzw. Mittelwulst (Vm) zu Fahrspurmitte (Vsm).
Nicht signifikant unterschiedlich ist der Anstieg vom Fahrspurrand (Vsr) zur Fahrspurmitte (Vsm).

Holzrücken mit Pferdezug

Abbildung 2 zeigt die Messergebnisse unter dem Pferdehuf. Alle Mittelwerte sind nicht signifikant unterschiedlich.

Vergleich der beiden Varianten

In der Messstelle der Harvester-/Forwarder-Variante wird deutlich, dass der Kohlendi-oxidgehalt in der Fahrspurmitte (Vsm) deutlich höher ist als im Außenbereich. Diese Mittelwerte in der Fahrspurmitte (Vsm) liegen über 1 Vol% Kohlendioxidgehalt. Damit kann man nicht mehr von gut belüfteten Böden ausgehen, vielmehr sind schon teilweise anaerobe (ohne Sauerstoff ablaufende) Prozesse des Gaswechsels zu erwarten (vgl. SCHACK-KIRCHNER et al., 1992). Der Unterschied zwischen Außenbereich und Fahrspurmitte ließ sich statistisch bestätigen.
Auf den Messstellen der Variante „Holzrücken mit dem Pferd" ergaben sich durchweg keine statistisch nachweisbaren Unterschiede. Die Werte steigen z.T. an, jedoch liegen alle Werte unterhalb von 0,3 Vol.% Kohlendioxidgehalt. Man kann also trotz zunächst sichtbarer Pferdehuftritte und Schleifspuren weiterhin von einem gut belüfteten Boden ausgehen.

Weitere Untersuchungen im Gelände und im Labor bestätigten diese Aussagen. Dabei wurden Messungen über die Luftleitfähigkeit und den Diffusionskoeffizienten durchgeführt.

Räumliche Ausdehnung und mögliche Folgen

Bei der Bearbeitung mit dem Harvester/Forwarder-Verfahren mit 20 m Rücke-gassenabstand bestehen ca. 20 % der bearbeiteten Fläche aus Rückegassen. Wie diese Untersuchung zeigt, sind in diesen Rückegassen belüftungsrelevante Parameter im Boden stark verschlechtert. **Die Folge davon sind Verminderung der biologischen Aktivität und eingeschränktes Wurzelwachstum auf ca. 20 % der bearbeiteten Fläche.**

Ein Rückzug der Wurzeln aus tieferen Bodenschichten wird sich nur im Extremfall unmittelbar als direkter Schaden äußern. Sehr viel häufiger führt dieser eingeschränkte Wurzelraum zu einer größeren Anfälligkeit gegenüber Windwurf, Frost, Trockenheit oder Nährele-mentknappheit. Kommt es zu einem Schaden, so wird dieser meist dem auslösenden Faktor zugeordnet, nicht aber der Primärursache: der verschlechterten Bodenbelüftung (vgl. SCHACK - KIRCHNER & HILDEBRAND, 1994).

Das Rückepferd hingegen hinterlässt auf der gesamten Fläche keinen ökologisch spürbaren Schaden. Wenn das Pferd in Kombination mit einem Rückezug arbeitet, benötigt das Verfahren auch Rückegassen, die ähnlich belastet sind, jedoch kann ökonomisch sinnvoll ein viel weiterer Rückegassenabstand gewählt werden.

Literaturverzeichnis

SCHACK-KIRCHNER, H., HILDEBRAND, E.E. HOCHSTEIN, E. und WILPERT, v. K. (1992): Messungen von Gaskonzentrationen in der Rhizosphäre von Waldstandorten. Allg. Forst- u. J.- Ztg., 163, 213-221
SCHACK-KIRCHNER, H., HILDEBRAND, E.E. und WILPERT; v.K. (1993): Bodensauerstoffhaushalt unter Fahrspuren. Allg. Forstzeitschrift.,3, 118-121
SCHACK-KIRCHNER, H. und HILDEBRAND, E.E. (1994): Wie lässt sich das Vorsorgeprinzip bei den Holzerntekonzepten berücksichtigen? Allg. Forstzeitschrift., 2-3
WOOD, J.T. und GREENWOOD, D.J. (1971): Distribution of carbon dioxide and oxygen in the gas phase of aerobic soils. Journal of Soil Science, 22 (3), 281-288

Pferd und Forwarder. **Foto:** Peter Tendler

Abb. 1:
Pferd im schweren Zug, Thüringen 2012

Die Beanspruchung des Bodens beim Pferderücken

Eine Diplomarbeit am Institut für Forstnutzung und Forsttechnik in Tharandt belegt die hohe Bodenpfleglichkeit beim Schleifrücken von Holz mit Pferden. Der weitaus größte Teil des Waldbodens wird beim Vorrücken an die Gasse so selten betreten, dass bodenbiologische Aktivitäten nicht wesentlich beeinträchtigt werden. Durch die Möglichkeit größerer Gassenabstände kann zudem die Befahrung der Bestände durch Maschinen verringert werden.

aus:
STARKE PFERDE Nr. 24, 2002

Von Manfred Fleischer und Daniela Süß

Seit der Mechanisierung von Holzeinschlag und Holzrücken gibt es bekanntlich Befürchtungen, dass durch die Befahrung nachhaltige Strukturveränderungen bei den Waldböden entstehen. Die einstigen Hauptrückemittel in der mitteleuropäischen Forstwirtschaft, d.h. die Pferde, spielen heute nur noch eine untergeordnete Rolle bei der Holzbringung. Obwohl ihr Einsatz allgemein als schonend und pfleglich eingeschätzt wird, wird die Bodenpfleglichkeit der Pferderückung hier und da angezweifelt und dabei auf den hohen Kontaktflächendruck der Pferdehufe verwiesen. Außerdem – so wird argumentiert – müsse sich das Zugpferd beim Vorrücken auf der gesamten Einschlagsfläche bewegen, während der Einsatz von Vollerntemaschinen und Rückeschleppern auf Fahrlinien begrenzt bliebe. Um Vorurteile zur Pfleglichkeit der tierischen Rückung abzubauen und um den Pferdeeinsatz weitestgehend sachlich und objektiv einschätzen zu können, wurden an der Fachrichtung Forstwissenschaften Tharandt, Professur Forsttechnik, kürzlich im Rahmen einer Diplomarbeit Untersuchungen zur Bodenverträglichkeit des Rückepferdeeinsatzes unter Praxisbedingungen durchgeführt. Ausgangspunkt für die Untersuchungen war die allgemeine Feststellung, dass die Flächeninanspruchnahme, also der vom Pferd betretene und damit beeinflusste Anteil an der Waldbodenfläche, wichtige Indizien über das Ausmaß der Bodenbeeinflussung liefern muss. Um die heute nicht immer absehbaren Folgen von Bodenveränderungen generell einzugrenzen, sollte die Fläche des beanspruchten Waldbodens minimiert werden.

Methodik und Hiebsorte

Die Außenaufnahmen zur Ermittlung der Flächeninanspruchnahme erfolgten bei einspännigen Rückearbeiten mit einem mittelschweren Kaltblutpferd (Kummetgeschirr als Ausrüstung) in mehreren sächsischen Forstämtern. Auf 13 Probeflächen von jeweils 100 m² maximaler Größe wurde der Verlauf der beim Vorrücken des Holzes zurückgelegten Wegstrecken kartiert und deren Längen gemessen. Außerdem wurden die Hufabdrücke kartiert.

Die Hiebsorte lassen sich wie folgt beschreiben:

Jung- und Folgedurchforstungen in schwachen Baumhölzern (BHD 21 bis 40 cm),
Holzeinschlagsmenge 24 bis 54 Efm o.R./ha (Mittel 35 Efm/ha),
Mittleres Stückevolumen der abgelängten Sortimente 0,08 Fm o.R. (0,04 bis 0,16 Fm),
Mittlere Rückelast 0,18 Efm o.R. = 2,6 Sortimentenabschnitte im Mittel,
Anteile der Längensortimente:
2 bis 3 m lang = 39 %
4 bis 5 m lang = 61 %
Holzartenanteile: Nadelholze (Fichte, Lärche, Kiefer) = 26 %

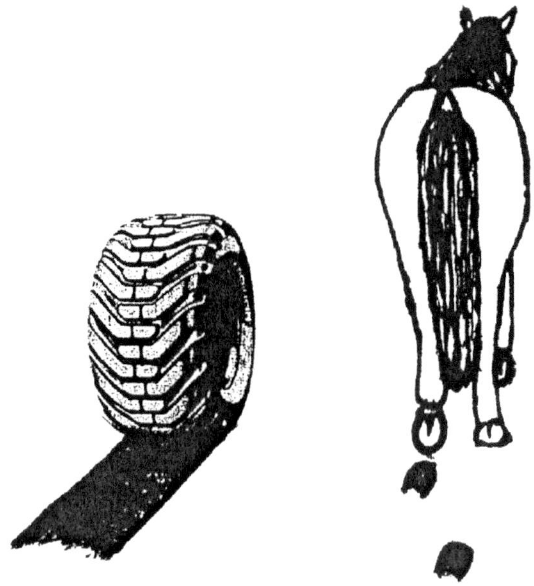

Abb. 2: Gegenüberstellung der auf der Waldbodenfläche hinterlassenen Spuren des Rückepferdes und des Reifens einer Forstmaschine.

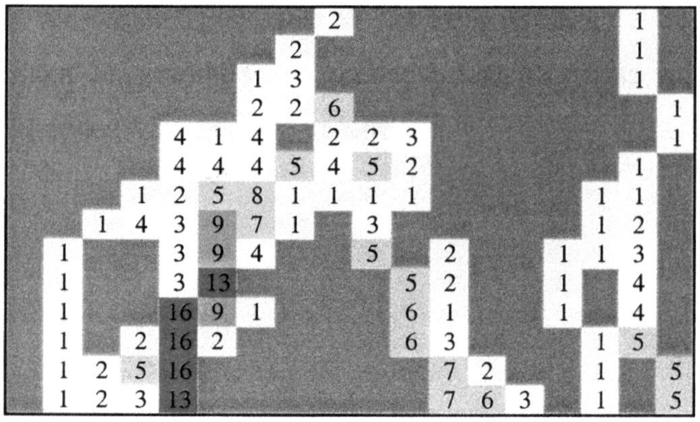

Abb. 3:
Beispiel für die Darstellung von 2 m x 2 m großen Bestandeszonen einer Probefläche je nach Beanspruchungsintensität.

Feinerschließung der Probeflächen: nicht einheitlich, 30 bis 70 m Abstand der Rückegassen, z.T. unregelmäßig, Ablauf beim Rücken: sortimentenweises Vorrücken des Holzes.

Folgende Größen flossen in eine Formel zur Berechnung der vom Pferd betretenen Bodenfläche ein:

Summe aller Leer- und Lastlaufmeter,
Anzahl der Schritte pro Leer- und Lastlaufmeter und des Ablaufabschnittes „Anhängen",
Fläche der Trittsiegel pro Schritt bzw. pro Ablaufabschnitt „Anhängen".

Ergebnisse

Bei dem eingesetzten Pferd beträgt die mittlere Hufflläche 0,025 m^2. Das Pferd betritt beim Vorrücken auf den untersuchten Hiebsflächen im Durchschnitt absolut 320 m^2/ha (minimal 200 bzw. maximal 620 m^2/ha). Der mittlere Flächenanteil an betretenem Waldboden beträgt demnach 3,2 %. Das Pferd legt bei den Rückearbeiten im Mittel eine Laufstrecke von rund 6 km/ha zurück.
Die Flächeninanspruchnahme ist von verschiedenen Einflussfaktoren abhängig. Sie steigt mit zunehmender Rückeentfernung und der Menge des zu rückenden Holzes sowie sinkendem Stückvolumen der Einzelhölzer. Geländeneigung, Bodenausformung und das Volumen der angehängten Last beeinflussen die Schrittweite des Pferdes. Der betretene Waldboden weist nach der Rückung eine ungleichmäßige Beanspruchung auf, ausgedrückt in der Betretungshäufigkeit. Unter Verwendung eines Häufigkeitsrasters konnte die Intensität der Bodenbeanspruchung auf jeweils 2 m x 2 m großen Zonen deutlich gemacht werden (Abb. 3). Danach finden wir neben nicht betretenen Bestandszonen solche, die lediglich ein- bis zweimal betreten, aber auch solche, die 13-mal und mehr aufgesucht werden. Erst bei einer sehr häufigen, etwa ab achtmaligen Benutzung desselben Rückepfades kann es zu einer deutlichen Vernetzung der Hufspuren kommen. Auf den untersuchten Flächen wurde mehr als die Hälfte der betretenen Rasterzonen nur ein- bis zweimal und ein weiteres Viertel lediglich drei- bis viermal vom Pferd benutzt. Ausgehend von dem mittleren Anteil von 3,2 % generell betretener Fläche wird nur 0,4 % (minimal 0,1 % bzw. maximal 1,0 %) des Waldbodens der Probeflächen sieben- bis achtmal und mehr betreten.
Der Vernetzungsgrad verformter Bodenzonen spielt für die

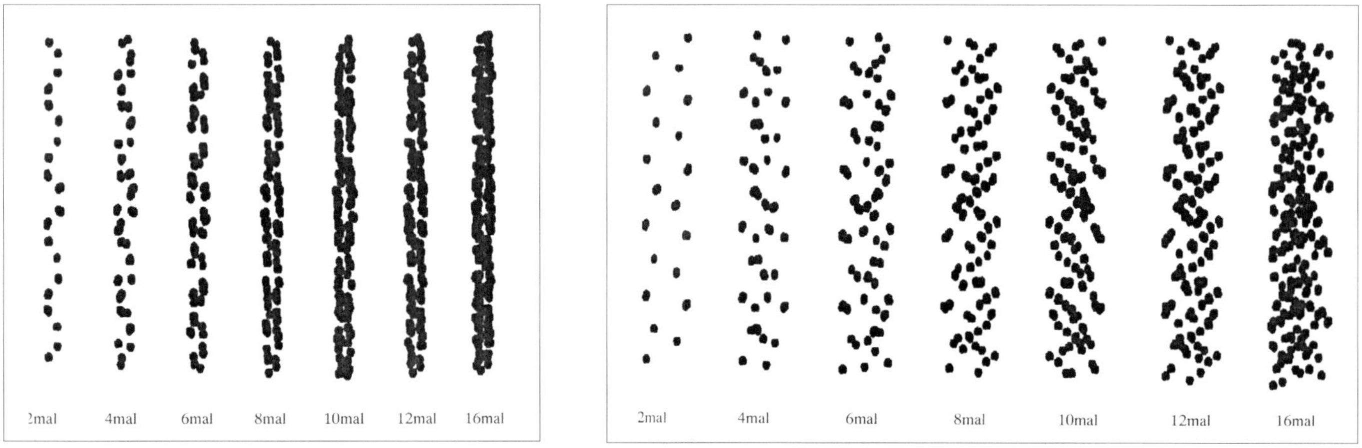

Abb. 4: Trittsiegelverteilung je nach Betretungshäufigkeit auf einer etwa 0,5 m (links) und 1,5 m breiten Linie (rechts)

Beurteilung der Bodenverträglichkeit von Holzernteverfahren eine wichtige Rolle. Nach **Schack-Kirchner u.a. (2)** besitzt die räumliche Ausdehnung einer Bodenverformung eine größere Bedeutung als ihre Intensität. Bei wenigen Quadratzentimeter großen Verformungszonen, wie sie durch den Pferdehuf entstehen, stellen überbrückende Bypasseffekte den Bodengashaushalt sicher. Die Wurzelraumfunktion des Waldbodens wird also nicht wesentlich beeinträchtigt.

Auch **Hildebrand (1)** betont, dass die Transportleistung des Porensystems mehr vom Grad der Vernetztheit als vom Volumen der Poren abhängt. Nach **Wilpert (4)** ist zu erwarten, dass die kleinflächigen, punktuellen Verformungszonen unter Pferdehufen schnell durch Struktur bildende Prozesse wieder aufgebrochen werden, da die Bodenbelüftung und damit die bodenbiologische Aktivität nicht wesentlich verändert sind.

Um die Verteilung der Trittsiegel auf den beim Rücken beanspruchten Bodenzonen deutlich zu machen, wurden diese im Rahmen der Auswertung modellartig an mehreren Beispielen graphisch dargestellt (Abb.4). Die Abbildungen lassen die Flächenvernetzung von Hufabdrücken erkennen, wobei zu berücksichtigen ist, dass beim Schleifrücken je nach örtlichen Bedingungen die einzelnen Schritte des Pferdes und die Trittsiegelüberlappungen unterschiedlich sein können. Bewegt sich ein Pferd auf einer recht schmalen Strecke, kommt es etwa ab der achtmaligen Benutzung einer Laufspur zur zunehmenden Flächenvernetzung der Hufabdrücke. Läuft das Pferd dagegen auf einem breiteren Rückepfad, so ist auch bei einer sehr häufigen Überschreitung zwischen den Hufabdrücken immer noch eine Flächenvernetzung nicht betretener Bodenzonen zu verzeichnen.

Die Untersuchungsergebnisse zur Inanspruchnahme der Waldbodenfläche belegen eine hohe Bodenverträglichkeit der Holzbringung mit Pferden. In Abhängigkeit vom angewendeten Holzernteverfahren kann mit Pferden zum Vorrücken bei einer Erweiterung des Rückegassenabstands nicht nur die Flächeninanspruchnahme durch Maschinen-befahrung verringert, sondern generell die Bodenverträglichkeit des Verfahrens verbessert werden, wie aus der Abb. 5 ersichtlich ist. Die in o.g. Bild zusammengestellten Kalkulationen besitzen von ihrem Umfang her zwar keine allgemeine Gültigkeit, da sie z. T. auf abgeleiteten Schätzwerten aufbauen, dennoch sind daraus plausible Zusammenhänge und Trends zu erkennen, die für eine Beurteilung der Bodenverträglichkeit des Pferdeeinsatzes beim Vorrücken von Bedeutung sind.

Um die Flächeninanspruchnahme minimal zu halten, ist es danach sinnvoll, den Rückegassenabstand größer als 20 m zu wählen. Bei einem Einschlag von 40 Efm. O.R./ha und einem Gassenabstand von 60 m kann der beim Rücken beanspruchte Gesamtflächenanteil beim Waldboden von 20 % auf 10 % bei reiner Maschinenbringung eingeschränkt werden.

Bei einem Gassenabstand zwischen 70 m und 100 m sinkt die Flächeninanspruchnahme durch kombiniertes Rücken mit Pferd und Maschine nicht mehr. Im Gegenteil. Es steigt dann die vom Pferd betretene Bestandesfläche aufgrund der zunehmenden Vorrückeentfernung in stärkerem Maße an, als sich die Rückegassenfläche verringert. Bei geringen Einschlagsmengen und größerem mittleren Stückvolumen der ausgehaltenen Rohholzabschnitte ist ein weiterer Gassenabstand günstiger als bei großen Holzmengen mit kleinem Stückvolumen der Einzelhölzer.

Die dargelegten Untersuchungen zur Flächeninanspruchnahme sind als ein umfangmäßig begrenztes Bemühen anzusehen, um eine sachlich begründete Einschätzung der Bodenverträglichkeit beim Holzrücken mit Pferden vornehmen zu können. Es wäre begrüßenswert, wenn hierzu weitere Aktivitäten erfolgen würden.

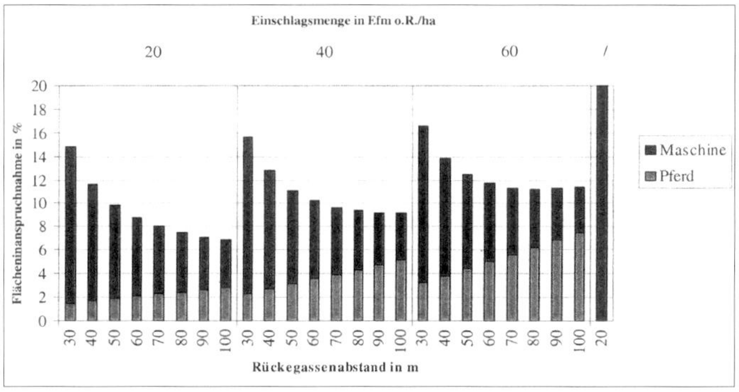

Abb. 5:
Darstellung der Flächeninanspruchnahme (prozentualer Flächenanteil) beim Vorrücken mit dem Pferd und maschinellem Endrücken in Abhängigkeit von Holzeinschlagsmenge und Rückegassenabstand bei einem durchschnittlichen Stückvolumen des Holzes von 0,08 Efm o.R. (Gassenbreite: 4 m).

Literatur

(1) Hildebrand, E. E. (1987): Die Struktur der Waldböden – ein gefährdetes Fließgleichgewicht. In: Allgemeine Forstzeitschrift. München 42; 16/17; S. 424-426.

(2) Schack-Kirchner, H.; Hildebrand, E. E. (1994): Wie lässt sich das Vorsorgeprinzip bei Holzerntekonzepten berücksichtigen? – In: AFZ/ Der Wald. München 49; 13; S. 720-722.

(3) Süss, D. (2001): Untersuchungen zur Flächeninanspruchnahme beim Vorrücken von Holz (Schleifrücken) mit Pferden. Diplomarbeit; Techn. Univ. Dresden, Fachrichtung Forstwissenschaften, Professur Forsttechnik, Tharandt; 65 S.

(4) Wilpert, K. v. (1998): Möglichkeiten und Grenzen für die Definition einer ökologischen verträglichen Befahrbarkeit. In: Forsttechnische Informationen. Mainz 49;3; S. 29-34.

Dr. Manfred Fleischer ist wissenschaftlicher Mitarbeiter an der TU Dresden, Professur Forsttechnik Tharandt. Dipl.-Forstwirtin Daniela Süß ist Studentin an der TU Dresden, Fachrichtung Forstwissenschaften Tharandt.

Versuchspferd „Jumbo".

Diese Stelle wurde achtmal vom Pferd betreten, Holz wurde fünfmal darübergeschleift.

Häufig benutzter Rückepfad. Diese Stelle wurde mehr als zehnmal vom Pferd betreten, Holz wurde siebenmal darüber geschleift.

Die hier abgebildete Technik steht symbolisch für die in der Studie untersuchten Arbeitsverfahren. Von links: Vollernter (Harvester). Tragschlepper (Forwarder), Forsttraktor mit Seilwinde und Rückekran und hydraulischer Kranwagen für Pferdezug. **Fotos:** Erhard Schroll (3), J. Göransson

Studie belegt:

Pferderückung ist am klimafreundlichsten

"Greenhouse gas emissions of two mechanised wood harvesting methods in comparison with the use of draft horses for logging" – Studie der Universität Göttingen vergleicht den CO_2-Ausstoß verschiedener Holzernteverfahren

Viele Untersuchungen belegen es – Pferderückung hat unschlagbare ökologische Vorteile: Sie verdichtet den Waldboden weniger und macht im Bestand weniger sowie weniger schlimme Schäden als motorisierte Methoden. Zumindest im Schwachholz und in schwierigen und empfindlichen Lagen sowie bei weiten Rückegassenabständen ist die Pferderückung heute wirtschaftlich konkurrenzfähig oder im Vorteil. Bei einer fairen Entlohnung, die die ökologischen Vorteile berücksichtigen würde, müsste die wirtschaftliche Konkurrenzfähigkeit der Pferderückung noch viel eher und in der Fläche gegeben sein.
Wie sieht es jedoch mit der Klimawirksamkeit der Pferderückung im Vergleich zu motorisierten Methoden aus? Das fragten sich Wissenschaftler der Universität Göttingen. Sie rechneten in der Theorie den CO_2-Ausstoß drei verschiedener Szenarien durch: 1) motormanueller Einschlag – Rückung mit pferdegezogenem, hydraulischen Kranwagen, 2) motormanueller Einschlag – Rückung mit Forstschlepper und 3) Einschlag mit Vollernter – Rückung mit Tragschlepper. Die Studie aus 2012 kommt zu dem Schluss: Die Pferderückung liegt auch mit Hinsicht auf Klimafreundlichkeit mit der Nase vorn. Wir fassen die Studie hier für Sie zusammen.

Von Christiane Trierweiler *aus SP 106, 2023*

Nach den großen Windwürfen der 1990er Jahre setzte sich die Holz-ernte mit großen, leistungsstarken und kosteneffektiven Maschinen in Deutschland in der Fläche durch. Die Anforderung war eine möglichst schnelle und effektive Holzernte. Ökologische- und Klimagesichtspunkte wie fossiler Treibstoffverbrauch, Umweltverschmutzung sowie Boden- und Bestandsschäden spielten erstmal keine Rolle. Die Pferderückung als Methode erschien durch ihre in vielen Beständen geringere Schlagkraft den motorisierten Methoden unterlegen. Inzwischen kommen zunehmend ökologische Gesichtspunkte zum Tragen. Die Pferderückung bleibt trotzdem heute ein Nischengeschäft. Ein Ersatz der vollmechanisierten und vollmotorisierten Holzernte in der Fläche ist vorerst nicht in Sicht.

... wer ist der Klimafreundlichste im ganzen Land?

In der heutigen Zeit brennt uns das Thema „Ausstoß von Klimagasen" unter den Nägeln. Ist der CO_2-Ausstoß bei der Pferderückung geringer, wenn ja – wie viel geringer? Und müsste die Pferderückung somit unter allen Umständen mit motorisierten Methoden konkurrenzfähig sein? Das fragten sich Wissenschaftler der Universität Göttingen.

Sie fütterten ein Berechnungsmodell mit Literatur- und Schätzwerten der verschiedenen Erntemethoden, um einen Eindruck der Größenordnung des CO_2-Ausstoßes von pferdebasierten und motorisierten Holzerntemethoden zu erhalten. Die Studie stammt aus 2012, hat jedoch nichts an Aktualität eingebüßt. Der reine Kohlendioxid-Ausstoß, so merken die Autoren an, sei nur ein Teil aller Umweltaspekte. Er sei somit zwar ein Anzeiger, aber repräsentiere losgelöst nicht den Gesamtkontext. Weitere Aspekte seien zum Beispiel Versauerung, Eutrophierung sowie Land-, Energie- und Wasserverbrauch.

Kohlendioxid-Ausstoß

Für ihre Studie richteten die Forscher sich nach der laut ISO-Norm festgelegten „Lebenszyklus"-Berechnungsmethode. Normalerweise werden bei dieser Methode mehrere Umweltaspekte gleichzeitg beurteilt, jedoch beschränkten sich die Wissenschaftler bei der vorliegenden Studie auf den Kohlendioxid-Ausstoß.
Dieser Ausstoß hat Aktualität durch Klimaschutzabkommen, bei denen es um Reduktion von Treibhausgas-Emissionen geht. Außerdem können über den Kohlendioxid-Ausstoß der Öffentlichkeit exemplarisch Umwelteffekte deutlich gemacht werden. Bei der vorliegenden Studie beziehen sich die Berechnungen auf den Holzernteprozess vom Fällen über den Transport zur Rückegasse bis hin zum Transport zur Forststraße.

Gedankenexperiment: Drei Szenarien

Im **pferdebasierten Szenario (1)** wurde ausgegangen von einem **Einschlag mit der Motorsäge und Abtransport vom Fällort bis zur Forststraße mit Hilfe eines pferdegezogenen hydraulischen Kranwagens**. (Diese Situation kann unter bestimmten Umständen realistisch sein, zum Beispiel, wenn es um vier bis sechs Meter lange Abschnitte in nicht zu dichten Beständen geht. Bei dünneren Stangen müssten diese vom Holzfäller von Hand vorkonzentriert werden. In Skandinavien zum Beispiel wird der Abtransport mit dem pferdegezogenen Kranwagen direkt vom Fällort ohne Vorrücken regulär praktiziert. Anm. d. Red.)
Der von zwei Pferden gezogene Kranwagen funktioniert vom Prinzip her wie ein selbstfahrender Tragschlepper, bringt jedoch weniger Leistung, und das Gerät ist viel leichter. Da er von den Pferden gezogen wird, ist er nicht mit Technik für die Fortbewegung ausgestattet, besitzt somit weniger Verschleißteile und man kann mit einer längeren Lebensdauer als beim Selbstfahrer rechnen. In dieser Studie wird ausgegangen von einem pferdegezogenen Kranwagen mit einem 14-PS-Viertaktmotor für den Betrieb des Krans, der eine Reichweite von 3,50 Metern besitzt.
Im **technisierteren Szenario (2)** wurde ausgegangen von **motormanueller Fällung und Abtransport mit dem Forsttraktor.**
Im **hochtechnisierten Szenario (3)** wurden die Berechnungen angestellt unter der Annahme, dass **Vollernter und Tragschlepper** zum Einsatz kommen.

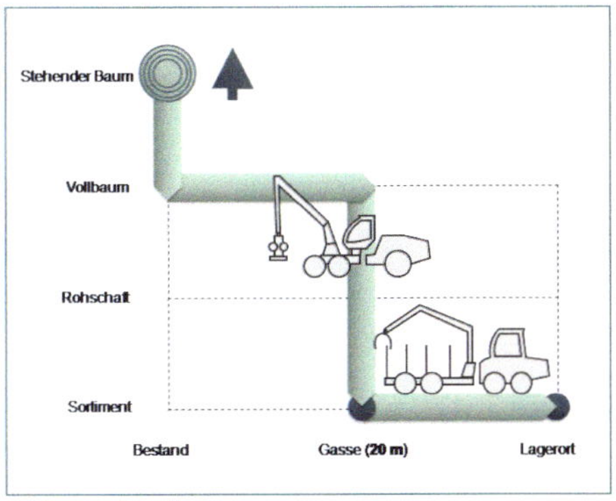

Fällung und Aufarbeitung mit Vollernter von der Gasse aus und Rückung mit Tragschlepper auf der Rückegasse.

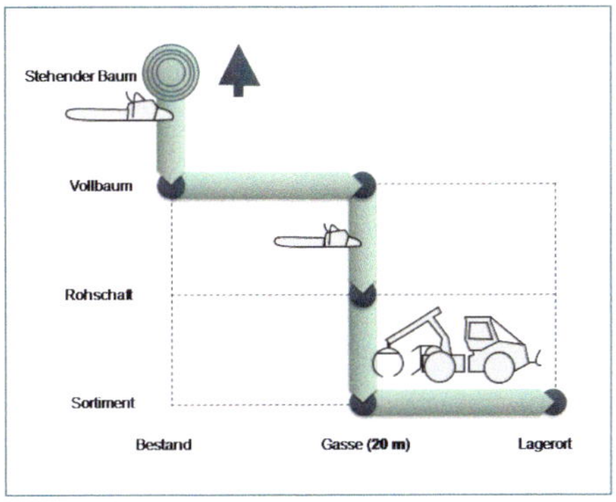

Motormanuelle Fällung und Aufarbeitung mit Abtransport auf der Rückegasse mit dem Forsttraktor.

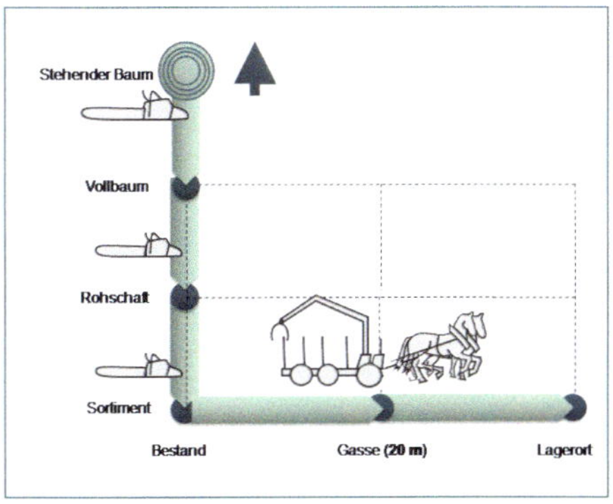

Einschlag mit der Motorsäge und Abtransport vom Fällort bis zur Forststraße mit Hilfe eines pferdegezogenen hydraulischen Kranwagens.

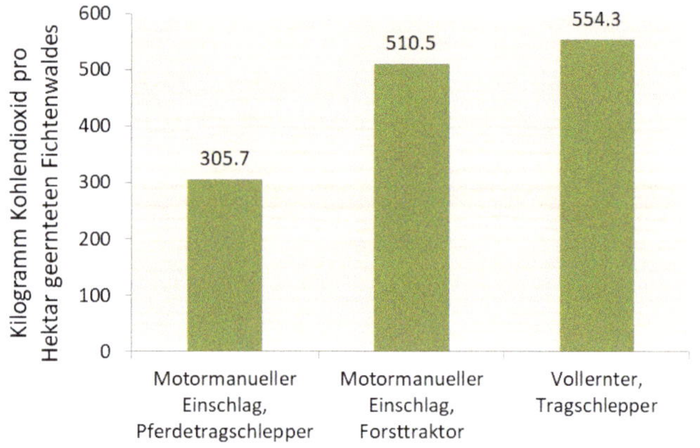

Abb.: Kohlendioxid-Ausstoß berechnet pro Ernte- bzw. Rückemethode. Daten: Engel et al. 2012.

Bei den Berechnungen wurde für alle drei Szenarien zugrundegelegt: ein Fichtenbestand mit Bäumen von 20 Zentimetern Brusthöhendurchmesser und einem Erntevolumen von circa 75 Kubikmetern pro Hektar. Der Rückegassenabstand sollte 20 Meter sein, das Gelände eben und befahrbar. Ausgegangen wurde von einer durchschnittlichen Distanz vom Fällort zur Rückegasse von fünf Metern und von der Rückegasse zur Forststraße von 200 Metern.

„Lebenszyklus"-Methode nach ISO-Norm

Den Pferden, Geräten und Prozessen wurde ein Kohlendioxid-Ausstoß zugeordnet. Ausgegangen wurde von vier „Lebensphasen" einer Maschine: 1. Ausgangsmaterialien, 2. Herstellung der Maschine, 3. Betrieb der Maschine, 4. Entsorgung. Werte für den Kohlendioxid-Ausstoß der in jeder Phase benutzten Materialien und Prozesse wurden aus der Literatur entnommen oder geschätzt.
In der ersten Phase ging es um Ausgangsmaterialien, die zur Herstellung der Maschine notwendig sind. In der zweiten Phase um Treib- und Schmierstoffe sowie Hydrauliköl für den Betrieb, und um alles, was für Reparaturen benötigt wird. Für die Entsorgung der Maschinen und Geräte wurde kein Kohlendioxid-Ausstoß gerechnet: Es wurde davon ausgegangen, dass der Ausstoß für die Entsorgung in etwa ausgeglichen wird durch die CO_2-Einsparung im Zuge von Recycling.
Für die Ernte- und Rückeleistungen der Maschinen und Tiere wurden Literaturwerte eingesetzt. Auch wurde ihre Lebensdauer geschätzt: zehn Jahre für Forstmaschinen und drei Jahre für die Motorsäge.
Pro Methode wurde der Kohlendioxid-Ausstoß des gesamten „Lebenszyklus" addiert und via Arbeitsstundenzahl und Ernte- bzw. Rückeleistung heruntergebrochen auf einen Hektar Fichtenwald.

Pferdegezogene hydraulische Kranwagen arbeiten nicht nur wesentlich bodenschonender als ihre PS-starke, schwergewichtige „Konkurrenz", das gesamte Arbeitsverfahren mit ihnen ist auch deutlich klimafreundlicher.

Ausgangswerte für die Pferde

Bei den Berechnungen für die Pferde wurde der komplette Lebenszyklus des Tiers berücksichtigt. Ausgegangen wurde von einer Lebensdauer von 20 Jahren und einem Arbeitsbeginn im Alter von fünf Jahren. Für die restlichen 15 Jahre wurde der Einfachheit halber von einer konstanten Arbeitsleistung des Tiers ausgegangen.
Mitberechnet wurde auch der Kohlendioxid-Ausstoß für Futter, Haltung sowie Transport vom Stall zum Einsatzort. Nicht berücksichtigt wurde der Kohlendioxid- Ausstoß für das Pferdegeschirr und den Pferdestall wegen ihren langen Haltbarkeit und Nutzungdauer für mehrere Pferde. Den Pferden wurde für ihren Mist sowie für die Entsorgung des Kadavers an ihrem Lebensende kein Kohlendioxid-Ausstoß zugerechnet (analog zur letzten Phase bei den Maschinen), da sowohl der Mist als auch der Kadaver weiter verwertet werden können und damit eher zur Kohlendioxid-Einsparung als zur Freisetzung beitragen.
Was Futter und Wasser betrifft, wurde für die ersten fünf Lebensjahre nur der Erhaltungsbedarf berechnet, für die letzten 15 Jahre der erhöhte Bedarf bei Arbeitsbelastung. Es wurde von einem etwa 800 Kilogramm schweren Pferd ausgegangen.
Kohlendioxid-Ausstoß bei der Haltung wurde berechnet aus Schätzungen für Weidepflege (Schleppen, Düngung), Einstreu und Stromverbrauch. Auch die Fahrten von Tierarzt und Schmied wurden einkalkuliert, für beide wurde pro Besuch ausgegangen von 25 Kilometern für eine Wegstrecke. Dabei wurden die Autoproduktion und der Treibstoffverbrauch mitgerechnet. Der Tierarzt wurde zweimal im Jahr einkalkuliert, Unfälle und Klinikaufenthalte des Pferdes wurden nicht berücksichtigt. Der Schmied wurde alle zwei Monate einberechnet für die letzten 15 Lebensjahre des Pferdes.
Der Transport des Pferdes zum Einsatzort (einfacher Weg: 30 Kilometer) mit Hilfe eines 7,5-Tonners wurde eingerechnet, da das Pferd nicht wie die Forstmaschine über Nacht im Wald bleiben kann.
Ausgegangen wurde von 1.200 Arbeitsstunden des Pferdes pro Jahr: sieben Stunden am Tag an 170 Tagen pro Jahr.

Pferderückung mit niedrigstem Kohlendioxid-Ausstoß

Von den drei Szenarien hatte Nummer eins mit motormanuellem Einschlag und Rückung mit pferdegezogenem Kranwagen den weitaus niedrigsten berechneten Kohlendioxid-Ausstoß (siehe Abb.). In Szenario eins entfiel von den gesamten Kohlendioxid-Emissionen 33 Prozent auf das Pferd. Von diesen 33 Prozent wurde fast zwei Drittel (60 Prozent) vom Transport zwischen Stall und Einsatzort verursacht, zwölf Prozent durch die Fütterung von Raufutter und 15 Prozent durch Kraftfutter. Zu vernachlässigen waren die Emissionen, die entstanden durch Wasserverbrauch (ein Prozent), Tierarzt und Schmied (zusammen zwei Prozent), Weidepflege (fünf Prozent) sowie durch Einstreu und Strom für den Stall (fünf Prozent).
Obwohl die hochtechnisierte Methode mit Vollernter und Tragschlepper eine hohe Ernte- und Rückeleistung hat, fallen die

Kohlendioxid-Emissionen pro Hektar geernteten Fichtenwaldes doch am höchsten aus. Dies bestätigt, dass der Pferdeeinsatz im Forst klimafreundlicher mit Hinsicht auf Kohlendioxid-Emissionen ist als der Einsatz von hochtechnisierten, motorisierten Maschinen.

Mehr pferdegezogene Kranwagen?

Wenn in Deutschland im Forst Pferde zum Einsatz kommen, wird in den meisten Fällen nach motormanuellem Einschlag das Vorrücken (vom Fällort bis zur Rückegasse) mit dem Pferd vorgenommen, jedoch die Endrückung (von der Rückegasse bis zur Forststraße) mit dem Forsttraktor oder Tragschlepper. Das Vorrücken mit dem Pferd ist ein Nischengeschäft, in der Fläche kommen hauptsächlich technisierte bzw. hochtechnisierte Methoden zum Einsatz.
Angesichts der hier beschriebenen Klimafreundlichkeit der Pferderückung mit dem pferdegezogenen Kranwagen ist zu überdenken, ob diese Methode nicht öfters zum Einsatz gebracht werden kann. Im Vergleich zum herkömmlichen Tragschlepper bringt sie außerdem die Vorteile der geringeren Bodenverdichtung und sowie weniger gravierender Schäden an stehenden Bäumen mit sich.

Einschränkungen der Studie

Der Vollständigkeit halber sollte erwähnt werden, dass die vorliegende Studie exemplarisch für Klimafreundlichkeit nur den Parameter „Kohlendioxid-Ausstoß“ untersucht hat. Natürlich spielen noch andere Umwelteffekte eine Rolle, zum Beispiel Landverbrauch und Versauerung. Um eine umfassendere Aussage treffen zu können, sollten diese ebenfalls untersucht werden.
Auch gestaltete sich bei der vorliegenden Studie der Vergleich zwischen Pferden und Maschinen schwierig, da Daten zu Pferden sich oft auf deren aktuelle Einsatzbereiche im Schwachholz sowie in häufig schwierigen und empfindlichen Lagen bezogen. Reale Durchschnittswerte waren somit nicht ohne Weiteres vergleichbar mit Werten von Maschinen, die in einfacherem Gelände zum Einsatz kamen. Würden die Maschinen unter vergleichbar schwierigen Umständen eingesetzt wie die Pferde, wäre ihre Effektivität niedriger.

Weitere Einsparmöglichkeiten für CO_2-Ausstoß

Der Transport der Pferde zwischen Stall und Einsatzort sorgte für 60 Prozent der Kohlendioxid-Emissionen, die mit dem Pferdeeinsatz verbunden waren. Die einzige Einsparmöglichkeit wäre, die Pferde während des Einsatzes auch außerhalb der Arbeitszeiten im Wald zu belassen, wie es für die Maschinen einfach möglich ist. (In Skandinavien wurde dies früher praktiziert: Waldarbeiter und Pferde kamen teilweise wochenlang nicht nach Hause und nächtigten in Hütten und Ställen im Wald. Eine realistische Möglichkeit, dies heute bei uns in größerem Umfang umzusetzen, ist nur schwer vorstellbar. Es gibt jedoch einzelne Pferderücker, die mit ihren Pferden regelmäßig „auf Montage“ unterwegs sind. Anm. d. Red.)
In Szenario 1 (mit Pferden) und 2 (mit Forsttraktor) verursachte der Einschlag mit der Motorsäge einen hohen Anteil der CO_2-Emissionen. Dies liegt am Zweitaktmotor. Die Verwendung von Viertaktmotoren und Zusatzstoffen im Sprit oder der Verwendung von modernem Biosprit könnte die CO_2-Bilanz der Motorsäge verbessern.

Fazit

Die Klimafreundlichkeit des Pferdeeinsatzes ist neben anderen Vorteilen ein weiteres Argument, das den Pferdeeinsatz in der Breite und nicht nur auf schwierigen Standorten rechtfertigt.

Quelle

Im oben stehenden Artikel wurde für Sie folgende Studie zusammengefasst, die gratis und in voller Länge aus dem Netz heruntergeladen werden kann:

Engel, A.-M., J. Wegener & M. Lange (2012): Greenhouse gas emissions of two mechanised wood harvesting methods in comparison with the use of draft horses for logging. European Journal of Forest Research 131:1139-1149.

(Den Titel des Artikels in die Suchfunktion Ihres Browsers eingeben und Herunterladen des pdf-Dokuments anklicken.)

Die Funktionsdiagramme zu den Arbeitsverfahren wurden erstellt mit einem Power-Point-Tool, bereitgestellt von der Technischen Universität Dresden und des Kuratoriums für Waldarbeit und Forsttechnik (KWF).

Pferdegespann mit hydraulischem Kranwagen beim Einsatz in anspruchsvollem Gelände, Schweden 2005.

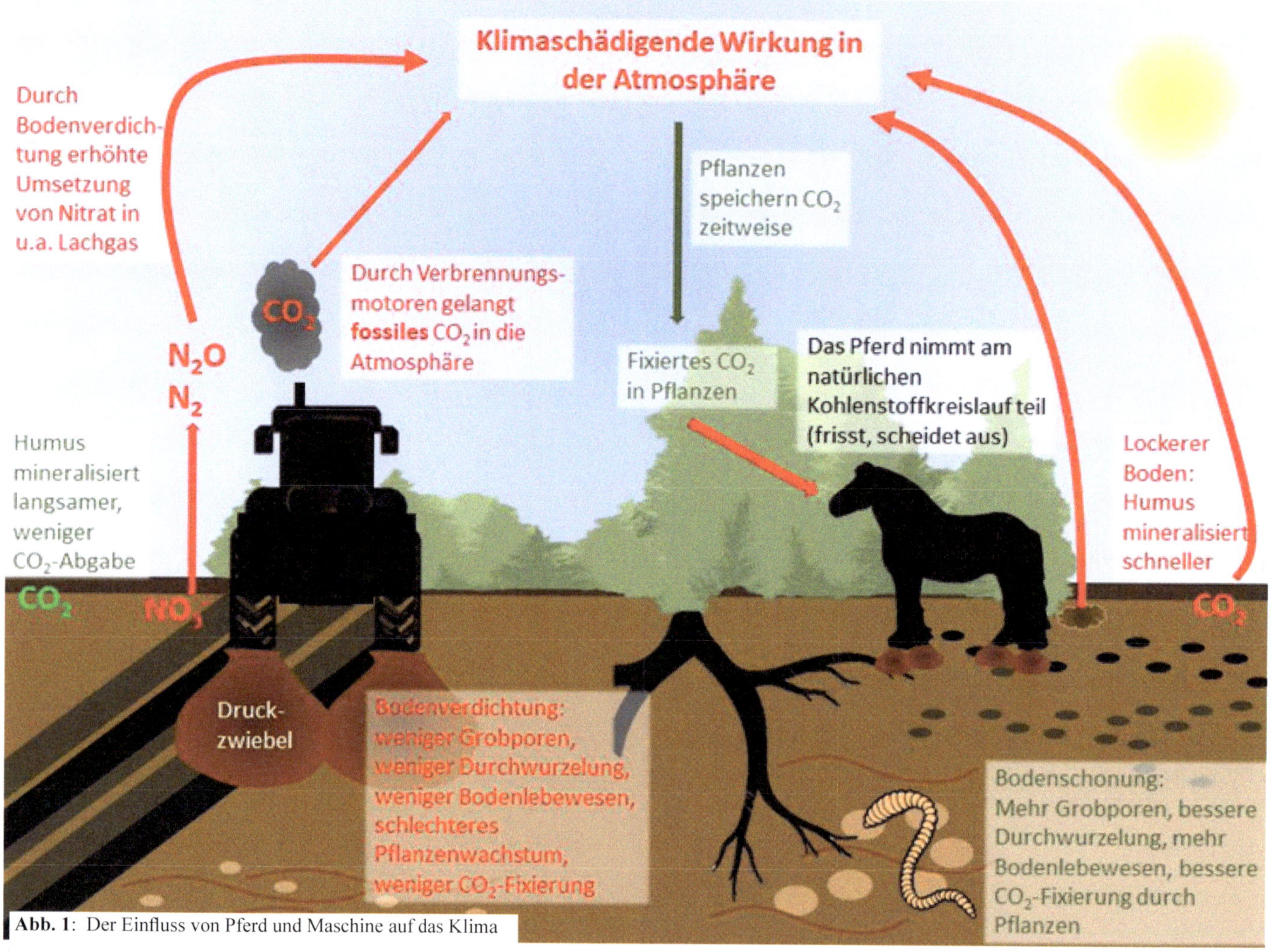

Abb. 1: Der Einfluss von Pferd und Maschine auf das Klima

Klimaschutz mit Arbeitspferden

Einsparung fossiler Brennstoffe und Bodenschonung: Der Einsatz von Arbeitspferden hilft, die Emmission klimaschädlicher Treibhausgase zu verringern

aus: STARKE PFERDE 91, 2019

Anno 2019 - Jugendliche machen sich Sorgen um ihre Zukunft und folgen Gretha Thunberg zu den Fridays-for-Future-Demonstrationen. Nachhaltigkeit, Enkeltauglichkeit und Klimaschutz sind in aller Munde. Wer Pferde in der Land- und Forstwirtschaft Arbeiten verrichten lässt, die sonst von motorisierten Maschinen erledigt würden, tut etwas für den Klimaschutz: Es wird weniger Kohlendioxid (CO_2) aus fossilen Treibstoffen freigesetzt und der Boden geschont.
Welche komplexen klimarelevanten Prozesse sich hinter dem Wort „Bodenschonung" verbergen, erklärt Agraringenieur Prof. Dr. Jürgen Augustin vom Leibniz-Zentrum für Agrarlandschaftsforschung in Müncheberg im Gespräch mit der SP. Außerdem fassen wir zusammen, von welchen Faktoren die Ökobilanz des (Arbeits-)Pferdes noch abhängt.

Von Christiane Trierweiler

Ersetze ich die Hälfte der Schlepperarbeit in meinem forst- oder landwirtschaftlichen Betrieb durch Pferdearbeit, so spare ich die Hälfte an Kohlendioxid (CO_2)-Emissionen aus fossilen Treibstoffen ein – so leicht verständlich ist der klimaschonende Effekt der Pferdearbeit in Hinsicht auf Eingriffe in den natürlichen CO_2-Haushalt der Erde.
Was jedoch hat Bodenschonung mit Klimaschutz zu tun? „Holzrücke- oder Ackerpferde sind viel schonender für den Boden und den Bewuchs und bewahren damit die Bodenfruchtbarkeit und Standortsleistung besser als schwere Maschinen", stellt Prof. Jürgen Augustin fest. Dies führe bei Rückepferden dazu, dass der Wald viel besser CO_2 speichern könne und auch nicht vermehrt andere Treibhausgase in die Atmosphäre abgebe. Solche Gase absorbieren zeitweilig die Wärmestrahlung der Sonne und verändern damit stark den Energiehaushalt und die mittlere Temperatur der irdischen Atmosphäre.
Wie sehen die Prozesse der klimawirksamen Bodenverdichtung im Einzelnen aus?

Niedriger Radinnendruck hilft nur oberflächlich gegen Bodenverdichtung

Arbeitspferde in der Land- und Forstwirtschaft verdichten den Boden weniger als schwere Maschinen: Pferde sind leichter

und sie verdichten nicht flächig, sondern lediglich in Trittstellen. Prof. Augustin ist der Ansicht, dass „die Bodenverdichtung durch schwere Maschinen ökologisch gesehen schlimmer ist als die durch Pferde."
Bei den Maschinen kann ein niedriger Radinnendruck lediglich die oberflächliche Bodenverdichtung reduzieren. Jedoch ist die Achslast ausschlaggebend dafür, wie stark tiefere Bodenschichten verdichtet würden. Es entstehen unter den Rädern sogenannte „Druckzwiebeln", das heißt, die Verdichtung setzt sich, ausgehend von den Rädern, zwiebelförmig in den Boden hinein fort (siehe Abb. 1). Die stärkste Verdichtung entsteht dabei in der obersten Bodenschicht (siehe auch SP 4, S. 21f; SP 7, S. 16). „Ganz schwere Maschinen verdichten den Boden bis in 60 Zentimeter Tiefe", gibt der Agraringenieur zu bedenken und die Überrollhäufigkeit verstärke bei schweren Maschinen zudem mögliche Schädigungen des Bodens.
Bei Rückegassen, die bei einem Abstand von 20 Metern bis zu einem Fünftel des gesamten Waldes in Beschlag nehmen, kann man sich vorstellen, welche gravierenden Auswirkungen das Befahren durch Vollernter und Tragschlepper bei den entsprechenden Achslasten und Überrollhäufigkeiten haben muss.
Für das Rückepferd ist zwar der gesamte Bestand zum Vorrücken nach motormanuellem Einschlag zugänglich, jedoch verdichtet das Pferd mit seinen Hufen nur punktuell, hauptsächlich oberflächlich und schädigt außerdem die übrigen Bäume weniger als die Forstmaschinen (siehe z.B. SP 24, S. 11; SP 37, S. 19).

Bodenverdichtung schädigt das Klima!

Verdichtung hat diverse Auswirkungen auf den Wald- und Ackerboden. Prof. Augustin fasst zusammen: „Das **Durchwurzelungsvermögen** nimmt ab, die Pflanzen können nicht mehr so leicht an Wasser und Nährstoffe gelangen. Das natürliche Vermögen des Bodens, **Gase auszutauschen**, wird beeinträchtigt. Der Gasaustausch ist das Resultat hochkomplexer Prozesse, an denen vorrangig Mikroben, aber auch Pflanzenwurzeln beteiligt sind. Weiterhin können sich **Bodenlebewesen**, z.B. Regenwürmer, durch das Fehlen von Grobporen nur noch eingeschränkt durch den Boden bewegen."
Ein positiver Effekt der Bodenverdichtung ist, dass durch mangelnde Durchlüftung des Bodens organische Bodensubstanzen – **Humus** – weniger schnell abgebaut werden als bei guter Sauerstoffzufuhr.
Negativ wirkt sich dahingegen die mangelnde Durchlüftung auf den Stickstoffkreislauf aus: Es kommt zu **weniger Mineralisierung**, das heißt, tierische und pflanzliche Reste werden langsamer in Nährstoffe umgesetzt, die für das Pflanzenwachstum zur Verfügung stehen. Außerdem setzen unter diesen Umständen Mikroorganismen Ammonium (NH_4+) und Nitrat (NO_3-) in Lachgas (N_2O) und molekularen Stickstoff (N_2) um, die in die Atmosphäre entweichen. In dieser Form steht der Stickstoff dem Pflanzenwachstum nicht mehr zur Verfügung, und **Lachgas** hat in der Atmosphäre eine klimaschädigende Wirkung, die 295 Mal stärker ist als das am meisten vorkommende Klimagas Kohlendioxid.
Obwohl Lachgas so klimaschädigend ist, geht wegen der Mengenverhältnisse der größte Anteil (zwei Drittel) der Erderwärmung zwischen der vorindustriellen Zeit und heute auf eine erhöhte Konzentration von Kohlendioxid zurück, gefolgt von Methan (17 Prozent) und Lachgas (sechs Prozent, *www.wiki.bildungsserver.de, Wild 1995*).

Auf landwirtschaftlichen Nutzflächen ist die Hauptursache für Stickstoff-Emissionen nicht Bodenverdichtung, sondern überhöhte Stickstoffdüngergaben, betont Prof. Augustin. „Eine Verringerung des Niveaus der Stickstoffdüngung führt wie im Fall der Bio-Landwirtschaft zu einer verminderten Freisetzung von Lachgas. Im Wald, wo bekanntlich nicht gedüngt wird, gibt es nur bei hohem atmosphärischen Eintrag erhöhte Stickstoffemissionen."

„In absoluter Abwesenheit von Sauerstoff in Kombination mit Nässe kann es weiterhin zur Freisetzung von **Methan** (CH_4) kommen, das 25 Mal klimaschädlicher ist als CO_2", ergänzt der Wissenschaftler. „Dies dürfte jedoch im normalen Wald oder Ackerland kaum eine Rolle spielen, höchstens auf Moor- oder anmoorigen Standorten oder in Erlenbruchwäldern. „Dort wird wohl nicht mit Pferden Holz gerückt."

„Die oberste Bodenschicht, nämlich die Humusauflage, ist bei Wäldern die aktivste Schicht ist, was den Gasaustausch betrifft", weiß der Bodenkundler. Der unterliegende Mineralhori-

Auch das Pferd hilft als Weidetier dabei, CO_2-speicherndes Grasland zu erhalten.

zont ist weniger aktiv und Auswirkungen von Verdichtung sind weniger dramatisch. Befahren kann nicht nur zu Verdichtung, sondern durch Schlupf auch zur flächigen Durchmischung von Humusauflage und Mineralboden führen (Teepe et al. 2000), was beim Tritt durch Pferde nur stellenweise der Fall ist.
„Der Austausch der Treib-hausgase zwischen Boden und Luft wird hauptsächlich von physischen Prozessen gesteuert", erklärt Prof. Augustin. Chemische und vor allem biologische Prozesse seien dagegen für die Bildung und die Umwandlung dieser Gase verantwortlich. Während der CO_2-Kreislauf maßgeblich von den Pflanzen bestimmt wird, kommt Mikroorganismen die Schlüsselrolle für den Stickstoff- und den Methankreislauf zu.

Mehr Spurengasemissionen und weniger CO_2-Speicherung durch Bodenverdichtung

Die langsamere Mineralisierung bei Verdichtung kann zu einer Senkung der CO_2-Abgabe vom Boden in die Atmosphäre führen – eigentlich gut für den Klimaschutz! Da gleichzeitig mehr Lachgas abgegeben wird und dies viel klimawirksamer ist als Kohlendioxid, „kann man jedoch von einer Überkompensation, d.h. einer erhöhten Klimawirkung, ausgehen", so Prof. Augustin. Und es darf auch nicht vergessen werden, dass die Bodenverdichtung zu einem schlechteren Wachstum der Bäume führen kann, was eine Verringerung ihrer CO_2-Senkenfunktion bedeuten würde. Das heißt, netto sind verdichtete Böden schlechter für den Klimaschutz als lockere. „Diese Schlussfolgerung ist jedoch noch recht spekulativ", gibt Prof. Augustin zu bedenken. Ob das tatsächlich so zutrifft, „muss geprüft werden, denn momentan gibt es dazu nur wenige belastbare Daten."

In einer Studie von Teepe et al. (2000) wurde aufgezeigt, dass in Rückegassen in den Fahrspuren tatsächlich weniger CO_2 freigesetzt wurde als dazwischen oder im Bestand, jedoch auch wesentlich mehr Lachgas entwich. Die ökologischen - und Klimafolgen der Befahrung schätzten Teepe et al. so ein, dass sie zu einem möglichst weiten Rückegassennetz raten und dazu, eine Befahrung des Bestandes abseits der Rückegassen auf jeden Fall zu unterbinden. „Eine unzureichende Einhaltung eines festen Rückegassennetzes in den letzten Jahrzehnten und die daraus folgende flächige Störung kann heute noch in vielen Beständen beobachtet werden. Den vorliegenden Ergebnissen folgend, wird die Methan-Aufnahme auf diesen Flächen drastisch reduziert und die Lachgas-Emission um ein vielfaches erhöht sein [...]. Die klimaentlastende Speicherung von CO_2 im geernteten Holz würde damit reduziert und die ökologische Bedeutung der Nutzung von Holz würde merklich sinken. Bei der ökologischen Bewertung eines Forstbetriebes ist daher das Ausmaß der Bodenverdichtung in den Beständen sowie die Bewertung des Rückegassensystems unumgänglich", so Teepe et al. (2000).

„Reset": Wie kommen wir zurück zu lockeren Böden?

„Es gibt natürliche, biologische Mechanismen zur Wiederauflockerung des Bodens: z.B. die Aktivitäten von Regenwürmer und Pflanzenwurzeln bzw. das Auftreten von Frost-Auftauzyklen", erklärt Prof. Augustin. „Über deren tatsächlichen Wirksamkeit liegen ebenfalls nur wenige zuverlässige Daten vor." Punktuelle Verdichtungen könnten leichter wieder aufgelockert werden als tiefe, flächenhafte Verdichtungen. „Es ist die Frage, ob tiefe Verdichtungen im Wald überhaupt wieder aufgelockert werden. Regenwürmer und Pflanzenwurzeln vermeiden stark verdichtete Zonen. Frost gibt es heutzutage bei uns zu wenig", meint der Agrarwissenschaftler. Eine Wiederauflockerung kann somit Jahrzehnte oder Jahrhunderte dauern.
Das Tiefpflügen als Mittel gegen tiefe Verdichtung wurde in der Landwirtschaft als letztlich kontraproduktiv inzwischen wieder verworfen, berichtet Prof. Augustin. Eine übermäßige Bodenverdichtung sollte erst gar nicht stattfinden, da sie extrem schwierig zu beseitigen ist.

Pferde und Kühe als Klimakiller?

Landwirtschaft und Viehzucht sollen laut Umweltbundesamt für ca. sieben Prozent der Treibhausgas-Emissionen des Jahres 2017 in Deutschland verantwortlich sein. Sie stehen damit mit Abstand auf Platz zwei nach energiebedingten Emissionen aus der stationären und mobilen Verbrennung (85 Prozent). Der Beitrag der Landwirtschaft wird verursacht durch Methan-Emissionen aus der Tierhaltung, das Ausbringen von Wirtschaftsdünger (Gülle, Festmist) sowie Lachgas-Emissionen aus landwirtschaftlich genutzten Böden als Folge der Stickstoffdüngung (mineralisch und organisch). „Rund 60 Prozent der gesamten Methan-Emissionen und 80 Prozent der Lachgas-Emissionen in Deutschland stammen aus der Landwirtschaft", so das Umweltbundesamt. Eine Senkung dieser Werte soll durch ein besseres Düngemanagement und eine generelle Senkung der Produktion von Nahrungsmitteln tierischen Ursprungs erreicht werden. Hier ist der Konsument gefragt, sich mehr auf pflanzliche Nahrungsmittel umzustellen und so die Nachfrage nach tierischen Produkten zu senken.

Wie sieht es mit der Methanbilanz des Arbeitspferdes aus? Da das Pferd wie der Mensch kein Wiederkäuer ist, spielt die Abgabe von Methan in die Atmosphäre keine nennenswerte Rolle. „Pferd und Mensch geben vielleicht nur etwas Methan ab, wenn sie mal Verdauungsprobleme haben", erklärt Prof. Augustin. „Nur Wiederkäuer sind wichtige Methan-Emittenten, da sie gezielt Bakterien in ihrem Verdauungssystem nutzen, die unter Abgabe von Methan Zellulose abbauen. Deshalb können Kühe ihr Futter so gut verwerten. Eine weitere Methan produzierende Tiergruppe sind Termiten, die ebenfalls Zellulose aufspalten können."

Der Kuh kann man zu Gute halten, dass sie – bei artgerechter Weidehaltung – für die menschliche Ernährung wertloses Gras in Milch und Fleisch umsetzt, die im besten Falle keine weiten Transportwege in unseren Kühlschrank brauchen und somit Nahrungsmittel sind, die ökologisch sinnvoll bei uns vor der Haustür entstehen. Dabei erhält die Kuh die Artenvielfalt im Biotop Grünland und steigert durch die Verbesserung des Standorts durch Tritt, Verbiss und Humusaufbau infolge organischer Düngung dessen Fähigkeit, CO_2 zeitweise zu speichern – so zumindest die Theorie von Anita Idel, Autorin des Buches „Die Kuh ist kein Klimakiller."

Auch das Pferd trägt dazu bei, dass in Deutschland weiterhin Grünland genutzt wird. Werden als Acker nutzbare Grünlandflächen umgebrochen, so wird das in ihnen festgelegte Kohlendioxid zum großen Teil freigesetzt. Aus diesem Grunde ist in Deutschland der Grünlandumbruch nur eingeschränkt erlaubt (Regelungen sind per Bundesland unterschiedlich).
Das Pferd nimmt mit seiner Gras- oder Heunahrung im Grünland gespeicherten Kohlenstoff auf, jedoch wird eine vergleichbare Menge CO_2 im neuen Aufwuchs des Grünlandes gespeichert, den das Pferd wie die Kuh durch Betritt, Verbiss und organische Düngung begünstigt, obwohl der Humusaufbau durch Pferdemist wohl weniger effektiv ist als durch Kuhmist. So schreibt z.B. der Anbauverband Demeter die Haltung von Wiederkäuern vor, „aus Gründen eines nachhaltigen Betriebsorganismus und der Erhaltung der Bodenfruchtbarkeit."
Auch das Pferd könnte, wie die Kuh, zur lokalen Produktion von Fleisch und Milch genutzt werden, was bei uns in Deutschland jedoch eher unüblich und selten der Fall ist.

Das Pferd als umweltschädlichstes Haustier?

Pferde greifen durch ihre Futteraufnahme und Ausscheidungen lediglich in den natürlichen CO_2-Kreislauf ein – „für das Klima eigentlich ein Nullsummenspiel", fasst Prof. Augustin zusammen. Denn im Gegensatz zur Arbeit motorisierter Maschinen wird bei der Pferdearbeit kein CO_2 aus fossilen Quellen freigesetzt, es sei denn, die Tiere werden oft und über weite Strecken im Hänger zum Einsatzort transportiert oder zusammen mit Aufbaumotoren eingesetzt. Für die Herstellung neuer Traktoren werden bereits Klimasünden begangen, während neue Pferde klimaneutral entstehen.

Die Verwendung von industriell verarbeiteten Futtermitteln für Pferde (z.B. Pferdemüsli, Pellets, Heucobs) oder der Ankauf von Heu und Stroh von weit entfernten Standorten bzw. solchen mit erhöhter Stickstoffdüngung verschlechtert natürlich den ökologischen Hufabdruck gegenüber den Pferden, die mit vor Ort angebauten Futtermitteln wie Heu, Silage, Hafer und Möhren gefüttert werden und im Sommer rund um die Uhr weiden. Am besten, die Tiere verrichten als Arbeitspferde selbst die nötige Arbeit, um ihre Futtermittel und Einstreu anzubauen und sparen dabei das CO_2 der Verbrennungsmotoren! Auch bei der Arbeit auf dem Acker und im Wald sieht die Ökobilanz der Arbeitspferde auf Grund geringerer Bodenverdichtung, wie oben beschrieben, besser aus als die der Maschinen.

Etwas anders mag sich die Ökobilanz für Sport- und Freizeitpferde gestalten: Da diese Tiere üblicherweise nicht zur Ersetzung motorisierter Arbeit beitragen, helfen sie auch nicht bei der Einsparung von fossilem CO_2 aus Verbrennungsmotoren sowie bei der Bodenschonung. Ihr regelmäßiger Transport zu Veranstaltungen über weite Entfernungen verschlechtert ihre Kohlendioxidbilanz. Dies lässt sich auch einer österreichischen Studie zur Ökobilanz einiger Haustierarten entnehmen, bei der (Freizeit-)Pferde am schlechtesten abschneiden (Annaheim et al. 2018). Das Haustier Pferd könne in der Schweiz bis zu einem Drittel der Umweltbelastung ausmachen, die eine Person pro Jahr verursache, so die Studie aus 2018. Zwei Drittel der durch das Pferd entstandenen Umweltbelastung werde durch die Fütterung verursacht. Die Studie schätzt jedoch, dass Haustiere nur für etwa 1,2 Prozent der gesamten durch den Schweizer Konsum verursachten Umweltbelastung verantwortlich seien.

So ist Pferd nicht gleich Pferd und bei einer sinnvollen Haltung ist das Arbeitspferd (als Nutztier) noch viel mehr als andere Pferde (Haustiere) ein Klimaschützer und kein Klimasünder!

Ersetzen Arbeitspferde motorisierte Maschinenarbeit, sparen sie dabei das CO_2 der Verbrennungsmotoren ein.

Fazit: Pferdearbeit wahrhaft modern

Tierische Zugkraft wird in der Industrienation Deutschland in absehbarer Zukunft nicht mehr den Stellenwert erlangen, den sie vor 100 Jahren hatte. Pferdearbeit ist bei den heutigen Betriebsgrößen und Ansprüchen der Konsumenten an z.B. billiges Essen nicht konkurrenzfähig, auch wenn ihr jahrhundertelanger Einsatz bewiesen hat, dass sie im Rahmen kleinbäuerlicher Landwirtschaft früher wie heute sehr gut funktioniert.
Dass immer schwerere Maschinen keine Zukunft haben, sieht selbst die moderne Agrartechnik nun ein und versucht, bodenschonende Lösungen zu finden. So wird erforscht, ob Schwärme leichter, selbstfahrender Roboter Pflegearbeiten in der Landwirtschaft übernehmen können. Diese Ideen sind jedoch noch weit von einer generellen Praxistauglichkeit entfernt.
Auch wenn Pferdearbeit in Deutschland nur eine Nische bleiben sollte, so hat sie ihre Daseinsberechtigung in einer wahrhaft modernen Landwirtschaft, die sich abseits des Paradigmas von „immer mehr und immer größer" den Herausforderungen unserer Zeit wie Klimawandel und Bodenverdichtung stellt.

Mit herzlichem Dank an Prof. Augustin dafür, dass er für das Interview zur Verfügung stand.

Quellen

Annaheim J., N. Jungbluth & C. Meili (2018):
„Ökobilanz von Haus- und Heimtieren.", Praktikumsarbeit bei der ESU-services GmbH, Schaffhausen, Schweiz.
www.esu-services.ch

Idel, Anita (2019):
„Die Kuh ist kein Klimakiller!: Wie die Agrarindustrie die Erde verwüstet und und was wir dagegen tun können (Agrarkultur im 21. Jahrhundert)", Weimar bei Marburg: Metropolis Verlag.

Olbrich-Majer, M.:
„Landwirtschaft: Ohne Kuh geht es nicht!", www.demeter.de

Pingitzer, L. (2019):
„Ist das Pferd wirklich der Klimakiller unter den Haustieren?", www.propferd.at

Teepe, R., R. Brumme & F. Beese (2000):
„Der Einfluß der Bodenverdichtung bei der Holzernte auf den Austausch der Spurengase CO_2, CH_4 und N_2O". Göttingen: Institut für Bodenkunde und Waldernährung.

Umweltbundesamt (2017): „Beitrag der Landwirtschaft zu den Treibhausgas-Emissionen", www.umweltbundesamt.de

Wild, A. (1995):
„Umweltorientierte Bodenkunde", Heidelberg: Spektrum.

Pferderückebetriebe

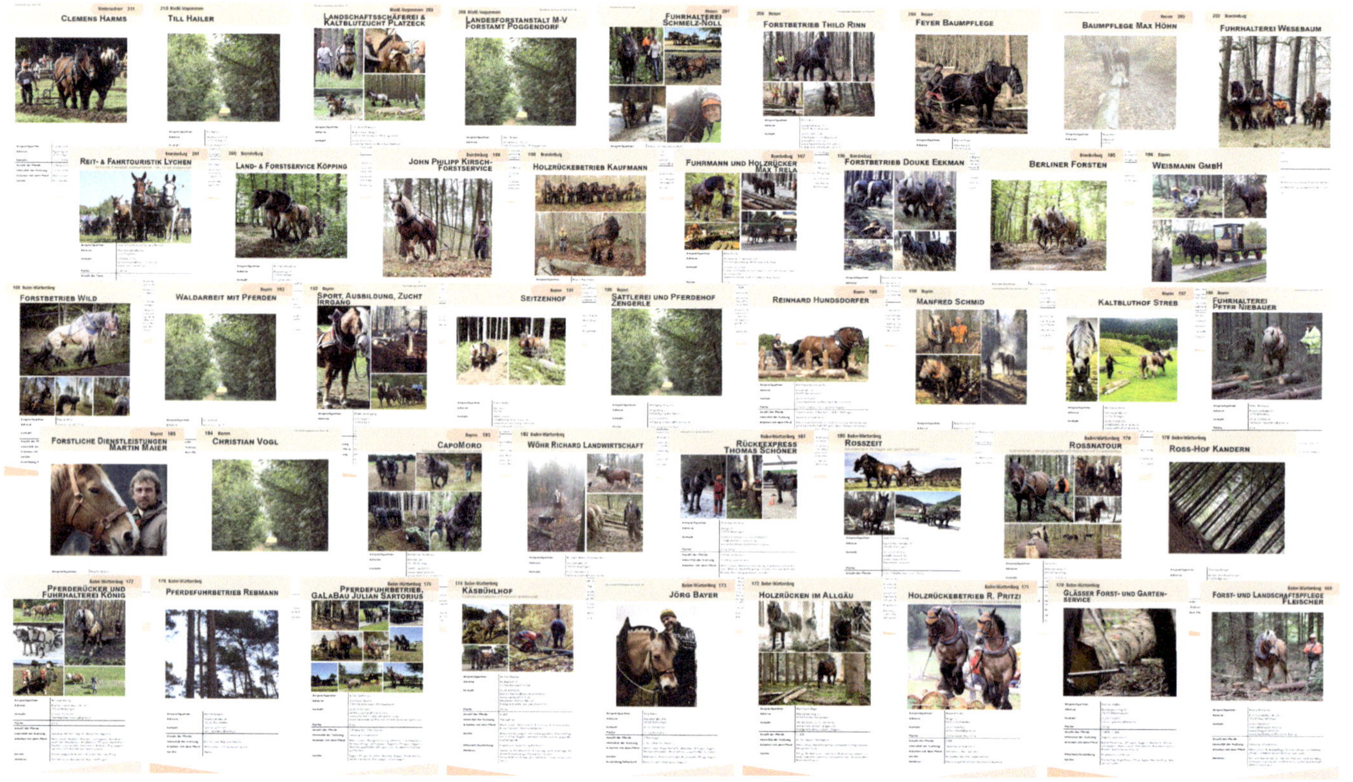

Beispiele aus der Praxis

Vorstellung einzelner Betriebe mit unterschiedlichen Beriebsstrukturen sowie Länderportraits

Allein in Deutschland gibt es nach aktuellen Erhebungen von **STARKE PFERDE** mindestens 90 Holzrückebetriebe, die ihre Dienste im Lohn anbieten.

Pferderücker als General- und Subunternehmer

Eine starke Truppe

Wenn sie in voller Belegschaft anrücken, dann geht im Wald die Post ab: Die Rücketeams der Forstunternehmen von Mario Kaufmann aus Eberswalde.
Fotos: Erhard Schroll

Aus: STARKE PFERDE 77, 2016

Im Osten Brandenburgs liegt eine der letzten Hochburgen des Holzrückens mit Pferden in Deutschland. Gleich mehrere Vollerwerbsbetriebe sind hier ansässig und tragen erheblich mit dazu bei, die Wälder im und um das Biosphärenreservat Schorfheide-Chorin schonend zu bewirtschaften. Im Dezember reiste STARKE PFERDE nun bereits zum zweiten Mal in die Region nordöstlich von Berlin und besuchte den Holzrückebetrieb Kaufmann in Eberswalde.

Von Erhard Schroll

Es ist kaum eine viertel Stunde her, dass der recht ungewöhnliche Tross, bestehend aus sieben Holzrückepferden und deren Führern, auf dem Weg zum Einsatzort an mir vorbei gezogen ist und sich die sieben Einsatzteams in dem Waldstück entlang des Forstweges gleichmäßig verteilt und mit ihrer Holzrückearbeit begonnen hatten. War es am Anfang ein regelrechtes Gewusel von Pferden, die einzeln Stammstück für Stammstück aus dem Wald an den Waldweg zogen, so arbeiteten sich die Gespanne auf den hier abzweigenden und markierten Rückegassen systematisch rasch in den Bestand hinein und schon nach kurzer Zeit sind in dem weitläufigen Laubholzbestand nur noch einzelne Pferde, bzw. die grell signalfarbenen Jacken der Pferderücker, in weiter Ferne schemenhaft zu erkennen. Die Flächen zwischen den frei geräumten Rückegassen wirken wie leergefegt, und links und rechts dieser Fahrwege liegen - fein säuberlich abgelegt - fertig vorgelieferte Buchen- und Eichen-Stammholzabschnitte und warten auf ihren Weitertransport mit einem Tragschlepper. Diese Forstspezialmaschine sollte heute allerdings noch nicht zum Einsatz kommen, da der Holzeinschlag in dieser Abteilung bisher noch nicht völlig abgeschlossen ist. Schon „mit vier Pferden und einem Tag Vorlaufzeit kommt ein Forwarder (Tragschlepper mit Ladekran) mit dem Abfahren nicht mehr hinterher", weiß Mario Kaufmann zu berichten.

Der 38-jährige Forstunternehmer aus Eberswalde ist es, der hier die Fäden - bzw. Leinen - in der Hand hält und die Arbeiten koordiniert. Er ist gelernter Tischler und hat vor seiner Selbstständigkeit als Pferderücker zuletzt für einen Sicherheitsdienst gearbeitet. Mit dem Pferdvirus ist er schon seit seiner Kindheit infiziert, hat sich das Holzrücken selbst beigebracht und durch die Mitarbeit im Rückebetrieb seiner beiden Onkel, den Brüdern Jens und Ralf Fangerow (siehe SP 60, S. 20f), weiter entwickelt.

Mit dabei an diesem Tag: sein jüngerer Bruder Hardy, der einen eigenen Holzrückebetrieb angemeldet hat, sowie fünf Mitarbeiter - allesamt einheitlich gekleidet in orange-grüner Betriebskleidung mit Firmenaufdruck. Die meisten der angestellten Fuhrleute stammen aus dem benachbarten Polen. Laut Mario Kaufmann sei es nahezu unmöglich, in der Region Pferderücker zu finden, die diese Arbeit machen wollen und dafür auch wirklich geeignet sind.

Die Holzrücker, die heute hier am Gange sind, verstehen jedenfalls ganz offensichtlich ihr Handwerk: Sie arbeiten mit den Pferden leise, ruhig aber bestimmt, sind geschickt und schnell beim An- und Abhängen der kurzen Stammholzabschnitte, der Arbeitsrhythmus wirkt flüssig und die Taktzahl ihrer Rückezyklen ist recht hoch. „Mindestens 20 Festmeter pro Pferd und Tag müssen es schon sein, damit das Ganze wirtschaftlich ist", erklärt Mario Kaufmann. Bei dem oftmals nur drei Meter lang ausgehaltenen Holz bedeutet dies für jeden Rücker schon eine recht hohe Stückzahl, die bewegt werden muss. „Die Pferde stehen bei uns aber an erster Stelle; die müssen für uns das Geld verdienen," betont er, und er achte sehr darauf, dass sie gut behandelt und nicht überlastet würden.

Große, schwere Pferde

Bei den Rückepferden handelt es sich fast ausschließlich um großrahmige, schwere Typen, allesamt Braunschimmel mit Stockmaßen um die 1,70 m und mehr. Da unter den Rheinisch-Deutschen Kaltblütern solche Kaliber nicht so häufig zu finden sind, besorgt sich Kaufmann seine Pferde überwiegend in Belgien und Holland. Er kauft sie in der Regel als Vierjährige und bildet sie selbst für die Waldarbeit aus. 17 Pferde stehen derzeit auf der etwa sechs Kilometer von seinem Wohnhaus entfernten Hofstelle in Blütenberg, wo Kaufmann vor zwei Jahren Stallungen, Scheunen und gut acht Hektar Weiden anpachten konnte. Zur Arbeit setzt er fast ausschließlich Wallache oder Hengste ein.
Einzig die niederländische Kaltblutstute Femke van de Tippe bildet hier eine Ausnahme. Sie ist ein sehr außergewöhnliches Pferd, ungemein leistungsbereit aber höchst sensibel und nicht einfach im Umgang. Während alle anderen Pferde des Betriebes ihre Fuhrleute häufig wechseln, arbeitet Femke ausschließlich mit dem Chef selbst. Er hat einen besonderen Draht zu ihr gefunden und schätzt ihre Stärke und Leistungswillen. Im Sommer 2015 hat er mit ihr das Zugleistungschampionat in Brück gewonnen!

Seit letztem Jahr wird die Kaltblutherde des Holzrückers durch einen jungen, modernen Percheron-Rapphengst ergänzt, den Kaufmann - „als Friesenersatz" - für seine Frau Nadine in Frankreich besorgt hat. Nadine Kaufmann betreibt im Wohnhaus der Familie in Eberswalde-Finow ein kleines Blumengeschäft mit Lieferservice, unterstützt die Pferdeaktivitäten ihres Mannes und ist selbst vom Pferdevirus infiziert. Diese „Krankheit" hat sich in der jungen Familie bereits festgesetzt: Der Berufswunsch der zehnjährigen Tochter Charmaine ist „Holzrückerin". Vor einem Jahr hat sie zu Weihnachten ein eigenes Kaltblutpferd geschenkt bekommen - den Wallach Joop, den sie schon begeistert reitet.

Mit korrekt sitzendem Brustblattgeschirr bewegen die Pferde auch schwerste Lasten souverän.

Die Pferde sind beschlagen und werden alle acht Wochen umbeschlagen. Diese Arbeit erleichtert ein selbstgebauter, massiver Beschlagstand, der auf der Deele des Stallgebäudes fest installiert ist. Die Hufeisen sind bestückt mit kurzen Stollen und Griffen, die den Pferden im schweren Zug nötigen Griff und Halt geben sollen.
Gearbeitet wird überwiegend mit Brustblattgeschirren, die von einem in der Nähe ansässigen Sattler hergestellt werden. Einzig der Wallach, mit dem Hardy Kaufmann am Tag meines Besuches arbeitet, trägt ein Kumt mit Rippgeschirr. Experimenten bezüglich Geschirr und Ausrüstung sind die Kaufmann-Brüder grundsätzlich nicht abgeneigt, mit den Brustblattgeschirren haben sie aber bisher sehr gute Erfahrungen gemacht. Ein neues amerikanisches Kumtgeschirr wartet jedenfalls im Verpackungskarton schon geraume Zeit auf seinen ersten Einsatz.

Die offenen Kopfstücke sind mit Postkandaren ausgestattet und die Pferde werden mit einer langen Fahrleine gelenkt. Pflegeleichte Kunststoffleinen haben sich auch hier gegenüber Lederleinen durchgesetzt. Stimmkommandos werden eher spärlich eingesetzt.
An den etwa 80 cm breiten Metallortscheiten sind zwei drei Meter lange Sechs-Millimeter-Ketten mit Schlinghaken an den Enden fest verbunden. Verkürzungshaken ermöglichen es, die

Oben: Die Brüder Mario (links) und Hardy Kaufmann; sie arbeiten eng zusammen, aber jeder von ihnen führt sein eigenes Forstunternehmen.

An den Fahrwegen und Rückegassen werden die Stammholzabschnitte so vorkonzentriert, dass sie vom Ladekran eines Tragsschleppers gut erreicht werden können.
Links:
Das Holz liegt verladefertig links und rechts der Rückegassen und der Fahrweg ist frei geräumt. Über eine solche Vorarbeit freut sich jeder Forstmaschinenführer.

Länge der Ketten nach Bedarf zu verändern. Um das Arbeiten ergonomischer zu gestalten, gehören Handpackzangen zur festen Ausrüstung der Pferderücker.

Eingeschirrt werden die Pferde erst am Einsatzort, die Geschirre und Werkzeuge über Nacht in den Pferdetransportern gelagert. Vier LKW und ein Geländewagen mit Pferdeanhänger stehen für den Pferdetransport zur Verfügung.

Gewöhnlich wird von 8 bis 11 Uhr und nach einstündiger Mittagspause von 12 bis 14 Uhr gearbeitet. Fünf Stunden reine Arbeitszeit pro Tag im Wald müssen nach Mario Kaufmanns Meinung genügen. Mit der Stallarbeit, den Rüstzeiten, der An- und Rückfahrt und der Stunde Mittagspause käme auch so ein recht langer Arbeitstag zustande.

Gegen 7 Uhr in der Früh´ war ich an der Hofstelle in Blütenberg angekommen, wo bereits geschäftiges Treiben herrschte, allerdings ruhig und ohne Hektik, offenbar wusste jeder, was er zu tun hatte. Die Pferde bekommen morgens ihr Kraftfutter - eine eigene Spezialmischung.
Sie werden geputzt, die Ställe werden gemistet und neu eingestreut. Noch in der Dunkelheit wurden die Zugtiere dann an diesem Morgen auf die bereitstehenden LKW verladen und im Konvoi ging es anschließend zum Einsatzort, der nach etwa 20 Minuten Fahrzeit erreicht wurde.
Die Pferde wurden entladen, an Bäumen festgebunden und erhielten jedes eine Portion Heu. Anschließend wurde eingeschirrt, eine kurze Lagebesprechung abgehalten und der Tross aus sieben Pferden und sieben Pferderückern setzte sich in Bewegung.

Pferderücker als General- und Subunternehmer

Außer bei Vorführungen habe ich noch nie so viele Pferde gleichzeitig in einem Bestand arbeiten sehen. Es macht richtig Spaß, zu beobachten, wie unglaublich schnell der Arbeitsfortschritt voran geht und ich kann mir vorstellen, wie motivierend das gleichzeitig auf die einzelnen Pferderücker wirkt. Selbst habe ich in meiner Zeit als Holzrücker jedenfalls oft genug erlebt, wie frustrierend es sein kann, mit einem Pferd allein vor einer unübersehbar großen Fläche mit Bergen von Holz zu stehen und kaum ein Vorankommen zu erkennen.
„Wenn es nötig ist, können wir mit bis zu acht Pferden an einem Ort anrücken", erzählt Mario Kaufmann. Häufig würde man sich aber aufteilen und an mehreren Orten parallel arbeiten. Wie auch immer: Die Schlagkraft dieser Truppe ist enorm!

Die Fähigkeit, in kurzer Zeit viel Holz zu bewegen, hat aber auch ihre Kehrseite: Es müssen auch genügend Aufträge vorhanden sein! Kaufmann beziffert den Mindestbedarf seiner Firma beim Holzrücken auf etwa 20.000 Festmeter im Jahr. 2015 waren es seinen Angaben zufolge etwa 28.000 Festmeter. Seine Hauptauftraggeber sind zu 100 Prozent die Landes- und Bundesforsten, die alle Arbeiten ausschließlich per Ausschreibung vergeben. Voraussetzung, um bei den Ausschreibungen in Brandenburg überhaupt berücksichtigt zu werden, ist die erfolgreiche Zertifizierung der Forstunternehmen - Kaufmanns Betrieb trägt das RAL-Gütezeichen. Nur ein geringer Teil dieser Ausschreibungen bezieht sich aber auf reine Pferdearbeit. Organisationstalent und unternehmerisches Geschick sind daher gefordert und eine Zusammenarbeit mit anderen Forstunternehmen notwendig. So kooperiert der Pferderücker eng mit der Holzfäller-Rotte der Firma Natur Forst AS (Althüttendorf) und dem Maschinenunternehmen Kals (Eberswalde), das neben den entsprechenden Forstmaschinen für die Endrückung auch über Harvester verfügt. Dabei kommt es vor, dass Kaufmann von Fall zu Fall als Subunternehmer für diese Firmen arbeitet, aber durchaus auch als Generalunternehmer auftritt, der dann alle Fäden in der Hand hält und selbst Aufträge an diese Firmen erteilt.

Seine Arbeitszeit mit dem Pferd im Wald fällt für Mario Kaufmann heute etwas kürzer aus als für seinen Bruder und seine Mitarbeiter und als sonst üblich. Das liegt nicht an meinem Besuch, sondern daran, dass Punkt 12 Uhr die Abgabefrist für eine wichtige Ausschreibung endet. Es geht dabei um 3.500 Festmeter „reines Pferdeholz", das in 2016 für den „Landesbetrieb Forst Brandenburg", bzw. die Landeswaldoberförsterei Chorin gerückt werden soll. Das ist zwar nur knapp die Hälfte dessen, was hier in 2015 ausgeschrieben worden war, aber doch eine wichtige Hausnummer für den Rückeunternehmer, der eine gewisse Anspannung nicht verbergen kann. Er muss sein Angebot - über dessen Höhe er verständlicherweise Stillschweigen bewahrt - rechtzeitig auf dem Amt der Landeswaldoberförsterei Chorin abgegeben haben. Die von Chorin aus betreuten etwa 19.400 ha Waldflächen liegen um die Städte Eberswalde, Oderberg und Bad Freienwalde und gehören zum südöstlichen Teil des Biosphärenreservats Schorheide-Chorin. Jährlich werden hier ca. 80.000 fm Holz eingeschlagen.

Das Forstamt liegt unweit der aktuellen Einsatzstelle und ist in einem Seitenflügel des bekannten ehemaligen Zisterzienser-Klosters Chorin untergebracht. Als wir dort ankommen, laufen gerade die letzten Vorbereitungen für eine große Jagd, die am Nachmittag stattfinden soll. Wir treffen auf den Amtsleiter Eberhardt Luft, der die Frage nach dem reduzierten Pferdeauftragsvolumen damit begründet, dass er in diesem Jahr gezwungen sei, verstärkt Bestände zu durchforsten, die für den Harvester besonders gut geeignet seien. Im nächsten Jahr könne dies wieder ganz anders aussehen. Der Pferdearbeit stehe er aber grundsätzlich positiv gegenüber, vor allem auf den nassen Standorten würde sich die Zusammenarbeit von Pferd und Maschine bewähren. Dabei erwähnt er nicht ohne Stolz, dass sein Forstamt nach wie vor über ein eigenes Holzrückepferd verfügt, das auch ganzjährig zum Einsatz kommt.
Kaufmann ist noch gut in der Zeit und der Umschlag mit seinem Angebot wird von der Büroleiterin entgegengenommen und dessen Empfang von ihr schriftlich bestätigt. Als wir später auf der Hoffläche stehen, weist er mich auf einen seiner Kollegen und Konkurrenten hin, der gerade die Stufen zum Büro erklimmt und ein Kuvert in der Hand hält. Kaufmann war offensichtlich nicht der Einzige und Letzte, der auf den letzten Drücker sein Angebot abgegeben hat.
Die Unsicherheit bei der Ausschreibung bereitet dem Unternehmer und Arbeitgeber Kaufmann schon etwas Sorgen: „Das günstigste Angebot bekommt den Zuschlag, selbst wenn abzusehen ist, dass der Bewerber das Auftragsvolumen gar nicht alleine stemmen kann". Und er fährt fort: „Aber selbst, wenn wir den Zuschlag dann nicht erhalten, fällt für uns wenigstens immer noch etwas ab", tröstet er sich. Auch habe er

Alle Holzrücker treten in einheitlicher Firmenkleidung an. Die Handpackzange gehört mit zur Standardausrüstung.

so schon immerhin etwa 10.000 Festmeter sicher in seinen Auftragsbüchern.
Auch die direkte Zusammenarbeit mit den Harvestern habe sich in der Vergangenheit bereits bewährt, und da auf immer mehr Flächen im Biospährenreservat aus Bodenschutzgründen
40-Meter-Gassenabstände verbindlich vorgeschrieben würden, würde auch das Vorliefern von Ganzbäumen für die Vollerntemaschinen künftig vermehrt zur Auslastung beitragen, ist sich Kaufmann sicher.

Vielseitigkeit ist gefragt

Neben den Rückearbeiten gibt es aber auch noch andere Tätigkeiten, auf die sich die Holzrücker mit ihren Pferden spezialisiert haben. Dazu gehört die Arbeit mit dem Streifenpflug zur Pflanzvorbereitung oder Förderung der Naturverjüngung. Zwei Streifenpflüge stehen Mario Kaufmann und seinen Leuten hierfür zur Verfügung. Nach mehreren unbefriedigenden Versuchen mit verschiedenen Modellen setzt die Firma nun auf schwere Eberswalder-Pflüge, Baujahr 1956, die ohne Andruckwalzen eingesetzt werden und für deren Dauereinsatz eigentlich die Zugkraft von zwei Pferden benötigt wird. Die Erfahrung habe aber gezeigt, so Kaufmann, dass es wesentlich effektiver sei, nur ein Pferd anzuspannen, aber mehrere Pferde mitzunehmen und in kurzen Zeitintervallen umzuspannen und den Pferden so immer genügend Zeit zur Erholung zu bieten. 30 bis 40 Hektar habe seine Firma im letzten Jahr auf diese Weise im Umkreis von bis zu 150 Kilometern erfolgreich bearbeitet. Bei längeren Auswärtseinsätzen geht ein eigener Werkstattwagen mit Schweißgerät mit auf die Reise, denn bei der rauen Arbeit geht schnell mal etwas zu Bruch. Das Pflügen sei „keine schöne Arbeit" und gehe „mächtig auf die Pferde", berichtet Kaufmann. Er mache das jedoch noch lieber als das Roden von Traubenkirschen, das aber ein weiteres wirtschaftliches Standbein für seine Firma darstellt.
Auch Arbeiten ohne Pferde, wie Pflanzen oder Zaunbau, gehören zu seinem Angebot und dienen der Überbrückung von arbeitsarmen Zeiten und der ganzjährigen Auslastung und Beschäftigung der Mitarbeiter.

Pferderücker Karsten Wüstefeld und sein Rheinisch-Deutscher Kaltblutwallach Arno suchen sich durch das Astwerk einen Weg zum nächsten Stamm, den sie dann ins Tal manövrieren werden. **Fotos:** Erhard Schroll

Ein-Mann-Pferderückebetrieb von Karsten Wüstefeld

Fit für die Zukunft

Bad Pyrmonter Stadtforst setzt wieder Pferde ein

aus: STARKE PFERDE 91, 2019

Von Erhard Schroll

Montag, 20. Mai 2019. Um die Mittagszeit bin ich im Stadtwald Bad Pyrmont mit dem Forstunternehmer Karsten Wüstefeld verabredet. Er ist einer der wenigen verbliebenen Pferderücker im norddeutschen Raum, die noch hauptberuflich dieser anspruchsvollen Tätigkeit nachgehen und ganzjährig mit Pferden im Einsatz sind. Da es von mir zuhause aus quasi „um die Ecke" liegt, habe ich mich kurzfristig angemeldet und sofort auf den Weg gemacht.

Der Weg zu meinem Zielort führt vorbei an braun gewordenen Fichten, toten Baumskeletten, die sich einzeln vom Grün der Laubbäume abheben oder gleich in ganzen Beständen die Farbe bestimmen. Die Borkenkäferplage als Folge des Sturms Friederike und der großen Trockenheit des letzten Jahres weitet sich auch hier im Weserbergland regelrecht zur Katastrophe aus. Und auch in den hier heimischen Buchenbeständen finden sich bei genauem Hinsehen immer wieder schüttere Baumkronen und trockene Äste. Auf den letzten Metern - bereits im Stadtwald - passiere ich die seit 1996 leer stehende ehemalige Kurklinik am Bomberg, einen riesigen Luxushotelkomplex, der verwunschen am Waldrand hoch über der Stadt liegt und dem Verfall überlassen zu sein scheint. Der Wald und auch das niedersächsische Staatsbad scheinen schon einmal bessere Zeiten erlebt zu haben.

Ich halte mich an das Durchfahrts-Verbotschild am Forstweg und parke meinen PKW an einem Wendehammer. Nach kurzem Fußweg stoße ich dann auf einen Geländewagen mit Pferdeanhänger, an den ein Kaltblutpferd angebunden steht. Es hat vor sich auf dem Boden einen Haufen Heu liegen, dem es aber gerade keine Aufmerksamkeit schenkt, sondern einfach nur vor sich hin döst. Das Fell des großrahmigen, braunen Wallachs ist noch trocken, was bedeutet, dass er an diesem Tag wohl noch keinen Einsatz gehabt hat. Er trägt kein Geschirr, dafür aber einen Ohren- und Augenschutz gegen die gerade um diese Jahreszeit verbreitet auftretenden, Blut saugenden Kriebelmücken, die es besonders auf die Ohren abgesehen haben und die Pferde mächtig ärgern können. Das schwül-warme Wetter an diesem Tag ist ideal für diese Plagegeister.

Es ist still im Wald und außer Vogelgezwitscher ist nichts weiter zu hören. Nichts weist darauf hin, dass in unmittelbarer Nähe Forstarbeiten durchgeführt werden und ich kann nur anhand der Hufspuren auf dem Waldweg erahnen, in welcher Richtung ich suchen müsste. Da der Pferderücker mir aber erzählt hat, wann er ungefähr Mittagspause machen würde, brauche ich einfach nur etwas zu warten. Tatsächlich zeichnen sich in der Ferne auf dem Waldweg bald die Konturen eines Pferdes ab. Geräusche von Huftritten, Kettengeklirr und dem Schnauben eines Pferdes mischen sich nach und nach unter den Vogelgesang. Auch der Braune am Anhänger ist jetzt wieder aufgewacht, hat die Ohren gespitzt und blickt aufmerksam und erwartungsvoll in Richtung der Ankömmlinge. Beim Näherkommen erweist sich das Pferd als prächtiger Rappe, der mit seinem amerikanischen Kumt äußerst fotogen wirkt.

Links: Mittagspause - zumindest für den Percheron-Wallach Arno, der sein Arbeitspensum bereits erfüllt hat. Der Rheinisch-Deutsche Lukas wird nach dem Fressen angeschirrt und dann beginnt für ihn der Arbeitstag (**oben**).

Oben und unten: Um das Schwebeortscheit pferdefreundlich einsetzen zu können, flechtet Karsten Wüstefeld bei seinem Wallach den Schweif ein und bindet ihn hoch.

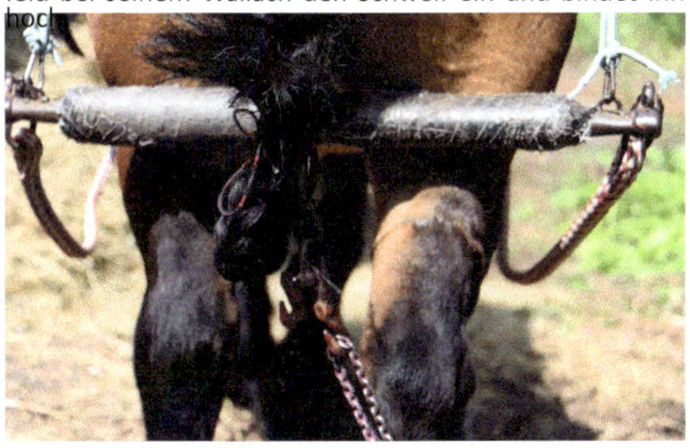

Links: Auch wenn der Zugwinkel richtig eingestellt ist, übt das Schwebeortscheit unvermeidbaren Druck auf die Kruppe des Pferde aus. Vorbildlich sind hier die breiten Trageriemen, welche die Last großflächig verteilen.

Hinter ihm, den langen Stoßzügel in der rechten Hand: Karsten Wüstefeld, den man schon von weitem an seiner nicht vorhandenen Haarpracht erkennen kann.
Nach der Begrüßung stellt er mir den Rappen als siebenjährigen Percheron-Wallach mit dem Namen Arno vor. Dieser ist um die 1,70 m groß, gehört aber nicht zum ganz schweren Typ seiner Rasse, sondern wirkt eher etwas modern, „amerikanisch“ gezogen.
Karsten bindet Arno an den Anhänger neben den braunen Wallach, der auf den Namen Lukas hört, schirrt ihn aus und legt noch etwas Heu nach. Dann nimmt er sich eine kurze Pause von etwa 30 Minuten, die durch meine Anwesenheit und meine Fragen allerdings etwas gestört wird.
Sechs Stunden beträgt für ihn in der Regel die Arbeitszeit im Wald, für seine Pferde jeweils nur drei - nach der Pause wird gewechselt. Der tatsächliche Arbeitstag ist für den Pferderücker natürlich deutlich länger. Neben der Vor- und Nachbereitung im heimischen Stall benötigt er allein für die Anfahrt nach Pyrmont mit Geländewagen und Pferdeanhänger mitunter bis zu eineinhalb Stunden. Wohnhaft ist er im niedersächsischen Kreiensen, der größten Ortschaft der Stadt Einbeck, und hat seinen Einsatzschwerpunkt normalerweise im Raum Göttingen.
Seit 2001 betreibt der gelernte Kfz-Mechaniker seinen „Forstwirtschaftsdienst mit Pferden“ hauptberuflich und beschränkt sich bei seinem Dienstleistungsangebot ausschließlich auf das Holzrücken. Mit 4.000 bis 5.500 Festmetern beziffert er die Holzmenge, die er mit seinen insgesamt vier Rückepferden jährlich bewegt.
Zwei Rheinisch-Deutsche Kaltblüter und zwei Percheron stehen bei ihm zuhause im Stall und kommen abwechselnd zum Einsatz. Heute sind es Arno und der Rheinisch-Deutsche Kaltblüter Lukas, der bereits 19 Jahre auf dem Buckel hat, aber immer noch regelmäßig zum Zuge kommt. Dessen ganze Routine, gepaart mit Nervenstärke und Kraft, machen ihn zum wertvollen Mitarbeiter vor allem in schwierigen Lagen. Wie ich später erlebe, sind diese Eigenschaften am heutigen Arbeitsplatz durchaus gefragt.

IGZ-Werbung erfolgreich

Sein Engagement hier im Stadtwald hat Wüstefeld der DLG-Waldtagung in Brilon 2017 zu verdanken. Der Pyrmonter Revierförster Philipp Klapper hatte dort eine Vorführung der IGZ besucht, wo ihm glaubhaft versichert wurde, dass das Pferderücken ähnlich wirtschaftlich sei wie die anderen Verfahren. Da er selbst, wie er sagt, eine „hohe Ökologie- und Naturverbundenheit“ besitzt und auch immer bereit ist, mal „neue Dinge auszuprobieren“ und „ökologisch verträgliche Wege zu beschreiten“, war er neugierig geworden.

An der langen Kette. Auch wenn sich die Stammholzabschnitte auf diese Weise schwieriger dirigieren lassen, bedeutet der größere Abstand mehr Sicherheit für das Pferd.

Das Schwebeortscheit erleichtert das Anhängen unter schwierigen Bedingungen.

Nach der Tagung hat er sofort die Rückerliste der IGZ nach geeigneten Pferderückern in seiner Nähe durchforstet. Zertifiziert mussten sie sein, denn „wir dürfen keine nicht zertifizierten Rücker einsetzen", so der Forstmann. So kam er schließlich auf Karsten Wüstefeld, der als Forstunternehmer RAL-zertifiziert und zudem von der IGZ als APRI-Ausbilder anerkannt ist.

Das Arbeiten am Hang ist nur etwas für Profis - zweibeinige und vierbeinige.

Im letzten Jahr kam es dann zum ersten Versuchseinsatz. Gegenüber dem NDR, der darauf aufmerksam geworden war und später eine Reportage darüber veröffentlichte, bilanzierte Philipp Klapper: „Das Experiment ist gut gelaufen. Auch dahingehend positiv, dass es nicht wesentlich teurer war, als wenn wir ausschließlich mit der Maschine rücken - dazu natürlich aber schonender für den verbleibenden Bestand, für die Bäume, die (...) geschützt werden sollen." Ein Grund also für ihn, die Zusammenarbeit in diesem Jahr fortzuführen und „in der Zukunft auszubauen".

Im Gespräch räumt der Revierförster allerdings ein, dass ein nicht unwesentlicher Grund für die Entscheidung pro Pferd auch der Tatsache geschuldet sei, dass der Kommunalwald in Bad Pyrmont unter kritischer Beobachtung der Bevölkerung stehe und man ja wisse, „dass die Pferde durchaus beliebt sind". „Ohne Maschine geht es aber nicht", ist er sich sicher. „Bei den Holzmengen, die wir mit geringem Personal mobilisieren müssen, wird der Pferdeeinsatz auch nur eine Ergänzung sein". Von den etwa 17.000 Festmetern, die jährlich im Stadtwald eingeschlagen werden, sollen in Zukunft aber 800 bis 1000 Festmeter mit Pferden gerückt werden, so sein Plan.

Ab in den Hang

Zurück in den Pyrmonter Stadtwald. Lukas wird jetzt für seinen Einsatz fertiggemacht. Der Wallach bekommt sein amerikanisches Kumt übergestreift und sein Geschirr aufgelegt. Bei dem Geschirr handelt es sich um die Spezialanfertigung eines Schwebeortscheit-Systems. Auffallend sind die Lederriemen, die sich auf der Kruppe kreuzen und das Gewicht des Ortscheits tragen. Durch ihre enorme Breite schaffen sie eine große Auflagefläche, die den Druck, der unvermeidlich auf der Kruppe lastet, sehr pferdefreundlich verteilt. Das Schwebeortscheit selbst ist für Wüstefeld „unverzichtbar". Die damit verbundene Leistungssteigerung und Arbeitserleichterung sei enorm, weiß er zu berichten.

Der Schweif muss dafür noch eingeflochten werden, das Ortscheit an Kunststoff-Zugsträngen und Gummitragbändern befestigt und schließlich die nur vier Millimeter dünne Rückekette daran eingehängt werden. Es fehlen noch Postkandare und Stoßzügel und dann kann es losgehen.
Wie Arno und die anderen Pferde aus dem Stall von Wüstefeld ist auch Lukas nicht beschlagen. Seit etwa vier Jahren verzichtet der Pferderücker bei seinen Arbeitspferden auf Hufeisen. Ganz am Anfang hätte es etwas Probleme gegeben, aber die Hufe hätten sich rasch soweit wieder gefestigt und stabilisiert, dass sie der Arbeit im Forst unbeschadet standhalten. Außer im Wald und auf weichen Böden würde er seine Pferde ohnehin nicht einsetzen, erklärt der Forstunternehmer.

Vom Pausenplatz aus geht es dann gut 200 Meter den Waldweg entlang. Linker Hand liegen dann bereits die ersten vorgelieferten Buchenabschnitte und wir erreichen den aktuellen Arbeitsplatz der Beiden. Es handelt sich dabei um einen etwa ein Hektar großen, 68-jährigen Buchenbestand. Er liegt an einem Hang zwischen zwei Waldwegen, die im Abstand von etwa 50 bis 70 Metern den Bestand oben und unten begrenzen. Die Last bergauf zu ziehen ist hier mit dem Pferd kaum möglich, sodass die Rückerichtung vorgegeben ist und der Wegeabstand in etwa der maximalen Rückeentfernung entspricht.
Die Stämme sind in Sechs-Meter-Abschnitte abgelängt, die mit dem Pferd so nahe an den unteren Waldweg rangiert werden müssen, dass sie in der Reichweite eines Forstkranes zu liegen kommen. Eine extrem steil abfallende, nicht begehbare Böschung zum Weg hin erschwert diese Aufgabe enorm.
Da die Buche von Natur aus leicht hangabwärts geneigt wächst, lässt sie sich in der Regel auch nur bergab fällen. Das bedeutet aber, das beim Rücken bergab immer die Baumkronen im Weg liegen und zusätzliche Hindernisse darstellen. Um an die Stammholzabschnitte zu kommen, muss Wüstefeld häufig erst Äste aus dem Weg räumen oder mit Lukas sogar ganze Kronen aus dem Arbeitsfeld ziehen. Dabei ist die Hangneigung hier schon alleine für sich eine Herausforderung – für Mensch und Pferd. Kondition und Ausdauer beim Bergauf-Klettern sind gefragt, auch Trittsicherheit, konzentriertes und vorausschauendes Arbeiten und jede Menge Erfahrung. Keine Arbeit für Anfänger!

Aber Karsten Wüstefeld ist kein Anfänger! Umsichtig und besonnen geht er Rückezyklus für Rückezyklus an, hängt die Abschnitte an die lange Kette und hält in kritischen Situationen selbst genug Abstand zu Holz und Pferd. Oft hat er nur ein Stammstück angehängt, wenn es sich ergibt auch mal zwei. Eine lange Fädelnadel hilft ihm dabei, die Kette unter den Stämmen hindurch zu ziehen.
Routiniert lässt sich Lukas scheinbar durch nichts aus der Ruhe bringen. Am langen Stoßzügel, aber gelenkt wohl in erster Linie durch die Stimmkommandos, arbeitet er ohne Hektik und macht keinen Schritt zu viel. Wüstefelds Kommandos erreichen ihn in Unterhaltungslautstärke: „Schritt komm!", „Hott komm!", „Har komm!" – übersetzt: „Zieh an!", „Geh links!", „Geh rechts!". Für das Stoppen und Anhalten gilt das Kommando „Hüh!".

Liegen Hölzer quer aufeinander, kommt der aufliegende Stamm sehr schnell ins Rutschen. Teilweise ist es so steil, dass man selbst die schwereren Stammholzabschnitte mit einem kurzen Schubs von Hand in Bewegung setzen und gezielt ein paar Meter gleiten lassen kann.
Nicht Zugkraft und Stärke sind hier gefragt, es gilt vielmehr, die Hölzer so geschickt und umsichtig zu rangieren, dass sie sich nicht selbstständig machen und unkontrolliert bergab schießen. Die Stammholzabschnitte sind zwar nicht so schwer, dass sie ein Pferd mitreißen und ernsthaft gefährden könnten, unangenehme Situationen können aber schon entstehen. Ich beobachte eine Szene, wo ich mir das Schmunzeln nicht verkneifen kann: Als ein Stamm beginnt, von selbst zu rutschen, stemmt sich der Pferderücker dagegen und hält ihn von Hand auf. Dabei gibt er das Kommando „Hüh!". Ob er den Stamm gemeint hat oder sich selbst?

Auf dem Weg in den Bestand ist Klettern angesagt. Ganz so steil wie hier an der Wegböschung ist es dort nicht; die Hangneigung reicht aber aus, dass Stämme schon mal von selbst ins Rutschen kommen.

Es geht nur langsam voran und Wüstefeld ist weit entfernt von den Rückeleistungen, die unter anderen Umständen erzielt werden können. Dennoch wird der Platz an der Wegböschung für die vorgelieferten Abschnitte rasch knapp, denn in zweiter Reihe abgelegt sind sie für den Kran nicht mehr erreichbar. Liegt genügend vorgeliefertes Holz, dass sich Weitertransport und das Poltern mit der Forstmaschine lohnen, genügt ein Anruf bei einem der beiden örtlichen Maschinenrückern, die dann wieder Platz schaffen für die nächste Serie.

Fit für die Zukunft

So sehr ich mich manchmal an meine Zeit als Pferderücker zurücksehne, bin ich froh, dass ich mich nach einer Stunde wieder verabschieden und nach Hause fahren kann. Zu gut habe ich solche Schläge noch in Erinnerung, die extrem anstrengend sind und wo sich der Erfolg nur sehr langsam einstellt.
Dieser Buchenschlag ist einer der typischen Bestände, die mit Maschinen nicht wirtschaftlich bearbeitet werden können und für das Pferd eine Nische darstellen. Doch auch mit Pferd bleibt eine solche Maßnahme defizitär und nicht selten wird dies infamerweise dann später der Pferdearbeit auch noch negativ angelastet. Nicht so in Bad Pyrmont. Revierförster Klapper: „Für uns ist das Ganze ein Lernprojekt. Da zahlen wir vielleicht hier und da ein paar hundert Euro drauf; wir wollen aber Erfahrungen sammeln, damit wir zukünftig sowohl für Herrn Wüstefeld als auch für uns das optimale Verfahren rauskriegen."
Mit der Entscheidung, im PEFC-zertifizierten Stadtwald wieder auf das Pferd zurückzugreifen und der Schonung des Bodens größere Beachtung zu schenken, hat man hier erste Weichen gestellt und die Voraussetzungen geschaffen, um zumindest im Wald wieder bessere Zeiten erleben zu können. Philipp Klapper zeigt sich optimistisch: „Wir fühlen uns fit für die Zukunft."

Moderne Technik und Pferdeeinsatz sind beim Forstunternehmen Schirmer keine Gegensätze, im Gegegenteil: beides ergänzt sich ideal. Im Bild: Hengst Oskar, mit dem alles anfing.
Fotos: Peter Tendler

aus: STARKE PFERDE 94, 2020

Das sächsische Forstunternehmen Schirmer setzt neben moderner Technik auch wieder auf Arbeitspferde

„Pferde in Arbeit bringen"

Von Peter Tendler und Erhard Schroll

Als der Schäfer Thomas Schirmer und die Tierwirtin Sigrid Jonas aus Kleinbardau in Sachsen gerade so richtig ins Berufsleben starten wollten, machte die politische Wende ihre Zukunftspläne erst einmal zunichte. Ihre LPG wurden aufgelöst, bzw. ging in privaten Besitz über, und die Arbeitskräfte wurden reduziert. Beide Jahrgang 1968, gehörten sie zu den ganz jungen Mitarbeitern, die als Erste ihren Arbeitsplatz verloren. Sie hätten damals ja der Arbeit in den Westen nachreisen können, doch das Paar zeigte sich recht bodenständig und blieb im Osten. Viele Jahre hielt sich Thomas Schirmer dort mit Kraftfahrertätigkeiten über Wasser und während dieser Zeit wurden auch ihre Kinder Christina und Christian geboren.

Im Rahmen der Erwachsenenqualifikation hatte der Kraftfahrer damals in der LPG auch das Forsthandwerk gelernt und so konnte man ihn während dieser Zeit auch schon häufiger bei der Waldpflege antreffen. Um den Jahrtausendwechsel entwickelte sich daraus dann schrittweise ein Forstdienstleistungsunternehmen. Zuerst im Nebenerwerb betrieben, wurde es später aufgrund der starken Nachfrage die Haupt-erwerbsquelle von Thomas Schirmer und Sigrid Jonas und das Unternehmen wuchs beachtlich. Zwischenzeitlich hatten die Beiden gleichzeitig bis zu vier Vollernter im Einsatz, dazu sogar eine kleine LKW-Flotte für den Holztransport auf der Straße. Denn Schirmers boten nicht nur Dienstleistungen an, sondern kauften auch Holz „auf dem Stock" und vermarkteten dies selbst. Das machen sie auch heute noch, haben den Betrieb aber drastisch verkleinert, ohne - laut Schirmer - dabei wirtschaftliche Einbußen erlitten zu haben. Der aktuelle Maschinenpark besteht heute aus einem Harvester, einem Rückezug und einem Seilschlepper - alle abbezahlt! - und insgesamt sind vier Personen im Forst beschäftigt, währenddessen Ehefrau Sigrid zuhause für die Verwaltung zuständig ist.

Unterwegs in Sachsen und Thüringen

Als Forstdienstleister ist das Unternehmen Schirmer derzeit recht gut im Geschäft, auch wenn die Auftragslage in seinem Heimatland Sachsen durchaus besser sein könnte. War der Staatsbetrieb Sachsenforst 2008 von der Interessengemeinschaft Zugpferde e.V noch als „vorbildlich" für Pferdearbeit mit dem Preis „Wald der Zukunft" ausgezeichnet worden (SP 47, S. 54), zeigt man dort heute keinerlei Interesse mehr am Pferdeeinsatz, berichtet Schirmer enttäuscht. Auch eine Förderung gebe es hier nicht.

Legt sich auch schon mal kräftig ins Zeug: der gekörte Rheinisch-Deutsche Kaltbluthengst Sepp, hier beim Vorliefern mit Thomas Schirmer.

Glücklicherweise wird die Firma aber nicht nur weiterhin im sächsischen Privatwald geschätzt. Wegen der guten Arbeitsqualität und Termintreue wird sie derzeit vor allem von den Waldbesitzern in Thüringen gebucht. Besonders im Privatwald wird ihr Angebot zunehmend in Anspruch genommen, da die Firma den Waldbauern praktisch alle Arbeit abnimmt und das Ganze sogar vorfinanziert. Anders als Sachsen sei Thüringen vorbildlich in Sachen Pferdeförderung, meint Schirmer. Dort sei in den letzten Jahren im Haushalt ein Extra-Budget für das Holzrücken mit Pferden eingestellt worden - 2019/2020 sind es 120.000 Euro! - und den Pferderückern gleichzeitig ein größeres Mengenkontingent garantiert. Nachteilig sei es allerdings, dass das Unternehmen so die Woche über viel „auf Montage" unterwegs ist und die Forstleute nur an den Wochenenden nach Hause kommen.

Die Kaltblutzucht Schirmer

Schon lange gab es bei den Schirmers Überlegungen, als Dienstleistung ein Gesamtpaket mit Maschine und Pferd anzubieten. Bei den vorgegebenen 40 Metern Gassenabständen hatten sie anfangs alles mit Seilschlepper gemacht. In den älteren Beständen hätte sich das mit der Seilwinde auch noch gerechnet. Als dann aber auch in den jüngeren Beständen der Gassenabstand erweitert wurde, habe er sich gesagt: Jetzt ist Schluss! Da kommt wieder ein Pferd her!, erinnert sich Tho-

Hengst Oskar sorgt für Nachwuchs auf dem Hof. So brav und umgänglich er bei der Waldarbeit ist, so unproblematisch ist er auch beim Decken.

Stuten und Fohlen genießen die ersten Frühlingstage auf der Weide.

Sigrid Jonas leitet die Geschäfte des Forstunternehmens, hat aber auch ein Händchen für „die Dicken“.

Sepp beim Vorrücken von Industrieholzabschnitten für den Weitertransport mit dem Rückezug.

Oskar als Fällhilfe beim Herunterziehen einer hängengebliebenen Buche.

mas Schirmer. „Wir haben dann ein Rückepferd gesucht. Der Zuchtgedanke spielte damals noch überhaupt keine Rolle. Dass es dann Oskar wurde und was sich daraus entwickelt hat, war reiner Zufall.“

Mit dem Kauf des Rheinisch-Deutschen Kaltbluthengstes Oskar (v. Orloff) wurde der lang gehegte Wunsch schließlich Realität: 2015 bezog der Hengst auf der Hofstelle des ehemaligen Hermanns Guts, das auf einer Anhöhe neben der Kirche in Glasten liegt, Quartier. Für den damals zwölfjährigen Oskar war die Arbeit im Wald nichts Neues: Er hat in der Vergangenheit bei den Pferderückern Lukas Meinhold und Axel Gürntke schon reichlich praktische Erfahrungen im Holzrücken sammeln können.
Mit Oskar zog nach langer Zeit wieder das erste Arbeitspferd in den beschaulichen Ort und es sollte nicht das letzte bleiben. Seine Ausstrahlung und seine Umgänglichkeit ließen dem gutmütigen Hengst die Herzen der Glastener nur so zufliegen und er wurde im Dorf rasch zum „Kultobjekt“. Die Herzen von Sigrid und Thomas hatte er schon längst erobert, und so kam bei ihnen der Gedanke auf, einen „zweiten Oskar" zu ziehen. Dafür musste aber eine Stute her.
Bei ihrer Suche wurden sie bei Rico Rölert in Eisenach fündig und entschieden sich für dessen Neptun-von-Marienthal-Tochter Vera, die zu dem Zeitpunkt von dem Hengst Skat tragend war. Aus dieser Anpaarung erblickte 2016 das Hengstfohlen Sepp das Licht der Welt. Der konnte als einziges Fohlen natürlich nicht alleine bleiben und so wurde als Partner für ihn ein Hengstfohlen-Absetzer von Skat erworben.
Sepp entwickelte sich prächtig und brachte alle Voraussetzungen mit, um als Zweieinhalbjähriger der Körkommission in Krumke vorgestellt zu werden. Mit Erfolg! Nach erfolgreicher Körung vertritt jetzt der kalibrige Skat-Sohn nun als erster gekörter Nachkomme seines Vaters die recht seltene Hengstlinie III / Smart II. Äußerst erfolgreich absolvierte er auch die Hengstleistungsprüfung in Moritzburg mit einer Traumnote von 9,20 (!) und auch bei der Arbeit im Wald zeigt er sich ausgeglichen und mit hoher Leistungsbereitschaft. In diesem Jahr werden seine ersten Nachkommen mit Spannung erwartet.

Neben den beiden gekörten Hengsten und der Zuchtstute Vera vervollständigen die Stute Vroni (v. Ulano), der Hengstanwärter Oskarie (v. Oskar a.d. Vroni), zwei Jungstuten und der Skat-Sohn Sam, der derzeit in der Ausbildung zum Rückepferd ist, den Zuchtbestand der Schirmers. Dazu kommen eine ausgebildete polnische Kaltblutstute, die auf einen neuen Besitzer wartet, der sie im Forst nutzen möchte und der Louis-Sohn Levis (a.d. Teja) der Familie Bothe aus Nossen, der in Glasten Pension genießt.

Pferde in Arbeit bringen

„Wenn bei unserer Kaltblutzucht bisher auch viel Glück im Spiel war und vieles den Selbstlauf nahm, wollen wir die Zucht jetzt schon ernsthaft betreiben“ so Thomas Schirmer. „Da wir das Rheinisch-Deutsche Kaltblut auch zur Arbeit nutzen, soll dies unser Beitrag zum Erhalt dieser Rasse sein“. „Wenn die Pferde auch zur Familie gehören“, müsse man Kompromisse eingehen, räumt der Forstunternehmer ein und „wir werden uns auch von dem einen oder anderen Pferd durch Verkauf verabschieden müssen“. Aber: „Wir wollen ja die Pferde nicht horten, sondern in Arbeit bringen, das ist das Ziel unserer Zucht!“

Werbung für die Pferdearbeit

Pferde in Arbeit zu bringen ist auch die Motivation für zahlreiche Aktivitäten Thomas Schirmers. Bei Wettbewerben zeigt er beispielsweise eindrucksvoll, zu was Pferde alles in der Lage sind. Er wurde im einspännigen Holzrücken bereits „Mitteldeutscher Meister“ und „Sachsenmeister“ und hatte 2019 den ersten Ackertag in Glasten organisiert. Seit langem ist er auch einer der Aktivposten im Landesverband Sachsen der IG Zugpferde und wurde im Februar 2020 sogar zum Landesvorsitzenden gewählt.

Richtig eingesetzt lohnt sich der Pferdeeinsatz!

Pferde in Arbeit zu bringen, kann sich lohnen. Das tut es jedenfalls bei der Forstdienstleistung Schirmer GmbH! Eingesetzt werden die starken Vierbeiner dort etwa zur Hälfte in Laubholzschlägen zum Vorrücken von Industrieholz und im Nadelholz zum Vorliefern von Ganzbäumen in den Kranbereich des Harvesters. All dies erfolgt bisher fast ausschließlich

Angst vor großen, lauten Maschinen? Oskar lässt das kalt!

einspännig. Aktuell werden Sepp und Sam aber auch für Gespannarbeiten ausgebildet. Neben Thomas Schirmer ist es auch sein Sohn Christian, der immer mal wieder die Steuerhebel seines Harvesters ruhen lässt und die Pferdeleinen in die Hand nimmt.
Schon das Fällen gehe im schwächeren Laubholz mit Pferdeunterstützung viel leichter: Man braucht die Bäume nicht mehr kraftaufwändig runter zu drücken, schwärmt der Forstunternehmer von seinen vierbeinigen Fällhilfen. Und weiter: „Was man in Jungbeständen mit Pferden rausbringt, schafft man mit keiner Seilwinde. Und anders als beim Windeneinsatz gibt es so gut wie keine Schäden."

Aber auch in den etwas stärkeren Laubholzschlägen wird das ganze Vorrücken des Industrieholzes mit Pferden gemacht. Das gehe mit dem Forwarder dann viel schneller und rechne sich allein schon durch die Zeitersparnis bei der Lastbildung, so Schirmer, und weiter: „Die Leistung wurde mit den Pferden deutlich höher und das Schwierigste war, den Fahrern klar zu machen, dass sie, wenn es gut lief, nicht um 14 Uhr Feierabend machen konnten, nur weil sie da bereits ihre sonst übliche Festmeterzahl erreicht hatten."
Nicht nur das zeitaufwändige Freiräumen mit dem Kran besonders hinter dem Rungenkorb würde entfallen, vor allem in den Laubholzschlägen würden auf den von den Pferden freigeräumten Gassen an den Maschinen wesentlich weniger Hydraulikschläuche abgerissen. Betriebswirtschaftlich würden sich die Pferde auf jeden Fall rechnen, weiß der Forstunternehmer aus eigener Kalkulation.
Künftig sieht er auch zunehmend Chancen für den Pferdeeinsatz in einzelnen, weiter verstreut liegenden Käferholznestern, aber auch bei sturmbedingten Einzelwürfen könnten die Pferde durchaus konkurrenzfähig sein.

Ein weiterer Vorteil ist, dass das Forstunternehmen auch das bodenschonende Vorliefern mit Pferden - „all inclusive" - anbieten kann und damit durchaus einen Wettbewerbsvorteil hat. Vor allem in Thüringen werde die Pferdearbeit vorbildlich gefördert und angemessen honoriert. Um sich an den Ausschreibungen beteiligen zu können, muss er als Forstdienstleister zertifiziert sein. Am preisgünstigsten und unkompliziertesten sei für ihn das Deutsche Forstservice Zertifikat, das vom Verband der Agrargewerblichen Wirtschaft (VdAW) e.V. verliehen werde (https://www.vdaw.de/qualitatssicherung/dfsz).

Weichen für die Zukunft gestellt

Für Mitte des Jahres ist eine Zweiteilung des Unternehmens Schirmer geplant:
Christian Schirmer hat seine Lehre zum Forstwirt mit „Ausgezeichnet" abgeschlossen und befindet sich zur Zeit in der Meisterausbildung. Er soll künftig den Forstdienstleistungsbetrieb übernehmen.
Als zweites Standbein der Familie kommt eine Schäferei mit 600 Tieren und 200 Hektar Land hinzu, die zusammen mit der Pferdezucht von den Eltern betrieben werden soll. Ein Stallumbau für die Pferde ist fest geplant und wird gegenwärtig bereits umgesetzt. Die Weichen für die Zukunft - mit Pferden! - sind gestellt.

Zucht, Landschaftspflege, Waldarbeit

Das Drei-Nutzungs-Kaltblut

aus: STARKE PFERDE 103, 2022

Züchter, die sich mit Leidenschaft und Enthusiasmus für die Kaltblüter einsetzen und durch ihr Engagement maßgeblich dazu beitragen, diese bedrohten Pferderassen vom Aussterben zu bewahren, gibt es glücklicherweise noch, obwohl es derzeit nicht unbedingt mehr werden. Die Zahl der Menschen, die Kaltblüter als Freizeitpartner für sich entdecken oder gar turniermäßig fahren und reiten, nimmt dagegen stetig zu und auch „die Arbeiter", die versuchen, mit Kaltblutpferden ihren Lebensunterhalt zu bestreiten, indem sie sie im Tourismus, im Wald oder den verschiedenen Bereichen der Landwirtschaft anspannen, sind noch ohne große Mühe zu finden. Leute dagegen, die alles drei miteinander verbinden, sind allerdings eher rar gesät. Dieses Mal sind wir in Mecklenburg fündig geworden bei Christian und Susanne Platzeck in Alt Schwerin OT Jürgenshof.

Von Karla Ebert und Erhard Schroll

Der Name Platzeck ist uns im Zusammenhang mit der Rheinisch-Deutschen Kaltblutzucht natürlich schon lange geläufig: in schriftlicher Form durch Zucht- und Veranstaltungsberichte von Peter Tendler in unserem Magazin, aber auch durch die Auflistung in verschiedenen Zuchtkatalogen und Hengstplänen. Auch als Organisator des Kaltbluttages im Agroneum Alt Schwerin (siehe Artikel S. 80) war Christian Platzeck bereits bekannt.

Als Zuschauer erlebt haben wir ihn u.a. mit einem Sechsspänner beim sportlichen Hindernisfahren bei den Titanen der Rennbahn in Brück, persönlich getroffen und gesprochen haben wir ihn auf diversen Körungveranstaltungen und auf der PferdeStark 2019 in Wendlinghausen. Von dort ist uns seine mustergültige Vorstellung beim Zugleistungswettbewerb besonders positiv in Erinnerung geblieben. Seine Stuten Hanka II und Nathans Sonne, Fohlen bei Fuß, meisterten damals bemerkenswert gelassen und unaufgeregt die schwersten Lasten und ließen der zugstarken Konkurrenz keine Chance.

Susanne und Christian Platzeck mit Töchterlein Marta auf dem gekörten Hengst General.

Stutenkoppel (von links): StPrSt Hanka II, Elitestute Nebenelbe II, StPrSt Nelly von Jürgenshof, StPrSt Nathans Sonne, StPrSt Landlady I und die zweijährige Lärche (Lindor/Balduin).

Rheinisch-Deutsche Junghengste als „Landschaftspfleger" auf der Koppel.

Familienbetrieb mit Schafen und Kaltblutpferden

Der heute 44-Jährige hat schon von klein auf eine enge Beziehung zu Pferden. Zwar dominierten auf dem elterlichen Schafzuchtbetrieb in Alt Schwerin zahlenmäßig die Wolle tragenden Vierbeiner deutlich, aber bereits im Kindesalter bekam er sein erstes eigenes Pony, dem später weitere folgten und die ihn seine ganze Jugend über begleiteten. Bereits in jungen Jahren übernahm Christian nach erfolgreicher Ausbildung zum Landwirt 2001 die Schäferei seines Vaters. Ein Jahr zuvor hatte das Pferdevirus schon das erste Kaltblutpferd auf den Hof gebracht. 2005 begann er, mit seiner eigenen Kaltblutzucht durchzustarten: mit einer Stute aus Polen. Sie hatte keine Papiere, entsprach aber dem, was Platzeck sich unter einer Rheinisch-Deutschen Kaltblutstute vorstellte. Er ließ sie ins Vorbuch eintragen und von dem Hengst Edgar decken. Trotz Abratens anderer Züchter blieb er konsequent seiner Linie treu. Die Anpaarung mit Edgar brachte die Vorbuchstute Emmy. Diese ließ er von Louis decken, woraus die Vorbuchstute Lilly entstand. Lilly x Newton schließlich brachte die Stutbuchstute Nelly vom Jürgenshof, die nun „volle Papiere" nachweisen konnte und gleich zur Staatsprämienstute gekürt wurde. Nelly war dann sogar auch Leistungsprüfungssiegerin ihres Jahrgangs mit der Endnote 8,63.

Natürlich ist es nicht Christian allein, der „den Laden schmeißt". Seine Frau Susanne (41) ist gelernte Pferdewirtin und absolute Fachfrau in Sachen Haltung, Pflege, Ausbildung und Einsatz von Kaltblutpferden. Sie arbeitet als Altenpflegerin im Nachtdienst, was sie nicht davon abhält, auch auf dem Hof tatkräftig mit anzupacken. So „ganz nebenbei" hat sie auch noch ihre vier Kinder: Xenia (19), Lucas (16), Emely (12) und Marta (2), wobei die Älteste pferdemäßig bereits selbst professionell die Leinen führt, wie wir auf der Veranstaltung im Agroneum erleben konnten. Auch Christians Eltern, die auf der Hofstelle ihr Altenteiler-Haus bezogen haben, helfen noch fleißig mit. Einen äußerst fachkundigen Mitarbeiter hat Platzeck in Oliver Morgen gefunden. Der gelernte Pferdwirt hat seine Ausbildung im Landgestüt Redefin absolviert und ist wertvoller Helfer bei der Pferdepflege, Ausbildung der Jungtiere und der praktischen Arbeit im Wald.

Die Kaltblutzucht

Zuchterfolge

Bereits 2017 hatte Christian Platzeck beim Kaltblut-Fohlenchampionat in Brück mit Hanka II (v. Achat) und Luther (v. Lindor) beide Siegerfohlen gestellt. 2021 konnte er dort erneut einen Doppelerfolg verbuchen und mit einem Unikat-Sohn (a.d. Nelly vom Jürgenshof) und der Fred-Tochter FRIEDA (v. Hanka II) beide Siegerfohlen stellen. Das Siegerhengstfohlen von 2017, Luther (Lindor – Achat – Elias), wurde 2019 in Krumke gekört. Züchterisch machte Platzeck zuletzt Schlagzeilen mit seinem Hengst General. Dem 1,64 m großen Gustav-von Lupitz-Sohn war bei der Krumker Körung 2021, trotz seines guten Exterieurs und Bewegungsablaufs sowie seiner wertvollen Genetik (Gustav von Lupitz – Verdun – Eberhard I) die Zuchtzulassung verweigert worden. Den Richtern war sein belgisch geprägter Typ (Urgoßvater väterlicher- und mütterlicherseits: Vanqueur du Seigneur) offenbar zu altmodisch.
Sehr zur Enttäuschung des engagierten Züchters, der den braunen Hengst ganz bewusst und aus voller Überzeugung zur Körung vorgestellt hatte. Der bei der Körung bereits zwölfjährige General hat seine überragende Qualität bereits u.a. bei der Waldarbeit unter Beweis gestellt und seine Leistungsprüfung mit der Note 7,73 absolviert. In der Tat verkörpert er eher den Typ des „klassischen" Mecklenburger Kaltblüters, dessen Körperbau weniger für einen spektakulären Aktionstrab geeignet ist, aber umso mehr alle Eigenschaften eines perfekten Zugpferdes aufweist. Platzeck stellte den Hengst bei der Nachkörung in Redefin schließlich erneut vor, wo er dann doch die Zuchtzulassung erhielt.

Zuchtziel: Umgänglichkeit

Auf den umgänglichen Charakter seiner Pferde legt Christian Platzeck den größten Wert. Da spielt es für ihn auch keine Rol-

Verladen und Transport gehören für die Arbeitspferde zum kleinen Einmaleins.

StPrSt Nelly von Jürgenshof mit Oliver Morgen beim Holzrücken.

Deckhengst Unikat bei der Waldarbeit mit Christian Platzeck.

le, ob ein Hengst oder eine Stute PSSM-Anlageträger ist oder nicht. Er meint sogar, beobachten zu können, dass Träger der umstrittenen Gen-Mutation eher leistungsbereiter und -fähiger seien als Nichtträger. Gut ausgebildete, umgängliche und nervenstarke Pferde ließen sich jedenfalls bestens verkaufen und andere möchte er seinen Kunden auch nicht anbieten. Für Pferde, die sich als nicht verlässlich erweisen und für spätere Nutzer ein potentielles Risiko darstellen könnten, gäbe es immerhin noch einen anständigen Schlachtpreis ...
Die Ausbildung erfolgt zunächst einspännig, erst an der Longe und dann „sieben Tage vor dem Wagen". Bis zur Leistungsprüfung werden die Pferde nur einspännig gearbeitet. Grundsätzlich erfolgt diese Grundausbildung mit Blendklappen. Zum einen sei es von der FN vorgeschrieben, dass die Dressuraufgabe bei der Leistungsprüfung mit Blendklappen absolviert werden muss. Zum anderen aber möchte er, dass die Pferde lernen, dass sie ihm „blind vertrauen" können, auch, wenn sie ihn hinter sich nicht sehen können. Erst später werden die Pferde je nach Einsatzform oder Wunsch der Kunden an offene Kopfstücke gewöhnt.

Deckhengst Unikat bei der Waldarbeit mit Christian Platzeck.

Sehr förderlich ist die vertrauensfördernde, ruhige Art, mit der Christian mit seinen Pferden umgeht. Er scheint stets darauf bedacht zu sein, sie nicht zu überfordern. Typisch hierfür unsere Beobachtung beim Kaltbluttag, als er ansetzte, einen Gabelheuwender mit seinem Pferd rückwärts einzuparken. Bei der Anspannung war im Eifer des Gefechts etwas improvisiert worden, und Hanka II war dadurch nicht in der Lage, das Gerät ohne Probleme rückwärts zu schieben. Während viele andere angesichts der Zuschauer sich keine Blöße hätten geben wollen und darauf bestanden und es auch irgendwie geschafft hätten, die Aufgabe notfalls auch mit viel Druck zu lösen, brach er nach dem ersten Versuch ab, spannte in aller Ruhe aus und schob den Wender von Hand zurück. Zufriedenes Pferd, zufriedener Fuhrmann.

Pferdebestand

Christian Platzeck betreibt die Zucht „als Hobby", wie er sagt. Er hat sich in das Thema gut eingearbeitet, viel gelesen und kennt sich bestens aus mit Abstammungen, Hengst- und Stutenlinien. Er hat ein Gespür dafür, welche Anpaarungen passen könnten und ein Auge dafür, bereits beim Fohlen zu erkennen, wie es sich entwickeln und wohin die Reise einmal gehen wird. Platzeck ist Vertreter für Mecklenburg-Vorpommern im FN-Rasseausschuss und als Zuchtberater deutschlandweit unterwegs. Aktuell stehen etwa 20 Kaltblutpferde auf dem Platzeckschen Betrieb in Alt Schwerin.
Neben General sind es die Hengste Unikat (5) und der 19-jährige Moritzburger Landbeschäler Achat, die hier auf Station stehen. Unikat (Ursus von Haara - Arminius II - Nathan) ist der Sohn des Bundessiegers Ursus und der Bundessiegerin Augusta und war 2019 in Münster-Handorf gekört worden. Wie der Vater und die Mutter stammt auch er aus der Zucht der Eheleute Faßbender aus Kerpen (NRW), ist aber heute im Besitz von Günther Lüdders aus Alt-Schwerins Nachbarort Malchow. Der Hengst hat in Redefin 2020 die 21-Tage-Stationsprüfung absolviert und mit der überragenden Leistungsprüfungsnote von 8,88 abgeschlossen. Unikat konnte im letzten Jahr bereits 15 Nachkommen verzeichnen und stellte in seinem ersten Fohlenjahrgang sowohl den Sieger als auch den Reservesieger der Hengste beim Brücker-Fohlenchampionat. Ausgestattet mit bestem Interieur und hoher Leistungsbereitschaft bewährt

sich der Hengst auch beim Holzrücken, wovon wir uns selbst ein Bild machen konnten (s.o.).
Dem bereits 19-jährigen Pachthengst Achat bescheinigt Platzeck einen „Super-Charakter". Zu den 150 Nachkommen des Ausnahmehengstes und Moritzburger Landbeschälers – darunter sieben gekörte Hengste – zählt auch Platzecks Erfolgsstute Hanka II. Deren Mutter, die Elias-Tochter StPrST Hella, war 2005 Bundesreservesiegerin (Züchter: Landgut Elbeland, Axien).

Die Platzecksche Zucht basiert aktuell auf neun Zuchtstuten. Neben der bereits erwähnten Nelly vom Jürgenshof sind es u.a. die 16-jährige StPSt Nathans Sonne (16) und die Vollschwester des Hengstes Landmesser, die achtjährige Landlady I.

Pferdehaltung und Landschaftspflege

Die Deckhengste und Stuten mit frisch geborenen Fohlen sind zum Zeitpunkt unseres Besuches in Boxen untergebracht, sie bekommen ihren täglichen Auslauf auf der Hofwiese. Alle anderen Pferde genießen 24-Stunden-Weidegang. 75 Hektar gekoppelte Weiden stehen hierfür im Naturschutzgebiet rund um den Drewitzer See, einem Natura-2000-geschützten, kalkreichen Klarwassersee mit seltenen Pflanzen- und Tiergemeinschaften im Naturpark Nossentiner/Schwinzer Heide zur Verfügung. Früher betrieben die Platzecks hier mit ihren Schafen die Landschaftspflege. Von den einst 250 Mutterschafen mit Nachzucht sind heute noch etwa 40 Suffolks übrig geblieben, ergänzt von sechs bis acht Rindern. Den größten Teil der Landschaftspflege durch Beweidung übernehmen heute die Kaltblutpferde, durchschnittlich etwa 20 an der Zahl. Eigentümer der Fläche ist die Reepsholt-Stiftung, die sich laut Satzung für „die Förderung des Naturschutzes, die Erhaltung und Pflege der Kulturlandschaft sowie für eine umweltgerechte, nachhaltige Ressourcennutzung im Naturpark Nossentiner/Schwinzer Heide und seinem Umfeld einsetzt".

Bei einer kleinen Rundfahrt passieren wir eine sechsköpfige Herde von Jährlingen, auf einer zweiten Weide sehen wir einen zweijährigen Hengstanwärter mit Weidepartner und auf einer kaum übersehbaren, schier endlosen Weide stehen sieben Zuchtstuten.
Insgesamt bewirtschaftet und pflegt der Betrieb etwa 150 Hektar Naturschutzwiesen, wofür auch große, leistungsfähige Maschinen zur Verfügung stehen. Gemäht wird nur einmal im Jahr, erst ab dem 1. Juli. Das ergibt etwa 800 bis 900 Ballen grobes Heu, das den Pferden *ad libitum* zur Verfügung gestellt wird.

Waldarbeit

Das Ministerium für Klimaschutz, Landwirtschaft, ländliche Räume und Umwelt Mecklenburg-Vorpommern fördert aktuell das Holzrücken mit Pferden mit einem Zuschuss in Höhe von 4 Euro je Erntefestmeter. Förderberechtigt sind die Pferderücker selbst, die bei einem Mindestförderbetrag von 250 Euro jedoch mindestens 62 gerückte Festmeter im Jahr nachweisen müssen. Kein Problem für Christian Platzeck, der zusammen mit Oliver Morgen in diesem Jahr bereits mehr als 2000 Festmeter mit Pferden gerückt hat. Die Tarife für diese Arbeit schwanken je nach Bedingungen und Rückentfernung, können aber bis zu 15 Euro pro Festmeter betragen. Um ein einträgliches Einkommen zu erzielen, müssten Fuhrleute und Pferde schon Leistung bringen, aber es lohne sich durchaus, erklärt Platzeck. Es sei jedenfalls einträglicher als die Schafhaltung, die er auch aus Frust über einen fürchterlichen Wolfsriss, den er nicht entschädigt bekommen hatte, stark dezimiert hat.
Wir begleiten Christian Platzeck und Oliver Morgen in ein nahe liegendes Waldstück. Mit dabei: Nelly (6) und Unikat (5). Die beiden Pferde werden direkt nach dem Abladen vom Pferdeanhänger eingeschirrt, beide arbeiten mit Brustblattgeschirren

und tragen Kopfstücke mit Blendklappen. Sie tragen Postkandaren und werden mit langen, hinten offenen Doppelleinen gelenkt, die linke und rechte jeweils unterschiedlich gefärbt. Es ist an diesem Tag kein normaler Arbeitseinsatz und es besteht keinerlei Leistungsdruck. Extra für uns waren in unmittelbarer Hofnähe einige Kiefern aufgearbeitet worden, die später bei Platzecks als Brennholz Verwendung finden sollen. Während der Stute anzumerken ist, dass sie noch nicht allzu oft im Wald eingesetzt worden ist und sie beim Warten und Stehen während der Lastbildung noch etwas ungeduldig wirkt, zeigt sich der fünfjährige Hengst bereits recht routiniert. Beide Pferderücker gehen ruhig aber bestimmt mit ihren vierbeinigen Kollegen um. Keine lauten Kommandos, kein Geschrei, der einzige Lärm kommt von der nahegelegenen Autobahn. Die Stämme waren in Vier-Meter-Abschnitte abgelängt worden und Stammstück für Stammstück gelangt zügig und scheinbar mühelos aus dem Bestand an die Rückegasse. Gerückt wird grundsätzlich einspännig, nicht nur heute. Für richtig schwere Stämme steht eine Dreipunkt-Seilwinde zur Verfügung, damit Aufträge auch komplett erledigt werden können, ohne einen anderen Maschinenrücker zur Hilfe holen zu müssen.
Platzeck sieht die Zukunftsaussichten für die Pferdearbeit im Wald sehr optimistisch und hat vor, sein Engagement auszubauen. Dazu gehört auch die Bodenbearbeitung.
Etwa neun Hektar hat der Betrieb in diesem Jahr schon mit dem Waldpflug bearbeitet. Zur Förderung der Naturverjüngung oder Vorbereitung nachfolgender Handsaat oder Pflanzung stehen zwei selbstgebaute Modelle zur Verfügung: ein großer Aufsitzpflug und ein kleiner zum Fahren vom Boden. Beide sind mit auffallend breiten Vorderkarren ausgestattet, an denen die stabilen Pflugbäume mit einer festen Führung so verbunden sind, dass die Gefahr des Umstürzens minimiert wird. Als Pflugkörper für den Streifenpflug wurden jeweils ein linker und ein rechter Traktor-Pflugkörper zusammengeschweißt. Ausgestattet mit großen Scheibensechen laufen die Pflüge bei freiem Grund stabil und ruhig, überwinden aber auch größere Hindernisse, ohne dabei umzustürzen oder sich festzuhaken. Je nach Untergrund werden sie mit entsprechend schweren Gewichten belastet.

Zukunftsfähig

Wie beim Holzrücken sieht Platzeck auch im Bestandesumbau einen wachsenden Markt für seine Arbeitspferde. Dasselbe gilt für die Nachfrage nach gut ausgebildeten, vielseitig einsetzbaren Kaltblutpferden generell. Zurzeit sei er ausverkauft, berichtet er zufrieden. Sein Konzept, auf ein Dreinutzungs-Kaltblut zu setzen – Zucht, Landschaftspflege und Verwendung in Arbeit und Freizeit – hat offenbar Erfolg. Die Zukunft kann kommen.

Forstarbeiter Christian Aigner trägt mit seiner Pferdearbeit im Quellgebiet der I. Hochquellenwasserleitung mit dazu bei, dass aus Wiener Wasserhähnen sauberes Wasser fließt. **Foto:** Carina Walter

Wien setzt auf Arbeitspferde

Die Fiaker verlieren in der österreichischen Bundeshauptstadt ihr Monopol als Arbeitsgespanne. In Wiens Wäldern kommen wieder vermehrt Kaltblutpferde zum Einsatz

aus: STARKE PFERDE 93, 2020

Mit aktuell 1.500 Festmetern Holz pro Jahr, die in Wien mit Pferden gerückt werden, hat sich die Stadt Wien zum größten öffentlichen Auftraggeber für Pferderücker in Österreich entwickelt. Mengenmäßig soll dies sogar noch ausgebaut werden. Derzeit setzen die Wiener Förster auf drei Profis aus den Mitgliederreihen der Österreichischen Interessensgemeinschaft - ÖIPK. Wir wollen hier die Hintergründe beleuchten und die Fuhrleute Christian Aigner, Branko Hug und Hannes Stippich sowie ihren Einsatzbereich näher vorstellen.

Der Kärntner Agraringenieur und Landwirt Hannes Stippich ist mit seinen Norikern viel in den Naherholungsgebieten Wiens aktiv. **Foto**: Paul Nigsch

Von Matthias Weiländer

Kaum eine andere europäische Großstadt hat so viel öffentliches Grün wie die Weltmetropole Wien. In der Auflistung der zehn größten Waldbesitzer Österreichs findet man - für viele vermutlich unerwartet - die Stadt Wien im Flächenvergleich mit stattlichen 28.000 Hektar direkt hinter den österreichischen Bundesforsten auf Platz zwei. Davon liegen 31 Prozent im Stadtgebiet, der Rest sind die Quellschutzwälder, die für das Wiener Trinkwasser sorgen.
Betreut wird dieser Bereich von der Magistratsabteilung 49 (MA 49), dem Forst- und Landwirtschaftsbetrieb der Stadt Wien. Dieser hat die Aufgabe, diese wichtige Lebensgrundlage für die Wiener Bevölkerung nachhaltig zu sichern. Betreut und bewirtschaftet werden Wälder, Wiesen, Gebirgsflächen, Gewässer, Felder und sogar eigene Weingärten. Die Erhaltung der stadtnahen Erholungswälder sowie die Errichtung von Er-

Die Werbung für den Pferdeeinsatz im Wald hat Hannes Stippich - auf dem Foto im wahrsten Sinnen des Wortes - auf seine Fahnen geschrieben.
Foto: Paul Nigsch

holungsgebieten und Grünverbindungen mit neuen Wäldern und Wiesen in den Stadterweiterungsgebieten sind laut eigenen Angaben die zentralen Aufgaben der MA 49. Die Wälder Wiens bieten attraktive und vielfältige Freizeitmöglichkeiten. Aussichtswarten, Spielplätze, Tiergehege, Umweltbildungseinrichtungen und Wanderwege werden für die Bevölkerung und Besucher errichtet und erhalten. Die Bemühungen finden auch internationale Anerkennung. So wurde Wien 2019 zum zehnten Mal in Folge zur lebenswertesten Stadt der Welt mit der höchsten Lebensqualität gekürt.

Hannes Stippich

Gerade diese vielseitige Nutzung der Wälder als Naherholungsgebiet bringt die Arbeitspferde ins Spiel. Bei einem persönlichen Lokalaugenschein in den Wäldern des Lainzer Tiergartens und des angeschlossenen Maurerwaldes konnte ich Hannes Stippich mit seinen vier Norikerpferden bei der Arbeit live inmitten von freizeitsuchenden Wienern besuchen. Seine Pferde sind der zwölfjährige Nero, der zehnjährige Max und die beiden jungen fünfjährigen Stan und Olli. Kinder toben am Spielplatz, Hundebesitzer führen ihre Schützlinge aus, Walker, Läufer, Familien mit Kinderwagen: Es herrscht rege Freizeitnutzung in den Wäldern Wiens. Die Pferde zeigen sich davon recht unbekümmert, wenngleich die Menschen sehr wohl auf die Pferde reagieren, nämlich auffallend positiv. Teilweise kennen sie die Pferde bereits beim Namen, fragen, wo der schöne Rappe vom letzten Mittwoch denn heute ist. Er hat seinen freien Tag. Die Pferde werden alternierend eingesetzt und bekommen auch ihre verdiente Erholungszeit. Bereits im dritten Jahr ist der gelernte Agraringenieur und Landwirt aus Kärnten hier in den Wiener Wäldern mit seinen tierischen Mitarbeitern anzutreffen. Die Besucher halten Smalltalk mit dem Fuhrmann und loben die Stadt Wien und die MA 49 für den umsichtigen Einsatz der Pferde in der Holz-ernte. Der Verzicht auf schwere Maschinen ist gut für den Waldboden. Die

Knapp 1,3 t wiegt dieser Eichen-Stammholzabschnitt, den Branko Hug mit Ben auf kurze Distanz an eine Rückegasse befördert. **Foto:** Alexandra Asvanyi

Pferdearbeit hinterlässt wenig Spuren, diese dienen sogar eher der natürlichen Verjüngung des Waldes und sorgen so für vermehrten Aufwuchs. Den noch jungen Bäumen kann mit den wendigen Pferden gut ausgewichen werden und die Wege werden auch nicht beschädigt. Wir Pferdefreunde kennen all diese positiven Argumente, doch speziell in den Wiener Wäldern sieht dies auch eine breite Öffentlichkeit und Stippich ist unermüdlich, fast wie ein Waldpädagoge und klärt die interessierten Passanten über die Pferdearbeit in der Moderne auf. Die bereits gefällten Stämme werden endgerückt und direkt vom Holzhändler abgeholt. Der Pferderücker nutzt

Pferderücker Christian Aigner beim Anhängen einer Last, neugierig beobachtet von Noriker Bennie.
Foto: Carina Walter

neue Geschirre mit Schwebeortscheiten und hat keine Kosten und Mühen gescheut, um effizient und pferdeschonend auftreten zu können. Auch in seiner Kärntner Heimat ist er sehr bemüht, die Förster und Waldbesitzer von den positiven Effekten der Pferdearbeit im Forst zu überzeugen. Er schult auch Praktikanten und empfiehlt schon einmal den einen oder anderen Kollegen für Arbeitsaufträge mit Pferden. So wird ihn der Kärntner Holzrücker Rene Posautz in den nächsten Monaten in Wien unterstützen.
Der Werbung für das Holzrücken mit Pferden gilt Stippichs besondere Liebe. So engagiert er sich mit dem Verband der Ländlichen Reiter und Fahrer in Österreich als Veranstalter und nimmt mit dem Team Kärnten an verschiedensten Wettbewerben teil. Auch weite Fahrten mit seinem eigens für den Pferdetransport umgebauten LKW nimmt er in Kauf und war auch schon einige Male auf der PferdeStark in Wendlinghausen mit dabei. Gesellig und eloquent ist Hannes Stippich, einer der wohl Fleißigsten der neuen Generation der Fuhrleute in Österreich und ein absoluter Förderer der österreichischen Arbeitspferdeszene.

Branko Hug

Auf der nördlichen Seite der Westeinfahrt, nahe Neuwaldegg ist ein anderer Fuhrmann mit seinen Pferden in den Wiener Wäldern im Einsatz. Der gebürtige Schweizer Branko Hug ist mit Umwegen über Bayern nach Österreich gekommen und durch die aktuell gute Auftragslage wird er in der nächsten Zeit samt seiner Lebensgefährtin auch im Osten Österreichs, genau genommen in Altenburg im Waldviertel, wegen eines Großauftrags für seine Pferdearbeit bleiben. Der erfahrene Pferdemann betreibt diese Arbeit mittlerweile seit sieben Jahren hauptberuflich und schafft so gute 3.000 Festmeter Holz im Jahr. Er arbeitet mit drei kräftigen Hengsten: Jo, ein 13-jähriger Ardenner, der auch der Vater der beiden anderen Hengste ist, den Ardenner-Freiberger-Mischlingen Apart (sechs Jahre) und dem fünfjährigen Ben. Auffallend ist ihr kompakter Körperbau. Die Tiere sind athletische Zugmaschinen und sind schon einmal imstande, einen Baum mit 1.300 Kilogramm alleine zu ziehen. Hengste sind für ihn ausgeglichener, weniger zickig und verlangen, sehr ehrlich mit sich selbst zu sein. Branko Hug ist gelernter Forstarbeiter und hat schon viel erlebt. Schon als Kind und Jugendlicher hat er bei Besuchen bei seiner kroatischen Großmutter viel von Arbeitspferden mitbekommen, leider auch das rasche Verschwinden der Gespanne nach den Jugoslawien-Kriegen in den 1990iger Jahren. Er hat in einer Sägerei gearbeitet und kennt sich damit aus, was man aus Holz alles machen kann.
Hug hat schon für die verschiedensten Auftraggeber gearbeitet und schätzt die guten Bedingungen für die Pferderücker in Wien. Auf die Frage, wohin sich die Arbeitspferdeszene entwickeln wird, antwortet er mit einem schönen Vergleich: „Arbeitspferde sind zwar ein Nischenangebot, aber wie Bleistifte in einem Büro, wird es dieses immer geben." Gerade für den Umbau des Waldes in Dauerwälder mit altersdurchmischten Baumbeständen sind Pferde für ihn eine sinnvolle Alternative.

Christian Aigner

Der Dritte im Bunde ist Christian Aigner, ein angestellter Forstarbeiter bei den Wiener Forstbetrieben aus Gloggnitz. Er arbeitet aber nicht in der Stadt selbst, sondern in einem der Quellgebiete der I. Hochquellenwasserleitung, die Wien mit Wasser aus der Region der niederösterreichisch-steirischen Alpen, genauer aus dem Schneeberg, der Rax und der Schneealpe, versorgt.
Ohne Pumpen, allein durch das natürliche Gefälle, wird das Wasser von dort in die Stadt geleitet. Wegen des großflächigen Quellschutzes ist es von ausgezeichneter Qualität und muss nicht mehr aufbereitet werden.
Die Wälder im Quellschutzgebiet sind gebirgig und schwieriges Gelände. Sie sind das Einsatzgebiet von Christian Aigner und seinen Pferden. Sein Arbeitsteam besteht aus drei Norikern: dem sechsjährigen Pertl, dem achtjährigen Benni und der nur noch selten eingesetzten 22-jährigen Gerti.

Die Aufgaben hier sind sehr vielfältig und verlangen das ganze Können des Forstprofis. Das Gebiet ist sehr groß, aber als langjähriger Mitarbeiter ist er ortskundig und fachlich natürlich sehr gut für diese Aufgabe geeignet. Auch körperliche Fitness ist in den teils sehr schwierigen Lagen gefragt.
Aigner erledigt die Baumpflege entlang von engen und meist steilen Wanderwegen, das Vorliefern zum Seilkran und das Beseitigen von Käfernestern. Besonders für Erstdurchforstungen schätzen die Arbeitgeber die Pferde im dichten Bestand, um Rückegassen auszusparen.
Wo Waldwirtschaft ist, ist auch die Jagdszene. So wird der Pferderücker oft auch mit der Wildbringung beauftragt und ist bei der Errichtung und für den Transport von Bauten zur Reviereinrichtung im unwegsamen Gelände mit seinen Pferden im Einsatz. Ihm gefällt besonders gut, dass Pferde zu einem guten Arbeitsklima beitragen und eine beruhige Wirkung haben. In Zukunft möchte er, dass die Pferdearbeit wieder populärer wird und auch von anderen Forstbetrieben angenommen wird.

Waldarbeit ist nicht immer idyllisch: Branko Hug mit seinem Noriker Ben arbeitet hier direkt an der Höhenstraße, einer Aussichtsstraße am Stadtrand, die über die Berghänge im Westen von Wien durch den Wienerwald führt.
Foto: Alexandra Asvanyi

aus STARKE PFERDE 100, 2021

Hang ist nicht gleich Hang

In Hang- und Steilhanglagen ist das professionelle Rückepferd wegen seiner Kletterfähigkeit und Wendigkeit anhaltend gefragt. Doch Hang ist nicht gleich Hang und jeder steile Arbeitsplatz im Wald stellt die Pferderücker vor andere Herausforderungen, wie diese Bilder aus Österreich zeigen.

Oben: Oswald Stadler, genannt „Tata". Ihn zieht es schon seit vielen Jahren zu den stärksten Pferden hin. Hier ist Tata mit seinen Percheron-Hengsten beim Holzrücken in Hanglagen in Axams in Tirol zu sehen. **Foto:** Stadler

Links:
Arbeiten im Schräghang ist eine ganz besondere Herausforderung. Thomas Zechner aus dem Drautal in Kärnten hat hier seine Rückegasse mit Stämmen gesichert, die das gefürchtete seitliche Abrollen der Rückelast verhindern. **Foto:** Zechner

Rechts:
Eine Durchforstung in sehr engem Föhrenbestand in Totzenbach in Niederösterreich hat Matthias Weiländer aus Niederösterreich mit seinen Pferden gut gemeistert und dabei viele Höhenmeter zurückgelegt. **Foto:** Weiländer

Hans Herzog und die Pferdearbeit im Gebirge

Die Kletterkünstler

Rückepferd versus Seilkran heißt es im Land der Hänge

Oben: Nur selten wird am Hang bergauf gearbeitet. Wenn sich aber beim Abwurf ein Stamm verkeilt hat, muss er mit dem Pferd wieder zurecht gerückt werden. Mit einem gezielten Schlag auf den Streifhaken wird er dann vom Pferd gelöst und rollt Richtung Polterplatz von selbst den steilen Abhang hinunter.
Fotos: Matthias Weiländer

aus SP 100, 2021

Was haben Jodeln und Skifahren mit alpiner Pferdeholzrückung gemeinsam? Man braucht dazu Berge, Hügel und Hänge. Davon gibt es im Gebirgsland Österreich mehr als genug und das prägt natürlich auch die Waldarbeit der Fuhrleute mit ihren Pferden. Was auf den ersten Blick sehr beschwerlich und gefährlich aussieht – was es sicherlich auch ist – hat seine physikalischen Vorzüge, und die Herausforderung durchaus ihren Reiz: So mancher Gebirgsholzrücker würde im Flachland nicht glücklich werden. Wir haben Hans Herzog, den wohl bekanntesten Pferderücker Österreichs, in Taxenbach besucht und ihm einen Tag lang bei seiner spannenden Arbeit im Steilhang über die – gar nicht so breiten – Schultern sehen dürfen.

Von Matthias Weiländer

Eigentlich wollte ich nur ein kurzes Gespräch mit dem Pferderücker Hans Herzog über die Arbeit im Steilhang führen und um ein paar Fotos bitten. Das habe ich alles bekommen und noch deutlich mehr. Ich habe viel erfahren über seine bewegte Lebensgeschichte und das Know-how, das er sich in 27 Jahren Praxis als hauptberuflicher Pferderücker angeeignet hat.

Nach meinem Anruf fahre ich also in den Pinzgau, in die Ursprungsregion des Norikers, der früher sogar „Pinzgauer“ genannt wurde.
„Komm schon am Vorabend, dann haben wir Zeit zu reden“, hatte ich den Salzburger Dialekt von Hans übersetzt. Mich erwartet ein freundliches Paar beim Biertrinken auf der Terrasse in Taxenbach und Gespräche bis tief in die Nacht, wohlwissentlich, dass es um 5 Uhr in der Früh mit dem Tagwerk wieder los geht.

Als Mitarbeiter im Sägewerk seines Onkels wollte sich Hans einst mit einem Seilkran selbständig machen, doch dann suchte die damalige Firma Hoyer einen Pferderücker für einen Winter. Herzog hat angenommen und bis heute nicht wieder damit aufgehört. In seinem stärksten Jahr hat er mit zwei Pferden etwa 6.400 Festmeter Holz gerückt. Das waren im Tagesschnitt beachtliche 30 Festmeter! Wie er das schafft? Das Erfolgskonzept besteht aus mehreren Faktoren, wie ich mich in der Praxis überzeugen konnte.

Der mit dem Holz tanzt: Geschickt rollt Hans Herzog die Stämme zum Abhang.

Das Wissen um die speziellen Anforderungen der Arbeit im Hang hat Hans perfektioniert. Er nutzt die Schwerkraft, wo es nur geht. Ab einem bestimmten Neigungswinkel werden die Stammholzabschnitte per Sappie den Berghang abwärts gerollt oder wie man umgangssprachlich sagt: „geholzt". Mit dem Pferd wird nur bis zur Geländekante gerückt. In das ganz steile Gelände muss er nur, wenn sich die Stämme verkeilen; dann wird aber eher bergauf gezogen und der Stamm nur korrigiert. Mit einem gezielten Schlag auf den hinteren Teil des Streifhakens löst das Holz sich vom Pferd und stürzt dann gezielt den Berg hinunter. Der eine oder andere Frischbaum wird in diesem Fallbereich als natürliche Bremse genutzt und später gefällt. Herzog nimmt Aufträge an mit einer Zugstrecke von bis zu 150 Metern; im Ausnahmefall können es auch schon mal 200 Meter sein. Wenn das Gelände es verlangt, wird auch in Etappen gerückt: geholzt und dann wieder gezogen. Der Weg bis zum „Abwurf" ist meist selbst schon ein Hang, nur nicht ganz so steil. Hier entsteht durch die natürlichen Gegebenheiten eine etwas geschlungene Rückegasse oder besser gesagt, eine Rückebahn. Bei einem Rückezyklus werden immer gleich mehrere Stämme

Herzog macht sich die „Leichtigkeit der Schwerkraft" zunutze; sie gehört zu seinem Rückekonzept: Das Pferd liefert die Stämme zum Abwurfhang, wo sie von selbst ins Tal rollen oder schießen. Das Poltern erfolgt dann im Anschluss meist händisch mit dem Sappie.

im Paket zusammen transportiert. Ein seitliches Rollen kommt so eigentlich nicht mehr vor. An Herzogs Rückegehänge sind insgesamt neun Streifhaken befestigt. Dieses Verfahren klappt bei Ausformungen von drei bis fünf Metern Stammlängen ausgezeichnet; Langhölzer sind für das Holzen weniger geeignet. Auf die Frage, warum genau diese bestimmten Plätze ausgewählt wurden, antwortet er: „Weil es nur dort gut geht". Im Laufe der Jahre hat er dafür den gewissen Blick und die nötige Erfahrung. Er „liest" das Gelände, wägt Risiken ab und wählt den Gegebenheiten entsprechend den Rückeweg. Vom Fällort bis zum Polterplatz muss die Strecke genau geplant sein, denn jeder Abschnitt des Weges trägt zum erfolgreichen Gelingen bei. Die **Rückeplanung** ist also ein wesentlicher Teil der Arbeit. Gepoltert wird mit dem Pferd oder händisch mit dem Sappie, je nach Neigungslage und Gelände. Auf dem Weg zurück in den Bestand verschafft er sich bereits einen Überblick über die Stämme, die er gleich mitnehmen könnte und überlegt, wie er die nächste Fuhre optimal zusammenstellen kann.

Im Triathlonsport ist die Zeit in der Wechselzone wesentlich für das Gesamtergebnis. Ähnlich ist es beim Holzrücken, es zählt **die Geschwindigkeit beim An- und auch beim wieder Abhängen**. Hans ist darin Profi und es ist eine wahre Freude, ihm dabei zuzusehen. Fast automatisch setzt er in der Aufwärtsbewegung der Hände geschickt den Haken mit einem seitlichen Schlag an und mit einem, manchmal einem zweiten, horizontalen, schwungvollen Schlag sitzt der Streifhaken tief im Holz. Ich habe es mit aller Kraft probiert, aber es ist mir nicht in der gleichen Effizienz gelungen. Ich habe deutlich mehr Schläge benötigt und auch nicht so exakt getroffen. Das kostet viel Kraft und treibt den noch hohen Pulsschlag vom Bergaufweg noch weiter hoch. Bei Hans wirkt das fast mühelos und es steht ihm kaum eine Schweißperle auf der Stirn. Ich bin zwar körperliche Anstrengung gewöhnt, aber dieses Ausmaß an Höhenmetern, Distanz und Kraftaufwand ist schon speziell. Hans dagegen bewegt sich am Hang wie eine Gämse und ist flink wie ein Wiesel. Er bringt gerade mal 62 Kilogramm auf die Waage und ist bereits 61 Jahre alt. Seine **körperliche Kondition, Koordination und die geschmeidigen Bewegungen** kommen nicht von irgendwo, war er doch in jungen Jahren auch österreichischer Judo-Staatsmeister. Vor einigen Jahren hatte er einmal eine Verletzung am Knie, seither arbeitet er mit einem künstlichen Gelenk. Irgendwelche Einschränkungen merkte ich ihm nicht an.
Die Streifhaken stellt er selbst her und schneidet sie selbst aus, um mehr Biegung zu erreichen als die im Handel erhältlichen Standardhaken. Jeder ungewollt gelöste Haken kostet unnötige Zeit, das will vermieden werden.
Der **Gehorsam und die Mitarbeit des Pferdes** sind ebenso ein wesentlicher Teil für den Erfolg – und besonders beeindruckend! Es ist, als ob die Pferde die Arbeit verstehen würden. Sie klettern geschickt – selbst über Stämme am Polter, kennen den Abwurfplatz, bleiben jedesmal an der richtigen Stelle stehen und warten geduldig auf den manchmal 30 Meter hinter ihnen laufenden Fuhrmann.
Gearbeitet wird am Stoßzügel, welcher allerdings kaum Verwendung findet, da die Pferde fast ausschließlich auf Stimme gehen. Der lange Aufzug im Gebiss ist mehr Gewohnheit als Notwendigkeit, was auch die relativ lockere Kinnkette unter-

streicht. Das Kumt ist ein amerikanisches Modell und der Überwurf „Marke Eigenbau" aus einem Stück Förderbandgewebe ausgeschnitten. Als Zugstränge verwendet Hans Hebeschlingen aus dem Transportwesen, die er im Fachmarkt besorgt und einfach austauschen kann.
Er setzt auf nicht zu schwere Noriker, 750 bis 790 kg seien das Idealgewicht. Wichtig ist ihm der Charakter und der Menschenbezug. Interessant ist auch seine **Ausbildungsmethode**. Jedes Pferd wird alleine angelernt, ohne zweites Pferd. Nach der Gewöhnung an die Zugstränge wird zum Training eine Ansenkonstruktion (Scherbäume) ohne Wagen verwendet. Das Warten und Stehenbleiben wird besonders geübt, „das muss ein Rückepferd perfekt können", ist Hans überzeugt. Er ist konsequent in der Erziehung, aber nie grob. „Das Pferd muss wissen, dass es dir zu 100 Prozent vertrauen kann und du ihm nichts Böses tust. Schläge würden das Pferd nervös und ängstlich machen. So etwas kann man bei der Waldarbeit nicht gebrauchen. Da musst du wissen, dass das Pferd steht, wenn du ihm sagst, dass es stehen soll." Dieses fast blinde Verständnis könne man nur durch Vertrauen und niemals durch Gewalt schaffen, ist er sich sicher.

Als Pferderücker hat Hans bereits in allen neun österreichischen Bundesländern und im benachbarten Bayern gearbeitet. Zehn Tage auf Achse und vier Tage zuhause, das war jahrelang sein Rhythmus. Seine Aufträge bekommt er heute als Subunternehmer von Hoyers Nachfolgefirma Alpenholz. Dort wird entschieden, welches Rückeverfahren der Wirtschaftlichkeit am dienlichsten ist. Diese **Firmenkooperation** ist ebenso ein wichtiger Teil seines Konzeptes, erspart er sich doch die Kundenakquisition und die Besichtigungen der neuen Aufträge. Auch die Vermessungen, die er selbst sehr gut einschätzen kann, stimmen überein und er bekommt 80 Prozent des Honorars als Abschlagszahlung akontiert.

Bei Aufträgen im Gebirge muss oft zwischen Seilkrananlage und Holzrückepferd entschieden werden. Einen Kran aufzustellen und einzurichten, ist sehr aufwändig und lohnt sich erst ab einer gewissen Holzmenge. Auch müssen entlang der Trasse Bäume gefällt werden, wobei je nach Bestand zusätzlich bis zu 50 Festmeter wertvolles Frischholz anfallen kann. In Zeiten niedriger Holzpreise wird dies gerne vermieden, wenn es die Alternative der tierischen Zugkraft gibt. In den 1970er Jahren lag der Preis umgerechnet bei mehr als 100 Euro pro Festmeter Fichte guter Qualität. Derzeit, 50 Jahre später, liegt der Holzpreis bei etwa 115 Euro. Laut Hans müsste er eigentlich bei 180 Euro liegen.

Die Schadholzrückung mit dem Pferd ist seiner Meinung nach ideal. Der Pferdeeinsatz sei für verstreute Lagen und kleinere Mengen von meist um die 15 Festmeter perfekt, da käme keine Maschine mit, ist er sicher.

Sein Arbeitsleben teilt sich Hans zurzeit mit seinen vier Norikern Jup (17 Jahre), Luki (13 Jahre) und den beiden fünfjährigen Lehrlingen Peter und Paul. Er hat immer ein routiniertes Paar, das gut zusammenpasst sowie ein Reserve-Paar in Ausbildung. In der Vergangenheit hat er davon immer wieder gut ausgebildete Pferde verkauft.
Der Tagesablauf hat seinen festen Rhythmus: Um drei Uhr in der Früh wird täglich gefüttert. An fünf, manchmal auch sechs Tagen in der Woche, werden die Pferde um sechs Uhr in der Früh in einen umgebauten Kühl-LKW verladen. Mit einem Pferdeanhänger hätte er auf den kurvigen und steilen Forstwegen im Gebirge keine Chance, meint Hans. Um sieben Uhr soll es mit einem Pferd im Wald mit der Arbeit losgehen, vier Stunden bis zur Pause um elf Uhr. Dann gibt es „zum Auffüllen der Batterien" Deftiges für Hans zu essen und einen großen Eimer voll Selbstgemischtem für die Pferde. Ab zwölf Uhr geht es dann mit dem zweiten Pferd wieder los bis etwa 17 Uhr.

Herzogs Ausrüstung ist einfach aber zweckmäßig: Stoßzügel, amerikanisches Kumt, Überwurf und neun Streifhaken Marke Eigenbau. Der Pferderücker hat alle Alternativen vom Rückewannen über Rückeketten und Schwebeortscheit probiert, bleibt aber bei Streifhaken und Sappie.

Echte Chance

Alles in allem war der Besuch bei dem Rückeprofi Hans Herzog für mich einer der interessantesten der letzten Jahre. Es ist beachtlich, mit welcher Konsequenz und Professionalität er trotz seines Alters diese anstrengende Arbeit erledigt und noch keine Anzeichen von Müdigkeit zeigt. Ein Generationswechsel wird aber sicher irgendwann anstehen.

Das von ihm praktizierte Arbeitsverfahren ist vorbildlich und wird seit vielen Jahren gut nachgefragt. Für Nachahmungswillige könnte eine solche Arbeit daher eine echte Chance darstellen. Ich halte es für sehr wichtig, das Wissen über sein erfolgreich praktiziertes Modell an junge Kollegen weiterzugeben. Die ersten Gedanken und Ideen dazu sind gesponnen. Danke Hans!

Zweispänner vor einem hydraulischen Kranwagen. Die schwedische Anspannung kommt ohne Deichsel und Spielwaage aus. Gezogen und gelenkt wird mit einem speziell ausgeklügelten Zuglanden-System.

Pferderücken in Schweden

Schweden ist ein Land mit einer langen Tradition der Waldarbeit mit Pferden. Wie in allen europäischen Ländern ging aber auch in Schweden die Anzahl der Arbeitspferde seit der Einführung der Traktoren zurück. Doch Pferderücker und Privatwaldbesitzer mit eigenen Zugpferden blieben immer ein Teil der schwedischen Forstwirtschaft. Ihre Arbeit ist fundiert, hochprofessionell und wird staatlich gefördert.

Von Lars Göran-Göransson

Schätzungsweise 200 000 Festmeter der insgesamt 80 Millionen Festmeter, die jährlich in Schweden geerntet werden, werden mit Pferden gerückt – hauptsächlich in Durchforstungen. Forstunternehmen und Waldbesitzer haben das Pferd als Arbeitspartner mehr auf dem Schirm als ihre Kollegen in anderen europäischen Ländern.

Mit dem Pferd im eigenen Wald

Etwa die Hälfte der schwedischen Wälder ist in privater Hand. Die vielen tausend Waldbesitzer können große Forstbetriebe beauftragen, ihre Flächen zu bewirtschaften und das Holz für sie zu verkaufen. Eine große Zahl von Waldbesitzern mit kleinen Flächen nutzen ihren Wald zur Selbstversorgung mit Brennholz und setzen dafür eigene Zugpferde und einfaches Equipment ein. Das Wissen über die Arbeit mit Pferden ist in der schwedischen Gesellschaft (noch) weit verbreitet. Leicht zugängliche Ausbildungsangebote stellen das Tierwohl sicher.

Gewerbliche Holzrücker

Die meisten Pferderücker sind selbstständig und rücken Industrie- und Sägeholz im Auftrag von Privatwaldbesitzern, Forstgemeinschaften oder dem Staatsforst. Üblicherweise werden die Stämme bereits im Wald fertig aufgearbeitet und auf die gewünschten Längen eingeschnitten. Einige wenige Unternehmer arbeiten mit dem Pferde-Prozessor motormanuell vorgefälltes Holz aus Durchforstungen selbst auf.

Besonders in Naturschutzgebieten und in Stadtnähe ist das Holzrücken mit Pferden sehr gefragt. Besucher und Wanderer schätzen es sehr, dass Pfade, Wege und das Gelände durch die Pferdearbeit nicht geschädigt werden, wie es beim Maschineneinsatz oft der Fall ist. Die Pferde ziehen die Aufmerksamkeit der Öffentlichkeit auf sich und erfahren große Wertschätzung.

Einige Profis schaffen es, fast das ganze Jahr über ausgelastet zu sein. Ungefähr zwanzig Unternehmer sind ganzjährig mit ihren pferdegezogenen, hydraulischen Kranwagen unterwegs. Um die Pferde auch im Sommer auszulasten, ist das Rasenmähen in Parks und öffentlichen Anlagen ein beliebter Job der Pferdeunternehmer.

Pferde und Ausrüstung

In Schweden ist es üblich, für Zugarbeiten regionale Rassen wie Schwedenardenner, Nordschwedische Pferde, Norweger oder Kreuzungen dieser Rassen einzusetzen. Einige Vollzeit-Holzrücker, die mit hydraulischen Kranwagen oder sogar Prozessoren arbeiten, bevorzugen schwerere Zugpferde wie belgische Ardenner oder Brabanter, die durch ihre Masse über die nötige Zugkraft verfügen. Der Pferdemarkt hat sich in der letzten Zeit verändert. Die Preise für gut ausgebildete Pferde sind gestiegen, weshalb Züchter ihre Tiere meist nach der Ausbildung verkaufen.
Standardmäßig wird für die Zugarbeit das Skandinavische Kumtgeschirr verwendet. Es funktioniert ohne Zugstränge und Ortscheit und ist perfekt ausgeformt für die Nutzung mit Zuglanden. Die meisten Holzrückegeräte sind mit dem typisch schwedischen Zuglandensystem ausgestattet.
Das Kumt selbst ist relativ leicht und komfortabel. Es besteht aus Holzhamen auf einem Lederlaib mit Nackenkissen und langen Strangstutzen, die fest mit den Hamen verbunden sind. Diese Stutzen enden am Selett in Metallringen, an die Spezialhaken zur Befestigung der Zuglanden angebracht sind.

Der Einsatz von Rückeketten ist in Schweden – wie auch in den anderen skandinavischen Ländern – unüblich. In der Regel sind lange Rückedistanzen zurückzulegen und der Bodenzug mit der Kette ist sehr störanfällig. Wenn Stämme einzeln gezogen werden müssen, kommen Rückezangen in verschiedenen Größen zum Einsatz. Üblicherweise werden die gefällten Bäume aber in sechs Meter lange Stücke geschnitten, die man meist noch von Hand bewegen kann und zum Transport auf Kufen oder Räder packt. Dafür steht eine Vielzahl von Geräten zur Verfügung: einfache Zuglanden mit Kufen, Schlitten, Doppelschlitten, Kufen-/Räder- oder Kufen-/Pendelachsen-Kom-

Rückezange anstatt Kette: In Schweden bevorzugt man beim Ziehen einzelner Stämme das Mittel mit dem geringeren Zugwiderstand.

Einspänniges Rücken von Abschnittsholz mit einem sechsrädrigen, geländegängigen Rungenwagen.

Dreispänner vor einem schweren hydraulischen Kranwagen.

Der Schwede Jonas Nordlund benutzt im Winter einen typischen skandinavischen Schlitten, mit dem er und sein Nordschwedisches Pferd große Mengen Holz auch über weite Distanzen transportieren können. **Foto**: Elin Nordlund

Beladen eines Schlittens mit einer Handpackzange. Auf Ergonomie – richtiges Heben und Tragen bei der Arbeit – wird in Schweden sehr geachtet.

Dieser Metallschlitten mit Rückeportal ist so leicht, dass er von Hand über die Last gehoben werden kann.

Nordschwedisches Pferd mit typischem skandinavischem Geschirr.

binationen, einachsige Rückewagen oder kleine, mehrachsige Rungenwagen mit sechs oder acht Rädern und Drehkranzlenkung, die alle meistens einspännig eingesetzt werden.

Zweispänner-Rungenwagen mit Ladekränen und elektrischer Seilzug-Hebevorrichtung oder mit Dieselmotoren angetriebenen Hydraulikanlagen und Greifzangen - manche sogar ausgestattet mit Harvester- oder Prozessor-Aggregaten - werden vor allem von hauptberuflichen Pferde-Forstunternehmern eingesetzt.

Fuhrleuteausbildung

Ein Ausbildungssystem für Fuhrleute wurde in Schweden bereits 1990 etabliert. Seitdem können jährlich zwölf Schüler diesen Lehrgang beginnen – kostenlos und sogar mit einem Recht auf staatliche Unterstützung. Die Schüler, die die Kur-

Rückeschlitten gehören in Schweden zur Standardausrüstung der Pferderücker. Dieses Modell ist mit einer Rad-/Kufen-Kombination ausgestattet.

se belegen, kommen aus allen Teilen des Landes und aus allen Altersgruppen. Ihre Ausbildung beinhaltet neben Fahren, Jungpferdeausbildung, gewerbliches Fahren auch praktische Fähigkeiten für die selbstständige Arbeit wie Buchhaltung, Geschäftsführung, Instandhaltung von Gebäuden und handwerkliches Geschick. Die meisten Unterrichtseinheiten finden auf dem Land bei qualifizierten Pferde-Unternehmern statt. Der praktische Teil kann in der Nähe des eigenen Wohnorts absolviert werden. Die meisten Absolventen werden später selbstständige Fuhrleute.

Die Ausbildung wurde bisher an verschiedenen Schulen durchgeführt, unter verschiedenen Schulleitern. In den letzten Jahren fand sie an Berufsschulen in Teilzeit statt, sodass sie sich über zwei Jahre erstreckte. Dadurch und durch individuelle Lösungen für die Praxiswochen kann das beliebte Kurssystem auch mit Arbeit und Familie kombiniert werden.

Ein ausgereiftes Mentoren-System und kurze Wochenendkurse helfen den Absolventen des Ausbildungssystems, Erfahrungen zu sammeln.

Die professionelle Ausbildung von Fuhrleuten hat die Zahl der Zugpferde in der schwedischen Forstwirtschaft und auf Kleinbauernhöfen erhöht. Vor allem hat dadurch aber das Wissen und die Arbeitssicherheit zugenommen, so dass heute mehr gute Pferdearbeit erledigt wird. ■

Schwedenardenner vor einem traditionellen Rückeschlitten aus Holz.

Holzrücken mit Pferden in Schweden steht neben traditionellen Rückeverfahren auch für modernste Forsttechnik. Forstunternehmer Thomas Carlsson hat auf seinen pferdegezogenen Kranwagen einen Prozessor aufgebaut und kann damit ganze Bäume entasten, einschneiden und gleich aufladen und abtransportieren. Seine beiden Belgier-Wallache Rabby und Orlando sind das Spektakel hinter sich gewohnt und nehmen es sehr gelassen. **Fotos:** Jenny Göransson

Forstarbeit mit Pferden in Großbritannien

Das Land der modernen Plantagen und uralten Wälder

Von Julian Philipson

Wald und Forst in Großbritannien

Die Arbeitsbedingungen für Holzrücker in Großbritannien sind nicht ideal. Jahrhundertelang gab es dort kaum Waldfläche – lediglich fünf Prozent der Fläche waren es 1919. Dieser Anteil wuchs während des zweiten Weltkriegs zum Zweck der Selbstversorgung. Die Regierung stellte eine Forst-Kommission auf, die die Aufforstung förderte. Große Flächen wurden mit Nadelbäumen bepflanzt, sodass heute 13 Prozent der Landfläche mit Wald bedeckt sind. Damit ist das Land immer noch deutlich hinter dem europäischen Durchschnitt von 37 Prozent Waldfläche.
Die Aufforstungsflächen sind riesig¸beispielsweise ist Kielder 650 km² und Galloway ist 774 km² groß, doch bieten sie kaum Einsatzbereiche für Holzrücker. Die Förster sind auf Maschineneinsatz fokussiert, die Vorrückedistanzen bis einen Kilometer lang, die Preise niedrig und es herrscht eine „keinen Fuß auf den Boden"-Sicherheitspolitik.

Die meisten Holzrücker arbeiten in anderen Wäldern. Davon gibt es viele verschiedene: kleinere Nadelholzplantagen und Windschutzgürtel, halb-natürliche alte Wälder, in denen traditionelle Wirtschaftsformen überlebt haben oder neu belebt wurden, Schluchten und kleine Ecken landwirtschaftlicher Flächen, die zur Kultivierung zu schwierig sind.

Bereits bevor die Römer Britannien erreichten, war wenig Waldfläche vorhanden. In einer Landschaft von schmalen Feldern, umgeben von Hecken und kleinen Waldparzellen, gab es keinen Zentimeter, der nicht vom Menschen organisiert oder beeinflusst war. Die meisten Gemeinschaften hatten kleine Wälder, die sie mit Rohstoffen versorgten. In einem

Ein Gespann der selten gewordenen britischen Zugpferderasse Suffolk Punch vor einem Rückewagen. **Foto:** Matt Waller

Shire Horse in einem Kastanienbestand während eines Holzrückelehrgangs. **Foto:** Matt Waller

wiederholten Erntekreislauf wurden die Bäume alle fünf bis 20 Jahre geschnitten. Ausgewählte wurden wachsen gelassen. Diese alten Wälder wurden revitalisiert und bieten Arbeit für Holzrücker. Verschiedene Aufforstungssysteme wurden und werden gefördert.

Die Schottische Kiefer (Pinus sylvestris) ist die einzige heimische Nadelbaumart. Andere schnell und hoch wachsende Arten wurden aus Nordamerika importiert. Daneben wachsen viele Laubbaumarten wie Eiche, Buche, Birke, Esche, Hasel, Esskastanie und Ahorn.
Kleine Waldflächen gehören ganz unterschiedlichen Eigentümern. Viele sind in privater Hand, manche gehören örtlichen Behörden oder Wasserversorgern. Für nachhaltige Waldwirtschaft interessieren sich nur wenige Waldbesitzer. Einige setzen aus idealistischen Gründen auf Pferdekraft, doch meistens kommen Pferde dort zum Einsatz, wo Boden und Natur geschützt werden sollen oder wo schwere Technik nicht hinkommt.

Aktuelle Holzrückeaktivitäten

Aufträge bekommen, Preise zu verhandeln und ein kontinuierliches Einkommen zu generieren ist für die Holzrücker sehr schwierig. Die, die es geschafft haben, sich langfristig in dem Beruf zu etablieren, haben in der Regel ein zweites Standbein, beispielsweise einen Kleinbauernhof oder die Vermarktung und manchmal Wertsteigerung des Holzes durch Aufbereitung zu Feuerholz, Kohle oder andere Produkte.

Fast alle Holzrücker sind Mitglied in der Vereinigung „British Horse Loggers“ (bekannt als BHL). Die BHL organisiert Veranstaltungen, macht Öffentlichkeitsarbeit, hilft, die Praktiker zu verbinden und vermittelt eine günstige Versicherung. Um zu verhindern, dass durch enthusiastische Berufseinsteiger mit schlechten Arbeitsergebnissen der Ruf der Branche leidet, werden Kurse angeboten. Ein flexibles System, das einem fünftägigen Einführungskurs folgt, bildet Neulinge innerhalb eines Jahres aus.

Eingesetzte Pferderassen

Die heimischen Kaltblutrassen wie Shire Horse, Clydesdale oder Suffolk Punch sind selten für den Arbeitseinsatz geeignet. Ardenner werden häufig importiert, da sie für schwere Lasten geeignet sind. Einige Comtois wurden außerdem für effektiv und unkompliziert befunden. Neuerdings ist eine große Nachfrage nach Nord-Schwedischen Pferden, die ein gutes Kaliber für schwere Arbeit haben, dabei über ein ausgeglichenes Temperament und häufig bereits eine exzellente Grundausbildung verfügen.
Etwa ein Dutzend heimische Ponyrassen wurden für die Farmarbeit gezüchtet. Alle in der Lage, schlechtem Wetter und magerem Futter stand zu halten. Das Dales Pony ist ein klassischer Typ für Waldarbeit – stark und trittsicher. Auch Gypsy Cobs, hier genannt Tinker, werden von einigen eingesetzt.

Holzrückegeschirr und Zubehör

Die meisten Holzrücker verwenden nicht nur einfache Geschirre, sondern solche, die auch für den Einsatz von Geräten gut geeignet sind. Aufgrund einer verbreiteten Präferenz für Geräte mit skandinavischen Zuglanden wird das skandinavische Geschirr dafür von vielen kombiniert mit einem größenverstellbaren amerikanischen Kumt. Fast alle Arbeiten werden im Einspänner erledigt. Nur vor schweren Rückewagen werden Zweispänner genutzt.
Die Kopfstücke sind ohne Blendklappen und es wird mit zwei

Pferderücker Dan Brown mit seinem Comtois beim Rücken eines schweren Stammholzstückes mit einem Pferdeforwarder.

Leinen gefahren. Die Zupfleine ist kaum verbreitet. Einige Holzrücker im Norden des Landes arbeiten mit ihren Pferden frei, sodass sie ihnen erlauben, sich selbst den geeignetsten Weg durch das Unterholz zur Rückegasse zu suchen.
Gerückt wird hauptsächlich mit Ortscheit und Rückekette, seltener mit skandinavischen Rückewagen (Portalachse). Für manche Aufträge sind Rückewagen die beste Option. Leichte Einspänner-Modelle mit Pendelachsen sind beliebt. Wenige besitzen einen größeren Forwarder mit Zange und hydraulischem Kran.
Mit speziellen Farnwalzen wird einspännig zwischen Juli und August der Farn bearbeitet.

Zukünftige Möglichkeiten

Während in Kontinentaleuropa schwere Pferde ein breites Einsatzspektrum entwickelt haben, war das in Großbritannien nicht der Fall. Französiche Fuhrleute haben regelmäßige Arbeit in Weingärten. Trotz kontinuierlich wachsender britischer Weingärten wurde nach kurzen Versuchen nicht mehr auf Zugtiere gesetzt. Auch für Kommunalarbeiten wie Müllentsorgung oder Personentransport mit Pferden wurden keine Strukturen geschaffen. Lediglich die Farnbekämpfung durch Walzen bietet ein Einkommen, wenn im Sommer die meisten Landbesitzer zum Schutz der Vögel keine Waldarbeiten durchführen.

Großbritannien verfügt über eine lange Tradition in der Zucht von Ponys wie dem Dales-Pony (links), einer nordischen Rasse für die Arbeit in der Landwirtschaft. Manchmal werden sie mit anderen Rassen gekreuzt, um ein größeres Tier zum Ziehen von Wohnwagen und größeren Karren oder für die Forstarbeit zu erhalten.
Auch Tinker erfreuen sich in Großbritannien großer Beliebtheit (rechts).
Fotos: Andrew Letten

Kate Mobbs-Morgan aus Wales beschäftigt andere Holzrücker als Subunternehmer und gibt so Neulingen die Chance, in die Arbeit zu kommen.

Die Pferderücker-Businessfrau

Von Julian Philipson

Kate Mobbs-Morgan arbeitet seit über zwölf Jahren mit Pferden im Wald. Nach einer schwierigen Zeit, in der sie sich als kompetente Auftragsnehmerin etablieren konnte, hat sie jetzt mehr Arbeit, als sie allein bewältigen kann, und holt regelmäßig Subunternehmer zu sich, die mit ihr arbeiten.
Sie hält fünf Pferde: drei Ardenner im Alter von zehn bis 16 Jahren, einen amerikanischen Kaltblüter, den sie gegen Bezahlung für die Waldarbeit ausgebildet hat, und einen Brabanter, der noch zu jung ist, um mit der Arbeit zu beginnen. Die Pferde weiden auf ihrem eigenen, 18 Hektar großen Gelände und leben das ganze Jahr über im Freien. Sie gehen barhuf „nicht wegen der Kosten, sondern weil ich der Meinung bin, dass sie flexibler sind, wenn sie sich gegen das schwere Holz eingraben, und einen besseren Halt haben, wenn sie mit ihrer natürlichen Form arbeiten. Hufeisen mit Stollen sind auf lange Sicht nicht förderlich für gesunde Füße! Zumindest meiner Meinung nach. Wenn sie aus gesundheitlichen Gründen Eisen bräuchten, würden sie sie bekommen."

Das Rückegeschirr besteht aus einem skandinavischen Überwurf und einem verstellbaren Amishen Kumt. Für Arbeiten an der Deichsel benutzt sie ein Zweispännergeschirr und für das einspännige Fahren mit Landen ein amerikanisches D-Ring-Geschirr, das sie aber für die Forstarbeit als nicht besonders geeignet findet.

Die meiste Arbeit wird mit Ortscheit und Rückekette erledigt, aber sie hat auch zwei norwegische Portalschlitten und einen schwedischen 8-Rad-Forwarder der Firma Osterby Smedja. Dieser wiegt 250 kg, kann aber 2000 kg transportieren. Das Fahrzeug hat keinen Kran und die Beladung erfolgt von Hand. Es kann mit einem Kastenaufbau für den Transport von Holzspänen ausgestattet werden. Mobbs-Morgan besitzt zwei Farnwalzen, einen Vorderwagen für Eggenarbeiten und zum Mähen von Wildblumenwiesen leiht sie sich ein I&J-Doppelmessermähwerk aus. Bei großen Aufträgen mietet sie sich einen Bagger mit Zange, um große Polter anlegen zu können. Um Pferde und Ausrüstung zum Einsatzort zu bringen besitzt sie einen Sechspferdetransporter und besitzt die dafür erforderliche Schwerlastgenehmigung. Sie hat ihn so umgebaut, dass sie auch darin schlafen kann.

Frankie Woodgate

Nachhaltige, schonende Waldbewirtschaftung

Von Julian Philipson

Über 25 Jahre arbeitet Frankie Woodgate bereits mit Pferden in Südost England. Das macht ihr Unternehmen mit dem Firmennamen Weald Woodscapes zum ältesten Holzrückeunternehmen des Landes. Das Geheimnis dieser Dauerhaftigkeit ist das breite Spektrum an Forstserviceleistungen, das sie anbietet. Vor allem aber hat sie es von Anfang an geschafft, sich nicht nur als Holzrückerin, sondern auch als Umweltförsterin und -beraterin zu vermarkten.
Ausgehend von einer Basis in uraltem Waldgebiet, wo sie eine Weide hat für ihre Kaltblüter und eine Gruppe Schafe, ist sie auf das Management alter, halbnatürlicher Wälder (Ancient Semi Natural Woodlands, ASNW) spezialisiert. Diese ASNW werden im Vereinten Königreich definiert als Flächen, die mindestens seit dem 17. Jahrhundert bewaldet sind. Sie gelten als die Habitate der größten Biodiversität des Landes und stellen eine nachhaltige, produktive Holzquelle dar.

Frankie bevorzugt kurze, stämmige Pferde. Aktuell hat sie einen Ardenner und drei Brabanter. Alle arbeiten barhuf. Mit regelmäßiger Bearbeitung durch den Schmied und natürlicher, ausgewogener Ernährung haben sie eine gute Hufgesundheit und werden nur zu seltenen Gelegenheiten beschlagen. Ihre Geschirre sind Amerikanische Kumte und Hamen, kombiniert mit skandinavischen Überwürfen und zusätzlich Kunststoffzugsträngen für das Holzrücken. Die meisten Arbeiten macht sie im Einspänner, entweder mit Rückekette oder Portalachse. Sie arbeitet auch mit einem Einspänner-Forwarder und einem SJM Kranwagen für Zweispänner, alle mit skandinavischen Zuglanden. Sie hat auch ein mobiles Sägewerk und kann so die Stämme vor dem Verkauf aufwerten. Weitere Leistungen, die sie anbietet, sind die Bekämpfung von Adlerfarn, Arbeitspferde-Kurse und Wald-Management. Außerdem verkauft sie Feuerholz, Bauholz und Holzhandwerksprodukte. Ihre Kunden sind unter anderem regionale Forstämter, Forst- und Waldagenturen, Wildtierstiftungen und andere Organisationen.

Mit ihrem mobilen Sägewerk kann Woodgate das Holz selbst veredeln und als Bauholz vermarkten.

Gehört zu den Service-Leistungen Weald Woodscapes: das Walzen von Adlerfarn.

Für die Rückearbeiten stehen Schäffler und Roycroft u.a. ein skandinavischer Rückewagen (links), aber auch ein Traktor mit Rückeanhänger zur Verfügung (oben). **Fotos**: Schäffler/Roycroft

Die Deutsche Stephanie Schäffler fand in Schottland zu ihrer Berufung als Pferderückerin

Holzrücken in schottischen Wäldern

Von Sibilljja Gutmann

Meistens arbeiten Steffi Schäffler und ihr Partner David Roycroft mit ihrem Tinker, dem Ardenner und den zwei Comtois ein- oder zweispännig mit Rückekette, manchmal auch mit Rückewagen. Ihre besondere Schlagkraft liegt in ihrer Kombination aus Maschine und Pferd. Während andere Holzrücker in England ihre Tätigkeit auf den Pferdeeinsatz beschränken, haben Steffi und David einen Traktor mit Rückeanhänger und fällen auch selbst. Diesem Traktor musste ein pferdegezogener Rückewagen mit Kran weichen, da die Distanzen zu den Straßen, wo das Holz von einem LKW abgeholt wird, zu weit wurden. Auch die Berge machten ihnen und den Pferden den Holztransport über längere Distanzen schwierig.
Die Wege zu den Straßen sind so weit, weil die Wälder nicht erschlossen sind - keine Rückegassen, keine Forststraßen. Die „Forstwirtschaft in Schottland ist größenwahnsinnige Landwirtschaft“, erklärt sie. Es werde vielerorts nicht einmal durchgeforstet, sondern lediglich gepflanzt und nach 30 Jahren im Kahlschlag geerntet.

Nicht so in dem Wald, den Steffi und David bewirtschaften. Meistens sind das kleinere Wälder – private oder von Organisationen. Bei ihrem Hauptauftraggeber bewirtschaften sie eine Fläche von 80 Hektar. Hier werden sie nicht nur tageweise oder pro Tonne bezahlt, wie das in Großbritannien üblich ist, sondern sie erhalten eine monatliche „Managementprämie“. Dadurch können sie ihre Vorstellungen einer nachhaltigen Forstwirtschaft umsetzen und sich ihre Arbeitszeiten sehr flexibel und vor allem familienfreundlich einteilen. Neulinge in das Holzrücken einzuführen ist Steffi auch eine Herzensangelegenheit. Für die British Horse Loggers führt sie einwöchige Einführungskurse durch und nimmt Lehrlinge, beziehungsweise Langzeitpraktikanten auf.

Aber nicht nur Holzrücken bietet die erfolgreiche Auswanderin mit ihren Pferden. Im Sommer rodet sie viel Adlerfarn. Das geht auch im Juli und August, in der Hochsaison der „Midges“ gut, da die Pferde dabei nicht stehen bleiben müssen, doch schafft sie es auch hier meist nicht, alle Aufträge anzunehmen. „Wenn wir es nicht machen, macht es keiner, dann wird Gift gespritzt“, berichtet sie unglücklich.

Pony-Dreispänner im schweren Zug. **Fotos**: Andy White

Crunchies Pony-Power

Crunchie Whitby rückt in den Wäldern West Midlands mit Tinkern

Von Julian Philipson

Obwohl er sehr unkonventionell ist, ist Crunchie Whitby einer der interessantesten und effektivsten Holzrücker Großbritanniens. Seine Spezialität ist die Arbeit mit Gypsy Cobs (Tinkern) im Zweispänner an der Spielwaage. Wenige können mit seiner Leistung mithalten.
Crunchie kam zum Holzrücken als wandernder Farmarbeiter, der mit seiner Familie und seinem Tierbestand in einem pferdegezogenen Wohnwagen immer dorthin zog, wo er Arbeit bekam und anhielt, wo es ging. In seiner Herkunftsregion, Herefordshire, arbeitete er saisonal in Hopfenfeldern und Obstgärten. Auf die Idee, Waldarbeiten zu verrichten, kam er, als er Bretter kaufte, um einen Wagen zu reparieren, und sich herausstellte, dass der Verkäufer, Doug Joiner †, ein bekannter Holzrücker war. Er tauschte das Holz gegen Pferdearbeit und begann, an Dougs Seite die Waldarbeit zu erlernen.
Seine einzigen Zugeständnisse an das moderne Leben sind ein Handy, ein Generator und ein alter Geländewagen, um einen Pferdeanhänger zu ziehen.
Seine fünf Ponys sind jeweils etwa 1,40 Meter groß. Er kaufte sie zweijährig und roh, sodass sie bei ihren Vorbesitzern noch keine schlechten Erfahrungen gemacht hatten. Er fährt sie selbst ein im Einspänner und arbeitet sie dann im Zweispänner mit einem erfahrenen Pferd zur weiteren Ausbildung.
Als Geschirr verwendet er kanadische Nylongeschirre mit Biothane-Zugsträngen.
Meistens verwendet er eine 3,60 m lange Rückekette, aber für stärkere Sortimente bevorzugt er eine Rückezange, da diese weniger Reibung verursacht und um Verschleiß an der Kette zu vermeiden. Seiner Erfahrung nach versuchen die Ponys von sich aus, gleichmäßig zu ziehen. Wenn aber eines stärker zieht und vorausdrängt, löst er das Problem, indem er die Länge der Zugstränge anpasst.
Einen Rückewagen hat er nicht, aber Crunchie verwendet einen kleinen Vorderwagen mit Anhänger, um Feuerholz zu sammeln und auszuliefern. Er besitzt eine Farnwalze sowie einen Transportwagen für Ein- und Zweispänner.

Crunchie nimmt mit seinem Gespann ein typisches herefordshires Schlammbad.

aus STARKE PFERDE 42, 2007

Stimmungsvolle Impression in der Morgensonne. **Fotos:** Erhard Schroll

Holzrücker in den Ardennen

Von Erhard Schroll

Der Himmel ist klar und es ist kalt. Morgendlicher Reif bedeckt das noch kärgliche Grün, aber es hängt bereits ein Hauch von Frühling in der Luft. Aus dem frisch durchforsteten aber immer noch so sehr eng stehenden, dunklen Fichtenbestand unweit von Libramont in den belgischen Ardennen dringen Geräusche von schweren klirrenden Ketten, von knakkenden Ästen und Stimmen, die mal laut und kommandoartig, mal als undefinierbarer Singsang durch den Wald schallen. Es riecht nach frischem Harz und Pferdeschweiß. Noch bevor die Akteure selbst ins Blickfeld kommen, ist es völlig eindeutig und hätte auch keiner besonderen Vorankündigung gebraucht, um sofort zu erkennen, dass in diesem Waldstück mit Pferden Holz gerückt wird. Am Waldrand und auf der Freifläche davor liegen bereits große Bündel schwerer Fichtenstämme fein säuberlich dickörtig, d.h. mit dem Fußende, bündig abgelegt und warten auf den Weitertransport mit einer Forstmaschine.

Eine dichte Dampfwolke hinter sich herziehend löst sich ein mächtiges dunkelbraunes Pferd aus dem von außen nur schwer einsehbaren Bestand und bewegt sich mit energischem Schritt Richtung Waldrand. Seine Vorderhufe krallen sich regelrecht in den weichen Waldboden und seine kräftige Hinterhand stemmt sich einer offensichtlich enormen Last entgegen. 22 Meter lang ist der Fichtenstamm, der an der Kette des Ortscheits hängt und dessen Gewicht den 900 kg des Pferdes kaum nachstehen dürfte. Trotz der enormen Anstrengung zeigt der Hengst keinerlei Anzeichen von Hektik. In vorbildlicher Zugmanier und bewundernswert gemäßigtem Tempo fädelt er den langen schweren Stamm geschickt zwischen den stehenden Bäumen hindurch Richtung Waldrand.

Ganz aufmerksam hört er auf jedes Kommando seines Fuhrmannes, mit dem er lediglich über einen ungefähr vier Meter langen Stoßzügel verbunden ist. Auf den Zentimeter genau kommt der Stamm schließlich bündig an einem Polter bereits vorgelieferter Stämme zu liegen – belgische Präzisionsarbeit! Nach und nach schälen sich jetzt noch weitere Konturen aus dem Hintergrund. Sieben Pferde - bis auf einen Bretonen allesamt Ardenner und Belgier - sind es schließlich insgesamt, die hier an diesem Tag ihren Schweiß treibenden Job verrichten und Stamm für Stamm aus dem Bestand befördern.

FECTU zu Gast in Belgien

Es ist kein normaler Arbeitstag für die Pferde und Holzrücker, und üblicherweise würden hier wohl kaum mehr als zwei Pferde gleichzeitig zum Einsatz kommen. Am heutigen Tag geht es jedoch primär darum, im Rahmenprogramm der Mitgliederversammlung der Europäischen Zugpferdevereinigung FECTU den Delegierten die belgischen Arbeitsverfahren im Wald zu demonstrieren. Natürlich ließen es sich viele Mitglieder des ausrichtenden Vereins CECD (Comité Européen Des Chevaux de Débardage) nicht nehmen, sich selbst und ihre Pferde zu präsentieren. Dass es sich dennoch um keine Showveranstaltung handelt, wird den fachkundigen Besuchern rasch klar. Alle beteiligten Fuhrleute sind Profis und bilden mit ihren Pferden eingespielte Teams, die ganz offensichtlich diese Arbeit tagtäglich verrichten.

Holzrücken in den Ardennen

Etwa 50 hauptberufliche Pferderücker verdienen in den belgischen Ardennen nach wie vor ihr Brot mit der höchst anspruchsvollen Tätigkeit des Holzrückens mit Pferden. Die meisten von ihnen sind organisiert in der CECD, die sich zur Aufgabe gemacht hat, dieses Handwerk zu fördern und zu bewahren und durch entsprechende Lobbyarbeit die berufliche Existenz der derzeitigen und auch künftiger Pferderückergenerationen zu sichern. Die Mechanisierung der Holzernte – andernorts bereits weit fortgeschritten – vollzieht sich in den belgischen Ardennen nur zögerlich. Schwieriges Gelände und klein parzellierte Waldflächen sind einem ökonomischen Einsatz großer und kostenintensiver Vollerntersysteme nicht förderlich. Zudem haben sich die Sägewerke darauf spezialisiert, lang ausgehaltenes Holz optimal zu verwerten. So genanntes Industrieholz fällt kaum an und Abschnittslängen – die Spezialität der Vollernter – werden von den Sägebetrieben kaum nachgefragt.
Lang sind deshalb die Stämme, die die belgischen Ardenner oft zu rücken bekommen. Nach Möglichkeit 22 Meter: Das ist die Länge, die ein Langholzlaster auf öffentlichen Straßen gerade noch transportieren darf.

Arbeitsverfahren

Natürlich geht es auch in den Ardennen bei der Waldarbeit nicht mehr ohne moderne Technik. Im hinteren Teil der Demonstrationsfläche startet der Motor einer selbst fahrenden Entastungsmaschine (Prozessor) und stört die scheinbare Idylle. Bevor die Pferde zum Einsatz kommen konnten, hatten Waldarbeiter die zu entnehmenden Bäume gefällt und einfach liegen gelassen. Der Einsatz der Entastungsmaschine lohnt sich erst, wenn eine ausreichende Menge von Ganzbäumen für sie bereitliegt. Mit einem Greifer werden die Bäume herangezogen und durch ein Entastungsaggregat gejagt. Nur wenige Sekunden braucht die Maschine für einen Baum, für den ein Forstwirt schon mal zehn Minuten benötigt. Gleichzeitig werden die Stämme dabei so manövriert, dass die Pferde beim Vorliefern nicht mehr groß rangieren müssen. Da so die Stämme bereits weitgehend in Zugrichtung liegen, ist die Leistung der Pferde enorm. Durch die Bildung entsprechender Vorlasten an den Wegen, Fahrgassen oder Waldrändern ist auch der Skidder (Rückemaschine mit Zange), der das Holz abschließend zu den Lagerplätzen transportiert, optimal ausgelastet.
Nachteil dieses effizienten und äußerst wirtschaftlichen Verfahrens: Die eingesetzte Entastungsmaschine muss wegen ihres recht kurzen Auslegers praktisch jeden Baum einzeln anfahren und den Bestand somit flächig befahren.

Die Pferde

Die Arbeit ist für die Pferde oft sicherlich nicht leicht: Bestände in Hanglagen, mit Sumpf oder Gräben – Bedingungen also, die einen reinen Maschineneinsatz verhindern, erschweren oder verteuern – sind die „bevorzugten" Arbeitsplätze der belgischen Holzrücker. Um auch dickes Holz bewegen zu können, bedarf es hierfür schwerer aber gleichzeitig geländegängiger Pferde, die ruhig und „kaltblütig" ihren Job verrichten und auch in Extremsituationen nicht die Nerven verlieren. Die Ardenner scheinen von ihrem Interieur hierfür geradezu prädestiniert. Die große Zuchtbasis dieser ansonsten eher mittelschweren Rasse liefert augenscheinlich auch die schweren Typen, die die belgischen Holzrücker offensichtlich bevorzugen. Aber natürlich sind auch Belgische Kaltblüter und an diesem Tag auch ein Bretone im Einsatz.

Die Fuhrleute verlangen schon sehr viel von ihren vierbeinigen Arbeitskollegen, aber nichts, was sie nicht auch von sich selbst verlangen würden. Die rauen Arbeitsbedingungen, täglich Wind und Wetter ausgesetzt zu sein und für ein gerade mal ausreichendes Einkommen wirklich hart arbeiten zu müssen, prägt diesen Menschenschlag. Der Umgang mit den Pferden wirkt oft rau, die Fuhrleute haben aber in Wirklichkeit eine sehr

Eine selbstfahrende Entastungsmaschine arbeitet die von Waldarbeitern gefällten Bäume auf, die Pferde ziehen sie aus dem Bestand und bilden Vorlasten für den Weitertransport mit dem Forstschlepper

Dieser Ardenner reagiert präzise auf die Stimmkommandos seines Fuhrmannes, der nur gelegentlich den Stoßzügel benutzen muss.

Ein kräftiger Bretone rangiert einen schweren Stamm zwischen den stehenden Bäumen. Dabei reagiert das Pferd präzise auf die Kommandos seines Fuhrmanns, der den Stoßzügel nur sporadisch einsetzen muss.

innige Beziehung zu ihren Arbeitskameraden. Meist hat ein Holzrücker „sein festes Pferd", mit dem er viele Jahre zusammen arbeitet und dessen Wohlbefinden und Gesundheit ihm sehr am Herzen liegt. Dieses Pferd ist sein Hauptproduktionsmittel, stellt oft seine einzige Einkommensquelle dar und ist eben nicht beliebig austauschbar, wie so mancher Außenstehende vielleicht meinen möchte. Entgegen aller Vorurteile gehen diese Holzrückepferde - anders als bei uns ein durchschnittliches Reitpferd - jedenfalls nicht so schnell zum Schlachter oder Abdecker. Ein wirklich gut eingearbeitetes, routiniertes Pferd, das auf die feinsten Hilfen und Kommandos reagiert, „mitdenkt" und seinem Fuhrmann blind vertraut, ist praktisch unersetzlich, muss gepflegt werden und wird in der Regel auch gepflegt: So manches der eingesetzten Pferde hat seinen 20.Geburtstag bereits hinter sich ...

Anspannung

Die Verwendung eines Kumtgeschirres beim Holzrücken ist in Belgien obligatorisch. Kein professioneller Holzrücker würde auf die Idee kommen, seinen Pferden bei dieser Arbeit ein Brustblattgeschirr zuzumuten. Vielleicht ist es weniger die unumstritten größere Pferdefreundlichkeit des Kumts gegenüber dem Brustblatt, die zu dieser Wahl führt, als viel mehr die Tatsache, dass die Pferde mit Kumt einfach wesentlich leistungsfähiger sind und schwerere Lasten bewegen können. Das standardmäßig dazu verwendete Rippgeschirr kombiniert mit Zugsträngen aus Metall ist jedenfalls aus meiner Sicht ohne Verwendung geeigneter Zugdämpfer nicht besonders Pferde schonend. Mittlerweile gibt es aber auch in Belgien einige Pferderücker, die dies erkannt und Zugfedern als Dämpfer in ihr System integriert haben (wie auf letzten PferdeStark-Veranstaltungen in Detmold zu beobachten).
Interessant ist, dass es sich bei den meisten der Kumte, die an diesem Tag im Einsatz zu sehen sind, um relativ neue handelt. Dabei werden auch moderne Werkstoffe verarbeitet. Die Hamen sind überwiegend nicht mehr aus Holz, sondern aus hartem Kunststoff gefertigt.

Wie auch im Süddeutschen Raum, ist in Belgien beim Holzrücken das Fahren mit dem Stoßzügel die gängige Methode. Er besteht aus einem glatten Zügel (vermutlich Hanf- oder Kunststoffseil) der traditionell auf der linken Seite des Kumts durch einen Leinenführungsring und in der Mitte zwischen den Hörnern des Kumts geführt wird. Auf diesem Zügel gleitet ein Ring, an dem die eigentliche Stoßleine befestigt ist. Dadurch, dass der Ring frei beweglich ist, werden beim Annehmen der Leine beide Anzüge der Kandare gleichmäßig angesprochen. Ein Links- oder Rechtsziehen ist nicht möglich, aber auch gar nicht notwendig. Die Pferde sind so ausgebildet, dass sie primär auf die Stimmkommandos ihrer Führer hören. Fasziniert bin ich von einem Team, bei dem der Fuhrmann mit seinem Pferd mit einem kontinuierlichen „Jöjöjöjöjöjöjö"-Singsang kommuniziert. Ich selbst kann kaum Differenzierungen in Betonung, Stimmlage oder Lautstärke erkennen. Das Pferd versteht jedoch offensichtlich ganz genau, was sein Führer jeweils von ihm will und die Beiden arbeiten sehr harmonisch, flüssig und effektiv zusammen.
Die zur Stoßzügelanspannung gehörenden belgischen Kandaren bleiben für mich „gewöhnungsbedürftig". In unsensiblen Händen können diese Geräte den Pferden üble Qualen zufügen. Die Anzüge der Kandaren sind ca. 20 cm lange Hebel, die keine Möglichkeit bieten, die Schärfe der Wirkung zu verändern.
Alle Pferde tragen Kopfstücke mit Blendklappen. Offensichtlich scheint dies aber aus rein stilistischen und traditionellen Gründen so zu sein. Praktisch haben die verkleinerten oder absichtlich nach hinten gebogenen Blendklappen kaum eine Funktion und schränken die Sicht der Pferde, wenn überhaupt, dann nur unwesentlich ein.

Die Ausrüstung

Das Standard-Rückehilfsmittel ist die Kette. Rückezangen oder gar Schlitten oder Rückewagen kommen nach Auskunft der anwesenden Rücker so gut wie nie zum Einsatz. Die verwendeten Ortscheite fallen mit einem Maß von mindestens einem Meter ungewöhnlich breit aus. Die meisten sind zudem recht massiv und schwer. Zu sehen sind aber auch Ausführungen mit „umlaufenden Zugsträngen", bei denen das Ortscheit praktisch nur als Strangabstandshalter fungiert und deshalb relativ leicht gebaut sein kann (siehe Foto).

An den Ortscheiten ist in der Regel ein einzelner Zughaken befestigt, in den die sechs bis acht Millimeter starke Rückekette eingehängt und verkürzt oder verlängert werden kann.
Die Kette selbst besitzt an beiden Enden Schlinghaken, sodass unabhängig voneinander je nach Bedarf auch zwei Schlaufen gebildet werden können. Drehwirbel an den Zughaken kann ich nicht entdecken.

Perspektive

Das Holzrücken mit Pferden hat in den Ardennen eine lange Tradition. Dieses Gewerbe ist auch heute noch kulturell und wirtschaftlich in der Region fest verankert, genießt dort hohes Ansehen und die Unterstützung so mancher regionaler Verwaltung. Auch die sonstigen Rahmenbedingungen sind nicht ungünstig: Es steht ausreichend gutes Pferdematerial und Knowhow zur Verfügung und die geografischen Gegebenheiten bremsen die Entfaltung der mechanisierten Holzernte ebenso wie die Besonderheiten des regionalen Holzmarktes. Dennoch stehen die Pferderücker unter starkem wirtschaftlichem Druck und ihre Einkommen stehen in keinem Verhältnis zu ihren Leistungen - nicht gerade attraktiv für Neueinsteiger. Notwendig wäre eine Forstpolitik, die diese Art der Waldbewirtschaftung anerkennt und ihre ökologische Bedeutung würdigt und durch entsprechende Förderprogramme dauerhaft aktiv unterstützt. Dann wird man sicherlich auch wieder vermehrt junge Gesichter unter den belgischen Holzrückern ausmachen können.

Das Arbeitsergebnis kann sich sehen lassen: Alle Stämme sind perfekt so abgelegt, um sie mit der Maschine problemlos weitertransportiert werden können. Der Maschinenführer wird sich freuen!

Zugpunkt-Verstellmöglichkeiten bei einem der belgischen Kumte. Je nach Größe des Pferdes, aber auch je nach Situation, kann der Ansatzpunkt der in Belgien beim Holzrücken anstelle der Strangstutzen typischen Metallbügel rasch verändert werden.

Dieses Ortscheit besteht aus leichtem Vierkant-Eisen, das praktisch nur die Aufgabe hat, die Stränge „zu scheiden". Die um das Ortscheit herum laufenden Zugstränge, die schließlich im Zughaken enden, nehmen den größten Teil der auftretenden Kräfte direkt auf. Leider verfügt dieses Set über keinen Drehwirbel.

Typische Konfiguration und Anordnung eines belgischen Stoßzügels: Der Zügel führt von der linken Seite der Kandare durch einen Leinenführungsring an der linken Seite des Kumts und zwischen den Kumthörnern zurück zur rechten Seite der Kandare. Die Zupfleine ist über einen Laufring beweglich damit verbunden. Unabhängig vom Standort des Fuhrmanns wirkt somit ein Annehmen der Leine gleichmäßig auf beide Anzüge der Kandare.

Holzrücken mit Pferden in Frankreich

aus STARKE PFERDE 46 2008
Alle Fotos: Jean-Léon Dugast

Von Jean-Léon Dugast
aus dem Französischen von Jutta Jung

Marc überzeugt sich davon, dass der Rückewagen gut über den Stämmen platziert ist. Ein gemurmeltes Kommando stoppt die beiden Ardenner. Er dreht sich um und greift nach dem Hebel des Hilfsmotors. Der Greifer umfasst die drei Stämme. Jo und Meringue kennen die Abfolge der kommenden Arbeitsschritte dank der unterschiedlichen Geräusche, die ihnen vertraut geworden sind. Sie wissen, dass ihr Fuhrmann sich gerade gedreht hat. Die Pferde machen sich bereit, um die Stämme bis zum 300 Meter entfernten Polterplatz zu ziehen.

Am Fluss Allondon (Echenevex, Pays de Gex, Ain) sind die Rücker Florent Daloz und Vincent Meauxsoone mit den Ardennerstuten Lisa und Olive gemeinsam mit Holzarbeitern des Office National des Forêts im Einsatz.
Oben: Mit Schwung durch den Fluss: Lisa und Olive am Stamm.

Marc Denis und Jean-Yves Boudin arbeiten häufig zusammen. Während der eine mit dem Rückewagen arbeitet, rückt der andere die Stämme in die Schneisen vor, um seinem Kollegen die Anfahrt zu erleichtern. Diesen Rückewagen haben sie übrigens gemeinsam mit Camille Junien, einem Entwickler moderner Geräte für das Holzrücken, erdacht und entworfen. Dieser absolut innovative Prototyp wurde für ganz spezielle Einsatzbereiche konstruiert, wie z.B. auf der Ile d'Oléron, wo die beiden nur wenige Meter vom Meeresufer entfernt Pinienstämme aus den Dünen holen müssen, deren sandiger Boden mit seinem fragilen Bewuchs leicht Opfer der Erosion wird. Die Anforderungen des Auftraggebers, des Office National des Forêts (ONF, die Oberste Forstbehörde Frankreichs), waren eindeutig: Das Holzrücken darf keine Spuren in diesem empfindlichen Milieu hinterlassen.

Der Schutz sensibler Bereiche und damit generell die Erhaltung der Umwelt ist seit einigen Jahren das Rückgrat der Aktivitäten französischer Holzrücker mit Pferden geworden, auf Kosten von Durchforstungen im Nadel- und Laubholz, die die Holzrücker nur noch zwischen zehn und 20 Prozent ihrer Zeit beschäftigen. Nachdem der Berufsstand in den Jahren

1980/90 schon fast zum Sterben verurteilt war, schien ihm der schwere Sturm 1999 den tödlichen Schlag zu versetzen. Angesichts der Sturmschäden blieben während eines ganzen Jahres fast alle Pferde im Stall. Überwiegend schwere motorisierte Maschinen wurden eingesetzt, um die betroffenen Forstgebiete wieder in einen geordneteren Zustand zu versetzen.

Spezialisierung auf ökologisch sensible Bereiche

Was zunächst als Umweltkatastrophe erschien, hat sich am Ende als auslösender Faktor für den Beginn des Nachdenkens über die am besten geeigneten Mittel zur Wiederherstellung der empfindlichen Waldgebiete herausgestellt. Den Holzrückern ist es gelungen, die skeptischen Auftraggeber davon zu überzeugen, dass das Zugpferd das ideale Mittel ist, um beispielsweise Wasserläufen, die seit 30 Jahren nicht gepflegt worden waren und am schwersten unter dem Schrecken des schweren Sturms zu leiden gehabt hatten, wieder Leben zurückzugeben. Einige Naturparks und Naturschutzbehörden haben diese Initiativen unterstützt. Innerhalb einiger Jahre waren die Pferderücker so in der Lage, neue Aufgabenbereiche zu besetzen. Der Berufsstand lebte wieder auf und profitierte von einem positiven Umweltimage, obwohl viele das Holzrücken mit Pferden nur als rückständige Ansichten einiger Nostalgiker angesehen hatten.
Zunächst haben die Pferderücker ihre besondere Fähigkeit an den engen Flußläufen im Zentrum Frankreichs, in den Départements Dordogne, Corrèze und Vienne, unter Beweis gestellt. Sehr schnell haben sie sich dann in allgemein als „sensible Zonen" bezeichneten Gebieten eine weitere bedeutende Domäne erobert: Feuchtgebiete und Moore, sandige oder hängige Böden, schwer zugängliche oder erosionsgefährdete Bereiche, kurz alle Standorte, auf denen motorisierte Maschinen nicht nur deutlich sichtbare Fahrspuren hinterlassen, sondern auch dem Schutz der Ökosysteme und der Artenvielfalt abträglich sind.

Parallel zu diesen ökologisch sensiblen Bereichen, die es zu schützen gilt, wurden die Pferderücker in die Pflege der stadtnahen Wälder einbezogen. Der Forst und die Wälder, die unsere Städte umgeben, dienen immer weniger der Holzproduktion. Sie sind zu grünen Lungen für die städtische Bevölkerung geworden, die den Kontakt zu ihrer natürlichen Umgebung weitgehend verloren hat und Sport besessen ist. Dies ist ein Glücksfall für die Holzrücker und besonders für deren Pferde, die von der unbestreitbaren Popularität bei eben dieser Bevölkerung profitieren. Über den Umweltaspekt hinaus, der zunehmend die motorisierten Maschinen aus diesen stadtnahen Wäldern vertreibt, hat die Nutzung des Pferdes auch einen offensichtlichen sozialen Aspekt. Die Pferde machen sich viele Freunde in allen Alterstufen, vom Schulkind bis zu den Rentnern, die beim Anblick der Bilder aus ihrer Vergangenheit unbestreitbar ergriffen sind.

Die Zukunft der Pferde im Wald

Das wiedererstarkte Interesse am Holzrücken mit dem Pferd darf indes keine Illusionen wecken. Mit etwa 30 Holzrückern im Vollerwerb und ungefähr zehn weiteren, die nebenher im Wein- und Gemüsebau arbeiten oder ihre Pferde zum Freizeitfahren nutzen, bleibt der Einsatz tierischer Zugkraft das schwächste Glied in der Holzbranche. Die Aufmerksamkeit allerdings, die denen zuteil wird, die noch vor ein paar Jahren als unverbesserliche Nostalgiker oder, nur wenig besser, als ökologische Träumer angesehen wurden, hat sich gewandelt. Man muss sagen, dass der harte Kern der französischen Holzrücker auf die Professionalisierung setzt. Einige haben in das komplette Maschinenprogramm investiert: Vorderwagen, Rückewagen, auch Ladewagen bzw. Forwarder. Dies ermöglicht ihnen, Aufträge aus den unterschiedlichsten Bereichen anzunehmen. Sie zögern auch nicht mehr, zu zweit zu arbeiten, wobei dann vier bis sechs Pferde vor Ort einsatzbereit sind.

Der Holzrücker Jean-Jacques Seité und seine Bretonen Oscar und Ken Brao in Tandemanspannung vor einem Rückewagen (Naturschutzgebiet bei Larchant, Seine-et-Marne).

Mit der zunehmenden Durchforstung von Waldbereichen, in denen der Umweltschutz an erster Stelle steht, haben die Pferderücker eine merkliche Verbesserung ihrer betriebswirtschaftlichen Situation feststellen können. Von der Bezahlung nach gerückten Festmetern bei der Durchforstung von Laub- oder Nadelholz können die Betriebe kaum leben. Der Einsatz in anderen Bereichen wird dagegen im allgemeinen mit 300,- bis 400,- EUR pro Tag und Gespann entlohnt, je nach Entfernung des Einsatzortes, die unter Umständen bis zu mehreren hundert Kilometern betragen kann. Für die Pferdebetriebe gibt es keinerlei finanzielle Unterstützung oder Subvention, dadurch unterliegen sie dem Wettbewerb des freien Marktes. Aufgrund des niedrigen Investitionsniveaus kommen sie im Gegensatz zu großen Forstbetrieben, die teure motorisierte Maschinen benutzen, auch nicht in den Genuss von Subventionen für den Maschinenerwerb.

Pferderückerin Brigitte Foret mit ihrem Boulonnais Quiam.
Brigitte und Dominique Foret arbeiten mit ihren vier Pferden (zwei Boulonnais, ein Comtois und ein Trait du Nord) in einem regionalen Naturpark (Scarpe-Escaut, Sec-Marais) mit der Zielvorgabe, Pappeln zu eliminieren. Auf diese Weise soll die Biodiversität eines Sumpfgebietes wieder hergestellt werden.

In einem „Natura-2000"-Gebiet in Sciez, Haute-Savoie: Benoît Breton und Florent Daloz beim Rücken von Starkholz in einem Kiefern-Fichten-Bestand mit einem Vierspänner (Ardenner und Belgier); man beachte die Beschaffenheit und Anordnung des Spielwaagen-Sets.

Feminisierung des Berufsstands

Als Folge der neuen Blüte des Berufsstands fühlt sich eine wachsende Anzahl junger Menschen von dieser schweren Arbeit angelockt. Seit Ende der 1990er Jahre bilden zwei Ausbildungszentren jeweils etwa zehn Personen pro Jahr im Holzrücken aus. Nur zwei bis drei der Absolventen eines jeden Jahrgangs schaffen es, sich mit dem Einsatz tierischer Zugkraft in verschiedenen Bereichen selbständig zu machen. Seit einiger Zeit ist man dabei, Einrichtungen für Erwachsene zu entwickeln, die Ausbildungen in verschiedenen Bereichen anbieten, die mit dem Zugtiereinsatz verbunden sind, wie z.B. Weinbau, ökologischer Landbau, Gemüseanbau sowie die Pflege von Feuchtgebieten.

Das Interesse zahlreicher Jugendlicher führt auch zur „Verweiblichung" des Berufsstands. Selbst wenn bislang erst vier oder fünf Frauen mit ihren Pferden im Forst arbeiten, bedeutet dies einen radikalen Wandel in einem Beruf, der noch bis vor kurzem eine ausschließlich männliche Domäne war. Aber diese Frauen sind in der Regel die Lebensgefährtinnen der Holzrücker, was zeigt, dass es noch eine Weile dauern wird, bis sie als vollwertige Holzrückerinnen angesehen werden.

Auswahl der tierischen Arbeitskollegen

Bei neun Zugpferderassen haben die französischen Holzrücker die große Auswahl, wenn es darum geht, ihren tierischen Arbeitskollegen auszusuchen. Was sie nicht daran hindert, sich öfters bei ihren belgischen Arbeitskollegen mit Arbeitspferden einzudecken. Es erstaunt daher nicht, dass die Ardenner etwa die Hälfte der aktiven Zugpferde im Forst stellen. Die restlichen 50 Prozent verteilen sich auf die Rassen Comtois, Percheron und Bretone sowie einzelne Pferde der Rassen Trait du Nord, Boulonnais und Auxois.

Diese Situation erklärt sich leicht aus der Tatsache, dass die französischen Holzrücker zu wenige sind, um ihre Pferde selber auszubilden, und es daher für sie leichter ist, fertig ausgebildete Pferde einzusetzen. Die neuen Anforderungen in den ökologisch sensiblen Standorten mit einem sehr engen Zeitrahmen für die einzuhaltenden Eingriffszeitpunkte an den jeweiligen Standorten sowie die geographische Ausdehnung ihrer Einsatzorte lassen den Rückern kaum Zeit dazu, ihre Pferde selbst auszubilden. Gleichwohl betrachten alle diese Situation als unbefriedigend, und ein paar Holzrücker haben bereits die Diskussion darüber angestoßen, wie auf diesen Mangel an ausgebildeten Holzrückepferden reagiert werden kann.

Aussichten

Das alles lässt hoffen, dass die gegenwärtige Entwicklung des Rückens mit Pferden, die sich weitgehend der Arbeit in sensiblen Umweltbereichen zugewandt hat, anhalten könnte. Ein merklicher Anstieg der Zahl der Holzrücker könnte diese Tendenz sicherlich begleiten. Kann damit die eigentliche Durchforstungsarbeit, die lange Zeit die bevorzugte Aufgabe des Rückepferdes war, als überholt betrachtet werden?
Es bleibt ein Hoffnungsschimmer: Im aktuellen Umweltkon-

text scheint auch bei den klassischen, auf die Produktion von Qualitätsholz ausgerichteten Forstverwaltungen der Aspekt des Bodenschutzes mehr Beachtung zu finden. Die Zugpferde mit ihren vergleichsweise schonenden Hufen können vielleicht doch überzeugen, dass sie bei der Durchforstung (insbesondere im Laubholz, der Königsklasse der Forstwirtschaft) trotz der ausufernden Übermacht der motorisierten Maschinen noch ein Wörtchen mitzureden haben.

ChristineRicard und Percheron Oncle-Alfred beim Rücken von Edelkastanien in einem Privatwald in Durtal, Maine-et-Loire.

Nachtrag 2024

2008, zur Zeit der ersten Veröffentlichung dieses Artikels in STARKE PFERDE, herrschte noch viel Zuversicht bei den französischen Pferderückern, was die Zukunft ihrer Branche betraf. Auftragslage und Bezahlung im Forst verschlechterten sich seitdem kontinuierlich, dass die meisten Fuhrleute heute anderen Tätigkeiten nachgehen müssen und versuchen, mit ihren Pferden beispielsweise im Weinbau oder mit kommunalen Arbeiten ihr Geld zu verdienen.

rechts:
Jean-Baptiste Ricard beim Entladen von Edelkastanien-Abschnitten (Privatwald in Durtal, Maine-et-Loire). Am Forwarder seine Pferde Honorine und Oliver.

unten:
Zielstrebig über den Graben: Fabrice Desort und einer seiner Trait du Nord beim Rücken von Laubholz.

Fotos: Jean-Léon Dugast

Holzrücker ohne Zukunftsangst

aus: STARKE PFERDE 49, 2009

Mit großer Sorgfalt und Können werden die Stammholzabschnitte auf die Schlitten verladen und gesichert. Vom Hiebsort geht es dann im „Schlittenkonvoi" zum nächsten befahrbaren Weg. **Fotos:** Denoth (2), Wirth (2)

Von Jürg Wirth und Jörg Weber

Wo der Helikopter zu teuer ist und der Holztransporter stecken bleibt, ziehen die Holzrücker die Stämme mit Pferden aus dem Wald. Zum Beispiel im tief verschneiten Uina-Tal im Unterengadin bei Sent GR. Dabei sind sie erstaunlich konkurrenzfähig.

"Zum Glück ist die Straße nicht breiter", sagt Johann Tschalär. „Sonst würde hier der Holztransporter fahren und wir hätten den Auftrag nicht." Die Straße, die ins Uina-Tal führt, weist kaum Autobreite auf. Sie ist eingeschneit, scheint sich auf der einen Seite in die Felswand gefressen zu haben und fällt auf der anderen Seite steil zum Uina-Bach hin ab.

Tschalär fährt diesen Weg nicht zum ersten Mal und erreicht das Ziel sicher: eine Kleinstsiedlung, bestehend aus Pferdestall und Holzhütte, der Stützpunkt der Holzfäller-Truppe.

Kaum sind wir angekommen, rückt Jeloise, ein stämmiger, vierjähriger Percheron-Wallach, ins Bild. Langsam kommt er näher. Immer wieder muss ihn sein Meister, Gian Denoth, antreiben. Denn Jeloise zieht auf einem einfachen Holzschlitten drei dicke Baumstämme. „Zwischen eineinhalb und zwei Tonnen wiegen diese," erklärt Denoth, der Chef der Holzrücker-Truppe.

Schon eilt Johann Tschalär herbei, löst die Ketten, mit denen die Stämme festgezurrt sind, und lässt sie auf den Stapel rollen. Er gehört ebenfalls zur Holzrückertruppe. Weil er sich noch von einer Hüftoperation erholt, darf er aber keine schweren Arbeiten verrichten. So verbringt er den Winter in der Hütte und füttert die Pferde, die im nebenstehenden, provisorischen Stall untergebracht sind. Die aufgeschichteten

Stämme bleiben bis zum Frühling liegen. Dann holen sie die Holzer mit den Traktoren.

Ein gut eingespieltes Team

Die Gruppe um Gian Denoth arbeitet in wechselnder Besetzung. Heute sind es Jachen-Andri Schmidt, Fadri Riatsch, Martin Bischoff und Andri Marugg, die die Holzfäller- und Rückertruppe bilden. Riatsch und Bischoff schneiden die Bäume, entasten sie und zerschneiden die Stämme auf vier bis fünf Meter Länge. Denoth, Schmidt und Marugg ziehen das Holz mit den Pferden aus dem Wald auf die Straße. Falls die Straße holztransportertauglich ist, stapeln sie die Stämme gleich dort. Falls nicht, ziehen sie das Holz zum nächsten Ort, der mit Traktoren oder Lastwagen zu erreichen ist.

Die fünf sind Bauern und arbeiten seit gut zehn Jahren zusammen. Im Winter besorgen sie morgens und abends den Stall, dazwischen ziehen sie in den Wald. Die Holzrückesaison dauert normalerweise von Oktober bis April oder Mai. Die fünf sind ein eingespieltes Team. Jeder hat seinen Auftrag und erledigt diesen ruhig und unaufgeregt. Kaum ein Fluchen oder sonst ein lautes Wort ist zu hören. Dafür kreischt die Motorsäge fast unablässig. Zwischendurch ertönt ein Warnruf - und schon wieder fällt ein Baum!
Derweil treiben die Holzrücker ihre Pferde in den Wald zu den gefällten und vorbereiteten Stämmen. Die Schleppeinrichtung ist einfach. Am Pferdegeschirr baumelt klirrend eine Kette. Diese schlingen Denoth und Schmidt um den Baumstamm, geben dem Pferd das Kommando zum Ziehen, und der Baum bewegt sich aus dem Wald - im Idealfall. Andernfalls will das Pferd gerade nicht ziehen oder der Baum hat sich irgendwo verhakt. Dann müssen die Pferdeführer ihre Tiere mit Zuckerbrot oder Peitsche wieder zum Arbeiten bringen.

Wirtschaftlich und schonend

Haben die Tiere zwei, drei Stämme zum Ladeplatz gezogen, binden Schmidt und Denoth die Bäume auf einen kleinen Holzschlitten. Dazu ziehen sie das Holz mit einem Sappi, einer Art Pickel, über eine Rampe aus einem kurzen Stamm auf den Schlitten. Dann geht`s mit dem Holzfuder zum Sammelplatz.
Stapfen die Pferde mit ihren schweren Lasten durch den Schnee und fahren die Bauern und Pferdeführer auf den Stämmen mit, denkt man ein wenig an den Maler Ferdinand Hodler. Bevor man aber allzu stark ins Schwärmen kommt, holt Denoth einen wieder auf den Boden zurück: „Wir müssen uns für fast jeden Auftrag neu bewerben. Wir reichen ein Angebot ein, das wird geprüft, und wenn es besser ist, als dasjenige der Konkurrenz, erhalten wir den Zuschlag." Wald- und Bodenschonung spielt bei der Vergabe keine Rolle. Die Konkurrenz ist der Helikopter oder der Holzlastwagen.

Das Rücker- und Fällerteam weist gute Werte auf. Knapp 20 Tonnen Holz ziehen sie mit ihren Pferden täglich aus dem Wald. Stark sind sie in Gebieten, die für die großen Holzmaschinen nicht zugänglich, aber gleichzeitig auch nicht zu steil sind. Im Holzschlaggebiet im Uina macht die Arbeit noch viel mehr Spaß, weil das Holz von enormer Qualität sei, schwärmt Denoth. Im schattigen Wald wachsen die Bäume langsam, weshalb man fast nur Jahrringe sieht.
Dies entgeht auch den Oberförstern nicht. So weiß Arnold Denoth, Chef des Forstreviers von Susch bis Ardez und Tarasp GR: „Die Rücker schlagen im Unterengadin jährlich rund 3000 Kubikmeter Holz und ziehen dieses aus dem Wald." Dies entspricht immerhin fünf bis zehn Prozent des jährlichen Holzschlages im Unterengadin. Denoth hat denn auch keine Angst um die Zukunft der Fäller- und Rückertruppe. Und die Arbeiter selber noch viel weniger, nicht nur, weil es im Unterengadin noch viele schmale Straßen gibt.

aus: STARKE PFERDE 49, 2009

Bergbauer und Holzrücker aus dem Unterengadin: Gian Denoth

Von Gaby Denoth

Wir betreiben einen kleineren landwirtschaftlichen Betrieb in Tschlin, das ist in der Nähe von Scuol im Unterengadin in der Schweiz. Wir, das sind mein Mann Gian (41), unser Sohn Bengiamin (9), unsere Tochter Tiziana (7) und ich, Gaby (42). Hauptsächlich betreiben wir Milchwirtschaft mit 15 Milchkühen, elf Rindern und sieben Kälbern; außerdem noch etwas Ackerbau mit Kartoffeln und Brauereigerste. Wir bewirtschaften ca. 35 ha Land, davon knapp 1 ha Ackerbau. Und dann natürlich das Wichtigste: Mein Mann ist Holzrücker aus Leidenschaft.
Wir haben zwei Percherons, die Stute „Jeloise" (12) und den Wallach „Rio" (4). Dann ist da noch unsere Freiberger-Stute „Lucia", die mit 22 Jahren bei uns noch ihren Lebensabend verbringt. Aber auch sie wird ab und zu noch eingesetzt.
Das Holzrücken ist ein wichtiges Standbein unseres Betriebes und ermöglicht uns vor allem im Winter zwischen Oktober und Mai ein zusätzliches Einkommen, das bei uns im Berggebiet immer wichtiger wird. Denn im Gegensatz zum Talgebiet sind wir in der Milchwirtschaft immer weniger konkurrenzfähig.

Gian hat 1991 mit dem Holzrücken angefangen. Erlernt hatte er es von einem älteren Mann aus unserem Dorf, der diesen Beruf ebenfalls mit Leidenschaft ausführte. Im Jahr 2000 hatten wir dann die Percheron-Stute dazu gekauft und vor zwei Jahren kam dann noch unser Percheron-Wallach dazu. Jeloise war von Anfang an sehr brav. Sie ist sehr gutmütig und ruhig, und Gian arbeitet sehr gerne mit ihr. Auch Rio, unser Wallach, hat sich prächtig entwickelt. Mein Mann hat ihn selber angelernt und er wird immer besser. Auch er ist sehr ruhig und brav. Und auch sein anfängliches Misstrauen ist kaum mehr vorhanden, da Gian mit ihm ein gutes Vertrauensverhältnis aufbauen konnte. Er ist wirklich sehr zufrieden mit den beiden. Auch Lucia war ein sehr wertvolles Pferd zum Holzrücken, immer willig und gehorsam. Allerdings hat sie mit 22 Jahren nun ein etwas gemächlicheres Leben verdient. Sie wird aber immer noch regelmäßig gebraucht, nur eben nicht mehr so häufig.

Oben: Professionell angelegter, Platz sparender Abroll-Polter mit abfuhrbereitem Stammholz.

Zeitweise ist Gian mit bis zu vier anderen Pferderückern im Wald - alles befreundete Landwirte. Es kommt jedoch auch immer mal vor, dass er alleine unterwegs ist. Es wird nicht nur Holz am Boden gerückt, sondern auch mit dem Schlitten gefahren. Der Schlitten ist vor allem dann sinnvoll, wenn die Distanzen größer sind, weil man damit viel größere Lasten ziehen kann. Viele Gebiete in den Unterengadiner Wäldern sind nicht gut erschlossen und können zum Teil nur durch alte Wege erreicht werden. Das bedingt zum Teil einen längeren Anmarsch mit den Pferden. Außerdem bewährt sich in diesen Gebieten die Holzfuhre mit dem Schlitten, da man mit ihm entlang der alten Wege fahren kann.

Der Wald in unserer Region ist vorwiegend in öffentlicher Hand und gehört den Gemeinden. In den Anfangszeiten musste Gian sich um jeden einzelnen Auftrag bemühen und immer wieder die Förster um Arbeit anfragen. In der Zwischenzeit ist das Auftragsangebot immer größer geworden und wir sind sehr zufrieden mit der Arbeitsauslastung. In den letzten Jahren hat sich auch die Einstellung der Förster etwas geändert. Immer mehr sehen ein, dass die Arbeit mit dem Pferd eine echte Alternative im Wald ist. Denn in steileren Gebieten durch dichten Wald ist das Pferd auf jeden Fall konkurrenzfähig. Auch die Wirtschaftlichkeit ist durchaus vorhanden. Außerdem sehen auch die Förster ein, dass der ökologische Aspekt von großer Bedeutung ist (Schonung des bestehenden Waldes, keine Bodenverdichtung, keine bleibenden Schäden im Rückegebiet).

Obwohl Gian die Unterstützung seiner Kollegen hat, haben natürlich alle auch zuhause einen landwirtschaftlichen Betrieb, der betreut werden muss. So kommt es immer mal wieder vor, dass eine Arbeitskraft ausfällt. So müssen sich Gian und seine Kollegen immer genau überlegen, welche Arbeiten sie annehmen können. Manchmal kommt es dann auch vor, dass ein Auftrag abgelehnt oder verschoben werden muss. Aber Gian ist der Überzeugung, dass man lieber mal einen Auftrag ablehnt, als ihn anzunehmen und dann nicht zur Zufriedenheit des Auftraggebers ausführen zu können.

Wir sind in der glücklichen Lage, dass Gians Vater und manchmal auch seine Mutter in unserem Betrieb mithelfen. Denn für mich alleine wäre der Aufwand dann doch eher zu groß. Aber ich unterstütze meinen Mann voll und ganz, damit er seiner Leidenschaft nachgehen kann. Denn auf so einem Betrieb muss man auch Kompromisse eingehen. Gian bedeutet das Holzrücken sehr viel, ohne das wäre er nicht wirklich glücklich. Aber auch ich muss manchmal meine Ansprüche geltend machen und immer mal wieder darauf drängen, den Betrieb nicht zu vergrößern, sondern eher noch etwas zu verkleinern. So versuchen wir beide eine befriedigende Lösung für die ganze Familie zu finden.
Was Gian so am Holzrücken schätzt, ist das Arbeiten in der Natur in der Stille der Wälder. Die Einheit mit dem Pferd, die Ruhe und das Zusammenspiel zwischen Mensch und Tier. Auch die kleinen Dinge darum herum schätzt er, wie zum Beispiel das Kochen des Mittagessens oder des Kaffees über dem Lagerfeuer, wie man das auch schon früher gemacht hat. Diese Traditionen sind es, die ihn faszinieren und ihm viel bedeuten. Traditionen und auch das Wissen um die Arbeit mit Pferden, die er gerne erhalten möchte, damit sie nicht verloren gehen. Gians Neffe, Linard (15 J) hat vor zwei Jahren angefangen in der Freizeit manchmal mit meinem Mann mitzugehen. Inzwischen arbeitet er sogar selbstständig mit unserer Freiberger-Stute Lucia. Das ist natürlich toll, wenn man sieht, dass man auch einen jungen Mann für diese Arbeit begeistern kann. Linard wird dieses Jahr die Schule beenden und beginnt dann eine Lehre als Forstwart. Wer weiß, vielleicht wird er später einmal die Tradition des Pferderückens weiterführen?

Im Sommer setzen wir die Pferde natürlich auch je nach Möglichkeit ein. Zum Beispiel zum Pflügen und Säen der Äcker oder zum Mist einreiben. Leider haben wir im Sommer nicht so viele Einsatzmöglichkeiten auf unserem Betrieb. Die meisten unserer Wiesen und Felder sind so steil gelegen, dass man sie kaum mit Pferdearbeitsgeräten bewirtschaften kann. Kleinere Holzrückeaufträge und auch mal spezielle Transporte z.B. mit dem Bastsattel erledigen Gian und seine Kollegen auch mal im Sommer. Vor einiger Zeit hatte mein Mann einen interessanten Auftrag. Er transportierte zusammen mit einem Kollegen Baumsetzlinge mit den Pferden im steilen Gebiet, um einen Steilhang wieder aufzuforsten als natürlichen Lawinenschutz. Sonst verbringen unsere Pferde im Sommer eine Zeit lang auf den Alpweiden, wo wir sie regelmäßig besuchen.

Pferdeeinsatz für den Lawinenschutz: Gian Denoth mit Freibergerstute Lucia und Percheron Jeloise beim Transport von Baumsetzlingen auf schmalen Gebirgspfaden.
Fotos: Denoth

Oben: Gut gelaunt vorne weg: Fuhrmann Gheorghe geht voraus, die Pferde folgen ihm mit dem Wagen auf Schritt und Tritt. **Fotos:** Erhard Schroll

Rumänien

Stolze Pferdebauern und Fuhrleute

Als Mitglied einer kleinen Delegation der Europäischen Arbeitspferde Föderation FECTU hatte der Autor im Oktober die Gelegenheit, in Rumänien - oder genauer gesagt in Siebenbürgen - Vertreter verschiedener regierungsunabhängiger Organisationen - Kleinbauernvereinigungen und Naturschutzverbände - zum Meinungsaustausch zu treffen und dabei auch viele Bauern und deren Betriebe kennenzulernen. Der Tipp für unseren ersten Bericht über diese Reise stammt von Daniel Ongyerth, einem der letzten Siebenbürger-Sachsen und Bauern in Rodbav (deutsch: Rothbach) und führte uns zu einem außergewöhnlichen Pferderücker.

aus STARKE PFERDE 85, 2017

Von Erhard Schroll

Trotz der wunderschönen, idyllischen Waldlandschaft mit seinen weitläufigen Eichenbeständen und den imposanten, stattlichen Baumriesen geht es hier im Wald unweit der Siebenbürger Gemeinde Rodbav in Rumänien, nicht gerade romantisch zu: Motorsägen kreischen und ein in die Jahre gekommener Traktor mit Seilwinde quält sich lautstark und schwarze Abgaswolken ausstoßend, bei den Versuchen, schwere Eichenstämme aus dem Bestand an den befestigten Weg zu ziehen. Neben den großen Holzpoltern, die vom bisherigen Erfolg dieser Bemühungen kunden, ziehen sich entlang des schmalen Forstweges lange Bänke mit aufgeschichtetem Meterholz. Zwei kräftige Männer sind soeben dabei, Eichenrollen von einem scheinbar klapprigen, hölzernen Rungenwagen abzuladen und die teilweise zentnerschweren Abschnitte gemeinsam auf den Holzstapel zu stemmen. Während die beiden Männer schuften, stehen alleine und von ihnen völlig unbeachtet zwei muskulöse braune Kaltblutpferde angespannt vor dem Wagen und machen Pause. Es sind zwei Hengste der Rasse Rumänisches Kaltblut, die einen Part des anstrengenden Rückezyklus gerade hinter sich haben und Kräfte sammeln für die nächste Runde.

Sie tragen stabile Brustblattgeschirre mit besonders auffälligen und für Rumänien typischen Hintergeschirren. Diese bestehen im Wesentlichen aus zwei Umgängen, die das gesamte Hinterteil eines Pferdes umschließen, was vor allem beim

Aufgeladen wird von Hand. Einzelne Eichen-Rollen können auch schon Mal 100 Kilogramm wiegen. Dann müssen beide Männer ran.

Das eingespielte Holzrücketam: Fuhrmann Gheorghe mit seinem Helfer und den beiden jungen Rumänischen Kaltblutpferden.

Bremsen und Aufhalten in steilem Gelände sehr effektiv wirkt. Bei diesem Gespann sind die Enden der unteren Umgänge so weit nach vorne verlängert, dass sie fast bis zur Deichselspitze reichen und dort mit den Aufhalteketten verbunden sind.

Die beiden Pferde haben jeweils lediglich ein rotes Stallhalfter um, und es sieht so aus, als ob ihnen für die Ruhe- und Wartezeit extra die Fahrzäume und Leinen abgenommen worden wären.
Der Wagen ist schließlich geleert, der Holzstapel um drei Meter gewachsen, und es geht wieder los. Gheorghe, so heißt der junge Fuhrmann, dem die Pferde gehören, nimmt eine Gerte in die Hand und gibt den Pferden kaum merklich das Signal zum Anziehen. Doch halt - hat er etwa vergessen, sie wieder richtig anzuspannen?! Ohne Gebisse und ohne Leine marschieren die beiden Hengste los! Aber Gheorghe bleibt entspannt. Gebisse und Leine benötigt er nicht, er lenkt seine Pferde ausschließlich per Stimmkommando, Signalen mit der Gerte und mit Körpersprache. Und das nicht etwa einfach nur auf dem Weg und gerade aus: Um wieder zurück in den Bestand zu kommen, muss das insgesamt etwa sieben Meter lange Gespann auf dem schmalen Waldweg gedreht werden. Die Szene, die nun folgt, kann man kaum glauben, wenn man es nicht mit eigenen Augen gesehen hat: Auf Zuruf halten die Pferde an und rangieren den Holzwagen wie ferngesteuert im rechten Winkel rückwärts durch einen Graben hindurch Zentimeter genau in eine enge Lücke zwischen zwei Randbäume und anschließend vorwärts in die andere Richtung wieder hinaus. Sensationell!
Der hölzerne Wagen windet sich und verbiegt sich beim Queren des tiefen Grabens und es zeigt sich, dass der erste Eindruck und die Optik getäuscht haben: Er ist alles andere als ein billig zusammengeschustertes Behelfsprodukt, sondern entpuppt sich als ein extrem belastbarer und universell einsetzbarer Rückewagen von höchster Qualität!

Es geht zurück in den Bestand. Immer mit dabei sind zwei Hunde. Die Beiden dienen nicht nur Gheorghes Gesellschaft sondern sind hier in den tiefen Wäldern auch unverzichtbarer Schutz vor Wölfen und Bären, vor allem, wenn die Waldarbeiter nachts ihre Camps hier aufschlagen und müssen.
Gheorghe geht den Pferden meist voraus, erkundet dabei das Terrain und sucht einen sicheren Weg durch Gestrüpp und Baumkronen; die Pferde folgen brav seiner Spur. Als der junge Fuhrmann auf einer der Rückegassen dem anrückenden Trak-

Wenden auf engstem Raum: Ohne Trensen und Leine rangieren die beiden Kaltblüter das lange Fahrzeug auf den Zentimeter genau vor und rückwärts, gelenkt nur durch Stimmkommandos.

Oben:
Der Traktor für die schweren Sämme, die Pferde für das Meterholz - für alle ist es Schwerstarbeit.

Rechts:
Der Rastplatz im Wald mit fest installierter Futterraufe.

tor Platz machen will und anfängt, flott durch den Wald zu spurten, galoppieren die Pferde mit dem Wagen einfach unaufgefordert hinterher - und bleiben sofort stehen, als er wieder stehen bleibt. Ein toll eingespieltes Team! Tief im Bestand wird angefangen mit dem Beladen und auf dem Rückweg wird immer wieder angehalten, um abgelängtes und bereits eingeschnittenes Holz zuzuladen.
Gut drei Raummeter frisch geschlagenes Holz fasst das Fahrzeug, das die Pferde dann auf den letzten Metern voll beladen eine Böschung hinauf zum Weg ziehen müssen. Eine „Schwerst-Zugleistung-Prüfung“ zum Abschluss jeder Runde, welche die beiden relativ kleinen und gedrungenen, aber kräftigen und geländegängigen Rumänischen Kaltblüter das eine ums andere Mal mit Bravour meistern. Beeindruckend!

Horse Logging
Holzrücken in den USA

Mit einem Aufsitz-Rückewagen transportiert Rutledge mit seinen Suffolk-Punch-Kaltblütern Qualitätsholz. Dieser Stann mit dem Riss in der Mitte ist ein typisches Beispiel der "worst first"-Methode, die von der Healing Harvest Forest Foundation zur schonenden Waldwirtschaft propagiert wird. **Fotos**: Ridgewind Farm Suffolks

Von Sibillja Gutmann

Jason Rutledge, ausgebildeter Förster, der bereits durch seine Eltern mit dem „Pferdevirus" infiziert wurde, hat sich ganz der Rasse Suffolk Punch verschrieben. Für sein Engagement, das er in den letzten 30 Jahren als Züchter zeigte, wurde er gerade erst von der Suffolk Punch Association ausgezeichnet. Eine Herde von zwölf dieser leuchtend roten Arbeitspferde hält er in den Bergen von Virginia auf 900 Metern Höhe. Auf seinem Hof mit dem Namen Ridgewind Farm werden zu land- und forstwirtschaftlichen Zwecken zurzeit sechs Suffolks angespannt. Rutledges ganzer Stolz ist der Hengst Eyke Sovereign: Er ist der einzige original englische, zuchtaktive Suffolk-Punch-Hengst Amerikas. Der Zuchteinsatz dieses Hengstes und die Vermarktung seiner Nachkommen ist ein wichtiges Standbein der Ridgewind Farm. Etwa die Hälfte des Einkommens bringt die Zucht ein. Über die Bestimmungen des britischen Zuchtverbandes, Nachkommen von Suffolks, welche die Insel verlassen haben, grundsätzlich nicht anzuerkennen, ärgert er sich sehr. Denn die Rasse habe wegen ihrer geringen Population mit einer starken Reduktion der genetischen Vielfalt und mit Inzucht zu kämpfen und solche Bestimmungen würden einen Zuchtfortschritt kaum noch möglich machen.

Ist der Stamm dicker als die Portalachse hoch, so kreiert Rutledge mit zwei Ketten zwei tiefe Zugpunkte am Stamm. Mit den hohen Zugpunkten am Wagen entsteht auch in diesem Fall ein Lifteffekt beim Anziehen.

Auf seiner Facebookseite teilt er Eindrücke seiner Zuchterfolge und des Farm-Alltags, sodass auch aus weiter Ferne sein enges Verhältnis zu den Tieren zu spüren ist. „Tiere zu halten ist tatsächlich wie verheiratet zu sein mit einer lebenden Kreatur, die auch dein Arbeitspartner ist", beschreibt er seine Vorstellung des Zusammenlebens von Mensch und Tier. „Das ist auch der immaterielle, soziale Vorteil von Waldarbeit mit Zugtieren, denn es ist ja bekannt, dass die Tiere auf die psychische Gesundheit des Menschen eine therapeutische Wirkung haben."
Auch auf der heimatlichen Farm setzt er seine Suffolks zur Heuernte und auf dem Acker ein. „Wenn ich Heu in kleine HD-Ballen presse, nenne ich diese immer eine ‚kleine Portion Sonne', denn das sind sie: In ihnen ist die Kraft der Sonne konserviert für den Winter", erzählt der charismatische Züchter.
Das Haupteinsatzgebiet der Ridgewind Suffolks ist aber der Wald. 180 Tage im Jahr ist Rutledge mit zwei Gespannen, die er bei Bedarf zu einem Vierspänner zusammenspannt, im Wald. „Die Erfahrung hat gezeigt, dass es keinen Stamm gibt, den ich mit meinem Vierspänner nicht rücken kann", berichtet er stolz. Im Laufe der Jahre konnte er sich zunehmend einen Kundenstamm mit den einträglichsten Aufträgen und angenehmsten Auftraggebern erarbeiten.

Dabei hat er sich auf hochqualitatives Laubholz aus schwierigen Hanglagen spezialisiert. „Das beste Holz steht meistens an den schwierigsten Orten", sagt er lachend, „deshalb steht es da – weil es bisher keiner holen wollte." Mit einem Rückewagen rückt er in seiner Region Walnuss und Nordamerikanische Walnuss, Esche, den in Nordamerika beheimateten Tulpenbaum, Wilde Kirsche, Robinie, Weiß- und Rot-Eiche, Ahorn, Magnolie und manchmal auch Kiefern. Den Waldbesitzern bietet er meistens ein Gesamtpaket an, bei dem er von Fällung bis Vermarktung alle Arbeitsschritte übernimmt und dem Waldbesitzer am Ende einen Teil des Gewinns überlässt.

Bei einem Besuch in Deutschland lernte er das Vorrücken mit Pferden bei Erstdurchforstungen kennen. „Die ganze Zeit dachte ich nur: Lasst die Pferde doch mal richtig arbeiten, was soll das mit diesen kleinen Stecken da?", erinnert er sich an das Gefühl beim Zusehen.

Mit seiner Rückung von Langholz bis 15 Metern Länge erlangte er auch schon Berühmtheit, beispielsweise mit der Eiche, die er im Beisein des Fernsehens als amerikanischen Beitrag zum Wiederaufbau von Notre Dame (Paris) rückte. Bei seinem Aufsitz-Rückewagen wird der Stamm vorne leicht angehoben, was den Transport dieser großen Lasten erst ermöglicht. Mit bis zu 500 Metern Rückedistanz rückt er diese bis zur nächsten Forststraße. Mit Ortscheit und Kette arbeitet er seltener, doch am Steilhang berichtet er, dass er schon bis zu zwölf Stämme mit einem Pferd und Rückeketten bewegt hat.

Der importierte, original englische Suffolk Punch Hengst Eyke Sovereign ist der ganze Stolz von Holzrücker und Züchter Jason Rutledge.

Als Ausbilder und Züchter ist er gut vernetzt, trotzdem kann er über vieles nur Vermutungen anstellen. „Eine Idee davon zu bekommen, was in den Wäldern eigentlich gemacht wird, ist fast eine ‚Mission Impossible'. Da sich die Vereinigten Staaten von Amerika über ein sehr großes Territorium erstrecken, wäre es nicht nur eine lange und mühevolle Aufgabe, alle Holzrücker zu finden. Es ist schlichtweg unmöglich, da diese Waldarbeiter ihre Freiheit und Selbstbestimmung sehr lieben und oftmals jenseits des Radars öffentlicher Strukturen arbeiten", erklärt Holzrücker, Züchter und Landwirt Jason Rutledge. Einer seiner ehemaligen Schüler hatte einmal versucht, für seine Masterarbeit alle Holzrücker in Alabama zu finden. Begonnen mit drei

In den Appalachen beheimatet arbeiten Rutledge und sein Team hauptsächlich am Hang. Stämme bis 15 Meter Länge werden auf Distanzen bis 500 Meter bewegt.

Namen, hat er schließlich allein in diesem Staat 94 Holzrücker gefunden. Rutledge vermutet, dass es im ganzen Land etwa 3000 Holzrücker mit Pferden und 1000 mit Ochsen gibt.
Bei seiner Öffentlichkeitsarbeit setzt er auch auf die von ihm gegründete Healing Harvest Forest Foundation (HHFF), eine Organisation, die eine den Wald stärkende Einzelbaumentnahme propagiert, Holzrücken unterrichtet und zukünftige Holzrücker ausbildet. Seit 1999 wurden so über 60 „biologische Förster", wie die von der HHFF ausgebildeten Fachleute genannt werden, ausgebildet. Die etwa 25.000 US-Dollar Spendeneinnahmen, die der gemeinnützige Verein jährlich einnimmt, werden in erster Linie für Ausbildungszwecke eingesetzt. Von den rund 250 Schülern der letzten Jahre wurden 25 aktive professionelle Holzrücker. Als mustergültiges Vorbild einer sogenannten „bottom up"-Bewegung, also einer Bewegung von der Basis aus, wurde die HHFF auch in Peter Wohllebens *Das geheime Leben der Bäume* lobend erwähnt. Der wichtigste Grundsatz der HHFF ist die „worst first"-Methode, dass also zuerst die Bäume entnommen werden, die einen Riss oder ähnliche Schäden haben, sodass davon auszugehen ist, dass diesen Bäumen ohnehin kein langes Leben mehr bevorsteht. Durch das Stehenlassen der gesunden Bäume soll die Gesundheit des Waldes insgesamt durch die Holzentnahme eher gestärkt als belastet werden.

Je kürzer die Kette eingehängt wird, desto größer ist der entstehende Lifteffekt, der den Zugkraftbedarf verringert.

Der Portalachsen-Rückewagen hebt den Stamm – ohne Winde – durch den hohen Anhängepunkt etwas an.

Versicherungen sind in den Vereinigten Staaten für Holzrücker nicht vorgeschrieben. Rutledge verzichtet auch auf diesen Schutz, den er als „Wette gegen den eigenen Erfolg" bezeichnet. Insgesamt empfindet Rutledge, der sich selbst als progressiv-liberal bezeichnet, die amerikanischen politischen Bestimmungen als großen Widerstand gegen das Holzrücken mit Pferden und Zugtiere in der Landwirtschaft, basierend auf der Idee, Zugtiere würden der Vergangenheit angehören. „Manchmal, wenn ich mit meinen Pferden im Wald bin, mache ich eine Pause und spüre ganz deutlich: Eigentlich ist das die Zukunft!"

„Obwohl der ökologische Wert, den der Wald für die Menschheit darstellt, noch lange nicht ausreichend gewürdigt wird und obwohl es in den USA kaum wissenschaftliche Evidenz für die Nachhaltigkeit vom Holzrücken mit Pferden gibt, fangen viele private Waldbesitzer an, die Bedeutung des Waldes für das Klima zu erahnen und sind zunehmend gewillt, auf den schonenden Einsatz von Pferden zu setzen", erklärt er. In den Wäldern Nordamerikas gebe es im Moment sehr viel mehr Arbeit als Holzrücker. Auch die Strukturierung der Besitzverhältnisse käme den Holzrückern zugute. Denn etwa 85 Prozent der Wälder seien privat und kleinparzelliert in Stücken, die kaum größer als 4 Hektar sind, mit viel hochqualitativem Laubholz. Auf diesen kleinen Flächen lohnt es sich selten, große Maschinen anzufordern, sodass der Pferdeeinsatz oft attraktiv sei. „Es ist harte Arbeit und sie macht niemanden reich, aber wer in seiner Lokalzeitung eine Anzeige schaltet, wird ganz schnell mehr Aufträge haben, als er abarbeiten kann", ist sich der erfahrene Fuhrmann sicher.

http://healingharvestforestfoundation.org/
www.draftwood.com

Facebook:
Jason Rutledge, healing harvest forest foundation

Das Team Rutledge ist immer mit zwei Gespannen im Einsatz, die bei Bedarf schnell zu einem Vierspänner zusammengespannt werden.

Dieser Film über Leben und Wirken von Jason Rutledge kann online geliehen werden.
www.somehowhopeful.com

„Hyje!“ und „Čehý!“

Besuch bei einem Pferderücker in Tschechien

aus STARKE PFERDE 48, 2008

Pferderücker Josef Svoboda im Einsatz mit dem stattlichen Schlesischen-Noriker-Hengst Brynet. Svoboda ist einer von mehreren 100 Pferderückern in Tschechien, die vor allem in den Mittelgebirgen im Norden des Landes zuhause sind. **Fotos:** Erhard Schroll

Von Erhard Schroll

Die Straße windet sich durch enge Täler und je weiter wir gen Norden Richtung polnische Grenze fahren, umso dichter wird der Wald, der die Landschaft in diesem Teil der Tschechischen Republik dominiert und prägt. Es sind die ersten Ausläufer des Adlergebirges, das sich bis nach Polen erstreckt und dessen einzelne Erhebungen die 1000-Metergrenze gerade so überschreiten.

Wir sind mit dem Landrover unterwegs zum aktuellen Einsatzort von Josef Svoboda, einem professionellen Pferderücker aus Pěčin, einem kleinen Ort mit knapp 500 Einwohnern unweit des Städtchens Rychnov nad Kněžnou (ehemals Reichenau an der Knieschna).
Wir verlassen das Tal und gewinnen mit dem Landrover langsam etwas an Höhe. In einer scharfen Kurve biegen wir ab auf einen Waldweg, der in einen dunklen Fichtenbestand führt. An einem Wendehammer auf einer Lichtung stoßen wir auf einen geparkten Zetor-Traktor mit angehängtem Pferdeanhänger und sind am Ziel. Fast. Zu Fuß geht es weiter hangaufwärts eine Rückegasse entlang und wir queren einen kleinen Bach. Ohne Gummistiefel sind meine Füße rasch nass; dafür hat es mittlerweile auch noch angefangen zu regnen ...
Schließlich, an einem Holzpolter mit soeben gerückten Fichtenabschnitten angekommen, sehen wir die frischen Hufspuren im aufgeweichten Boden. Geräusche, die auf ein in unmittelbarer Nähe arbeitendes Pferd hinweisen würden, können wir jedoch immer noch nicht vernehmen.

Erst als wir vom Polter ausgehend den Hang weiter erklimmen und dabei einem schmalen Pfad folgen, der offensichtlich als Schleifweg für das Holz benutzt wurde, sehen wir auf einer kleinen Kahlschlagfläche den gesuchten Pferderücker mit seinem Pferd. Erst beim Näherkommen vernehmen wir das Klirren schwerer Ketten. „Čehý, čehý! Huj!“ – links, links, rückwärts! – in normaler Gesprächslautstärke, fast eher flüsternd vernehmen wir nun auch die Kommandos, die Josef Svoboda an einen stattlichen, etwa 1,65 m großen Dunkelfuchs richtet, der sich in einem dichten Gewirr aus Ästen und Kronenholz soeben umgedreht hat und sich rückwärts vor einem dicken Stammholzabschnitt positioniert. Schon auf den ersten Blick outet sich das Pferd durch seine imposante Erscheinung und Ausstrahlung als stolzer Hengst. Ich erfahre, dass er fünf Jahre alt ist, der Rasse Schlesischer Noriker angehört und als einer von insgesamt 15 staatlichen Deckhengsten unter dem Namen Brynet 1061 im Stutbuch registriert ist.
Trotz seines jugendlichen Alters macht Brynet bereits einen sehr routinierten Eindruck. Svoboda lenkt ihn mit Stimme und Stoßzügel und der Hengst reagiert sofort und auf die feinsten Kommandos. Den fast 100 Meter langen Weg zum Polterplatz legt er allein zurück, das Leinenende schleift am Boden hinterher und sein Führer folgt ihm in einigem Abstand. Vor dem Polter ein kurzes „prrr!“, der Hengst bleibt stehen und wartet bis sein Chef nachgekommen ist. Svoboda legt ein Stück Holz als Laderampe an und an der langen Kette zieht Brynet die beiden angehängten Fichtenabschnitte schräg auf das Polter. Ein bisschen „hott!“ (rechts), dann wieder „čehý!“ (links) und die Stämme liegen perfekt obenauf.

20 Festmeter pro Tag

Auf jedem Abschnitt haben die Holzfäller den Durchmesser notiert und Josef zieht eine Kladde aus der Tasche und schreibt sich die Maße der soeben herausgezogenen Abschnitte für die spätere Abrechnung auf.
Etwa 20 Festmeter muss er am Tag durchschnittlich schaffen, damit er über die Runden kommt und genug Geld verdient hat, um seine sechsköpfige Familie zu ernähren. Dennoch arbeitet er aus Prinzip im Wald aber nicht länger als fünf bis sechs Stunden pro Tag, fünf Tage die Woche. Mit den Fahrzeiten, der Vor- und Nachbereitung kommt er auch so auf ein tagesfüllendes Programm. Eine Pause für sich im Wald ist dabei nicht vorgesehen, er arbeitet gewöhnlich durch. Kurze Verschnaufpausen gibt es höchstens, wenn das Pferd oder die Pferde Zeit zum Erholen brauchen. 41 Jahre ist Josef Svoboda jetzt alt und seit 17 Jahren als Pferderücker im Geschäft. Sein Einsatzradius liegt im Umkreise von bis zu 20 Kilometern um die Hofstelle, und die Anfahrt geschieht dabei mit dem Zetor-Traktor und Pferdeanhänger.

Platz sparendes Poltern an der Rückegasse. Ohne selbst groß Hand anlegen zu müssen, dirigiert Svoboda den Hengst mit Stoßzügel und Stimme so präzise und geschickt, dass er die Stammholzabschnitte in mehreren Lagen aufeinander geschichtet bekommt.

Weite Rückewege

Üblicherweise arbeitet er in schwierigen, steilen Lagen. Dort bekommt er für seine Arbeit bis zu 6,00 Euro pro Festmeter. Der Schlag heute ist eher einfacher Natur und die Bezahlung entsprechend geringer. Es handelt sich um ein Käfernest, das in etwa 60 Metern Entfernung zur nächsten Rückegasse beginnt und sich an einem leicht ansteigenden Hang aufwärts erstreckt. Etwa 4,5 Fm würde er hier in der Stunde schaffen, erzählt der Holzrücker – bei der großen Rückeentfernung wäre das wirklich eine stolze Leistung!
Sein Auftraggeber hier ist ein Privatwaldbesitzer, der die einzelnen Arbeitsbereiche – Einschlag, Vorliefern mit dem Pferd und Endrücken mit Maschine – einzeln an verschiedene Unternehmer vergeben hat. Die von Svoboda angelegten Polter werden später mit Kranwagen oder Rückezug zum nächsten befestigten, LKW-befahrbaren Weg transportiert. Ein engmaschiges Erschließungsnetz wie bei uns in Deutschland gibt es zumindest in diesem Teil des Landes nicht. Die Wege, die zurückgelegt werden müssen, sind in der Regel also recht weit.

Einfache aber solide Ausrüstung

„Hyje!" – zurück geht es den schmalen Rückepfad, der durch den Regen schon etwas schmierig geworden ist. Hier bewähren sich Brynet´s Hufeisen mit ihren hohen Stollen und Griffen. Obwohl ich selbst kein Freund solcher Beschläge bin, da sie auf hartem Untergrund Gift für Beine und Gelenke der Pferde sind, geben sie hier dem Hengst nötigen Halt und Sicherheit.

Das Käferholz ist motormanuell aufgearbeitet und in Vier-Meter-Abschnitte eingeschnitten worden. Svoboda schimpft über die schlechte Aufarbeitungsqualität – etwas, mit dem sich jeder Pferderücker, egal wo, schon mal herumgeschlagen hat. Für das Rücken der Stämme benutzt er eine einfache Rückekette, die er am Metall-Ortscheit in einen drehbar gelagerten Haken einhängen und beliebig verlängern und verkürzen kann. Einschlagshaken verwendet er selten und nur am Steilhang. Dort benutzt er sie, um mehrere Abschnitte hintereinander zu hängen, um damit eine bessere Bremswirkung zu erzielen.
Bei ihm Zuhause sehe ich später vor der Scheune einen dicker Rückewagen stehen. Er sieht noch relativ unbenutzt aus, der Lack zeigt jedenfalls noch keine wesentlichen Gebrauchsspuren. Er ist gedacht für einen aktuellen Auftrag, bei dem schweres Holz über weite Entfernung gezogen werden muss. Josef kann es sich nicht leisten, angebotene Aufträge nicht anzunehmen und muss sich eben etwas einfallen lassen, da er eben nur seine Pferde zur Verfügung hat.

Die gesamte Ausrüstung ist recht einfach gehalten, aber für den rauen Forsteinsatz richtig dimensioniert. Die Holzhamen des geschlossenen Spitzkumtes sind mit Metallbeschlägen verstärkt. Das Geschirr besteht aus Lederzugsträngen, zum Ortscheit hin mit Ketten verlängert, einem Rückenleder und einem Bauchgurt. Stranghalter, Schweifriemen oder Hintergeschirr – für Svoboda alles nur unnötiger Ballast, den er für seine Arbeit nicht braucht. Das Kopfstück, das Brynet trägt, ist schlicht, die darin eingeknebelte Kandare scharf und nicht unbedingt jedermanns Sache. Der Stoßzügel ist an einem Ring befestigt, der frei beweglich auf dem Zügel gleiten kann und so unabhängig vom Standort des Fuhrmanns an beide Maulwinkel des Pferdes immer gleichmäßige, korrekte Signale gibt. Sattlereien gibt es noch einige in Tschechien, die Reparaturen an den Geschirren durchführen und auch neue herstellen. Josef Svoboda ist bei weitem nicht der einzige Pferderücker, der für die Ausrüstung seiner Pferde ihre Dienste in Anspruch nimmt.

Pferderücker in der Tschechoslowakei und im heutigen Tschechien

Die Kollektivierungsmaßnahmen nach dem 2. Weltkrieg wurden in der Tschechoslowakei – anders als in Polen – sehr strikt und konsequent durchgeführt, und die kleinbäuerlichen Strukturen wurden hier sehr frühzeitig nahezu gänzlich zerschlagen. Auch heute sind die Betriebe und die zu bewirtschaftenden Flächen in der Regel sehr groß und der landwirtschaftliche Einsatz von Pferden spielt darum heute so gut wie keine Rolle.

Dagegen gibt es laut offiziellen Angaben in der Tschechischen Republik gegenwärtig etwa noch 700 aktive Pferderücker. Svoboda hält diese Zahlen für zu hoch gegriffen, über 400 sind es seiner Meinung nach aber auf jeden Fall. Nach Vorgaben der staatlichen Forstverwaltung müssen mindestens zehn Prozent des jährlich eingeschlagenen Holzes mit Pferden gerückt werden. Ohne es mit Zahlen belegen zu können, bezweifelt der Pferderücker, dass Pferde in diesem Umfang tatsächlich zum Einsatz kommen. Der Wald in Tschechien befindet sich entweder in Privatbesitz, ist kommunal oder im Eigentum von Kooperativen. Die Durchsetzung solcher Vorschriften sei schwierig und politisch auch nicht unbedingt von allen wirklich gewollt.
Auch in Tschechien haben die Harvester Einzug gehalten und vor allem im Flachland dominierten sie mittlerweile das Geschehen im Wald.

Die Zahl der Pferderücker ist seit der Revolution 1989 stark zurückgegangen. Zu Zeiten des „Sozialismus" war „Pferderücker" in der Tschechoslowakei ein staatlich anerkannter Ausbildungsberuf, der in der Hierarchie der forstlichen Arbeitsplätze eine Spitzenstellung einnahm. Man musste zuerst das Handwerk des Forstwirts erlernt und praktische Erfahrungen gesammelt haben. Erst dann konnte man sich an einer speziellen Fachschule für Pferderücker für eine Fortbildung bewerben.
Großer Wert wurde dort inhaltlich gelegt auf den sicheren und schonenden Umgang mit den Pferden. Diese gehörten dem Staat und staatliches Eigentum galt grundsätzlich als besonders schützenswert. Beschädigung sozialistischen Eigentums war ein streng geahndeter Straftatbestand, und das bezog sich selbstverständlich auch auf die Arbeitspferde. Gute Haltung, Pflege, Umgang und Behandlung der Tiere war demnach ein Muss für jeden Pferderücker und staatliche Institutionen übten eine strenge Kontrollfunktion aus.

Der theoretischen und praktischen Ausbildung an der Fachschule folgte ein Jahr praktische Tätigkeit in einem Ausbildungsrevier unter Aufsicht und Kontrolle qualifizierter Ausbildungsleiter, bevor den Absolventen schließlich ein eigenes Revier zugeteilt wurde.
Eine freie Wahl des Arbeitsplatzes und des damit verbundenen Wohnortes gab es nicht, der Job war aber eine Lebensstellung mit sicherem, gutem Einkommen. Laut Svoboda teilten die Pferderücker nach der Revolution das Schicksal anderer in der sozialistischen Republik ehemals privilegierter Berufe und genießen heute ein eher geringes gesellschaftliches Ansehen.

Stabil aber auch leicht ist die Ausrüstung: Ortscheit und Ketten müssen ja auch unzählige Mal am Tag angehoben werden, wie hier beim Rückwärtsrichten zum Anhängen.

Zukunftsprobleme

Ausbildung ist überhaupt das zentrale Thema von Josef Svoboda. Schon seit Jahren setzt er sich gegenüber Politik und Zuchtverband für die Wiederbelebung der ehemaligen anerkannten Berufsausbildung für Pferderücker ein und versucht, die Kollegen in einer Holzrückervereinigung zusammenzuführen und gemeinsame Lobbyarbeit für diesen Beruf zu betreiben. Bisher sind diese Bemühungen augenscheinlich nicht von großem Erfolg gekrönt. Nicht nur bei den Entscheidungsträgern stößt er bisher auf taube Ohren, auch viele seiner Kollegen verhalten sich eher distanziert. Pferderücker sind nun mal oft sehr charakterstarke Individualisten, die schwer unter einen Hut zu bekommen sind. Und auch Svoboda selbst fällt offensichtlich unter diese Kategorie …
Die Probleme der tschechischen Pferderücker ähneln sehr denen der deutschen und der anderen Kollegen im benachbarten Ausland. Die wachsende Konkurrenz durch die vollmechanisierte Holzernte und der Trend zu einer zunehmend nur auf Profit schielenden Forstwirtschaft sind europaweite Phänomene und schränken die Beschäftigungsmöglichkeiten mehr und mehr ein. Hierzulande gibt es mit der IGZ wenigstens eine bundesweite Lobby, die versucht, auch die Interessen der Pferderücker zu vertreten; die tschechischen Kollegen sind davon leider offensichtlich noch ein Stück weit entfernt.

Der Schlesische-Noriker-Hengst Brynet in „Arbeitskleidung".

Hufeisen mit langen Stollen und Griffen: Bei schwerem Zug auf weichem und rutschigem Boden ein durchaus sinnvoller Beschlag, auf Asphalt jedoch Gift für Gelenke, Bänder und Sehnen.

Tschechischer Pferderücker beim Holzrücken am Steilhang.
Foto: Helena Görnerova

Literatur

Administration des Eaux et Forêts (2005), Der Einsatz von Zugpferden in Land- und Forstwirtschaft, in der Landwirtschaftspflege sowie im Kommunalen und Touristischen Bereich, Luxemburg

Bode, Wilhelm; Kant, Rainer (2021), Dauerwald - leicht gemacht, Rangsdorf

Bode, Wilhelm (2021), Alfred Möllers Dauerwaldidee, Berlin

Bode, W.; v. Hohnhorst, M. (1994), Waldwende, Vom Försterwald zum Naturwald, München

Bonin, Angelika (), Pferde an die Arbeit, Landbewirtschaftung mit Pferden – am Beispiel der Waldbewirtschaftung, Gesamthochschule Kassel

Brehm, Gottfried (Hrsg.) (2017), Kaltblutpferde im Spiegel der Wissenschaft, Wien

Brumme, Reiner (2000), Der Einfluss der Bodenverdichtung bei der Holzernte auf den Austausch der Spurengase CO_2, CH_4 und N_2O, Univ. Göttingen

Buhle, Paul (1923), Das Zugpferd und seine Leistungen, Stuttgart 1923

Drewes, Dirk (2006), Zum Einsatz von Pferden beim Umbau von Waldbeständen - Eine arbeitswissenschaftliche Schwerpunktstudie an der Voraussaat von Bucheckern zur Umwandlung von Fichtenreinbeständen, Göttingen

Fellgiebel, Hans (1930), Die Fahrschule, Berlin

Geile, Jens (1992/93), Der Stand der Zugpferdenutzung im deutschsprachigen Raum, Gesamthochschule Kassel Universität, Fachbereich Internationale Agrarwirtschaft Witzenhausen

Gutmann, Sibillja (2023), Starke Pferde im Einsatz, Arbeitspferdebetriebe in Deutschland, Lemgo

Henne, Roland (2005), Und immer stromab an Kuhlbaum und Schnepper ... Flöße von der Oberweser, Holzminden

Herold, Peter; Jung, Jutta; Scharnhölz, Reinhard (2009), Arbeitspferde im Naturschutz, Bundesamt für Naturschutz Skripten Nr. 256, Bonn

Hoffmann, Vera (1982), Untersuchung physischer Beanspruchungen des Pferdes bei Rückearbeiten, Fachhochschule Hildesheim/Holzminden, Fachbereich Fortwirtschaft in Göttingen

Jacke, Heribert (2003), Untersuchung zur ökologisch unbedenklichen Bodenvorbereitung für die Buchensaat beim Umbau von Fichtenreinbeständen, ifa Institut für Forstliche Arbeitswissenschaft und Verfahrenstechnologie der Universität Göttingen

Job, Roger (2004), Im Land der Kaltblüter, Eupen (B)

Knapp, Hans-D.; Klaus, Siegfried; Fähser, Lutz (Hrsg.) (2021), Der Holzweg - Wald im Widerstreit der Interessen, München

Koch, Michael (2023), Traditionelles Arbeiten mit Pferden, Stuttgart

Kuhlmann, Thorsten (2002), Die Gründung eines Forstunternehmens mit Pferdeeinsatz - Darstellung von Möglichkeiten und Grenzen, Albert-Ludwigs-Universität Freiburg, Forstwissenschaftliche Fakultät

Landesforstverwaltung NRW (1997), Pferdeeinsatz im Wald, ökonomische und ökologische Aspekte, Hilchenbach

Löffler, H.; Hamberger, J.; Warkotsch, W. (2002): Wie in Bayern das Holz aus dem Wald kam. Holzernte, Walderschließung und Holztransport einst und jetzt. In: Bleymüller, H., Gundermann, E., Beck, R. (Hrsg.): 250 Jahre Bayerische Staatsforstverwaltung - Rückblicke, Einblicke, Ausblicke. Mitteilungen aus der Bayer. Staatsforstverwaltung, Heft 51, Bd. 2, S. 335 - 368

Maijala, Kalle (1999), Use Of Horses In Forestry And Agriculture - Breeding Of Working Horses, Helsinki

Matthies, Dietmar (2009), Forsttechnik unter Druck . Waldböden setzen noch schwereren Maschinen Grenzen - eine Ursachenanalyse, in: LWF aktuell 68(2009, 27-29

Miller, Lynn (1981), Work Horse Handbook, Sisters (Oregon, USA)

Möller, Alfred (1923), Der Dauerwaldgedanke, Berlin-Heidelberg

Möller, Volker (1988), Vergleich von Rückepferd und -schlepper in Bezug auf die Rückeschäden - dargestellt am Beispiel einer Fi-Durchforstung im Forst Brake, Fachhochschule Hildesheim/Holzminden, Fachbereich Forstwirtschaft Göttingen

Ringelmann, Stefan (2001), Stand und Entwicklung des Pferdeeinsatzes in den Landesforstverwaltungen der Bundesrepublik Deutschland, Fachhochschule Hildesheim/Holzminden/Göttingen, Fachbereich Forstwirtschaft und Umweltmanagement in Göttingen

Scharnhölz Reinhard (2002), Kaltblutpferde - Made in Germany, Lemgo

Schmidt, Steffen (1999), Leistung, Kosten und Pfleglichkeit beim kombinierten Rücken von Nadelstarkholz mit Pferdegespann, Fachhochschule Hildesheim/Holzminden

Schnell, Robin (2003), Zugpferdetechnologie in Mitteleuropa Entwicklung, Leistungsvergleich, Umweltauswirkungen - Eine ökobilanzielle Analyse, Landwirtschaftliche Fakultät der Rheinischen Friedrich-Wilhelms-Universität

Schröder, Gerhard (1999), Untersuchung zum Pferdeeinsatz im Wald am Beispiel des Bundeslandes Baden-Württemberg, Albert-Ludwigs-Universität Freiburg, Forstwissenschaftl. Fakultät

Schroll, Erhard (2024), Pferdeeinsatz im Wald - Lehrgangsreader, Lemgo

Schroll, Erhard (Hrsg.) (2020) Vom Fohlen zum Arbeits- und Freizeitpferd - Ein praktisches Handbuch über Aufzucht, Haltung, Fütterung und Ausbildung – nicht nur von Kaltblutpferden, Lemgo

Sidbäck, Hans (1998), The horse in the forest - caring, training, logging, Garpenberg (Schweden)

Teleen, Maurice (1977), The Draft Horse Primer - A Guide to the Care and Use of Work Horses and Mules, Emmaus PA USA

v. Teuffel, Konstantin et al. (2005), Waldumbau für eine zukunfstorientierte Waldwirtschaft, Berlin-Heidelberg

Voßbrink, Jörg (2004), Bodenspannungen und Deformationen in Waldböden durch Ernteverfahren, Christian-Albrechts-Universität zu Kiel, Institut für Pflanzenernährung und Bodenkunde

Wahl, Martin (1984), Das Arbeitspferd in der deutschen Land- und Forstwirtschaft unter besonderer Berücksichtigung der Nutzung in der pflanzlichen Produktion, Fachhochschule Nürtingen

Walker, Alexandra (1994), Auswirkungen des Holzrückens mit Pferdezug auf den Bodengashaushalt im Vergleich zum Harvester-/Forwarder-Verfahren, Universität Hohenheim

Weber, Thomas (1986/87), Bodenphysikalische Untersuchungen zum Einsatz von Arbeitspferden in der Landschaftspflege, Fachhochschule Nürtingen

Wirth, Julia (2008), Vergleich von Leistung und Pfleglichkeit zwischen Pferd und Seilschlepper beim Vorliefern von Fichten - Vollbäumen, Hochschule für Forstwirtschaft Rottenburg

Internetadressen

Vereine, Magazine, Veranstaltungen

Interessengemeinschaft Zugpferde e.V.
www.ig-zugpferde.de

FECTU - Dachverband der europäischen Zugpferdevereinigungen
www.fectu.org

PferdeStark - Internationale Arbeitspferdeveranstaltung
www.pferdestark.de

Interessengemeinschaft Arbeitspferde (CH), www.igarbeitspferde.ch

Verein Freunde Schwerer Zugpferde Schweiz (CH),
https://zugpferde.ch

Österreichische Interessensgemeinschaft Pferdekraft - ÖIPK
www.pferdekraft.at

British Horseloggers
www.heavyhorses.net

Hippotese
Französische Vereinigung zur Förderung der Arbeit mit Zugpferden
http://hippotese.free.fr

Cheval et Forêt (Belgien)
www.chevaletforet.be

Kompetenzzentrum Horsepower (L)
www.horsepower.lu

Föreningen Sveriges Hästkörare (S)
www.hastkorare.se

STARKE PFERDE - Internationales Magazin zur Förderung der Arbeit mit Pferden und anderen Zugtieren.
www.starke-pferde.de

Rural Heritage
Magazin in support of farming and logging with horses, mules and oxen.
www.ruralheritage.com

Small Farmers Journal
A Quarterly Periodical, Defending Small Farms and Craftsmanship
https://smallfarmersjournal.com

Horse Progress Days (USA)
https://horseprogressdays.com

Hersteller und Vertreiber von Maschinen, Geräten und Zubehör für den forstlichen Pferdeeinsatz

Modern horsedrawn equipment
www.modern-horse-power.org

Equid Power Network
www.fectu.org/equid-power-network

Reiner Wiesotzki
Amerikanische Geräte
reinerwiesotzki@gmail.com

Schmitz Pferdezugtechnik
www.pferdezugtechnik.de

STARKE PFERDE, Lemgo
Holzrückezubehör, Geschirre
www.starke-pferde.de

Metallbau Freund
http://www.mmf-metallbau.de

Skog & Mekaniska SJM Juklsgard mek (Schweden), Rückewagen, Kranwagen
www.yourvismawebsite.com/skog-mek-sjm/om-oss

Tegmyr (Schweden)
ingemar@tegmyr.se
Holzrückewagen und -hilfsmittel

Österby Smedja (Schweden)
Rückewagen u.a.
https://osterbysmedja.se

Orsavagnen (Schweden)
Rückewagen u.a.
www.orsavagnen.se

Åfeltin Työhevoset (Finnland)
Kranwagen
www.tyohevoset.fi

Bernard Michon Hippomobile (F)
Rückewagen u.a.
www.bernard-michon-hippomobile.fr/

G - W Bogusławki (Polen)
Rückewagen u.a.
www.gw-stablesforhorses.com

Elgin Equipment (Kanada)
Rückewagen
001 800 345 9857

Bäuerle, Sattlerei, Freiberg a.N.,
Tel. 07141-71254
www.sattlerei-baeuerle.de

Blaser, Sattlerei, Schweiz,
www.blaser-sattlerei.ch

Maus, Pferdebedarf, Aachen,
www.pferdebedarf-maus.de

Sattlerei Piendl, Bad Kötzting,
www.sattlerei-Piendl.de

Sattlerei Oberhauser,
Niederrasen, Italien,
www.sattlerei-oberhauser.lvh.it

Sattlerei Steiger, Renchen-Ulm,
www.schwarzwaldkummet.de

Sattlerei Daniel
https://www.sattlerei-daniel.de

Sattlerei Lindner
www.sattlerei-lindner.de

Sattlerei Svenljunga (Schweden)
Schwedische Kumtgeschirre
www.svenljunga-sadelmakeri.se

Ausbildung

IGZ-APRI (Deutschland)
www.ig-zugpferde.de/ausbildung

ÖIPK und LFI Oberösterreich:
Zertifikatslehrgang Arbeitspferd (Österreich), https://pferdekraft.at/zertifikatslehrgang-arbeitspferd

Brukshästorganisationernas samarbetskommitté (Schweden)
www.hastkorare.se/utbildning

British Horseloggers (UK)
www.britishhorseloggers.org/bhl-training-courses-in-horse-logging

Zertifizierung

RAL Gütegemeinschaft Wald- und Landschaftspflege e. V. (RAL GGWL)
Gütezeichen GZ081 Pferdehaltung und -nutzung, www.ral-ggwl.de

Verbandes der Agrargewerblichen Wirtschaft e.V. (VdAW), www.vdaw.de

Alko-Cert
Deutsches Forst Service Zertifikat (DFSZ)
www.alko-cert.de

Holz und Wald Zertifizierungs-GmbH – „Kompetente Forstpartner"
www.hw-zert.de)

Sächsischer Forstunternehmerverband
Kompetenznachweis zu Umwelt-, Qualitäts- und Sicherheitsstandards für forsttechnische Dienstleistungsunternehmen (KUQS-Standard), auch für Pferderücker außerhalb Sachsens,
www.sachsenforst.com

Stichwortverzeichnis

I

J

K

L

M

N

O

P

Q

R

S

T

U

V

W

Z

STARKE PFERDE
Internationales Magazin zur Förderung der Arbeit mit Zugpferden und anderen Zugtieren
Jetzt abonnieren!
STARKE PFERDE IM EINSATZ
Vom Fohlen zum Arbeits- und Freizeitpferd
Manfred Kurz
ARBEITS- UND FESTGESPANN
Holzrücken mit Pferden
Handbuch für die Waldarbeit mit Pferden
STARKE PFERDE-Verlag
Dr. Renate Vanselow
Pferd und Gehölz
STARKE PFERDE VERLAG
Dr. Renate Vanselow
Pferd und Grasland
Zeitschrift - Bücher - Filme und mehr
in unserem INTERNETSHOP unter
www.starke-pferde.de